HENRI POINCARÉ
MEMBRE DE L'INSTITUT

WISSENSCHAFT UND HYPOTHESE

AUTORISIERTE DEUTSCHE AUSGABE
MIT ERLÄUTERNDEN ANMERKUNGEN

VON

F. UND **L. LINDEMANN**

DRITTE VERBESSERTE AUFLAGE

Springer Fachmedien Wiesbaden GmbH

1914

ISBN 978-3-663-15183-8   ISBN 978-3-663-15746-5 (eBook)
DOI 10.1007/978-3-663-15746-5

**ALLE RECHTE,
EINSCHLIESSLICH DES ÜBERSETZUNGSRECHTS, VORBEHALTEN.**

Vorwort zur ersten Auflage.

Wenige Forscher sind sowohl in der reinen als in der angewandten Mathematik mit gleichem Erfolge schöpferisch tätig gewesen, wie der Verfasser des vorliegenden Werkes. Niemand war daher mehr als er berufen, sich über das Wesen der mathematischen Schlußweisen und den erkenntnistheoretischen Wert der mathematischen Physik im Zusammenhange zu äußern. Und wenn auch in diesen Gebieten die Ansichten des einzelnen zum Teil von subjektiver Beanlagung und Erfahrung abhängen, werden doch die Entwicklungen des Verfassers überall ernste und volle Beachtung finden, um so mehr, als sich derselbe bemüht, auch einem weiteren, nicht ausschließlich mathematischen Leserkreise verständlich zu werden, und ihm dies durch passende und glänzend durchgeführte Beispiele in hohem Maße gelingt.

Die Erörterungen erstrecken sich auf die Grundlagen der Arithmetik, die Grundbegriffe der Geometrie, die Hypothesen und Definitionen der Mechanik und der ganzen theoretischen Physik sowohl in ihrer klassischen Form als in ihrer neuesten Entwicklung.

In betreff der gewonnenen Resultate muß auf das Werk selbst verwiesen werden. Um den Standpunkt des Verfassers zu bezeichnen, wird es genügen, einige charakteristische Sätze herauszugreifen, deren Gehalt man allerdings nur im Zusammenhange des Ganzen erfassen wird:

„Der Verstand hat von dieser Macht (d. i. der Geisteskraft, welche überzeugt ist, sich die unendliche Wiederholung eines und desselben Schrittes vorstellen zu können) eine direkte Anschauung, und die Erfahrung kann für ihn nur eine Gelegenheit sein, sich derselben zu bedienen und dadurch derselben bewußt zu werden" (S. 13).

„Die geometrischen Axiome sind weder syntetische Urteile a priori noch experimentelle Tatsachen; es sind auf Übereinkommen beruhende Festsetzungen bez. verkleidete Definitionen. Die Geometrie ist keine Erfahrungswissenschaft; aber die Erfahrung leitet uns bei Aufstellung der Axiome; sie läßt uns nicht erkennen, welche Geometrie die richtige ist, wohl aber, welche die bequemste ist. Es ist ebenso unvernünftig zu untersuchen, ob die fundamentalen Sätze der Geometrie richtig oder falsch sind, wie es unvernünftig wäre zu fragen, ob das metrische System richtig oder falsch ist" (S. 51, 73 u. 138).

„Das Trägheitsgesetz, das in einigen besonderen Fällen erfahrungsmäßig bewiesen ist, kann ohne Furcht auf die allgemeinsten Fälle ausgedehnt werden, weil wir wissen, daß in diesen Fällen die Erfahrung das Gesetz weder bekräftigen noch entkräften kann" (S. 99).

„Das Prinzip der Gleichheit von Wirkung und Gegenwirkung darf nicht als ein experimentelles Gesetz, sondern muß als eine Definition angesehen werden" (S. 102).

„Die Erfahrung kann den Prinzipien der Mechanik als Grundlage dienen und wird ihnen dennoch niemals widersprechen" (S. 107).

„Die Prinzipien der Mechanik sind Übereinkommen und verkleidete Definitionen. Sie sind von experimentellen Gesetzen abgeleitet; diese Gesetze sind sozusagen als Prinzipe hingestellt, denen unser Verstand absolute Gültigkeit beilegt" (S. 140).

„Wenn man das Prinzip von der Erhaltung der Energie in seiner ganzen Allgemeinheit aussprechen und auf das Universum anwenden will, so sieht man es sich sozusagen verflüchtigen, und es bleibt nichts übrig als der Satz: Es gibt ein Etwas, das konstant bleibt" (S. 134).

„Das Experiment ist die einzige Quelle der Wahrheit; die mathematische Physik hat die Aufgabe, die Verallgemeinerung so zu leiten, daß der Nutzeffekt der Wissenschaft vermehrt wird" (S. 146).

„Jede Verallgemeinerung setzt bis zu einem gewissen Grade den Glauben an die Einheit und die Einfachheit der Natur voraus. Es ist nicht sicher, daß die Natur einfach ist" (S. 147).

„Die mathematische Wissenschaft hat nicht den Zweck, uns über die wahre Natur der Dinge aufzuklären. Ihr einziges Ziel ist, die physikalischen Gesetze miteinander zu verbinden, welche die Erfahrung uns zwar erkennen ließ, die wir aber ohne mathematische Hilfe nicht aussprechen können" (S. 212).

„Es kümmert uns wenig, ob der Äther wirklich existiert; wesentlich ist nur, daß alles sich abspielt, als wenn er existierte, und daß die Hypothese für die Erklärung der Erscheinungen bequem ist" (ibid.).

„Was die Wissenschaft erreichen kann, sind nicht die Dinge selbst, sondern es sind einzig die Beziehungen zwischen den Dingen; außerhalb dieser Beziehungen gibt es keine erkennbare Wirklichkeit" (S. XV).

Man wird bemerken, daß wir damit wieder auf Kants Ausspruch zurückkommen, wonach der Verstand die Gesetze nicht aus der Natur schöpft, sondern sie dieser vorschreibt und die oberste Gesetzgebung der Natur in uns selbst, d. h. in unserem Verstande liegt, oder auf Goethes Wort: „Alles Vergängliche ist nur ein Gleichnis", das man auf den gleichen Gedanken beziehen wird, wenn man sich die Relativität aller Erkenntnisse zum Bewußtsein bringt. Solchen allgemeinen Aussprüchen kommt eine hohe subjektive Bedeutung zu, denn sie befriedigen .n gewissem Sinne unser Bedürfnis nach einem Abschlusse der Forschung und Erkenntnis. Für den empirischen Forscher aber gibt es keinen derartigen Abschluß; jeder allgemeine Ausspruch bedarf für ihn der ständigen Prüfung an der Hand der Erfahrung und hat für ihn nur so lange Gültigkeit, als er sich in Übereinstimmung mit der Erfahrung befindet, mag es sich um eine allgemeine Denknotwendigkeit unseres Geistes oder um einen speziellen Lehrsatz der exakten Wissenschaft handeln. Denn für solche Erfahrung sind nicht nur die eigentlichen Beobachtungen der Natur maßgebend, sondern auch die inneren Erfahrungen des menschlichen Verstandes. Nichts zeigt klarer, wie sehr der letztere der Ausbildung, der Verfeinerung und der Vervollkommnung fähig ist, als die Geschichte der Mathematik im letzten Jahrhundert. Die eigenen Schöpfungen des menschlichen Verstandes geben hier wieder das Erfahrungsmaterial, auf dem sich weitere Forschungen aufbauen; manche Wahrheit, die für alle Zeiten sicher begründet schien, wird heute in ihrer Gültigkeit beschränkt oder auf neue „einwandfreie" Weise erschlossen; und wir sind nicht sicher, daß nicht neue Zweifel und neue Einwände unsere Nachkommen zu erneuten Anstrengungen in gleicher Richtung veranlassen werden.

Auch wer sich nicht auf diesen rein empirischen Standpunkt stellt, wird das Bedürfnis empfinden, die leitenden Grundgedanken auf den oft verschlungenen Wegen der exakten Wissenschaften zu verfolgen, und er wird sich gern der Führung des Verfassers anvertrauen, um die üppig wuchernden Ranken beiseite zu biegen, die sich zwischen den festen Stämmen unserer Erkenntnis verbindend ausbreiten, und um sich dadurch den freien Ausblick zu wahren. Die scheinbar spielende Leichtigkeit, mit welcher dies Ziel durch den Verfasser meist erreicht wird, war es, wodurch wenigstens mein Interesse an dem Werke besonders geweckt wurde.

Nicht so sehr auf die gewonnenen Resultate ist im vorliegenden Werke das Hauptgewicht zu legen, sondern auf die Methode der Behandlung; und die vom Verfasser befolgte Methode ist dieselbe, welche bei Erforschungen der Grundlagen der Geometrie und Arithmetik in den letzten Dezennien zu so reichen und vorläufig befriedigenden Ergebnissen geführt hat. Sie besteht darin, daß man eine erfahrungsmäßig zulässige Hypothese, deren Zusammenhang mit anderen Voraussetzungen zu untersuchen ist, durch eine Annahme ersetzt, die zwar auch unser logisches Denken befriedigt, aber nicht mit der Erfahrung in Einklang steht, und daß man dadurch die gegenseitige Abhängigkeit verschiedener Hypothesen oder Axiome zu evidenter Anschauung bringt.

Dem Fachmann ist ein großer Teil der Entwicklungen (zumal der späteren Kapitel) aus anderen Schriften des Verfassers bekannt, aber auch ihm wird eine zusammenfassende Darstellung willkommen sein. Ganz besonders gebe ich mich der Hoffnung hin, daß in einer Zeit, wo so leicht der Sinn für den Zusammenhang unserer Erkenntnis unter der Hingabe an die Einzelforschung leidet, die nachfolgenden Darlegungen für die studierende Jugend erneut Veranlassung bieten mögen, sich dem Studium der Grundlagen und der Grundbegriffe unserer Wissenschaft zu widmen.

Zur Erreichung dieses Zieles habe ich der deutschen Ausgabe zahlreiche Anmerkungen hinzugefügt, die teils einzelne Stellen des Werkes näher erläutern, teils durch literarische Nachweisungen dem Leser die Mittel zu weiterem Studium der besprochenen Fragen an die Hand geben. Auf irgendwelche systematische Vollständigkeit kam es dabei nicht an. Besonders dort konnten diese Bemerkungen kürzer gehalten werden, wo ich wegen weiterer Ausführungen auf andere Werke des Verfassers verweisen konnte.

Wenn es gelungen sein sollte, der oft bilderreichen Sprache des Verfassers auch bei der Übertragung ins Deutsche gerecht zu werden, so hat daran meine Frau einen wesentlichen Anteil, indem sie die eigentlich technische Arbeit der Übersetzung durchgeführt hat.

München, im Januar 1904. **F. Lindemann.**

Vorwort zur zweiten Auflage.

Auf Grund der siebenten Auflage der französischen Ausgabe sind einige unbedeutende Änderungen im Texte vorgenommen worden, bez. Sätze eingeschoben (besonders Seite 90); außerdem sind Übersetzung und Anmerkungen gründlich revidiert und an manchen Stellen verbessert.

München, Januar 1906.

F. L.

Vorwort zur dritten Auflage.

Entsprechend den neueren Auflagen der französischen Ausgabe wurde ein Zusatz über die sogenannte nicht-Archimedische Geometrie (S. 49) eingefügt und der Schluß durch Hinzufügen eines Abschnittes „Über das Ende der Materie" erweitert, der sich auf die neueren Vorstellungen über die Natur der Atome und Elektronen bezieht. Während der Verfasser in den früheren Auflagen der Entwicklung dieser Vorstellungen mit einer gewissen Zurückhaltung gegenüberstand, hält er die Grundlagen der neueren Lorentzschen Theorie für soweit gefestigt, daß ein Hinweis darauf und auf die wichtigen Kaufmannschen Experimente nicht mehr fehlen durfte. Ausführlicher beschäftigt sich Poincaré mit diesen Fragen in dem Werke „Science et Méthode" (Seite 181ff. der Deutschen Ausgabe). Für die Übersetzung wurden Text und hinzugefügte Anmerkungen einer sorgfältigen Durchsicht unterzogen.

Vorwort

Die drei Werke „Science et Hypothèse", „La Valeur de la Science" und „Science et Méthode" sind ein unvergleichlich wertvolles Vermächtnis, das Poincaré uns hinterlassen hat; sie sind von wesentlichem Einfluß auf unsere Vorstellungen über die Grundlagen aller exakten Erkenntnis gewesen; mögen auch die deutschen Ausgaben ferner zur weiteren Verbreitung der Ideen des Verfassers beitragen.

Besonders das vorliegende Werk hat den Verfasser fast populär gemacht. Waren seine rein abstrakten mathematischen Arbeiten für die Entwicklung der Wissenschaft von vielleicht größerer Bedeutung, so hat doch gerade dieses Werk den Namen Poincaré über die Grenzen seiner engeren Wissenschaft hinausgetragen und dadurch wieder indirekt den Einfluß seiner rein fachwissenschaftlichen Arbeiten auf die Bestrebungen der Zeitgenossen in segensreicher Weise vertieft.

Ich kann nicht schließen, ohne hier auf die von G. Darboux gegebene Darstellung des wissenschaftlichen Lebens von Poincaré zu verweisen: Eloge historique d'Henri Poincaré, lu dans la Séance publique annuelle du 15 Décembre 1913 (Académie des Sciences).

München, im März 1914.

F. L.

Inhalt.

	Seite
Vorwort zur ersten Auflage	III
Vorwort zur zweiten Auflage	VIII
Vorwort zur dritten Auflage	VIII
Inhalt	X
Einleitung	XII

Erster Teil:
Zahl und Größe.

Erstes Kapitel: Über die Natur der mathematischen
  Schlußweisen 1
 Syllogistische Schlußweisen 1
 Verifikation und Beweis 3
 Elemente der Arithmetik 5
 Algebraische Rechnung 9
 Rekurrierendes Verfahren 11
 Induktion 12
 Mathematische Konstruktion 14

Zweites Kapitel: Die mathematische Größe und die
  Erfahrung 17
 Definition der inkommensurablen Zahlen 20
 Das physikalische Kontinuum 22
 Das mathematische Kontinuum 23
 Die meßbare Größe 28
 Verschiedene Bemerkungen (Kurven ohne Tangenten) 29
 Das physikalische Kontinuum von mehreren Dimensionen 31
 Das mathematische Kontinuum von mehreren Dimensionen 34

Zweiter Teil:
Der Raum.

Drittes Kapitel: Die nicht-Euklidische Geometrie . . 36
 Die Geometrie von Lobatschewsky 37
 Die Geometrie von Riemann 38
 Die Flächen konstanten Krümmungsmaßes 40
 Veranschaulichung der nicht-Euklidischen Geometrie 42
 Die implizieten Axiome 44
 Die vierte Geometrie 47
 Der Lehrsatz von Lie 48
 Die Geometrien von Riemann 48
 Die Geometrien von Hilbert 49
 Von der Natur der Axiome 49

Inhalt

	Seite
Viertes Kapitel: Der Raum und die Geometrie	53
Der geometrische Raum und der Vorstellungsraum	53
Der Gesichtsraum	54
Der Tastraum und der Bewegungsraum	57
Charakter des Vorstellungsraumes	58
Zustands- und Ortsveränderungen	59
Bedingungen der Kompensation von Bewegungen	61
Die festen Körper und die Geometrie	62
Das Gesetz der Homogenität	65
Die nicht-Euklidische Welt	66
Die vierdimensionale Welt	70
Zusammenfassung	72
Fünftes Kapitel: Die Erfahrung und die Geometrie	73
Geometrie und Astronomie	74
Das Gesetz der Relativität	78
Tragweite der Experimente	82
Anhang (Was ist ein Punkt?)	86
Die Erfahrung unserer Vorfahren	90

Dritter Teil:
Die Kraft.

Sechstes Kapitel: Die klassische Mechanik	91
Das Prinzip der Trägheit	93
Das Gesetz der Beschleunigung	99
Die anthropomorphe Mechanik	108
Die Schule des Fadens	109
Siebentes Kapitel: Relative und absolute Bewegung	113
Das Prinzip der relativen Bewegung	113
Die Schlußweise Newtons	115
Achtes Kapitel: Energie und Thermodynamik	124
Das energetische System	124
Thermodynamik	131
Allgemeine Übersicht des dritten Teiles	138

Vierter Teil:
Die Natur.

Neuntes Kapitel: Die Hypothesen in der Physik	142
Die Rolle des Experimentes und der Verallgemeinerung	142
Die Einheit der Natur	147
Die Rolle der Hypothese	152
Ursprung der mathematischen Physik	155
Zehntes Kapitel: Die Theorien der modernen Physik	161
Die Bedeutung der physikalischen Theorien	161
Die Physik und der Mechanismus	168
Der gegenwärtige Zustand der Wissenschaft	173

XII Inhalt

Seite

Elftes Kapitel: Die Wahrscheinlichkeitsrechnung . 183
    Einteilung der Wahrscheinlichkeitsprobleme 189
    Die Wahrscheinlichkeit in den mathematischen Wissenschaften 192
    Die Wahrscheinlichkeit in den physikalischen Wissenschaften 196
    Rouge et noir 202
    Die Wahrscheinlichkeit der Ursachen 204
    Die Theorie der Fehler 207
    Zusammenfassung 210
Zwölftes Kapitel: Optik und Elektrizität 211
    Die Fresnelsche Theorie 211
    Die Maxwellsche Theorie 213
    Die mechanische Erklärung der physikalischen Erscheinungen 216
Dreizehntes Kapitel: Die Elektrodynamik 224
    Die Ampèresche Theorie 225
    I. Wirkung geschlossener Ströme 227
    II. Wirkung eines geschlossenen Stromes auf einen Stromteil 228
    III. Stetige Rotationen 230
    IV. Gegenseitige Wirkung zweier offenen Ströme . 231
    V. Induktion 234
    Die Helmholtzsche Theorie 235
    Die diesen Theorien anhaftenden Schwierigkeiten . . 238
    Die Maxwellsche Theorie 239
    Die Rowlandschen Experimente 240
    Die Lorentzsche Theorie 242
Vierzehntes Kapitel: Das Ende der Materie 244

Erläuternde Anmerkungen (von F. Lindemann) . . . 251
    Erster Teil. Zahl und Größe 251
    Zweiter Teil. Der Raum 261
    Dritter Teil. Die Kraft 295
    Vierter Teil. Die Natur 321

Einleitung.

Für einen oberflächlichen Beobachter ist die wissenschaftliche Wahrheit über jeden Zweifel erhaben: die wissenschaftliche Logik ist unfehlbar, und wenn die Gelehrten sich hie und da täuschen, so geschieht es nur, weil sie die Regeln der Logik verkannten.

„Die mathematischen Wahrheiten werden durch eine Kette untrüglicher Schlüsse aus einer kleinen Anzahl evidenter Sätze abgeleitet; sie drängen sich nicht nur uns, sondern der ganzen Natur auf. Sie fesseln sozusagen den Schöpfer und gestatten ihm nur zwischen einigen verhältnismäßig wenig zahlreichen Lösungen zu wählen. Einige Experimente werden dann genügen, um zu erfahren, welche Wahl er getroffen hat. Aus jedem Experimente können durch eine Reihe mathematischer Deduktionen eine Menge Folgerungen hervorgehen, und auf diese Weise läßt uns jedes Experiment einen Winkel des Weltalls erkennen."

So ungefähr denken sich viele Leute, besonders die Schüler, welche die ersten physikalischen Begriffe kennen lernen, den Ursprung der wissenschaftlichen Gewißheit. So fassen sie die Rolle des Experimentes und der Mathematik auf. Und dieselbe Auffassung hatten vor hundert Jahren viele Gelehrte, welche in ihren Träumen die Welt konstruieren und dabei der Erfahrung möglichst wenige Materialien entlehnen wollten.

Als man ein wenig mehr nachdachte, bemerkte man, ein wie großer Platz der Hypothese eingeräumt war; man sah, wie der Mathematiker ihrer nicht entraten kann und wie der Experimentator sie noch weniger missen kann. Darauf fragte man sich, ob wohl dieses Gebäude solid genug wäre, und man glaubte, daß ein Hauch es stürzen könnte. Derartig skeptisch urteilen, hieße oberflächlich sein. Entweder alles anzuzweifeln oder alles glauben, das sind zwei gleich bequeme Lösungen; die eine wie die andere erspart uns das Denken.

Anstatt eine summarische Verurteilung auszusprechen, müssen wir mit Sorgfalt die Rolle der Hyphothese prüfen; wir werden dann erkennen, daß sie notwendig und ihrem Inhalte nach berechtigt ist. Wir werden dann auch sehen, daß es mehrere Arten von Hypothesen gibt, daß die einen verifizierbar sind und, einmal vom Experimente bestätigt, zu fruchtbringenden Wahrheiten werden; daß die anderen, ohne uns irrezuführen, uns nützlich werden können, indem sie unseren Gedanken eine feste Stütze geben; daß schließlich noch andere nur scheinbare Hypothesen sind und sich auf Definitionen oder verkleidete Übereinkommen und Festsetzungen zurückführen lassen.

Diese letzteren finden wir hauptsächlich in der Mathematik und in den ihr verwandten Wissenschaften. Gerade hieraus schöpfen diese Wissenschaften ihre Strenge; diese Übereinkommen sind das Werk der freien Tätigkeit unseres Verstandes, der in diesem Gebiete kein Hindernis kennt. Hier kann unser Verstand behaupten, weil er befiehlt; aber verstehen wir uns recht: diese Befehle beziehen sich auf unsere Wissenschaft, welche ohne dieselben unmöglich wäre; sie beziehen sich nicht auf die Natur. Sind diese Befehle nun willkürlich? Nein, denn sonst würden sie unfruchtbar sein. Das Experiment läßt uns freie Wahl, aber es leitet diese Wahl, indem es uns hilft, den bequemsten Weg einzuschlagen. Unsere Befehle werden also gleich denen eines absoluten, aber weisen Fürsten sein, der zuerst seinen Staatsrat befragt.

Manche sind darüber verwundert, daß man gewissen fundamentalen Prinzipien der Wissenschaft den Charakter freier konventioneller Festsetzungen beilegen soll. Sie haben übermäßig verallgemeinern wollen und dabei vergessen, daß Freiheit nicht Willkür ist. Sie gelangten so zu dem sogenannten „Nominalismus" und sie fragten sich, ob der Gelehrte sich nicht durch seine Definitionen betrügen läßt und ob die Welt, die er zu entdecken glaubt, nicht einfach nur durch die Willkür seiner Laune geschaffen ist.*) Bei diesem Standpunkte wäre die Wissenschaft sicher begründet, aber sie wäre ihrer Tragweite beraubt.

Wenn dem so wäre, so wäre die Wissenschaft ohnmächtig. Nun haben wir aber jeden Tag ihren Einfluß vor Augen. Das könnte nicht der Fall sein, wenn sie uns nicht etwas Reelles erkennen ließe; aber was sie erreichen kann, sind nicht die Dinge selbst, wie die naiven Dogmatiker meinen, sondern es sind einzig die Beziehungen zwischen den Dingen; außerhalb dieser Beziehungen gibt es keine erkennbare Wirklichkeit.

Zu dieser Erkenntnis werden wir gelangen, aber bis wir so weit sind, müssen wir die Reihe der Wissenschaften, von der Arithmetik und der Geometrie an bis zur Mechanik und experimentellen Physik, durchgehen.

Welcher Art ist die Natur der mathematischen Schlußweise? Ist sie, wie man gewöhnlich glaubt, wirklich deduktiv? Eine tiefergehende Analyse zeigt uns, daß sie es nicht ist, daß sie in gewissem Grade an der Natur der induktiven Schlußweise Anteil hat und gerade dadurch so fruchtbringend ist. Sie bewahrt deshalb nicht weniger ihren Charakter absoluter Genauigkeit; das haben wir zuerst zu zeigen.

Nachdem wir jetzt eines der Hilfsmittel genauer kennen, welches die Mathematik dem Forscher an die Hand gibt, haben wir einen anderen fundamentalen Begriff zu analysieren, nämlich denjenigen der mathematischen Größe. Finden wir sie in der Natur vor oder sind wir

---

*) Vergl. Le Roy, Science et Philosophie (Revue de Métaphysique et de Morale 1901).

es, die sie in die Natur hineinlegen? Riskieren wir nicht im letzteren Falle, alles zu verderben? Wenn wir die grob organisierten Angaben unserer Sinne mit dieser außerordentlich komplizierten und feinen Vorstellung vergleichen, welche die Mathematiker als Größe bezeichnen, so müssen wir gezwungenermaßen einen Unterschied bemerken; diesen Rahmen, in welchen wir alles einfügen wollen, haben wir selbst hergestellt; aber wir haben ihn nicht auf gut Glück gemacht, wir haben ihn sozusagen nach Maß angefertigt und darum können wir die Tatsachen hineinbringen, ohne ihrer Natur das Wesentliche zu nehmen.

Ein anderer Rahmen, den wir der Welt anpassen, ist der Raum. Woher stammen die ersten Grundlagen der Geometrie? Sind sie uns durch die Logik auferlegt? Lobatschewsky hat das Gegenteil bewiesen, indem er die nicht-Euklidische Geometrie schuf. Ist der Raum uns durch unsere Sinne offenbart? Ebenfalls nicht, denn der Raum, den uns unsere Sinne zeigen können, unterscheidet sich absolut von dem geometrischen Raume. Hat die Geometrie ihren Ursprung in der Erfahrung? Eine gründlichere Erörterung zeigt uns, daß dies nicht der Fall ist. Wir schlußfolgern also, daß die Grundlagen nur Übereinkommen sind; aber diese Übereinkommen sind nicht willkürlich, und wenn wir in eine andere Welt versetzt würden, welche ich die nicht-Euklidische Welt nenne und die ich mir vorzustellen versuche, so müßten wir zu anderen Übereinkommen gelangen.

In der Mechanik werden wir zu analogen Schlußsätzen geführt und wir sehen, daß die Prinzipe dieser Wissenschaft, obgleich sie sich direkt auf das Experiment stützen, ebenfalls an dem konventionellen Charakter der geometrischen Postulate beteiligt sind. Bis hier triumphiert der Nominalismus, aber wir kommen zu den eigentlichen physikalischen Wissenschaften. Da ändert sich das Schauspiel; wir treffen eine andere Art von Hypothesen und wir sehen deren ganze Fruchtbarkeit. Ohne Zweifel erscheinen uns zuerst die Theorien hinfällig, und die Geschichte der Wissenschaft beweist uns, daß sie vergänglich sind: sie sind aber dennoch nicht ganz vergangen, von jeder ist etwas übriggeblieben. Dieses Etwas muß man sich bemühen herauszusuchen, weil nur dieses und dieses allein der Wirklichkeit wahrhaft entspricht.

Die Methode der physikalischen Wissenschaften beruht auf der Induktion, welche uns die Wiederholung einer Erscheinung erwarten läßt, wenn die Umstände sich wiederholen, unter welchen sie sich das erste Mal darbot. Wenn alle diese Umstände sich auf einmal wiederholen könnten, so könnte dieses Prinzip ohne Gefahr angewendet werden: aber das wird niemals vorkommen; einige dieser Umstände werden immer fehlen. Sind wir absolut sicher, daß sie ohne Wichtigkeit sind? Gewiß nicht. Das kann wahrscheinlich sein, es kann aber nicht wirklich gewiß sein. Darum spielt der Begriff der Wahrscheinlichkeit eine bedeutende Rolle in den physikalischen Wissenschaften. Die Wahrscheinlichkeitsrechnung ist also nicht nur ein Zeitvertreib oder ein Führer für die Baccaratspieler, und wir müssen versuchen, ihre Prinzipe fester zu begründen. In dieser Beziehung kann ich nur unvollkommene Resultate geben; so sehr widerstrebt der unbestimmte Instinkt, welcher uns den Begriff der Wahrscheinlichkeit fassen läßt, der Analyse.

Nachdem wir die Bedingungen, unter welchen der Physiker arbeitet, studiert haben, hielt ich es für richtig, ihn dem Leser bei der Arbeit zu zeigen. Dazu nahm ich einige Beispiele aus der Geschichte der Optik und derjenigen der Elektrizität. Wir werden sehen, von wo die Ideen Fresnels und diejenigen Maxwells ausgegangen sind, und welche unbewußten Hypothesen Ampère und die anderen Begründer der Elektrodynamik machten.

H. P.

Erster Teil.
Zahl und Größe.

Erstes Kapitel.
Über die Natur der mathematischen Schlußweisen.

I.

Die Möglichkeit der Existenz einer mathematischen Wissenschaft scheint ein unlösbarer Widerspruch in sich zu sein. Wenn diese Wissenschaft nur scheinbar deduktiv ist, wie kommt sie dann zu dieser vollkommenen Unwiderlegbarkeit, welche niemand anzuzweifeln wagt? Wenn im Gegenteil alle Behauptungen, welche sie aufstellt, sich auseinander durch die formale Logik ableiten lassen, warum besteht die Mathematik dann nicht in einer ungeheuern Tautologie? Der logische Schluß kann uns nichts wesentlich Neues lehren, und wenn alles vom Prinzipe der Identität ausgehen soll, so müßte auch alles darauf zurückzuführen sein. Dann müßte man also zugeben, daß alle diese Lehrsätze, welche so viele Bände füllen, nichts anderes lehren, als auf Umwegen zu sagen, daß A gleich A ist.

Man kann ohne Zweifel bis auf die Axiome zurückgehen, welche an der Quelle aller dieser Betrachtungen stehen. Wenn man meint, sie nicht auf das Prinzip des Widerspruches zurückführen zu können, wenn man noch weniger in ihnen erfahrungsmäßige Tatsachen sehen will, welche an der mathematischen Notwendigkeit keinen Anteil haben, so hat man doch noch immer den Ausweg, sie den synthetischen Urteilen a priori einzureihen. Das heißt aber nicht, die Schwierigkeit lösen, sondern ihr nur einen Namen geben; und wenn selbst die Natur der synthetischen Urteile für uns kein Geheimnis wäre, so wäre der Widerspruch nicht gelöst, er würde uns vielmehr an einer andern Stelle wieder begegnen; die syllogistische Beweisführung bleibt unfähig, den gegebenen Voraussetzungen irgend etwas hinzuzufügen: diese Voraussetzungen reduzieren sich auf einige Axiome, und man könnte in den Folgerungen nichts anderes wiederfinden.

Kein Lehrsatz würde neu sein, bei dessen Beweis nicht ein neues Axiom in Frage käme. Die logische Durchführung könnte uns nur die unmittelbar evidenten Wahrheiten geben, welche der direkten Anschauung entlehnt sind. Sie wäre nichts anderes als ein überflüssiges Zwischenglied der Betrachtung; und würde man auf diese Weise nicht dahin kommen sich zu fragen, ob dieser ganz syllogistische Apparat nur dazu dient, um zu verschleiern, inwieweit wir der Anschauung etwas entlehnt haben?

Der Widerspruch wird uns noch mehr auffallen, wenn wir irgend ein mathematisches Buch aufschlagen; auf jeder Seite wird der Verfasser die Absicht ankündigen, einen schon bekannten Satz zu verallgemeinern. Kommt dieses nun daher, daß die mathematische Methode vom Besonderen zum Allgemeinen fortschreitet, und wie kann man sie dann deduktiv nennen?

Wenn endlich die Wissenschaft der Zahl rein analytisch wäre, oder wenn sie von einer kleinen Anzahl synthetischer Urteile nach analytischer Methode ausgehen könnte, so vermöchte ein hinreichend starker Verstand mit einem Blicke scheinbar alle Wahrheiten zu übersehen; was sage ich! man könnte sogar hoffen, eines Tages eine hinreichend einfache Sprache zu erfinden, um sie so auszudrücken, daß sie auch einem gewöhnlichen Verstandesvermögen ebenso unmittelbar einleuchten.

Wenn man es ablehnt, diese Folgerungen zuzulassen, so muß man doch zugeben, daß die mathematische Überlegung an sich eine Art schöpferischer Kraft enthält und sich dadurch von der syllogistischen Schlußweise unterscheidet.

Der Unterschied muß sogar tiefgehend sein. Wir werden zum Beispiel den Schlüssel zu dem Geheimnisse nicht etwa in dem öfteren Gebrauche des Gesetzes finden, nach welchem eine und dieselbe eindeutige, auf zwei gleiche Zahlen angewandte Operation zu gleichen Resultaten führt.

Alle diese Schlußweisen, mögen sie nun auf den eigentlichen Syllogismus zurückführbar sein oder nicht, bewahren den analytischen Charakter und sind ebendadurch ohnmächtig.

II.

Der Streit ist alt; schon Leibniz suchte zu beweisen, daß 2 und 2 gleich 4 ist; wir wollen seine Darlegungen ein wenig untersuchen.

Ich setze voraus, daß man die Zahl 1 definiert habe, und ebenso die Operation $x+1$, welche darin besteht, einer gegebenen Zahl x die Einheit hinzuzufügen.

Diese Definitionen kommen, wie sie auch beschaffen sein mögen, für die folgende Betrachtung nicht in Frage.

Ich definiere hierauf die Zahlen 2, 3 und 4 durch die Gleichungen:

(1) $\qquad 1+1=2,$
(2) $\qquad 2+1=3,$
(3) $\qquad 3+1=4.$

Ich definiere ebenso die Operation $x+2$ durch die Beziehung:

(4) $$x+2=(x+1)+1.$$
Dieses vorausgesetzt, haben wir:

$2+2=(2+1)+1$ (Definition 4),
$(2+1)+1=3+1$ (Definition 2),
$3+1=4$ (Definition 3),

also:

$2+2=4$, w. z. b. w.

Man wird nicht ableugnen können, daß diese Beweisführung eine rein analytische ist. Fragt man jedoch irgend einen Mathematiker, so wird er sagen: „Das ist keine eigentliche Beweisführung, sondern eine Verifikation". Man hat sich darauf beschränkt, zwei rein konventionelle Definitionen neben einander zu stellen und hat ihre Identität konstatiert; man hat nichts Neues gelernt. Die Verifikation unterscheidet sich genau vom wirklichen Beweise, weil sie rein analytisch und unfruchtbar ist. Sie ist unfruchtbar, weil die Schlußfolgerung nur die Übersetzung der Voraussetzungen in eine andere Sprache ist. Der wirkliche Beweis dagegen ist fruchtbar, weil die Schlußfolgerung einen allgemeineren Inhalt hat, als die Voraussetzungen.

Die Gleichung $2+2=4$ ist nur deshalb einer solchen Verifikation fähig, weil sie einen besonderen Charakter hat. Jede besondere Aussage in der Mathematik kann auf solche Weise verifiziert werden. Aber wenn die Mathematik sich auf eine Reihe von ähnlichen Verifikationen zurückführen ließe, so wäre sie keine Wissenschaft. So erschafft zum Beispiel ein Schachspieler keine Wissenschaft, indem er eine Partie gewinnt. Eine Wissenschaft kann sich nur auf allgemeine Wahrheiten beziehen.

Man kann sogar sagen, daß gerade die exakten Wissenschaften die Aufgabe haben, uns von diesen direkten Verifikationen zu entlasten.

III.

Wir wollen jetzt den Mathematiker bei der Arbeit beobachten und versuchen, einen Einblick in seine Denkweise zu gewinnen.

Der Versuch ist nicht ohne Schwierigkeit; es genügt nicht, ein Werk auf gut Glück aufzuschlagen und darin den nächstbesten Beweis zu zergliedern.

Wir müssen zuerst die Geometrie ausschließen, denn hier wird die Frage durch die schwer zugänglichen Probleme verwickelt, welche sich auf das Wesen der Postulate, auf die Natur und den Ursprung der Raumvorstellung beziehen. Aus analogen Gründen können wir uns nicht an die Infinitesimal-Rechnung wenden. Wir müssen den mathematischen Gedanken da suchen, wo er rein geblieben ist, das ist in der Arithmetik.

Auch dabei muß man noch auswählen; in den höchsten Gebieten der Zahlentheorie haben die mathematischen Elementarbegriffe bereits eine solche Entwicklung durchgemacht, daß es schwer fällt, dieselben zu analysieren.

Nur in den Anfangsgründen der Arithmetik dürfen wir daher die gesuchte Erklärung zu finden erwarten, aber gerade in den Beweisen der allerelementarsten Lehrsätze kommt es vor, daß die Verfasser der klassischen Lehrbücher das geringste Maß von Genauigkeit und Schärfe anwenden. Man kann ihnen daraus keinen Vorwurf machen; sie gehorchen einer Notwendigeit; die Anfänger sind nicht für die wirkliche mathematische Strenge vorbereitet; sie würden darin nur unnütze und langweilige Spitzfindigkeiten sehen; man würde seine Zeit verlieren, wenn man sie zu früh anspruchsvoller machen wollte; sie müssen denselben Weg schnell durchlaufen, welchen die Begründer der Wissenschaft langsam durchmessen haben, aber immer dabei die schon zurückgelegten Strecken im Auge behalten.

Warum ist eine so lange Vorbereitung notwendig, um sich an diese vollkommene Strenge zu gewöhnen, welche, wie man glauben möchte, alle gut veranlagten Köpfe sich selbst auferlegen sollten? Darin liegt ein logisches und psychologisches Problem, das wohl des Nachdenkens wert ist.[1])

Wir können uns dabei nicht aufhalten, es liegt unserem Gegenstande fern; alles, was ich hervorheben möchte, ist, daß wir, um unser Ziel nicht zu verfehlen, die Beweise der elementarsten Lehrsätze von Anfang an durchgehen müssen und ihnen nicht die grobe Form lassen, welche man ihnen gibt, um die Anfänger nicht zu ermüden, sondern diejenige, welche einen geübten Mathematiker befriedigen kann.[2])

Definition der Addition. — Ich setze voraus, daß man zuvor die Operation $x+1$, welche darin besteht, daß man die Zahl 1 einer gegebenen Zahl x hinzufügt, definiert hat.

Diese Definition, welcher Art sie auch sei, wird in der Fortsetzung unserer Entwicklungen keine Rolle spielen.

Es handelt sich jetzt darum, die Operation $x+a$ zu definieren, welche darin besteht, die Zahl a zu einer gegebenen Zahl x hinzuzufügen.

Setzen wir voraus, man hätte die Operation:

$$x+(a-1)$$

definiert, so wird die Operation $x+a$ durch die Gleichung:

(1) $$x+a=[x+(a-1)]+1$$

definiert sein.

Wir werden also wissen, was $x+a$ bedeutet, wenn wir wissen, was $x+(a-1)$ bedeutet, und da ich am

Anfang vorausgesetzt habe, man wisse, was $x+1$ bedeute, so wird man successive und „durch rekurrierendes Verfahren" die Operationen $x+2$, $x+3$ etc. definieren können.

Diese Definition verdient für einen Augenblick unsere Aufmerksamkeit, denn sie unterscheidet sich durch ihre besondere Natur von der rein logischen Definition, und derartig besondere Definitionen werden uns noch oft begegnen. Die Gleichung (1) enthält tatsächlich eine unendliche Anzahl von verschiedenen Definitionen, deren jede nur einen Sinn hat, wenn man die vorhergehende kennt.

Eigenschaften der Addition. — *Associatives Gesetz.* — Ich behaupte, daß:
$$a+(b+c)=(a+b)+c.$$
In der Tat, der Lehrsatz ist richtig für $c=1$; er heißt dann:
$$a+(b+1)=(a+b)+1,$$
und das ist nichts anderes, abgesehen vom Unterschiede in der Bezeichnungsweise, als die Gleichung (1), durch welche ich soeben die Addition definiert habe.

Nehmen wir an, daß der Lehrsatz richtig sei für $c=\gamma$, so behaupte ich, daß er für $c=\gamma+1$ auch richtig ist. Sei in der Tat:
$$(a+b)+\gamma=a+(b+\gamma),$$
so wird man daraus ableiten, daß:
$$[(a+b)+\gamma]+1=[a+(b+\gamma)]+1$$
oder infolge der Definition (1):
$$(a+b)+(\gamma+1)=a+(b+\gamma+1)=a+[b+(\gamma+1)].$$

Das beweist, durch eine Reihe von rein analytischen Schlüssen, daß der Lehrsatz für $\gamma+1$ richtig ist.

Ist er also richtig für $c=1$, so würde man so successive einsehen, daß er richtig ist für $c=2$, für $c=3$ etc.

Commutatives Gesetz. — 1. Ich behaupte, daß:
$$a + 1 = 1 + a.$$
Der Satz ist evident für $a = 1$; man könnte durch rein analytische Schlüsse verifizieren, daß er für $a = \gamma$ richtig ist; er ist dann auch für $a = \gamma + 1$ richtig; er gilt nun für $a = 1$, also auch für $a = 2$, für $a = 3$ etc.; das meint man, wenn man sagt, daß der ausgesprochene Satz durch rekurrierendes Verfahren bewiesen wird.

2. Ich behaupte, daß:
$$a + b = b + a.$$
Der Satz ist soeben für $b = 1$ bewiesen; man kann durch analytische Schlüsse verifizieren, daß er auch für $b = \beta + 1$ gilt, wenn er für $b = \beta$ richtig ist.

Der Inhalt der Behauptung ist folglich durch rekurrierendes Verfahren sicher gestellt.

Definition der Multiplikation. — Wir definieren die Multiplikation durch die Gleichungen:
$$a \times 1 = a,$$
(2) $$a \times b = [a \times (b - 1)] + a.$$
Die Gleichung (2) umfaßt wie die Gleichung (1) eine unendliche Anzahl von Definitionen; wenn sie $a \times 1$ definiert hat, so erlaubt sie successive $a \times 2$, $a \times 3$ etc. zu definieren.

Eigenschaften der Multiplikation. — *Distributives Gesetz.* — Ich behaupte, daß:
$$(a + b) \times c = (a \times c) + (b \times c).$$
Man verifiziert durch analytische Schlußweise, daß die Gleichung richtig ist für $c = 1$; sodann, daß der Satz für $c = \gamma + 1$ richtig ist, wenn er für $c = \gamma$ richtig ist.

Die Behauptung wird wiederum durch rekurrierendes Verfahren bewiesen.

Commutatives Gesetz. — 1. Ich behaupte, daß:

Algebraische Rechnung

$$a \times 1 = 1 \times a.$$

Der Satz ist evident für $a = 1$.
Man verifiziert analytisch, daß er für $a = \alpha + 1$ richtig ist, wenn er für $a = \alpha$ gilt.

2. Ich behaupte, daß:

$$a \times b = b \times a.$$

Der Satz ist soeben für $b = 1$ bewiesen. Man wird analytisch beweisen, daß er für $b = \beta + 1$ richtig ist, wenn er für $b = \beta$ richtig ist.

IV.

Ich halte jetzt mit dieser einförmigen Aufeinanderfolge von Entwicklungen inne. Aber gerade diese Einförmigkeit ließ das Verfahren besser zur Geltung kommen, das seiner Natur nach einförmig ist und dem man bei jedem Schritte wieder begegnet.

Dieses Verfahren ist der Beweis durch die rekurrierende Schlußweise. Man stellt zuerst den Lehrsatz für $n = 1$ auf; man beweist darauf, daß er für n richtig ist, wenn er für $n-1$ stimmt, und man schlußfolgert daraus, daß er für alle ganzen Zahlen gilt.

Wir haben soeben gesehen, wie man sich dieses Verfahrens bedienen kann, um die Regeln der Addition und Multiplikation zu beweisen, d. h. die Regeln der algebraischen Rechnung; diese Rechnung ist ein Werkzeug, das sich in weit umfassenderem Maße zu Umformungen eignet als der einfache logische Schluß; aber sie ist noch ein rein analytisches Werkzeug und nicht fähig, uns etwas Neues zu lehren. Wenn die Mathematik kein anderes hätte, so würde sie alsbald in ihrem Vorwärtskommen aufgehalten werden; aber sie findet neue Hilfsquellen in demselben Verfahren, d. h. in der rekurrierenden Schlußweise, und so kann sie weiter vorwärtsschreiten.

Bei näherer Prüfung findet man auf Schritt und Tritt diese Art der Schlußweise, sei es in der einfachen Gestalt, welche wir ihr soeben gaben, sei es in einer mehr oder weniger veränderten Gestalt.

Hier haben wir die mathematische Schlußweise in ihrer reinsten Form, und es ist für uns notwendig, sie näher zu prüfen.

V.

Die Haupteigenschaft des rekurrierenden Verfahrens besteht darin, daß es, sozusagen in einer einzigen Formel zusammengedrängt, eine unendliche Anzahl von Syllogismen enthält.

Um dies klarer zu machen, will ich die Syllogismen der Reihe nach aussprechen; sie folgen aufeinander — man gestatte mir dieses Bild — wie Kaskaden.

Es sind, wohlverstanden, hypothetische Syllogismen.

Der Lehrsatz gilt für die Zahl 1.

Ist er richtig für 1, so ist er auch richtig für 2.

Er gilt also für 2.

Ist er richtig für 2, so gilt er auch für 3.

Er gilt also für 3, und so weiter.

Man sieht, daß die Schlußfolgerung eines jeden Syllogismus dem folgenden als Unterlage dient.

Ja, noch mehr: die Folgesätze aller unserer Syllogismen können auf eine einzige Formel zurückgeführt werden:

Wenn der Lehrsatz für $n-1$ gilt, so gilt er auch für n.

Man sieht also, daß man sich bei dem rekurrierenden Verfahren darauf beschränkt, die Unterlage des ersten Syllogismus und die allgemeine Formel darzulegen, welche alle Folgesätze als besondere Fälle enthält.

Diese Reihe von Syllogismen, welche niemals enden würde, wird so auf einen Satz von wenigen Linien reduziert.

Es ist jetzt leicht verständlich, warum jede besondere Folgerung eines Lehrsatzes, wie ich es oben dargelegt habe, durch rein analytisches Verfahren verifiziert werden kann (vergl. S. 4).

Wenn wir, anstatt zu zeigen, daß unser Lehrsatz für alle Zahlen gilt, nur vor Augen führen wollen, daß er z. B. für die Zahl 6 gilt, so wird es genügen, die fünf ersten Syllogismen unserer Kaskade aufzustellen; wir würden neun brauchen, wenn wir den Lehrsatz für die Zahl 10 beweisen wollten; für eine größere Zahl würden wir noch mehr benöthigen; aber wie groß auch diese Zahl sei, wir würden sie schließlich immer erreichen, und die analytische Verifikation würde möglich sein.

Und wenn wir auch noch so weit in dieser Weise fortschreiten würden, so könnten wir uns doch niemals bis zu dem allgemeinen Lehrsatze erheben, der für alle Zahlen anwendbar bleibt und welcher allein Gegenstand der Wissenschaft ist. Um dahin zu gelangen, bedürfte es einer unendlichen Anzahl von Syllogismen; es müßte ein Abgrund übersprungen werden, welchen die Geduld des Analysten, der auf die formale Logik als einzige Quelle beschränkt ist, niemals ausfüllen könnte.

Ich fragte zu Anfang (vgl. S. 2), weshalb man sich nicht einen Verstand vorstellen könnte, der stark genug wäre, mit einem Blicke die Gesamtheit der mathematischen Wahrheiten zu erfassen.

Die Antwort ist jetzt erleichtert; ein Schachspieler kann vier Züge im voraus berechnen, vielleicht auch fünf, aber wenn man ihm auch Außerordentliches zutraut, so wird er sich immer nur eine endliche Anzahl zurechtlegen können; wenn er seine Fähigkeiten auf die Arithmetik anwendet, so wird er nicht im stande sein, sich deren allgemeine Wahrheiten mit einer einzigen direkten Anschauung zum Bewußtsein zu bringen; um zu dem kleinsten Lehrsatze zu gelangen, kann er nicht das rekurrierende Verfahren entbehren, weil dies ein Werkzeug ist, welches uns gestattet, vom Endlichen zum Unendlichen fortzuschreiten.

Dieses Werkzeug ist immer nützlich, denn es erlaubt uns, mit einem Satze beliebig viele Stationen zu überspringen, und erspart uns dadurch lange, ermüdende und einförmige Verifikationen, welche sich bald als undurchführbar erweisen würden. Aber dieses Werkzeug wird unentbehrlich, wenn man den allgemeinen Lehrsatz im Auge hat, dem wir uns durch analytische Verifikationen unaufhörlich nähern, ohne ihn jemals zu erreichen.

In diesem Gebiete der Arithmetik kann man meinen, von der Infinitesimal-Rechnung weit entfernt zu sein; und dennoch spielt, wie wir soeben gesehen haben, die Idee des mathematischen Unendlich schon eine hervorragende Rolle, und ohne sie würde es keine Wissenschaft geben, weil es nichts Allgemeines geben würde.

VI.

Das Urteil, auf welchem die Entwicklung durch das rekurrierende Verfahren beruht, kann in andere Formen gesetzt werden; man kann z. B. sagen, daß es in einer unendlichen Menge von verschiedenen ganzen Zahlen immer eine gibt, welche kleiner ist als alle übrigen.

Man kann leicht von einer Aussage zur anderen übergehen und sich so der Einbildung hingeben, als hätte man die Legitimität des rekurrierenden Verfahrens bewiesen. Aber man wird immer auf ein Hindernis stoßen, man wird immer zu einem unbeweisbaren Axiom gelangen, welches im Grunde nichts weiter ist als der zu beweisende Satz, in eine andere Sprache übersetzt.

Man kann sich daher der Schlußfolgerung nicht entziehen, daß das Gesetz des rekurrierenden Verfahrens nicht auf das Prinzip des Widerspruchs zurückführbar ist.

Zu diesem Gesetze können wir nicht durch die Erfahrung gelangen; die Erfahrung könnte uns z. B lehren, daß das Gesetz für die zehn, für die hundert ersten Zahlen richtig ist, sie kann nicht die unendliche Folge der Zahlen erreichen, sondern nur einen größeren oder kleineren, aber immer einen begrenzten Teil dieser Zahlenfolge.

Wenn es sich jedoch nur darum handelte, so würde das Prinzip des Widerspruchs genügen; es würde uns immer gestatten, so viele logische Schlüsse zu entwickeln, als wir wollen; nur wenn es darauf ankommt, eine unendliche Anzahl solcher Schlüsse in eine einzige Formel zusammenzufassen, nur vor dem Unendlichen versagt dieses Prinzip, und genau an diesem Punkte wird auch die Erfahrung machtlos. Dieses Gesetz, welches dem analytischen Beweise ebenso unzugänglich ist wie der Erfahrung, gibt den eigentlichen Typus des synthetischen Urteils a priori. Man kann andrerseits darin nicht bloßes Übereinkommen sehen wollen, wie bei einigen Postulaten der Geometrie.

Warum drängt sich uns dieses Urteil mit einer unwiderstehlichen Gewalt auf? Das kommt daher, weil es nur die Bestätigung der Geisteskraft ist, welche die Überzeugung hat, sich die unendliche Wiederholung eines und desselben Schrittes vorstellen zu können, sobald dieser Schritt einmal als möglich erkannt ist. Der Verstand hat von dieser Macht eine direkte Anschauung, und die Erfahrung kann für ihn nur eine Gelegenheit sein, sich derselben zu bedienen und dadurch derselben bewußt zu werden.

Aber, wird man einwenden, wenn auch die unmittelbare rohe Erfahrung das rekurrierende Verfahren nicht rechtfertigen kann, ist es deshalb ebenso, wenn die Induktion der Erfahrung zu Hilfe kommt? Wir sehen successive, daß ein Lehrsatz richtig ist für die Zahl 1, für die Zahl 2, für die Zahl 3 u. s. w.; **das Gesetz ist evident**, so sagen wir; und es ist das ebenso berechtigt wie bei jedem physikalischen Gesetze, das sich auf Beobachtungen stützt, deren Zahl zwar sehr groß, aber immer endlich ist.

Man kann nicht verkennen, daß hier eine auffällige Analogie mit den gebräuchlichen Verfahrungsweisen der Induktion vorhanden ist. Aber es besteht ein wesentlicher Unterschied. Die Induktion bleibt in ihrer Anwendung auf die physikalischen Wissenschaften immer unsicher, weil sie auf dem Glauben an eine allgemeine Gesetzmäßigkeit des Universums beruht, und diese Gesetzmäßigkeit liegt außerhalb von uns selbst. Die mathematische Induktion dagegen, d. h. der Beweis durch rekurrierendes Verfahren, zwingt sich uns mit Notwendigkeit auf, weil er nur die Betätigung einer Eigenschaft unseres eigenen Verstandes ist.[3])

VII.

Wie ich schon erwähnt habe (S. 2), bemühen sich die Mathematiker stets, die Sätze, welche sie aufgestellt haben, weiter zu verallgemeinern; so (um nicht andere Beispiele zu suchen) haben wir eben die Gleichung:

$$a + 1 = 1 + a$$

bewiesen; und wir bedienten uns derselben, um daraus die Gleichung:

$$a + b = b + a$$

abzuleiten, welche offenbar allgemeiner ist.

Die Mathematik kann daher, wie die anderen Wissenschaften, vom Besonderen zum Allgemeinen fortschreiten.

Hierin liegt eine Tatsache, die uns am Anfang dieser Darlegung unverständlich erschienen wäre, aber welche jetzt für uns nichts Geheimnisvolles hat, nach- dem wir die Analogie zwischen dem rekurrierenden Beweise und der gewöhnlichen Induktion festgestellt haben.

Ohne Zweifel, die mathematisch-rekurrierende Schlußweise und die physikalisch-induktive Schlußweise beruhen auf verschiedenen Grundlagen, aber ihre Wege laufen parallel; sie schreiten in demselben Sinne fort, d. h. vom Besonderen zum Allgemeinen.

Gehen wir darauf noch etwas näher ein. Um die Gleichung:

(1) $$a + 2 = 2 + a$$

zu beweisen, genügt es, zweimal die Regel:

(2) $$a + 1 = 1 + a$$

anzuwenden und zu schreiben:

$$a + 2 = a + 1 + 1 = 1 + a + 1 = 1 + 1 + a = 2 + a.$$

Die Gleichung (1) ist so auf rein analytischem Wege aus der Gleichung (2) abgeleitet; sie ist aber deshalb nicht ein bloßer Spezialfall derselben; sie ist etwas anderes.

Man kann daher nicht sagen, daß man im eigentlich analytischen und deduktiven Teile der mathematischen Entwicklungen im gewöhnlichen Sinne des Wortes vom Allgemeinen zum Besonderen übergeht. Die beiden Seiten der Gleichung (1) sind nur verwickeltere Kombinationen als die beiden Seiten der Gleichung (2), und die Analyse dient nur dazu, die Elemente, welche in diese Kombinationen eingehen, zu trennen und ihre gegenseitigen Beziehungen zu studieren.

Die Mathematik kommt also „durch Konstruktionen" vorwärts, sie „konstruiert" immer verwickeltere Kombinationen. Indem sie dann durch die Analyse dieser Kombinationen, die man als selbständige Gesamtheiten bezeichnen könnte, zu ihren ursprünglichen Elementen zurückkehrt, wird sie sich der gegenseitigen Beziehungen dieser Elemente bewußt und leitet daraus die Beziehungen zwischen diesen Gesamtheiten selbst ab.

Das ist ein rein analytisches Vorgehen, aber nicht ein Vorgehen vom Allgemeinen zum Besonderen, denn die Gesamtheiten können offenbar nicht so angesehen werden, als wären sie von speziellerer Natur wie ihre Elemente.

Man hat mit Recht diesem Prozesse der Konstruktion eine große Wichtigkeit beigelegt, und man hat darin die notwendige und hinreichende Bedingung für die Fortschritte der exakten Wissenschaften erkennen wollen.

Notwendig? ohne Zweifel; aber hinreichend? nein!

Damit eine Konstruktion nützlich sein kann, damit sie nicht nur eine überflüssige Anstrengung des Verstandes darstellt, damit sie jedem als Sprungbrett dienen kann, der sich höher erheben will, muß sie vor allem eine Art Einheit besitzen, welche erlaubt, darin etwas anderes zu sehen als die bloße Anhäufung von Elementen.

Oder genauer: man muß einen Vorteil darin erkennen, daß man lieber die Konstruktion als die einzelnen Elemente betrachtet.

Welcher Art kann dieser Vorteil sein?

Warum z. B. soll man sich lieber mit einem Polygon beschäftigen, das doch stets in Dreiecke zerlegbar ist, als mit diesen Elementar-Dreiecken?

Offenbar, weil es Eigenschaften gibt, die den Polygonen mit einer beliebigen Anzahl von Seiten zukommen und die man unmittelbar auf irgend ein besonderes Polygon anwenden kann.

Meistens dagegen würde man sie nur um den Preis sehr langwieriger Bemühungen wiederfinden, wenn man direkt die Beziehungen der Elementar-Dreiecke studieren wollte.

Wenn das Viereck etwas anderes ist als zwei aneinandergelegte Dreiecke, so liegt dies daran, daß das Viereck zur Klasse der Polygone gehört.

Eine Konstruktion wird nur interessant, wenn man sie an andere, ähnliche Konstruktionen anreihen kann, so daß alle zu einer gemeinsamen Klasse gehören.

Überdies muß man die Eigenschaften dieser Klasse ableiten können, ohne sie einzeln nacheinander für jedes Individuum der Klasse aufzustellen.

Um dahin zu gelangen, muß man notwendigerweise vom Besonderen zum Allgemeinen aufsteigen, indem man eine oder mehrere Stufen weiterklimmt.

Das analytische Verfahren „durch Konstruktion" nötigt uns nicht wieder herabzusteigen, sondern es läßt uns auf demselben Niveau.

Wir können uns nur durch die mathematische Induktion erheben, denn sie allein kann uns etwas Neues lehren. Ohne die Hilfe dieser Induktion, welche in gewissem Sinne von der physikalischen Induktion verschieden, aber fruchtbar wie diese ist, würde die Konstruktion nicht im stande sein, eine Wissenschaft aufzubauen.

Schließlich wollen wir bemerken, daß diese Induktion nur möglich ist, wenn eine und dieselbe Operation unendlich oft wiederholt werden kann. Deshalb wird die Theorie des Schachspiels niemals eine Wissenschaft werden können, denn die verschiedenen Züge einer und derselben Partie haben keine Ähnlichkeit untereinander.

Zweites Kapitel.

Die mathematische Größe und die Erfahrung.

Wenn man wissen will, was die Mathematiker unter einem Kontinuum verstehen, muß man nicht bei der Geometrie anfragen; der Geometer sucht sich immer die von ihm studierten Figuren mehr oder weniger darzustellen, aber seine Darstellungen sind für ihn nur Hilfsmittel. Er macht Geometrie mit Linien, die er sich im Raum frei vorstellt ebenso gut wie mit der Kreide auf der Tafel; auch muß man sich hüten, Zufälligkeiten, welche oft ebenso unwichtig sind wie die Farbe der Kreide, allzuviel Bedeutung beizulegen.

Der reine Analytiker hat diese Klippe nicht zu fürchten. Er hat die mathematische Wissenschaft aller fremden Elemente entkleidet und er kann auf die Frage antworten: was ist eigentlich dieses Kontinuum, mit dem die Mathematiker arbeiten? Viele von ihnen, welche über ihre Kunst nachdenken, haben bereits geantwortet, z. B. Herr Tannery in seiner „Introduction à la théorie des fonctions d'une variable."

Gehen wir von der Stufenleiter der ganzen Zahlen aus; zwischen zwei aufeinanderfolgende Stufen schieben wir eine oder mehrere Zwischenstufen ein, dann zwischen diese neuen Stufen wieder andere und so fort ohne Ende. Wir haben so eine unbegrenzte Anzahl von Gliedern; das sind die Zahlen, welche man als Brüche oder als rationale, bezw. kommensurable Zahlen bezeichnet. Aber dies ist nicht alles; zwischen diese Glieder, welche doch schon in unendlicher Anzahl vorhanden sind, muß man noch wieder andere einschalten, welche man als irrationale oder inkommensurable Zahlen bezeichnet.

Bevor wir weiter gehen, schicken wir folgende Bemerkung voraus. Das so aufgefaßte Kontinuum ist nur eine Ansammlung von Individuen, die in eine gewisse Ordnung gebracht sind; allerdings ist ihre Anzahl unendlich groß, aber sie sind doch voneinander getrennt. Das ist nicht die gewöhnliche Vorstellung, bei der man zwischen den Elementen des Kontinuums eine Art inniger Verbindung voraussetzt, welche daraus ein Ganzes macht und wo der Punkt nicht früher als die Linie existiert, aber wohl die Linie früher als der Punkt. Von der berühmten Formulierung „das Kontinuum ist die Einheit in der Vielheit" bleibt nur die Vielheit übrig, die Einheit ist verschwunden. Die Analytiker haben deshalb nicht weniger Recht, ihr Kontinuum so zu definieren, wie sie es tun, denn nur mit dem so definierten Kontinuum arbeiten sie, wenn sie die höchste Strenge ihrer Beweise erreichen wollen. Aber das ist genug, um vorläufig einzusehen, daß das eigentliche mathematische Kontinuum etwas ganz anderes ist als das Kontinuum der Physiker oder dasjenige der Metaphysiker.

Man wird vielleicht sagen, daß sich die Mathematiker, welche sich mit dieser Definition begnügen, durch Worte betrügen lassen, daß man in einer knappen Form ausdrücken müßte, was jede dieser dazwischen liegenden Stufen bedeute, daß man erklären müßte, wie man sie einzuschalten hat, und beweisen müßte, daß es möglich ist diese Einschaltung auszuführen. Aber das würde unbillig sein; die einzige Eigenschaft dieser Stufen, welche bei ihren Überlegungen*) benutzt wird, ist diejenige, daß jede sich vor oder hinter einer anderen befindet; diese Eigenschaft allein darf deshalb bei Definition der Stufe benutzt werden.

Also braucht man sich nicht über die Art und Weise zu beunruhigen, wie man diese Zwischenglieder einzuschalten hat; andererseits wird niemand daran zweifeln, daß diese Operation möglich ist, es sei denn, er vergäße, daß dieses letztere Wort[3a]) in der Sprache der Mathematik einfach so viel bedeutet als „frei von Widersprüchen."

Unsere Definition ist gleichwohl noch nicht vollständig,

---

*) Hier sind diejenigen Überlegungen eingeschlossen, welche in den gewöhnlichen Festsetzungen implicite enthalten sind, die zur Definition der Addition dienen und auf die wir später zurückkommen.

und nach dieser allzulangen Abschweifung komme ich jetzt darauf zurück.

Definition der inkommensurablen Zahlen. — Die Mathematiker der Berliner Schule, besonders L. Kronecker, haben mit Vorliebe den Gedanken vertreten, daß man diese kontinuierliche Stufenleiter der gebrochenen und irrationalen Zahlen aufbauen könne, ohne sich anderer Bausteine zu bedienen als ganzer Zahlen. Bei dieser Anschauungsweise würde das mathematische Kontinuum nur eine Schöpfung des Verstandes sein, mit der die Erfahrung nichts zu tun hat.[4])

Der Begriff der rationalen Zahl schien ihnen keine Schwierigkeit zu bereiten, sie haben sich hauptsächlich bemüht, die inkommensurable Zahl zu definieren. Aber ehe ich eine entsprechende Definition gebe, muß ich eine Bemerkung einflechten, um dem Erstaunen zuvorzukommen, das sie unfehlbar bei solchen Lesern hervorrufen würde, welche mit den Gewohnheiten der Mathematiker wenig vertraut sind.

Die Mathematiker studieren nicht Objekte, sondern Beziehungen zwischen den Objekten; es kommt ihnen deshalb nicht darauf an, diese Objekte durch andere zu ersetzen, wenn dabei nur die Beziehungen ungeändert bleiben. Der Gegenstand ist für sie gleichgültig, die Form allein hat ihr Interesse. Wenn man dieses nicht im Auge hätte, würde es unverständlich bleiben, wie man nach Dedekind mit dem Namen einer **inkommensurablen Zahl** ein bloßes Symbol bezeichnet, d. h. etwas, das gänzlich verschieden von der Idee ist, welche man mit dem Begriffe einer Größe glaubt verbinden zu müssen, die doch meßbar und greifbar sein sollte.

Die gemeinte Definition Dedekinds kann etwa in folgender Weise gefaßt werden[5]):

Man kann auf unendlich viele Weisen die kommensurablen Zahlen derart in zwei Klassen einteilen, daß irgend eine Zahl der ersten Klasse größer ist als irgend eine Zahl der zweiten Klasse.

Es kann eintreten, daß unter den Zahlen der ersten Klasse eine vorkommt, welche kleiner ist als alle anderen; wenn man z. B. in die erste Klasse alle Zahlen einreiht, die größer als 2 sind, und 2 selbst, in die zweite Klasse aber alle Zahlen, die kleiner als 2 sind, so ist es klar, daß 2 die kleinste Zahl unter allen in der ersten Klasse ist. Die Zahl 2 wird dann als Symbol dieser Einteilungsart gewählt werden können.

Im Gegensatze hierzu kann es vorkommen, daß unter den Zahlen der zweiten Klasse eine auftritt, die größer ist als alle anderen; das ist z. B. der Fall, wenn die erste Klasse alle Zahlen umfaßt, die größer als 2 sind, und die zweite alle Zahlen, die kleiner als 2 sind, und 2 selbst. Auch hier kann die Zahl 2 als Symbol dieser Einteilungsart gelten.

Aber es kann ebenso gut vorkommen, daß man weder in der ersten Klasse eine Zahl kleiner als alle anderen, noch in der zweiten eine Zahl größer als alle anderen finden kann. Nehmen wir z. B. an, daß man in die erste Klasse alle kommensurablen Zahlen stellt, deren Quadrat größer als 2 ist, und in die zweite alle, deren Quadrat kleiner als 2 ist. Man weiß, daß es keine Zahl gibt, deren Quadrat genau gleich 2 ist. Es gibt dann offenbar in der ersten Klasse keine Zahl kleiner als alle anderen, denn wie nahe das Quadrat einer Zahl auch der 2 komme, man wird immer eine kommensurable Zahl finden können, deren Quadrat der Zahl 2 noch näher kommt.

Bei dieser Betrachtungsweise ist die inkommensurable Zahl

$$\sqrt{2}$$

nichts anderes als das Symbol dieser besonderen Einteilung der kommensurablen Zahlen; und jeder Einteilungsart entspricht so entweder eine kommensurable Zahl, welche ihr als Symbol dient, oder es entspricht ihr keine kommensurable Zahl.

Aber wenn man sich hiermit begnügen wollte, so würde man zu sehr den Ursprung dieser Symbole vergessen; es bleibt unaufgeklärt, wie man dazu gekommen ist, ihnen eine Art konkreter Existenz zuzusprechen; und beginnt andererseits die Schwierigkeit nicht ebenso schon bei den gebrochenen Zahlen selbst? Würden wir den Begriff dieser Zahlen haben[6]), wenn wir nicht im voraus einen Gegenstand kennen würden, den wir uns als bis ins Unendliche teilbar, d. h. als ein Kontinuum vorstellen?

Das physikalische Kontinuum. — Man kommt so dazu, sich zu fragen, ob der Begriff des mathematischen Kontinuums nicht einfach der Erfahrung entnommen ist. Wenn dem so wäre, so würden die rohen Angaben der Erfahrung, die eben unsere Empfindungen sind, der Messung zugänglich sein. Wir könnten versucht sein zu glauben, daß es wirklich so ist, denn man hat in neuerer Zeit versucht, sie zu messen, und sogar ein Gesetz formuliert, das unter dem Namen des Fechnerschen Gesetzes bekannt ist, nach welchem die Empfindung proportional dem Logarithmus des Reizes sein soll.[7])

Aber wenn man die Experimente genauer prüft, durch welche man dieses Gesetz zu begründen suchte, wird man zu einer ganz entgegengesetzten Folgerung geführt. Man hat z. B. beobachtet, daß ein Gewicht A von zehn Gramm und ein Gewicht B von elf Gramm identische Empfindungen hervorriefen, daß das Gewicht B ebensowenig von einem zwölf Gramm schweren Gewichte C unterschieden werden konnte, daß man aber leicht das Gewicht A vom Gewichte C auseinanderhielt.

Die groben Erfahrungsresultate lassen sich also durch folgende Beziehungen ausdrücken:

$$A = B, \quad B = C, \quad A < C,$$

und diese können als Formulierung des physikalischen Kontinuums betrachtet werden.

Das ist aber absolut unverträglich mit dem Prinzipe des Widerspruchs, und die Notwendigkeit, diesen Mißklang zu beseitigen, hat uns dazu geführt, das mathematische Kontinuum zu erfinden. Man wird also zu dem Schlusse genötigt, daß dieser Begriff in allen seinen Teilen durch den Verstand geschaffen ist, aber daß die Erfahrung uns dazu Veranlassung gegeben hat.

Wir können nicht glauben, daß zwei Größen, welche einer und derselben dritten gleich sind, nicht untereinander gleich sein sollen, und dadurch werden wir dazu gebracht vorauszusetzen, daß A sowohl von B als von C verschieden sei, daß aber die Unvollkommenheit unserer Sinne uns nicht erlaubte, sie auseinanderzuhalten.

Die Schöpfung des mathematischen Kontinuums. — Erstes Stadium. — Um uns über die Tatsachen Rechenschaft zu geben, konnten wir uns bisher damit begnügen, zwischen A und B eine kleine Anzahl von Gliedern einzuschalten, deren jedes für sich blieb. Was geschieht nun, wenn wir irgend ein Werkzeug zu Hilfe nehmen, um der Schwäche unserer Sinne nachzuhelfen, wenn wir uns z. B. eines Mikroskopes bedienen? Glieder, welche wir nicht voneinander unterscheiden konnten, wie soeben A und B, erscheinen uns jetzt vollkommen getrennt, aber zwischen A und B, die jetzt voneinander getrennt sind, läßt sich ein neues Glied D einschalten, das wir weder von A noch von B unterscheiden können. Trotz der Anwendung der vollkommensten Methoden werden die groben Resultate unserer Erfahrung immer den Charakter des physikalischen Kontinuums an sich tragen mit dem Widerspruche, der davon unzertrennlich ist Wir werden dem nur entgehen, indem wir ohne Aufhören neue Glieder zwischen die schon unterschiedenen hineinschieben, und diese Operation muß bis ins Unendliche fortgesetzt werden. Wir würden nur begreifen können, daß man dabei irgendwo aufhören müsse, wenn wir uns ein Werkzeug ausdenken, das hinreichend mächtig wäre, um das physikalische Kontinuum in diskrete Elemente zu zerlegen, wie das Teleskop die Milchstraße in einzelne Sterne auflöst. Aber das können wir uns nicht vorstellen; in der Tat, nur durch Vermittlung unserer Sinne bedienen wir uns unserer Werkzeuge. Mit dem Auge beobachten wir das durch das Mikroskop vergrößerte Bild, und folglich muß dieses Bild immer den Charakter der Gesichtsempfindung behalten und folglich auch denjenigen des physikalischen Kontinuums.

Nichts unterscheidet eine direkt beobachtete Länge von der Hälfte dieser Länge, wenn letztere durch das Mikroskop verdoppelt wird. Das Ganze ist dem Teile homogen; dadurch entsteht ein neuer Widerspruch oder, besser gesagt, es würde ein solcher entstehen, wenn die Anzahl der Glieder als endlich vorausgesetzt wäre; es ist in der Tat klar, daß der Teil, welcher doch weniger Glieder enthält als das Ganze, dem Ganzen nicht ähnlich sein kann.

Der Widerspruch hört auf, sobald die Anzahl der Glieder als unbegrenzt angesehen wird; nichts verhindert uns, z. B. die Gesamtheit der ganzen Zahlen als ähnlich der Gesamtheit der geraden Zahlen anzusehen, welche doch nur einen Teil der ersteren bilden, und wirklich gehört zu jeder ganzen Zahl eine gerade Zahl, welche das Doppelte der ersteren beträgt.

Aber nicht bloß, um dem Widerspruche zu entgehen, welcher in den Erfahrungstatsachen enthalten ist, wird der Verstand dazu geführt, den Begriff eines Kontinuums zu schaffen, welches durch eine unbegrenzte Anzahl von Gliedern gebildet wird.

Es vollzieht sich alles wie in der Folge der ganzen Zahlen. Wir haben die Fähigkeit zu begreifen, daß eine Einheit einer gegebenen Menge von Einzelheiten hinzugefügt werden kann; dank der Erfahrung haben wir Gelegenheit, diese Fähigkeit zu üben und uns dieselbe zum Bewußtsein zu bringen: aber von diesem Moment ab fühlen wir, daß unsere Macht keine Grenze hat und daß wir endlos weiter zählen könnten, obgleich wir niemals eine unbegrenzte Anzahl von Dingen zu zählen hatten.

Ebenso empfinden wir, sobald wir dazu geführt sind, Mittelglieder zwischen die unmittelbar aufeinanderfolgenden Glieder einer Reihe einzuschalten, daß diese Operation über jede Grenze hinaus fortgesetzt werden kann und daß es sozusagen keinen triftigen Grund dafür gibt aufzuhören.

Man erlaube mir, um mich kürzer zu fassen, als mathematisches Kontinuum erster Ordnung jede Gesamtheit von Gliedern zu bezeichnen, die nach demselben Gesetze gebildet werden, wie die Stufenleiter der kommensurablen Zahlen. Wenn wir dann weiter nach dem Bildungsgesetze der inkommensurablen Zahlen neue Stufen einschalten, so werden wir das erhalten, was wir ein Kontinuum der zweiten Ordnung nennen wollen.

Zweites Stadium. — Wir haben bis jetzt nur den ersten Schritt getan; wir haben den Ursprung des Kontinuums erster Ordnung erklärt; aber wir müssen jetzt sehen, warum das noch nicht genügt und warum es notwendig ist, die inkommensurable Zahl zu ersinnen.

Wenn man sich eine Linie vorstellen will, so wäre es nur möglich mit den Merkmalen des physikalischen Kontinuums, das heißt, man kann sie sich nur in einer gewissen Breite vorstellen. Zwei Linien würden uns alsdann in der Gestalt von zwei engen Streifen erscheinen, und wenn man sich mit dieser groben Vorstellung begnügt, so ist es klar, daß diese beiden Linien, wenn sie sich schneiden, einen Teil gemeinsam haben.[8])

Aber der reine Mathematiker geht einen Schritt weiter: ohne ganz auf die Hilfsmittel seiner Sinne zu verzichten, will er den Begriff der Linie ohne Breite erlangen und denjenigen des Punktes ohne Ausdehnung. Er kann dazu nur kommen, indem er die Linie als die Grenze betrachtet, welcher sich ein immer schmaler werdender Streifen unbegrenzt nähert, und den Punkt als die Grenze, welcher sich ein immer kleiner werdendes Flächenstück beliebig nähert. Dann werden unsere beiden Streifen, so schmal sie auch sein mögen, immer ein Flächenstück gemeinsam haben, welches desto kleiner sein wird, je weniger breit die Streifen sind, und deren Grenze das sein wird, was der reine Mathematiker einen Punkt nennt.

Von diesem Standpunkte aus sagt man, daß zwei Linien, welche sich schneiden, einen Punkt gemeinsam haben, und in solchem Sinne erscheint diese Wahrheit einleuchtend.

Aber sie würde einen Widerspruch enthalten, wenn man die Linien als Kontinua erster Ordnung betrachten würde, d. h. wenn auf den vom Mathematiker gezogenen Linien sich nur Punkte befinden sollten, welche rationale Zahlen zu Koordinaten haben. Der Widerspruch wird offenbar, sobald man zum Beispiel die Existenz von Geraden und Kreisen zuläßt.

In der Tat ist folgendes klar: wenn nur die Punkte mit kommensurablen Koordinaten als wirklich betrachtet würden, so würden die Diagonale eines Quadrates und der diesem Quadrate eingeschriebene Kreis sich nicht schneiden, denn die Koordinaten des Schnittpunktes berechnen sich als inkommensurable Zahlen.[9])

Das würde nicht genügen, denn man würde auf diese Weise nur gewisse inkommensurable Zahlen und keineswegs alle diese Zahlen erhalten.

Stellen wir uns eine gerade Linie vor, welche in zwei Halbstrahlen geteilt ist. Jeder dieser Halbstrahlen wird unserer Einbildungskraft als ein Streifen von einer gewissen Breite erscheinen; diese Streifen werden übereinander greifen, weil es zwischen ihnen keinen Zwischenraum geben soll. Der gemeinsame Teil wird uns wie ein Punkt erscheinen, welcher immer bestehen bleibt, wenn wir unsere Streifen in der Vorstellung dünner und dünner werden lassen, und so werden wir es als eine anschauungsmäßige Wahrheit zulassen, daß die gemeinsame Grenze zweier Halbstrahlen, in welche eine Gerade geteilt wird, ein Punkt ist; hier werden wir an die oben erörterte Vorstellung (S. 21f.) erinnert, nach welcher eine inkommensurable Zahl als die gemeinsame Grenze zweier Klassen von rationalen Zahlen betrachtet wurde.

Auf solche Weise entsteht das Kontinuum zweiter Ordnung, welches mit dem eigentlichen mathematischen Kontinuum identisch ist.

Zusammenfassung. — Wir haben also folgendes erkannt: Der Verstand hat die Fähigkeit, Symbole zu schaffen, und dadurch konstruiert er das mathematische Kontinuum, welches nichts anderes ist als ein besonderes System von Symbolen. Seine Macht wird nur begrenzt durch die Notwendigkeit, Widersprüche zu vermeiden; aber der Verstand macht von dieser Fähigkeit nur Gebrauch, wenn die Erfahrung ihm dazu Veranlassung gibt.

In unserem Falle liegt diese Veranlassung in der Vorstellung des physikalischen Kontinuums, wie sie aus den groben Erfahrungen der Sinne abgeleitet wird. Aber diese Vorstellung führt zu einer Reihe von Widersprüchen, die man schrittweise beseitigen muß. Dadurch werden wir genötigt, ein System von Symbolen zu ersinnen, das immer verwickelter wird. Dasjenige, mit welchem wir uns zufrieden geben, ist nicht nur frei von inneren Widersprüchen (das galt schon für alle einzelnen Abschnitte des von uns zurückgelegten Weges), sondern es steht auch nicht im Widerspruche mit den verschiedenen Sätzen, die wir als anschauungsmäßige bezeichnen und welche aus mehr oder weniger durchgearbeiteten, erfahrungsmäßigen Vorstellungen abgeleitet werden.

Die meßbare Größe. — Die Größen, welche wir bis jetzt studiert haben, sind nicht meßbar; wir können wohl sagen, ob die eine dieser Größen größer ist als eine bestimmte andere, aber nicht, ob sie zwei- oder dreimal so groß ist.

Ich habe mich in der Tat bis jetzt nur mit der Ordnung beschäftigt, in welcher unsere Glieder aufeinander folgen. Aber für die meisten Anwendungen ist das nicht genügend. Wir müssen lernen, die Intervalle zu vergleichen, welche die aufeinanderfolgenden Glieder irgend zweier Paare von Gliedern voneinander trennen. Nur unter dieser Bedingung wird das Kontinuum eine meßbare Größe und kann man auf dasselbe die Operationen der Arithmetik anwenden.

Das kann nur mit Hilfe einer neuen und besonderen Übereinkunft geschehen. Man wird also dahin übereinkommen, daß in einem gewissen bestimmten Falle das Intervall zwischen den Gliedern A und B gleich ist dem Intervalle, welches C von D trennt. Beim Beginn unserer Arbeit sind wir z. B. von der Stufenleiter der ganzen Zahlen ausgegangen, und wir haben vorausgesetzt, daß man zwischen zwei aufeinanderfolgenden Stufen n Zwischenstufen einschalte; wenn dem so ist, so sollen die neuen Stufen durch Übereinkunft als äquidistant betrachtet werden.

Auf diese Weise kann man die Addition zweier

Meßbare Größen

Größen definieren; denn wenn das Intervall AB nach der Definition gleich dem Intervalle CD ist, so ist nach der Definition auch das Intervall AD gleich der Summe der Intervalle AB und AC.

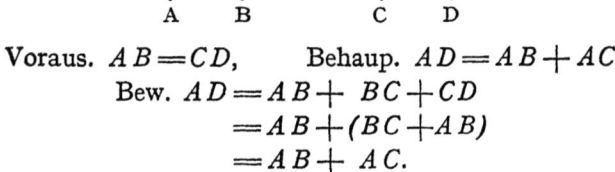

Voraus. $AB = CD$,   Behaup. $AD = AB + AC$
Bew. $AD = AB + BC + CD$
$= AB + (BC + AB)$
$= AB + AC$.

Diese Definition ist in sehr weitem Umfange, jedoch nicht ganz willkürlich. Sie ist gewissen Bedingungen unterworfen, z. B. den Gesetzen der Kommutativität und der Associativität der Addition (vgl. oben S. 7 f.). Aber wenn nur die gewählte Definition diesen Regeln genügt, so steht die Wahl sonst frei, und es ist überflüssig, sie näher zu präcisieren.

Verschiedene Bemerkungen. — Wir können uns mehrere wichtige Fragen vorlegen:

1. Ist die schaffende Kraft des Verstandes mit der Erschaffung des mathematischen Kontinuums erschöpft?

Nein: die Arbeiten von P. du Bois-Reymond zeigen es in schlagender Weise.[10]

Man weiß, daß die Mathematiker unendlich kleine Größen verschiedener Ordnung unterscheiden und daß diejenigen zweiter Ordnung unendlich klein sind, nicht nur in absolutem Sinne, sondern sogar in Bezug auf diejenigen erster Ordnung. Es ist nicht schwer, sich unendlich kleine Größen gebrochener oder sogar irrationaler Ordnung auszudenken, und wir finden hier die Stufenleiter des mathematischen Kontinuums wieder, mit welcher wir uns auf den vorhergehenden Seiten beschäftigt haben.

Noch mehr: es existieren unendlich kleine Größen, welche unendlich klein im Verhältnis zu denjenigen erster Ordnung, dagegen unendlich groß im Verhältnis zu denjenigen der Ordnung $1 + \varepsilon$ sind, und das gilt, so klein auch ε sein mag.[11]) Da haben wir also neue Glieder in unsere Reihe eingeschaltet, und wenn man mir erlauben will, zu der schon eben angedeuteten Ausdrucksweise zurückzukehren, welche sehr bequem, wenn auch nicht durch den Gebrauch geheiligt ist, so könnte ich sagen, daß man auf diese Weise eine Art von Kontinuum dritter Ordnung geschaffen hat (vgl. unter S. 49 f.).

Es würde leicht sein weiter zu gehen, aber es würde ein leeres Spiel des Verstandes werden; man würde sich Symbole ausdenken ohne jede Möglichkeit der Anwendung, und niemand wird sich darum kümmern. Das Kontinuum dritter Ordnung, zu dem die Betrachtung der verschiedenen Ordnungen unendlich kleiner Größen führt, bietet selbst zu wenig Vorteile, um sich das Bürgerrecht zu erwerben, und die Mathematiker betrachten es nur als eine Merkwürdigkeit. Der Verstand bedient sich seiner schöpferischen Kraft nur, wenn die Erfahrung ihn dazu nötigt (vergl. S. 27).

2. Hat man sich einmal den Begriff des mathematischen Kontinuums verschafft, ist man dann gegen diejenigen Widersprüche gesichert, welche zur Konstruktion des Kontinuums Veranlassung gaben?

Nein; ich will es durch ein Beispiel erläutern:

Man muß schon sehr weit in der Mathematik vorgeschritten sein, um es nicht für selbstverständlich zu halten, daß jede Kurve eine Tangente hat: und in der Tat, wenn man sich diese Kurve und eine gerade Linie als zwei schmale Streifen vorstellt, so wird man sie immer in eine solche Lage bringen können, daß sie ein Flächenstück gemeinsam haben, ohne sich zu schneiden. Man stelle sich weiter vor, daß die Breite dieser beiden

Streifen unbegrenzt abnimmt, so wird dieses gemeinsame Stück immer erhalten bleiben, und beim Verfolgen des Grenzüberganges wird man sagen können, daß die beiden Linien einen Punkt gemeinsam haben, ohne sich zu schneiden, d. h. daß sie sich berühren.

Der Mathematiker, welcher (bewußt oder unbewußt) auf diese Weise seine Schlüsse machen wollte, würde nichts anderes tun, als was wir oben (vgl. S. 26) getan haben, um zu beweisen, daß zwei Linien, welche sich schneiden, einen Punkt gemeinsam haben, und seine Anschauung könnte als ebenso berechtigt erscheinen.

Sie würde ihn jedoch in diesem Falle täuschen. Man kann beweisen, daß es Kurven gibt, welche keine Tangente haben, wenn eine solche Kurve als ein analytisches Kontinuum zweiter Ordnung definiert wird.[12])

Ohne Zweifel hätte irgend ein Kunstgriff, ähnlich denjenigen, welche wir oben studiert haben, genügt, um diesen Widerspruch aufzuheben; aber da letzterer nur ganz ausnahmsweise vorkommt, so hat man sich damit weiter keine Mühe gegeben. Anstatt zu versuchen, die Anschauung mit der Analysis in Übereinstimmung zu bringen, hat man sich damit begnügt, die eine der beiden zu opfern, und da die Analysis unfehlbar bleiben muß, so hat man natürlich der Anschauung Unrecht gegeben.

Das physikalische Kontinuum von mehreren Dimensionen. — Ich habe weiter oben das physikalische Kontinuum durchgenommen, so wie es aus den unmittelbaren Beobachtungen unserer Sinne hervorgeht, oder wenn man will, aus den groben Resultaten der Versuche von Fechner (vgl. S. 22f.); ich habe gezeigt, daß diese Erfahrungen in den sich gegenseitig widersprechenden Formeln zusammengefaßt sind:

$$A = B, \quad B = C, \quad A < C.$$

Wir wollen jetzt sehen, wie diese Vorstellung sich

verallgemeinern läßt und wie daraus der Begriff des Kontinuums von mehreren Dimensionen hervorgehen kann.

Betrachten wir irgend zwei Gesamtheiten von Empfindungen. Entweder wir können sie voneinander unterscheiden, oder wir können es nicht, ebenso wie sich in den Untersuchungen Fechners ein Gewicht von 10 Gramm wohl von einem Gewichte von 12 Gramm unterscheiden ließ, nicht aber von einem Gewichte von 11 Gramm. Ich brauche nichts weiter, um das Kontinuum von mehreren Dimensionen zu konstruieren.

Wir wollen eine dieser Gesamtheiten von Empfindungen ein Element nennen. Dasselbe wird dem mathematischen Punkt ungefähr analog aber doch nicht ganz dasselbe sein. Wir können nicht sagen, daß unser Element ohne Ausdehnung sei, weil wir es nicht von benachbarten Elementen unterscheiden können und weil es auch von einer Art undurchsichtiger Schicht umgeben ist. Wenn man mir diesen astronomischen Vergleich gestatten will, so würden sich unsere „Elemente" wie Nebelflecke verhalten, während die mathematischen Punkte sich wie Sterne verhalten.

Wenn wir an dieser Vorstellung festhalten, so wird ein System von Elementen ein Kontinuum bilden, wenn man von irgend einem Elemente zu irgend einem anderen durch eine Reihe von aufeinander folgenden Elementen hindurch übergehen kann, unter denen keines sich vom vorhergehenden unterscheiden läßt. Diese lineare Reihe verhält sich zur Linie des Mathematikers wie ein einzelnes Element sich zum Punkte verhält.

Ehe wir weiter gehen, muß ich erörtern, was ein Querschnitt ist. Fassen wir ein Kontinuum C ins Auge und entnehmen ihm gewisse seiner Elemente, welche wir für einen Augenblick als nicht zu diesem Kontinuum zugehörig betrachten. Die so entnommene Gesamtheit von Elementen wird man einen Querschnitt nennen. Vermittelst dieses Querschnittes läßt es sich bewerkstelligen, daß C in mehrere getrennte Kontinua zerlegt wird, und zwar dann, wenn die Gesamtheit der zurückbleibenden Elemente aufhört ein einziges Kontinuum zu bilden.

Alsdann sind auf C zwei Elemente, A und B, so angebbar, daß man sie als zu den beiden getrennten Kontinuis gehörig betrachten muß; und zwar wird man dies dann tun, wenn es unmöglich ist, eine lineare Reihe (eine Kette) aufeinander folgender Elemente von C zu finden, unter denen keines vom vorhergehenden zu unterscheiden ist und von denen das erste Element mit A, das letzte mit B zusammenfällt, ohne daß eines unter den Elementen dieser Kette von einem Elemente des Querschnittes nicht unterschieden werden kann (d. h. dem Querschnitte angehört).

Es kann aber auch vorkommen, daß der gemachte Querschnitt nicht genügt um das Kontinuum C zu zerlegen. Um die physikalischen Kontinua einzuteilen, werden wir genau prüfen, welches diejenigen Querschnitte sind, die man notwendig braucht, um die Zerlegung durchzuführen.

Wenn man ein physikalisches Kontinuum C durch einen Querschnitt zerlegen kann, welcher sich auf eine endliche Anzahl von gegeneinander abgegrenzten Elementen reduziert und welcher folglich weder ein Kontinuum noch mehrere Kontinua bildet, so werden wir C ein Kontinuum von einer Dimension nennen.[18]

Wenn im Gegenteil C nur durch Querschnitte zerlegt werden könnte, welche selbst Kontinua sind, so werden wir sagen, daß C mehrere Dimensionen hat. Wenn es genügt, Querschnitte zu benutzen, welche Kontinua von einer Dimension sind, so werden wir sagen, daß C zwei Dimensionen hat; wenn zweidimensionale

Querschnitte genügen, so werden wir sagen, daß C drei Dimensionen hat, und so weiter.

So läßt sich der Begriff des physikalischen Kontinuums von mehreren Dimensionen definieren, dank der einfachen Tatsache, daß zwei Gesamtheiten von Empfindungen entweder voneinander unterscheidbar oder nicht voneinander unterscheidbar sind.

Das mathematische Kontinuum von mehreren Dimensionen. — Der Begriff des mathematischen Kontinuums von n Dimensionen ist daraus ganz natürlich durch einen Prozeß hervorgegangen, ganz ähnlich demjenigen, den wir am Anfang dieses Kapitels behandelt haben. Ein Punkt eines derartigen Kontinuums erscheint uns, wie man weiß, als definiert durch ein System von n verschiedenen Größen, welche man seine Koordinaten nennt.

Es ist nicht immer notwendig, daß diese Größen meßbar sind, und es gibt z. B. einen Zweig der Mathematik, in welchem man von der Messung dieser Größen Abstand nimmt und wo man sich ausschließlich damit beschäftigt, zu erfahren, ob z. B. auf einer Kurve $A-B-C$ der Punkt B zwischen den Punkten A und C liegt, und nicht damit, zu erfahren, ob der Bogen AB gleich dem Bogen BC oder ob er etwa zweimal so groß ist. Diesen Zweig der Geometrie nennt man Analysis situs.[14])

Das ist ein Lehrgebäude für sich, welches die Aufmerksamkeit der größesten Mathematiker auf sich gelenkt hat und bei welchem man eine Reihe bemerkenswerter Lehrsätze auseinander hervorgehen sieht. Diese Lehrsätze sind von denjenigen der gewöhnlichen Geometrie dadurch unterschieden, daß sie rein qualitativ sind und daß sie wahr bleiben, auch wenn die Figuren durch einen ungeschickten Zeichner kopiert würden, welcher dabei ihre Proportionen in plumper Weise verändert und die geraden Linien durch mehr oder minder krumme Züge ersetzt.

Dadurch, daß man sich anschickte, das Maß in das von uns soeben definierte Kontinuum einzuführen, ist dieses Kontinuum zum Raume geworden und ist die Geometrie geboren. Aber das nähere Studium dieser Verhältnisse behalte ich mir für den zweiten Teil vor.

Zweiter Teil.
Der Raum.
Drittes Kapitel.
Die nicht-Euklidische Geometrie.

Jede Schlußfolgerung stützt sich auf Voraussetzungen; diese Voraussetzungen selbst sind entweder an sich evident und bedürfen keines Beweises oder sie können nur dadurch gesichert werden, daß man sich auf andere Sätze stützt; und weil man so nicht ins Unendliche fortfahren kann, so beruht jede deduktive Wissenschaft und besonders die Geometrie auf einer gewissen Anzahl von unbeweisbaren Axiomen. Alle Lehrbücher der Geometrie beginnen daher mit der Aufzählung dieser Axiome. Aber man muß einen Unterschied zwischen letzteren machen: einige, wie z. B.: „Zwei Größen, die einer und derselben dritten gleich sind, sind untereinander gleich", sind nicht Behauptungen der Geometrie, sondern analytische Sätze. Ich betrachte sie als analytische Urteile a priori und beschäftige mich nicht weiter mit ihnen.[15]

Aber ich muß mich auf andere Axiome berufen, welche der Geometrie eigentümlich sind. Die meisten Lehrbücher geben drei solche an:

1. Durch zwei Punkte kann nur eine Gerade gehen:
2. Die gerade Linie ist der kürzeste Weg von einem Punkte zu einem andern Punkte;
3. Durch einen Punkt kann man nur eine Gerade gehen lassen, welche zu einer gegebenen Geraden parallel ist.

Obgleich man sich im allgemeinen nicht die Mühe gibt, das zweite Axiom zu beweisen, würde es doch möglich sein[16]), es aus den beiden anderen und aus den viel zahlreicheren Axiomen abzuleiten, welche man (wie ich weiterhin darlegen werde) implicite zuläßt, ohne sie auszusprechen.

Man hat lange vergeblich versucht, das dritte Axiom ebenfalls zu beweisen, welches unter dem Namen des **Euklidischen Postulates** bekannt ist. Was man in dieser unerfüllbaren Hoffnung an Kräften verschwendet hat, ist wirklich unvorstellbar. Endlich stellten im Anfange des Jahrhunderts und ungefähr zu der gleichen Zeit zwei Gelehrte, ein Russe und ein Ungar, **Lobatschewsky** und **Bolyai** unwiderlegbar fest, daß dieser Beweis unmöglich sei; sie haben uns so ziemlich von den Erfindern, welche unsere elementare Geometrie ohne das Euklidische Postulat aufstellen wollten, befreit; seitdem erhält die Académie des Sciences nur noch ein oder zwei solche Beweise im Jahr.[17])

Die Frage war noch nicht erschöpft; aber sie machte bald einen großen Schritt vorwärts durch die Publikation der berühmten Abhandlung von Riemann, betitelt: **Über die Hypothesen, welche der Geometrie zu Grunde liegen.** Diese Schrift hat die meisten neueren Arbeiten beeinflußt, von welchen ich weiterhin sprechen werde, und unter denen man diejenigen von Beltrami und von Helmholtz erwähnen muß.[18])

Die Geometrie von Lobatschewsky. — Wenn es möglich wäre, das Euklidische Postulat auf andere Axiome zurückzuführen, so würde man offenbar bei Verneinung dieses Postulates, und bei Zulassung der anderen Axiome auf widerstreitende Folgerungen stoßen; es würde also unmöglich sein, auf solche Voraussetzungen eine zusammenhängende Geometrie zu stützen.

Genau das hat Lobatschewsky durchgeführt. Er setzt zu Anfang voraus:

„Man kann durch einen Punkt mehrere Parallelen zu einer gegebenen Geraden ziehen."

Und er behält andererseits alle anderen Axiome Euklids bei. Aus diesen Hypothesen leitet er eine Reihe von Lehrsätzen ab, zwischen denen keinerlei Widerspruch besteht, und er konstruiert eine Geometrie, deren unfehlbare Logik in nichts derjenigen der Euklidischen Geometrie nachsteht.

Die Lehrsätze sind, wohl verstanden, sehr verschieden von denjenigen, an welche wir gewöhnt sind, und sie machen anfangs etwas stutzig.

„So ist die Summe der Winkel eines Dreiecks immer kleiner als zwei Rechte, und die Differenz zwischen dieser Summe und zwei Rechten ist dem Flächeninhalte des Dreiecks proportional."

„Es ist unmöglich, zu einer gegebenen Figur eine ähnliche Figur in größeren oder kleineren Dimensionen zu zeichnen."

„Wenn man einen Kreis in n gleiche Teile teilt und wenn man Tangenten in den Teilpunkten zieht, so werden diese n Tangenten ein Polygon bilden, wenn der Halbmesser des Kreises klein genug ist, aber wenn der Halbmesser hinreichend groß ist, so werden sie sich gegenseitig nicht schneiden."

Es ist unnütz, diese Beispiele zu vermehren; die Sätze Lobatschewskys sind von ganz anderer Art als diejenigen Euklids, aber sie sind nicht weniger streng logisch untereinander verbunden.

Die Geometrie von Riemann. — Wir wollen uns eine eigenartige Welt vorstellen, welche mit Wesen bevölkert ist, die keine Dicke (oder Höhe) haben, und wir wollen ferner voraussetzen, daß diese „gänzlich flachen" Lebewesen alle in derselben Ebene sich befinden und nicht aus ihr heraus können. Wir nehmen außerdem an, daß diese Welt weit genug von den anderen Welten entfernt sei, so daß sie deren Einflusse entzogen ist. Wenn wir einmal dabei sind, Hypothesen aufzustellen, so kostet es uns weiter keine Mühe, diese Wesen mit Vernunft auszustatten und sie für fähig zu halten, Geometrie zu treiben. In diesem Falle werden sie dem Raume gewiß nur zwei Dimensionen zuerkennen.[19])

Aber wir wollen jetzt voraussetzen, daß diese eingebildeten Lebewesen, indem sie zwar ohne Dicke (resp. Höhe) bleiben, eine kugelförmig gewölbte Gestalt haben und nicht eine flache Gestalt, und daß sie alle auf derselben Kugel wären, ohne die Macht zu haben, sich von ihr zu entfernen. Welche Geometrie würden sie konstruieren? Es ist klar, daß sie vor allem dem Raume nur zwei Dimensionen zusprechen würden; was würde nun für sie die Rolle der geraden Linie spielen? Offenbar der kürzeste Weg zwischen zwei Punkten auf der Kugel, d. h. ein Bogen eines größesten Kreises; mit einem Worte: ihre Geometrie würde die Geometrie der Kugel sein (Sphärische Geometrie).

Was sie den Raum nennen würden, wird diese Kugel sein, von welcher sie nicht fort können und auf welcher sich alle Ereignisse abspielen, von denen sie Kenntnis haben können. Ihr Raum wird also ohne Grenzen sein, weil man auf einer Kugel stets vorwärts schreiten kann, ohne jemals aufgehalten zu werden, und dennoch wird er endlich sein; man wird niemals ans Ende kommen, aber man wird bei stetigem Fortschreiten in gleicher Richtung zum Ausgangspunkte zurückkehren.

In gleichem Sinne ist die Geometrie von Riemann identisch mit der sphärischen Geometrie, wenn man letztere auf drei Dimensionen ausdehnt. Um sie zu konstruieren, mußte der deutsche Mathematiker nicht nur das Euklidische Postulat über Bord werfen, sondern auch das erste Axiom: **durch zwei Punkte kann man nur eine Gerade gehen lassen.**

Auf einer Kugel kann man durch zwei gegebene Punkte im allgemeinen nur einen größten Kreis legen (der wie wir soeben gesehen haben, für unsere eingebildeten Lebewesen die Rolle der geraden Linie spielen würde); aber es gibt eine Ausnahme: Wenn die beiden gegebenen Punkte einander diametral gegenüber liegen, kann man durch sie eine unendliche Anzahl von größten Kreisen hindurch legen. Ebenso wird man in der Riemannschen Geometrie (wenigstens bei einer der für sie möglichen Formen) durch zwei Punkte im allgemeinen nur eine gerade Linie legen können; aber es gibt Ausnahmefälle, wo durch zwei Punkte unendlich viele gerade Linien hindurchgehen.[20])

Es besteht eine Art Gegensatz zwischen der Riemannschen und der Lobatschewskyschen Geometrie. So ist die Summe der Winkel eines Dreiecks

gleich zwei Rechten in der Euklidischen Geometrie,
kleiner als zwei Rechte bei Lobatschewsky,
größer als zwei Rechte bei Riemann.

Die Zahl der Linien, welche man parallel zu einer gegebenen Linie durch einen gegebenen Punkt ziehen kann, ist:

gleich eins in der Euklidischen Geometrie,
gleich Null bei Riemann,
unendlich groß bei Lobatschewsky.[21])

Wir wollen noch hervorheben, daß der Riemannsche Raum endlich, jedoch unbegrenzt ist, wenn man diese Worte in dem oben festgesetzten Sinne versteht.

Die Flächen konstanten Krümmungsmaßes. — Ein Einwurf bliebe indessen möglich. Die Lehrsätze von Lobatschewsky und von Riemann enthalten keinen Widerspruch; aber wie zahlreich auch die Folgerungen sein mögen, welche diese beiden Mathematiker aus ihren

Hypothesen gezogen haben, sie haben stehen bleiben müssen, bevor sie alle erschöpft hatten, denn die Anzahl dieser Folgerungen würde unendlich sein; wer sagt uns aber, daß sie nicht doch auf irgend einen Widerspruch gestoßen wären, wenn sie ihre Ausführungen weiter verfolgt hätten?

Diese Schwierigkeit existiert für die Riemannsche Geometrie nicht, vorausgesetzt, daß man sich auf zwei Dimensionen beschränkt; die Riemannsche Geometrie von zwei Dimensionen unterscheidet sich in der Tat, wie wir schon gesehen haben, nicht von der sphärischen Geometrie, welche nur ein Zweig der gewöhnlichen Geometrie ist und welche dadurch außerhalb jeder Diskussion steht.

Beltrami hat ebenso gezeigt, daß die Lobatschewskysche Geometrie von zwei Dimensionen nichts anderes ist als ein Zweig der gewöhnlichen Geometrie und dadurch ebenfalls jeden Einwand entkräftet, den man gegen dieselbe machen könnte.

Ich will versuchen klar zu machen, wie er dazu gekommen ist. Fassen wir auf einer Oberfläche irgend eine Figur ins Auge. Wir wollen uns vorstellen, diese Figur wäre auf eine biegsame und unausdehnbare Leinwand gezeichnet, welche so über diese Oberfläche gespannt ist, daß die verschiedenen Linien ihre Gestalt, aber nicht ihre Länge ändern können, wenn die Leinwand verschoben und verbogen wird. Im allgemeinen kann diese biegsame und unausdehnbare Figur nicht von ihrem Platze verschoben werden, ohne die Oberfläche zu verlassen; aber es gibt gewisse besondere Oberflächen, bei welchen eine solche Bewegung möglich wird: das sind die Oberflächen konstanten Krümmungsmaßes.

Wenn wir den Vergleich aufnehmen, welchen wir weiter oben machten, wenn wir uns Wesen ohne Dicke (bezw. Höhe) vorstellen, welche auf einer dieser Oberflächen leben, so würden dieselben die Bewegung einer Figur, deren Linien eine konstante Länge bewahren, für möglich halten. Eine ähnliche Bewegung würde für Wesen ohne Dicke (resp. Höhe), welche auf einer Oberfläche mit variabler Krümmung (d. h. einer Fläche, deren Krümmung nicht an jeder Stelle denselben Wert hat) leben, unmöglich sein.

Diese Oberflächen mit konstanter Krümmung lassen sich in zwei Arten einteilen:

Die einen sind von **positiver Krümmung** und können ihre Gestalt so verändern, daß sie sich auf eine Kugel abwickeln lassen (ohne daß dabei die Längen der auf der Fläche gezeichneten Linien geändert würden). Die Geometrie dieser Oberflächen reduziert sich also auf die sphärische Geometrie, welche mit derjenigen Riemanns identisch ist.

Die anderen sind von **negativer Krümmung**. Beltrami hat gezeigt, daß die Geometrie dieser Oberflächen keine andere wie diejenige Lobatschewskys ist. Die zwei-dimensionalen Geometrien von Riemann und von Lobatschewsky lassen sich also wiederum zur Euklidischen Geometrie in Beziehung setzen.

Veranschaulichung der nicht-Euklidischen Geometrien. — So erledigt sich der obige Einwurf, insofern er die Geometrie von zwei Dimensionen betrifft.

Es wäre leicht, die Entwicklung Beltramis auf die Geometrien von drei Dimensionen auszudehnen. Wer sich durch den Raum von vier Dimensionen nicht abschrecken läßt, würde darin keine Schwierigkeit sehen, aber das wird nur für wenige gelten. Ich ziehe es vor, in anderer Weise vorzugehen.

Wir wollen eine gewisse Ebene betrachten, welche ich als Fundamental-Ebene bezeichnen will, und wir wollen eine Art von Wörterbuch herstellen, indem wir mit einer doppelten Reihe von Gliedern, welche in zwei

Kolonnen aufgeschrieben sind, in derselben Art wie in den gewöhnlichen Wörterbüchern die Worte zweier Sprachen, die denselben Sinn haben, einander korrespondieren lassen:[22])

Raum — — — — Teil des Raumes oberhalb der Fundamentalebene.

Ebene — — — — Kugel, welche die Fundamentalebene rechtwinklig schneidet.

Gerade — — — — Kreis, welcher die Fundamentalebene rechtwinklig schneidet.

Kugel — — — — Kugel.

Kreis — — — — Kreis.

Winkel — — — — Winkel.

Gegenseitige Entfernung zweier Punkte. — Logarithmus des Doppel-Verhältnisses, welches diese beiden Punkte mit zwei anderen Punkten bilden, wenn letztere als Schnittpunkte der Fundamentalebene mit einem Kreise definiert werden, der durch diese beiden Punkte hindurchgeht und die Fundamentalebene rechtwinklig schneidet.

etc. — — — — — etc.

Wir nehmen jetzt die Lehrsätze von Lobatschewsky und übersetzen sie mit Hilfe dieses Wörterbuches, wie wir einen deutschen Text mit Hilfe eines deutsch-französischen Wörterbuches übersetzen würden. **Wir werden so Lehrsätze der gewöhnlichen Geometrie erhalten.**

Nehmen wir z. B. folgenden Satz von Lobatschewsky: „die Summe der Winkel eines Dreiecks ist kleiner wie zwei Rechte"; seine Übersetzung lautet folgendermaßen: „Wenn ein krummliniges Dreieck Kreisbögen zu Seiten hat, deren Verlängerungen die Fundamentalebene rechtwinklig schneiden würden, so ist die Summe der Winkel dieses rechtwinkligen Dreiecks kleiner als zwei Rechte." Auf diese Weise wird man niemals, soweit man auch die Folgerungen der Hypothesen von Lobatschewsky treibt, auf einen Widerspruch stoßen. In der Tat, wenn zwei Lehrsätze von Lobatschewsky einander widersprechen würden, so würde dasselbe der Fall sein mit den Übersetzungen dieser beiden Lehrsätze, welche mit Hilfe unseres Wörterbuches gemacht sind, aber diese Übersetzungen sind Lehrsätze der gewöhnlichen Geometrie, und niemand zweifelt daran, daß die gewöhnliche Geometrie von Widersprüchen frei ist. Woher kommt uns diese Gewißheit und ist sie gerechtfertigt? Darin liegt eine Frage, welche ich hier nicht zu behandeln weiß, welche aber sehr interessant ist, und die ich nicht für unlösbar halte. Es bleibt also nichts von dem Einwurfe übrig, den ich weiter oben formuliert habe.

Das ist nicht alles. Die Geometrie von Lobatschewsky, welche einer konkreten Veranschaulichung fähig ist, hört auf, ein leeres Spiel des Verstandes zu sein, und kann Anwendungen erhalten; ich habe nicht Zeit, hier von diesen Anwendungen zu sprechen, noch von dem Vorteil, den Klein und ich daraus für die Integration linearer Differentialgleichungen gezogen haben.[23])

Diese Veranschaulichung ist nicht die einzig mögliche, und man könnte mehrere Wörterbücher herstellen, analog dem obigen, welche alle erlauben würden, durch eine einfache „Übersetzung" die Lehrsätze Lobatschewskys in solche der gewöhnlichen Geometrie zu verwandeln.[24])

Die impliziten Axiome. — Sind die Axiome, welche in den Lehrbüchern ausdrücklich aufgezählt werden, die einzige Grundlage der Geometrie? Man kann vom Gegenteil versichert sein, wenn man sieht, daß sie nacheinander aufgegeben werden können, und daß dennoch einige Lehrsätze bestehen bleiben, die den Theorien Euklids, Lobatschewskys und Riemanns gemeinsam sind. Diese Lehrsätze müssen auf Voraussetzungen beruhen, welche die Mathematiker zu Hilfe nehmen, ohne sie ausdrücklich auszusprechen. Es ist interessant zu versuchen, sie von den klassischen Beweisen abzulösen.

Stuart-Mill hat behauptet, daß jede Definition ein Axiom enthält, denn wenn man eine Definition ausspricht, so behauptet man implizite die Existenz des definierten Objektes. Aber das ist zu weit gegangen; es ist selten, daß man in der Mathematik eine Definition gibt, ohne den Beweis von der Existenz des definierten Objektes darauf folgen zu lassen, und wenn man dies unterläßt, so geschieht es in der Regel nur, weil der Leser leicht selbst die Lücke ausfüllen kann; man muß auch nicht vergessen, daß das Wort „Existenz", wenn es sich um ein mathematisches Objekt handelt, nicht denselben Sinn hat, als wenn ein materieller Gegenstand in Frage kommt. Ein mathematisches Objekt existiert, sobald nur seine Definition weder mit sich selbst noch mit den vorher schon bewiesenen Sätzen in Widerspruch steht (vgl. S. 27 f.).

Aber wenn auch die Bemerkung Stuart-Mills sich nicht auf alle Definitionen anwenden läßt, so ist sie doch um so mehr für einige unter ihnen richtig. Man definiert manchmal die Ebene in folgender Weise:

Die Ebene ist eine solche Oberfläche, daß die gerade Linie, welche irgend zwei ihrer Punkte verbindet, ganz in dieser Oberfläche liegt.

Diese Definition verbirgt offenbar in sich ein neues Axiom; man könnte sie allerdings abändern, und das würde vorteilhaft sein, wenn man nur gleichzeitig das betreffende Axiom explizite ausspräche.

Andere Definitionen können zu nicht weniger wichtigen Überlegungen Veranlassung geben.[25])

So ist es z. B. mit der Definition der Gleichheit zweier Figuren: zwei Figuren sind gleich, wenn man sie aufeinander legen kann; um sie aufeinander zu legen, muß man die eine von ihnen so weit verschieben, bis sie mit der anderen zusammenfällt; aber wie soll man diese Verschiebung ausführen? Wenn wir so fragen, wird man uns zweifellos antworten, daß man es tun muß, ohne die Figur zu deformieren, d. h. so, wie man einen festen Körper im Raume bewegt. Der circulus vitiosus wird dadurch evident.

In Wirklichkeit definiert diese Definition gar nichts; sie hätte gar keinen Sinn für ein Wesen, das eine Welt bewohnt, in der es nichts anderes als Flüssigkeiten gibt. Wenn sie uns klar erscheint, so liegt das daran, daß wir durch Gewohnheit mit den Eigenschaften der natürlichen Körper vertraut sind, welche sich nicht wesentlich von den Eigenschaften solcher idealen Körper unterscheiden, deren sämtliche Dimensionen unveränderlich sind.

Diese Definition ist nicht nur unvollständig, sondern sie enthält auch ein nicht ausgesprochenes Axiom.

Die Möglichkeit der Bewegung einer unveränderlichen Figur ist an sich keine evidente Wahrheit, oder sie ist es wenigstens nur in demselben Sinne wie das Euklidische Postulat und nicht in dem Sinne, wie es von einem analytischen Urteile a priori gelten würde.

Studiert man andererseits die Definitionen und Beweise der Geometrie, so wird klar, daß man nicht nur die Möglichkeit dieser Bewegung, sondern auch einige ihrer Eigenschaften zulassen muß, ohne sie zu beweisen.

Dieses geht vor allem aus der Definition der geraden Linie hervor. Man hat viele mangelhafte Definitionen gegeben, aber die wahre ist diejenige, welche bei allen Beweisen, in denen die gerade Linie vorkommt, stillschweigend vorausgesetzt wird:

„Es kann eintreten, daß die Bewegung einer unveränderlichen Figur dergestalt ist, daß alle Punkte einer Linie, welche zu dieser Figur gehören, unbeweglich bleiben, während alle Punkte, welche außerhalb dieser Linie liegen, sich bewegen. Eine solche Linie wird man eine gerade Linie nennen." Wir haben absichtlich in dieser Angabe die Definition von dem Axiom, welches sie enthält, getrennt.[26])

Viele Beweise, wie diejenigen für die verschiedenen Kongruenz-Sätze beim Dreieck oder für die Möglichkeit eine Senkrechte von einem Punkte auf eine Gerade zu fällen, beruhen auf Sätzen, deren besondere Erwähnung man sich erspart, weil sie nämlich dazu nötigen vorauszusetzen, daß es möglich ist, eine Figur im Raume zu verschieben.[27])

Die vierte Geometrie. — Unter diesen impliziten Axiomen ist eines, welches einige Aufmerksamkeit zu verdienen scheint, weil man unter Fortlassung desselben eine vierte Geometrie konstruieren kann, die ebenso in sich zusammenhängend ist wie diejenige von Euklid, von Lobatschewsky und von Riemann.

Um zu beweisen, daß man in einem Punkte A stets eine Senkrechte auf einer Geraden AB errichten kann, betrachtet man eine Gerade AC als um den Punkt A beweglich und anfänglich mit der festen Geraden AB zusammenfallend; man läßt sie sich um den Punkt A so lange drehen, bis sie in die Verlängerung von AB fällt.

Man setzt hierbei zwei Behauptungen voraus: zuerst, daß eine solche Umdrehung möglich ist[28]), und dann, daß sie fortgesetzt werden kann, bis jede der beiden Geraden in die Verlängerung der anderen fällt.

Wenn man den ersten Punkt zuläßt und den zweiten verwirft, so wird man zu einer Reihe von Lehrsätzen geführt, welche noch fremdartiger sind wie diejenigen von Lobatschewsky und Riemann, aber ebenso frei von Widersprüchen.[29])

Ich werde nur einen dieser Lehrsätze anführen und ich wähle nicht einmal den seltsamsten: **eine reelle Gerade kann senkrecht zu sich selbst sein.**

Der Lehrsatz von Lie. — Die Anzahl der Axiome, welche implizite in den klassischen Beweisen benutzt werden, ist größer, als es nötig wäre, man war deshalb bemüht, sie auf ein Minimum zurückzuführen. Man muß sich zuerst fragen, ob diese Reduktion möglich ist, und ob die Anzahl der notwendigen Axiome und diejenige der denkbaren Geometrien nicht unendlich ist.

Ein Lehrsatz von Sophus Lie beherrscht diese ganze Diskussion.[30]) Man kann ihn folgendermaßen aussprechen:

„Wir setzen voraus, daß man die folgenden Vordersätze zuläßt:

1. Der Raum hat n Dimensionen;

2. Die Bewegung einer unveränderlichen Figur ist möglich;

3. Man braucht p Bedingungen, um die Lage dieser Figur im Raume zu bestimmen.

Die Anzahl der mit diesen Vordersätzen verträglichen Geometrien ist begrenzt."

Ich kann sogar hinzufügen, daß man, wenn n gegeben ist, für p eine obere Grenze angeben kann.

Wenn man also die Möglichkeit der Bewegung zugibt, so braucht man nur eine endliche (sogar ziemlich beschränkte) Anzahl von dreidimensionalen Geometrien in Gedanken zu schaffen.

Die Geometrien von Riemann. — Dieses Resultat widerspricht scheinbar dem Riemannschen, denn dieser Gelehrte konstruiert eine unendliche Anzahl von verschiedenen Geometrien, und diejenige, welcher man gewöhnlich seinen Namen gibt, ist nur ein besonderer Fall.

Alles hängt, wie er sagt, von der Art ab, in welcher man die Länge einer Kurve definiert. Es gibt eine unendliche Anzahl von Möglichkeiten, diese Länge zu definieren, und jede von ihnen kann der Ausgangspunkt einer neuen Geometrie werden.

Das stimmt vollkommen, aber die meisten dieser Definitionen sind unverträglich mit der Bewegung einer unveränderlichen Figur, welche man in dem Lehrsatze von Lie als möglich voraussetzt. Diese Riemannschen Geometrien, so interessant sie unter verschiedenen Gesichtspunkten sind, können demnach niemals anders als rein analytisch sein und lassen sich nicht zu Beweisen verwenden, welche denjenigen Euklids analog sind.[81])

Die Geometrien von Hilbert. — Veronese und Hilbert endlich haben neue noch fremdartigere Geometrien ersonnen, die sie als nicht-Archimedisch bezeichnen. Sie erhalten dieselben, indem sie das Archimedische Axiom nicht annehmen, nach welchem eine jede gegebene Länge so mit einer ganzen Zahl multipliziert werden kann, daß die so vergrößerte Länge schließlich jede beliebig große andere Länge übertrifft. Auf einer nicht-Archimedischen Geraden gibt es alle Punkte unserer gewöhnlichen Geometrie, außerdem aber eine unendliche Menge anderer Punkte, die sich zwischen erstere derartig einordnen, daß man zwischen zwei Segmente, die ein Mathematiker alter Schule als aneinander benachbart betrachten würde, noch unendlich viele dieser neuen Punkte einschalten kann. Oder kurz gesagt, wenn ich mich der Ausdrucksweise des vorhergehenden Kapitels bediene (vgl. S. 27): der nicht-Archimedische Raum ist nicht mehr ein Kontinuum zweiter, sondern ein Kontinuum dritter Ordnung.[81a])

Von der Natur der Axiome. — Die meisten Mathematiker betrachten die Lobatschewskysche Theorie nur als eine einfache logische Merkwürdigkeit; einige von ihnen sind allerdings weiter gegangen. Ist es gewiß, daß unsere Geometrie die rechte ist, denn es sind doch mehrere Geometrien möglich? Die Erfahrung lehrt uns ohne Zweifel, daß die Summe der Winkel eines Dreiecks gleich zwei Rechten ist; aber das ist nur der Fall, wenn wir mit zu kleinen Dreiecken operieren; nach Lobatschewsky ist der Unterschied von zwei Rechten der Oberfläche des Dreiecks proportional: kann diese Differenz nicht wahrnehmbar werden, wenn wir mit größeren Dreiecken operieren und wenn unsere Messungen genauer werden? Die Euklidische Geometrie würde für uns damit nur eine vorläufig richtige Geometrie sein.

Um diese Ansicht zu prüfen, müssen wir uns vor allem fragen: Welches ist die Natur der geometrischen Axiome?

Sind es synthetische Urteile a priori, wie Kant sie nennt?

Sie drängen sich uns mit einer solchen Macht auf, daß wir die gegensätzliche Behauptung weder begreifen, noch auf ihr als Grundlage ein theoretisches Gebäude errichten können. Darnach würde es keine nicht-Euklidische Geometrie geben.

Man nehme, um sich davon zu überzeugen, ein wirkliches synthetisches Urteil a priori, z. B. dasjenige, dessen hervorragende Wichtigkeit wir im ersten Kapitel anerkannt haben:

Wenn ein Lehrsatz für die Zahl 1 wahr ist, und wenn man bewiesen hat, daß er für $n+1$ wahr ist, vorausgesetzt daß er für n gilt, so wird er für alle ganzen, positiven Zahlen gelten.

Man versuche diesen Schluß beiseite zu lassen und eine falsche Arithmetik zu konstruieren, analog der nicht-Euklidischen Geometrie — das wird man nie durchführen können; man würde sogar versucht sein, diese Urteile für analytisch zu halten.

Wir wollen andererseits die Vorstellung von Lebewesen ohne Dicke (resp. Höhe) wieder aufnehmen (vgl.

S. 41f.); wir können wohl kaum annehmen, daß sich diese Wesen, wenn sie einen Verstand gleich dem unsrigen hätten, die Euklidische Geometrie aneignen würden, welche allen ihren Erfahrungen widerspräche.

Sollen wir nun daraus schließen, daß die geometrischen Axiome erfahrungsmäßige Wahrheiten sind? Man experimentiert doch nicht mit idealen geraden Linien oder Kreisen; man kann dazu nur wirkliche Gegenstände brauchen. Worauf begründet sich also die Erfahrung, welche als Fundament in der Geometrie dienen soll? Die Antwort ist leicht.

Wir haben weiter oben gesehen (vgl. S. 46), daß man bei allen Schlüssen so verfährt, als ob die geometrischen Figuren sich ebenso verhielten wie feste Körper. Was die Geometrie von der Erfahrung entlehnt, sind die Eigenschaften dieser Körper.

Die Eigenschaften des Lichtes und seine geradlinige Fortpflanzung haben ebenfalls Veranlassung zu einigen Sätzen der Geometrie gegeben, besonders zu denjenigen der projektiven Geometrie, und zwar derart, daß man von diesem Gesichtspunkte aus versucht sein könnte zu behaupten, daß die metrische Geometrie das Studium der festen Körper ist und daß die projektive Geometrie sich mit dem Studium des Lichtes beschäftigt.[32])

Aber es besteht eine Schwierigkeit, welche unüberwindlich ist. Wenn die Geometrie eine Experimental-Wissenschaft wäre, so würde sie aufhören, eine exakte Wissenschaft zu sein, sie würde also einer beständigen Revision zu unterwerfen sein. Noch mehr, sie würde von jetzt ab dem Irrtum verfallen sein, weil wir wissen, daß es keine streng unveränderlichen Körper gibt.

Die geometrischen Axiome sind also weder synthetische Urteile a priori noch experimentelle Tatsachen.

Es sind auf Übereinkommen beruhende Fest-

setzungen; unter allen möglichen Festsetzungen wird unsere Wahl von experimentellen Tatsachen geleitet; aber sie bleibt frei und ist nur durch die Notwendigkeit begrenzt, jeden Widerspruch zu vermeiden (vgl. S. 45). In dieser Weise können auch die Postulate streng richtig bleiben, selbst wenn die erfahrungsmäßigen Gesetze, welche ihre Annahme bewirkt haben, nur annähernd richtig sein sollten.

Mit anderen Worten: die geometrischen Axiome (ich spreche nicht von den arithmetischen) sind nur verkleidete Definitionen.

Was soll man dann aber von der folgenden Frage denken: Ist die Euklidische Geometrie richtig?

Die Frage hat keinen Sinn.

Ebenso könnte man fragen, ob das metrische System richtig ist und die älteren Maß-Systeme falsch sind, ob die Cartesiusschen Koordinaten richtig sind und die Polar-Koordinaten falsch. Eine Geometrie kann nicht richtiger sein wie eine andere; sie kann nur bequemer sein.

Und die Euklidische Geometrie ist die bequemste und wird es immer bleiben:

1. weil sie die einfachste ist, und das ist sie nicht nur infolge der Gewohnheiten unseres Verstandes oder infolge irgend welcher direkten Anschauung, sondern sie ist die einfachste in sich, gleichwie ein Polynom ersten Grades einfacher ist als ein Polynom zweiten Grades; die Formeln der ebenen Trigonometrie sind eben einfacher als diejenigen der sphärischen Trigonometrie, und so würden sie auch einem Mathematiker erscheinen, der ihre geometrische Bedeutung nicht kennt, indem er eine solche nur der sphärischen Trigonometrie (in der nicht-Euklidischen Geometrie) unterzulegen weiß;

2. weil sie sich hinreichend gut den Eigenschaften der natürlichen, festen Körper anpaßt, dieser Körper, welche uns durch unsere Glieder und unsere Augen zum Bewußtsein kommen und aus denen wir unsere Meßinstrumente herstellen (vgl. unten S. 54 ff und S. 62 ff).

Viertes Kapitel.
Der Raum und die Geometrie.

Beginnen wir mit einem kleinen Paradoxon! Wesen, deren Verstand und Sinne wie die unsrigen gebildet sind, welche aber noch keinerlei Erziehung genossen haben, würden von einer passend gewählten Außenwelt solche Eindrücke empfangen, daß sie dazu geführt werden, eine andere Geometrie als die Euklidische zu konstruieren und die Erscheinungen dieser Außenwelt in einem nicht-Euklidischen Raume oder gar in einem Raume von vier Dimensionen zu lokalisieren.

Für uns, deren Erziehung durch unsere tatsächliche Welt bewerkstelligt ist, würde es keine Schwierigkeit haben, in diese neue Welt die Phänomene unseres Euklidischen Raumes zu übertragen, wenn wir plötzlich dahinein versetzt würden. (Denn die Eigenschaften der nicht-Euklidischen und der mehrdimensionalen Geometrie sind uns durch die im vorhergehenden erwähnten mathematischen Spekulationen hinreichend bekannt.) Wenn umgekehrt diese Wesen zu uns gebracht würden, so würden sie die bei uns beobachteten Erscheinungen auf den ihnen geläufigen nicht-Euklidischen Raum beziehen.

Ja mit einem geringen Aufwande von Anstrengung könnten wir das ebenfalls tun. Wenn jemand seine Existenz dieser Sache widmen wollte, so könnte er sogar dahin gelangen, sich die vierte Dimension vorzustellen.[38]

Der geometrische Raum und der Vorstellungs-Raum. — Man sagt oft, daß die Bilder der äußeren Gegenstände im Raume lokalisiert sind, und sogar, daß solche Bilder sich nur unter dieser Bedingung bilden können. Man sagt auch, daß dieser Raum, welcher somit als ein zu unseren Gefühlen und Vorstellungen vollkommen passender Rahmen dient, identisch ist mit dem Raume der Geometrie, dessen sämtliche Eigenschaften er besitzt.

Mancher tüchtige Denker wird diese Auffassung teilen,

und ihm muß der obige Ausspruch ganz außergewöhnlich erscheinen. Sehen wir indessen nach, ob er nicht irgend einer Täuschung unterliegt, welche eine gründliche Analyse verscheuchen könnte.

Welches sind vor allem, kurz gefaßt, die Eigenschaften des Raumes? Ich meine die Eigenschaften desjenigen Raumes, welcher den Gegenstand der Geometrie ausmacht, und den ich den **geometrischen Raum** nennen will. Einige seiner hauptsächlichsten Eigenschaften sind die folgenden:

1. Er ist ein Kontinuum;
2. Er ist unendlich;
3. Er hat drei Dimensionen;
4. Er ist homogen, d. h. alle seine Punkte sind untereinander identisch;
5. Er ist isotrop, d. h., alle Geraden, welche durch denselben Punkt gehen, sind untereinander identisch.[34])

Vergleichen wir ihn nun mit dem Rahmen unserer Vorstellungen und unserer Empfindungen, welchen ich den **Vorstellungs-Raum** nennen will. Derselbe erscheint uns in drei verschiedenen Formen:

Der Gesichts-Raum. — Wir wollen vorerst eine reine Gesichts-Empfindung betrachten, die durch ein Bild hervorgerufen wird, welches sich auf dem Grunde der Netzhaut bildet.

Eine summarische Analyse zeigt uns dieses Bild als ein Kontinuum, welches zwei Dimensionen besitzt; das unterscheidet bereits den geometrischen Raum von demjenigen Raume, welchen wir als reinen **Gesichts-Raum** bezeichnen.[35])

Ferner ist dieses Bild in einen begrenzten Rahmen eingeschlossen.

Endlich besteht noch ein anderer, nicht minder wichtiger Unterschied: Dieser reine Gesichts-Raum **ist nicht homogen.** Sehen wir von den Bildern ab, die auf der Netzhaut entstehen können, so spielen nicht alle Punkte der letzteren dieselbe Rolle. Der gelbe Fleck kann unter keiner Bedingung als gleichwertig mit einem Punkte des Randes der Netzhaut betrachtet werden. In der Tat, dasselbe Objekt ruft nicht nur an dieser Stelle weit lebhaftere Eindrücke hervor, sondern es kann überhaupt in jedem begrenzten Rahmen der Punkt, welcher die Mitte des Rahmens einnimmt, niemals mit einem Punkte gleichwertig erscheinen, der nahe am Rande liegt.

Eine gründlichere Analyse würde uns ohne Zweifel zeigen, daß diese Kontinuität des Gesichts-Raumes und seine zwei Dimensionen auch nur auf Täuschung beruhen, sie würde diesen Raum also sich noch mehr vom geometrischen Raume unterscheiden lassen, aber wir wollen über diese Bemerkung hinweggehen, denn die aus ihr zu ziehenden Folgerungen wurden im zweiten Kapitel schon hinreichend besprochen.

Das Sehen erlaubt uns indessen, die Entfernungen abzuschätzen und folglich eine dritte Dimension wahrzunehmen. Aber jeder weiß, daß diese Wahrnehmung der dritten Dimension sich auf die Empfindung einer Anstrengung bei der zu machenden Accomodation des Auges reduziert und auf die Empfindung der konvergenten Richtung, welche beide Augen annehmen müssen, um einen bestimmten Gegenstand deutlich wahrzunehmen.

Das sind Muskelempfindungen, und diese sind gänzlich von den Gesichtsempfindungen verschieden, welche uns die Vorstellung der beiden ersten Dimensionen gegeben haben. Die dritte Dimension wird uns also nicht so erscheinen, als ob sie dieselbe Rolle wie die beiden anderen spiele. Was man den vollständigen Gesichts-Raum nennen kann, wird also nicht ein isotroper Raum sein.

Er hat zwar genau drei Dimensionen; das will heißen: die Elemente (vgl. S. 32) unserer Gesichts-Empfindung (wenigstens diejenigen, welche zur Ausbildung der Raumvorstellung beitragen) werden vollständig definiert sein, wenn man drei von ihnen kennt; oder, um die mathematische Sprachweise anzuwenden: die Gesichtsempfindungen sind Funktionen von drei Variabeln.

Wir wollen die Sache noch etwas näher prüfen. Die dritte Dimension wird uns auf zwei verschiedene Arten offenbart: durch die Anstrengung beim Accomodieren und durch die Konvergenz der Augen.

Ohne Zweifel stimmen diese beiden Indikationen immer überein; es gibt unter ihnen eine konstante Beziehung, oder mathematisch ausgedrückt: die beiden Variabeln, welche diese beiden Muskelempfindungen messen, erscheinen uns nicht als voneinander unabhängig, oder noch besser: wir können, um eine Berufung auf schon ziemlich raffinierte mathematische Begriffe zu vermeiden, zur Sprache des vorhergehenden Kapitels zurückkehren und dieselbe Tatsache folgendermaßen aussprechen: Wenn zwei Konvergenz-Empfindungen A und B ununterscheidbar sind, so werden die beiden Accomodations-Empfindungen A' und B', welche sie bezw. begleiten, gleichfalls ununterscheidbar sein.

Wir stehen hier sozusagen vor einer experimentellen Tatsache; nichts verhindert uns, a priori das Gegenteil vorauszusetzen, und wenn das Gegenteil stattfindet, wenn diese beiden Muskelempfindungen sich unabhängig voneinander verändern, so haben wir mit einer unabhängigen Variabeln mehr zu rechnen, und der „vollständige Gesichtsraum" wird uns als ein physikalisches Kontinuum von vier Dimensionen erscheinen.

Das ist sogar, wie ich hinzufügen will, eine Tatsache der äußeren Erfahrung. Nichts verhindert uns vorauszusetzen, daß ein Wesen, welches einen Verstand hat, der ebenso ausgebildet ist wie der unsrige, und welches dieselben Sinnesorgane wie wir hat, in eine Welt gestellt werde, wo das Licht nur dann zu ihm gelangt, nachdem es brechende Medien komplizierter Form durchdrungen hat. Die beiden Indikationen, welche uns dazu dienen, die Entfernungen abzuschätzen, würden dann aufhören, durch eine konstante Beziehung verbunden zu sein. Ein Wesen, welches in einer solchen Welt die Erziehung seiner Sinne bewerkstelligt, würde ohne Zweifel dem vollständigen Gesichts-Raume vier Dimensionen beilegen.[36])

Der Tast-Raum und der Bewegungs-Raum. — Der „Tast-Raum" ist noch komplizierter als der Gesichts-Raum und unterscheidet sich noch mehr vom geometrischen Raume. Es ist überflüssig, für das Tasten diejenige Erörterung zu wiederholen, welche ich für das Sehen durchgeführt habe.[37])

Abgesehen von den Wahrnehmungen, die uns durch das Gesicht und durch den Tastsinn vermittelt werden, gibt es noch andere Empfindungen, welche ebenso oder noch mehr zur Entstehung der Raum-Vorstellung beitragen. Dieselben sind allgemein bekannt, sie begleiten alle unsere Bewegungen, und man nennt sie gewöhnlich Muskel-Empfindungen.

Den entsprechenden Rahmen kann man als Bewegungs-Raum bezeichnen.

Jeder Muskel gibt zu einer besonderen Empfindung Veranlassung, welche fähig ist zu wachsen oder abzunehmen, so daß die Gesamtheit unserer Muskel-Empfindungen von so vielen Veränderlichen abhängt, wie die Zahl unserer Muskeln angibt. Unter diesem Gesichtspunkte würde die Anzahl der Dimensionen des Bewegungsraumes gleich der Anzahl unserer Muskeln sein.

Hierauf wird man sicher folgendes erwidern: Wenn die Muskel-Empfindungen zur Bildung unserer Raum-Vorstellung beitragen, so beruht dies darauf, daß wir das Gefühl der Richtung einer jeden Bewegung besitzen und daß dieses einen integrierenden Bestandteil der Empfindung bildet. Wenn dem so wäre, wenn eine Muskel-Empfindung nur in Begleitung dieses geometrischen Richtungsgefühles entstehen könnte, so würde in der Tat der geometrische Raum eine unserer Gefühlswelt auferlegte Form sein.

Aber davon bemerke ich durchaus nichts, wenn ich meine eigenen Empfindungen analysiere.

Ich sehe nur, daß die Empfindungen, welche Bewegungen gleicher Richtung entsprechen, in meinem Geiste durch eine einfache **Ideen-Association** verknüpft sind. Auf diese Association läßt sich das zurückführen, was wir das „Richtungsgefühl" nennen. Bei einer einzelnen Empfindung kann man also von diesem Gefühle nicht sprechen.

Diese Association ist außerordentlich mannigfaltig, denn die Kontraktion eines und desselben Muskels kann, je nach der Stellung, Bewegungen von ganz verschiedener Richtung entsprechen.

Sie ist übrigens offenbar erworben; sie ist wie alle Ideen-Associationen das Resultat einer **Gewohnheit**; diese Gewohnheit ihrerseits resultiert aus sehr zahlreichen **Erfahrungen**; wenn die Erziehung unserer Sinne sich in anderer Umgebung vollzogen hätte, wo wir anderen Eindrücken unterworfen wären, so würden sich ohne Zweifel ganz entgegengesetzte Gewohnheiten ausgebildet haben, und unsere Muskel-Empfindungen würden sich nach anderen Gesetzen associiert haben.

Charaktere des Vorstellungs-Raumes. — Der Vorstellungs-Raum (vgl. S. 54) ist hiernach in seiner dreifachen Form als Gesichts-, Tast- und Bewegungs-Raum wesentlich vom geometrischen Raume verschieden.

Er ist weder homogen noch isotrop; man kann nicht einmal behaupten, daß er drei Dimensionen habe.

Man sagt oft, daß wir die Objekte unserer äußeren Wahrnehmung in den geometrischen Raum „projizieren", daß wir sie dort „lokalisieren".

Hat dies eine Bedeutung, und welch' eine Bedeutung? Soll dies heißen, daß wir uns die äußeren Objekte im geometrischen Raume vorstellen?

Unsere Vorstellungen sind nur die Reproduktion unserer Empfindungen; sie können also nur in denselben Rahmen wie diese eingeordnet werden, d. h. in den Vorstellungs-Raum.

Es ist uns ebenso unmöglich, uns die äußere Körperwelt im geometrischen Raume vorzustellen, wie es einem Maler unmöglich ist, die Objekte mit ihren drei Dimensionen auf eine ebene Leinwand zu malen. Der Vorstellungsraum ist nur ein Bild des geometrischen Raumes, und zwar ein durch eine Art von Perspektive deformiertes Bild, und wir können uns die Objekte nur vorstellen, indem wir sie den Gesetzen dieser Perspektive anpassen.

Wir stellen uns also die äußere Körperwelt nicht im geometrischen Raume vor, sondern wir machen unsere Erwägungen über diese Körper, als wenn sie sich im geometrischen Raume befänden.

Was soll es aber bedeuten, wenn man nun sagt, daß wir ein bestimmtes Objekt an einem bestimmten Punkte des Raumes „lokalisieren?"

Das bedeutet einfach, daß wir uns die Bewegungen vorstellen, welche man ausführen muß, um zu diesem Objekte zu gelangen; man sage nicht, daß man diese Bewegungen selbst in den Raum projizieren muß, um sie sich vorzustellen, und daß folglich der Raum-Begriff präexistieren muß.

Wenn ich sage, daß wir uns diese Bewegungen vorstellen, so meine ich damit nur, daß wir uns die Muskel-Empfindungen vorstellen, welche sie begleiten und welche keinerlei geometrischen Charakter haben, welche folglich auf keinen Fall die Präexistenz des Raum-Begriffes implizieren.

Zustands- und Orts-Veränderungen. — Man wird jedoch fragen: wie konnte die Idee des geometrischen

Raumes entstehen, wenn sie sich nicht von selbst unserem Verstande aufzwingt und wenn auch keine unserer Empfindungen sie uns zu liefern vermag?

Wir wollen das jetzt genau prüfen; es wird uns einige Zeit kosten, aber ich kann schon jetzt den Inhalt der versuchten Erklärung in einigen Worten zusammenfassen:

Keine unserer Empfindungen würde für sich allein uns zur Idee des Raumes führen können; wir sind zu derselben nur durch das Studium der Gesetze gekommen, nach welchen diese Empfindungen aufeinander folgen.

Zuerst sehen wir, daß unsere Eindrücke der Veränderung unterworfen sind; aber nach kurzer Zeit werden wir dazu geführt, zwischen diesen von uns konstatierten Veränderungen zu unterscheiden.

Bald sagen wir, daß die Objekte, welche unsere Eindrücke verursachen, ihren Zustand verändert haben, bald, daß sie ihre Stellung verändert haben, daß sie im Raume nur verschoben sind.

Möge ein Objekt nur seinen Zustand oder nur seine Stellung verändern, für uns macht sich das immer in gleicher Weise geltend, nämlich **durch eine Änderung in einer gewissen Gesamtheit von Eindrücken.**

Wie konnten wir denn dazu geführt werden, sie zu unterscheiden? Wenn es sich nur um eine Ortsveränderung gehandelt hat, so können wir die ursprüngliche Gesamtheit von Eindrücken wieder herstellen, indem wir Bewegungen ausführen, welche uns gegenüber dem bewegten Objekte in die ursprüngliche relative Stellung zurückbringen. Wir korrigieren so die Veränderung, welche sich vollzogen hatte, und wir stellen den Anfangs-Zustand durch eine umgekehrte Veränderung wieder her.

Wenn es sich z. B. um das Sehen handelt, und wenn ein Objekt sich vor unserem Auge verschiebt, so können wir ihm „mit dem Auge folgen" und durch angemessene

Bewegungen des Augapfels sein Bild stets an derselben Stelle der Netzhaut festhalten.

Diese Bewegungen kommen uns zum Bewußtsein, weil sie willkürlich sind und weil sie von Muskel-Empfindungen begleitet werden, aber damit ist durchaus nicht gesagt, daß wir sie uns im geometrischen Raume vorstellen.

Die Orts-Veränderung ist also dadurch charakterisiert und unterscheidet sich dadurch von der Zustandsänderung daß sie sich immer durch das erwähnte Mittel korrigieren läßt.

Es kann demnach eintreten, daß man von einer Gesamtheit A von Vorstellungen zu einer Gesamtheit B auf zwei verschiedene Weisen gelangt: 1. unwillkürlich und ohne Muskel-Empfindungen zu haben, (das tritt ein, wenn das Objekt sich bewegt); 2. willkürlich und mit Muskel-Empfindungen, (das tritt ein, wenn das Objekt unbeweglich bleibt, wir aber unsere Stellung so verändern, daß das Objekt im Verhältnisse zu uns eine relative Bewegung ausführt).

Wenn dem so ist, so bedeutet der Übergang von einer Gesamtheit A zu einer Gesamtheit B von Empfindungen nur eine Ortsveränderung.

Es folgt daraus, daß Gesichts- und Tast-Sinn uns ohne die Hilfe des „Muskel-Sinnes" den Raum-Begriff nicht geben können.

Und zwar kann dieser Begriff nicht aus einer einzelnen Empfindung, wohl aber aus einer Folge von Empfindungen abgeleitet werden; ein unbewegliches Wesen jedoch könnte niemals zu ihm gelangen, denn es könnte durch seine Bewegungen nicht die Wirkungen der Ortsveränderung äußerer Objekte korrigieren und hätte also keinerlei Grund, sie von den Zustands-Änderungen zu unterscheiden. Ebensowenig könnte es diesen Begriff erlangen, wenn seine Bewegungen nicht willkürlich wären oder wenn sie nicht von irgend welchen Empfindungen begleitet würden.

Bedingungen der Kompensation. — Wie ist eine

solche Kompensation möglich, wenn sie bewirken soll, daß zwei Veränderungen, die übrigens unabhängig voneinander sind, sich gegenseitig korrigieren?

Ein Verstand, der schon Geometrie gelernt hat, würde in folgender Weise schließen:

Damit die Kompensation stattfindet, müssen offenbar die verschiedenen Teile des äußeren Objektes einerseits, die verschiedenen Organe unserer Sinne andererseits sich nach der doppelten Veränderung in derselben relativen Stellung befinden. Überdies müssen die verschiedenen Teile des äußeren Objektes dabei dieselbe relative Stellung gegeneinander bewahrt haben, und das Gleiche muß für die verschiedenen Teile unseres Körpers in ihrem gegenseitigen Verhältnisse Geltung haben.

Mit anderen Worten: bei der ersten Bewegung muß sich das äußere Objekt so verschieben, wie ein unveränderlicher Körper, und das Gleiche muß für die Gesamtheit unseres Körpers bei der zweiten Bewegung gelten, welche die erste korrigiert.

Unter diesen Bedingungen kann sich die Kompensation vollziehen.

Aber wir haben noch keine Geometrie gelernt, denn für uns soll der Raum-Begriff noch nicht ausgebildet sein; wir können also die erwähnten Schlüsse nicht machen, und wir können deshalb nicht a priori voraussehen, ob die Kompensation möglich ist. Jedoch die Erfahrung lehrt uns, daß sie hin und wieder eintritt, und von dieser Erfahrungstatsache gehen wir aus, um die Zustandsänderungen von den Ortsveränderungen zu unterscheiden.

Die festen Körper und die Geometrie. — Unter den Objekten, welche uns umgeben, gibt es einige, die häufig solche Ortsveränderungen erleiden, daß sie durch eine entsprechende Bewegung unseres Körpers korrigiert werden können; dies sind die festen Körper.

Die anderen Objekte, deren Gestalt veränderlich ist,

unterliegen nur ausnahmsweise derartigen Verschiebungen (Ortsveränderungen ohne Veränderung der Form). Wenn ein Körper sich verschiebt und sich zugleich deformiert, so können wir durch geeignete Bewegungen unsere Sinnesorgane nicht mehr in dieselbe relative Lage in Bezug auf diesen Körper zurückführen. Wir können folglich die ursprüngliche Gesamtheit von Eindrücken nicht mehr wiederherstellen.

Wir lernen erst später und infolge neuer Erfahrungen die Körper von veränderlicher Gestalt in kleinere Elemente zerlegen, so daß jedes von ihnen sich so ziemlich nach denselben Gesetzen verschiebt wie die festen Körper. Wir unterscheiden also die ,,Deformation" von den anderen Zustandsänderungen; bei diesen Deformationen erleidet jedes Element eine einfache Ortsveränderung, welche korrigiert werden kann, aber die Veränderung, welche die Gesamtheit der Elemente erleidet, geht tiefer und kann nicht mehr durch eine entsprechende Bewegung korrigiert werden.

Eine solche Vorstellung ist schon sehr kompliziert und hat nur relativ spät sich geltend machen können; sie hätte überhaupt nicht entstehen können, wenn uns nicht die Beobachtung der festen Körper gelehrt hätte, die Ortsveränderungen von den übrigen Veränderungen zu unterscheiden.

Wenn es also keine festen Körper in der Natur geben würde, so hätten wir keine Geometrie.

Eine andere Bemerkung verdient ebenfalls einen Augenblick unsere Aufmerksamkeit. Nehmen wir an, ein fester Körper habe zuerst die Stellung a und gehe von dort in die Stellung β über; in seiner ersten Stellung wird er uns eine Gesamtheit A von Eindrücken verursachen und in seiner zweiten Stellung eine Gesamtheit B von Eindrücken. Es werde außerdem ein zweiter fester Körper betrachtet, dessen Eigenschaften von denen des ersten gänzlich verschieden sind; er sei z. B. von verschiedener Farbe. Nehmen wir an, daß er ebenfalls von der Stellung α, wo er auf uns die Gesamtheit A' von Eindrücken ausübt, in die Stellung β übergehe, wo er uns die Gesamtheit B' von Eindrücken verursacht.

Im allgemeinen wird weder die Gesamtheit A mit der Gesamtheit A', noch die Gesamtheit B mit der Gesamtheit B' etwas Gemeinsames haben. Der Übergang von der Gesamtheit A zu der Gesamtheit B und der Übergang von der Gesamtheit A' zu der Gesamtheit B' besteht also in zwei Veränderungen, welche an sich im allgemeinen nichts Gemeinsames haben.

Und dennoch sehen wir diese beiden Veränderungen eine wie die andere als Verschiebungen an, noch mehr, wir betrachten sie als die gleiche Verschiebung. Wie ist das möglich?

Das geschieht einfach dadurch, daß die eine wie die andere durch die gleiche entsprechende Bewegung unseres Körpers korrigiert werden kann.

Die „entsprechende Bewegung" ist es also, welche das einzige Bindeglied zwischen zwei Erscheinungen bildet, die einander zu nähern uns sonst nie eingefallen wäre.

Andererseits kann unser Körper eine Menge von verschiedenen Bewegungen ausführen, dank der Anzahl seiner Gliederungen und Muskeln; aber es sind nicht alle fähig, eine Veränderung der äußeren Objekte zu „korrigieren"; nur diejenigen sind dazu fähig, bei denen unser ganzer Körper oder wenigstens alle unsere Sinnesorgane, welche in Betracht kommen, sich als ein Ganzes verschieben, d. h. ihren Ort verändern, ohne daß ihre relativen Stellungen sich ändern, sich also verhalten wie ein fester Körper.

Fassen wir zusammen:

1. Wir werden dazu geführt, vor allem zwei Kategorien von Erscheinungen zu unterscheiden

Die einen, welche unwillkürlich und nicht von Muskel-

Empfindungen begleitet sind, werden von uns den äußeren Objekten zugeteilt; das sind die **äußeren** Veränderungen.

Die anderen, denen entgegengesetzte Charaktere zukommen, schreiben wir den **Ortsveränderungen** unseres eigenen Körpers zu; das sind die **inneren** Veränderungen.

2. Wir bemerken, daß gewisse Veränderungen aus jeder dieser Kategorien durch eine entsprechende Veränderung der anderen Kategorie korrigiert werden können.

3. Wir unterscheiden unter den äußeren Veränderungen diejenigen, denen eine entsprechende Veränderung in der anderen Kategorie gegenübersteht; diese nennen wir Bewegungen. Und ebenso unterscheiden wir unter den inneren Veränderungen diejenigen, denen eine entsprechende Veränderung in der ersten Kategorie gegenübersteht.

Dank dieses gegenseitigen Verhältnisses ist eine besondere Klasse von Erscheinungen definiert, welche wir Orts-Veränderungen nennen. **Die Gesetze dieser Erscheinungen bilden den Gegenstand der Geometrie.**

Das Gesetz der Homogenität. — Das erste dieser Gesetze ist das der Homogenität.

Setzen wir voraus, daß wir durch eine äußere Veränderung α von der Gesamtheit A der Empfindungen zu der Gesamtheit B gelangen, ferner, daß diese Veränderung α durch eine entsprechende willkürliche Bewegung β korrigiert wird, und daß wir auf diese Art zur Gesamtheit A zurückgeführt wären.

Setzen wir weiter voraus, daß eine andere äußere Veränderung α' uns nochmals von der Gesamtheit A zu der Gesamtheit B kommen läßt.

Die Erfahrung lehrt uns dann, daß diese Veränderung α' ebenso wie α fähig ist, durch eine entsprechende willkürliche Bewegung β' korrigiert zu werden, und daß diese Bewegung β' zu denselben Muskel-Empfindungen gehört wie die Bewegung β, welche α korrigierte.

Dieser Tatsache trägt man gewöhnlich Rechnung, wenn man sagt, daß der **Raum homogen und isotrop ist**.

Man kann auch sagen, daß eine einmal hervorgebrachte Bewegung zum zweitenmal, zum drittenmal und so weiter sich wiederholen kann, ohne daß ihre Eigenschaften sich verändern.

Im ersten Kapitel, in welchem wir die Natur der mathematischen Schlußweise studiert haben, sahen wir die Wichtigkeit, welche man der Möglichkeit zuerteilt, eine und dieselbe Operation unendlich oft zu wiederholen.

Aus dieser Wiederholung entnimmt die mathematische Schlußweise ihre Stärke; dank dem Gesetze der Homogenität hat sie sich die geometrischen Tatsachen unterworfen.

Um vollständig zu sein, müßte man den Gesetzen der Homogenität eine Menge anderer analoger Gesetze anfügen, auf deren Einzelheiten ich nicht eingehen will; dieselben werden von den Mathematikern in einem Worte zusammengefaßt, wenn sie davon sprechen, daß die Bewegungen „**eine Gruppe**" bilden (d. h. daß zwei aufeinanderfolgende Bewegungen immer durch eine einzige Bewegung ersetzt werden können).

Die nicht-Euklidische Welt. — Wenn der geometrische Raum ein Rahmen wäre, in den **jede** unserer Vorstellungen für sich allein betrachtet hineingepaßt werden kann, so wäre es unmöglich, sich ein Bild ohne diesen Rahmen vorzustellen, und wir könnten an unserer Geometrie nichts ändern.

Aber dem ist nicht so; die Geometrie ist nur die Zusammenfassung der Gesetze, nach welchen diese Bilder aufeinanderfolgen. Nichts hindert uns daran, eine Reihe von Vorstellungen auszudenken, welche in allem unseren gewöhnlichen Vorstellungen vollkommen ähnlich sind, aber welche nach Gesetzen aufeinanderfolgen, die von den uns vertrauten Gesetzen verschieden sind

Man begreift demnach, daß Wesen, deren Erziehung sich in einer Umgebung vollzieht, in der diese Gesetze völlig umgestürzt sind, eine von der unserigen sehr verschiedene Geometrie haben können.

Wir wollen uns z. B. eine in eine große Kugel eingeschlossene Welt denken, welche folgenden Gesetzen unterworfen ist:

Die Temperatur ist darin nicht gleichmäßig; sie ist im Mittelpunkte am höchsten und vermindert sich in dem Maße, als man sich von ihm entfernt, um auf den absoluten Nullpunkt herabzusinken, wenn man die Kugel erreicht, in der diese Welt eingeschlossen ist.

Ich bestimme das Gesetz, nach welchem diese Temperatur sich verändern soll, noch genauer. Sei R der Halbmesser der begrenzenden Kugel, sei r die Entfernung des betrachteten Punktes vom Mittelpunkte dieser Kugel, dann soll die absolute Temperatur proportional zu R^2-r^2 sein.

Ich setze weiter voraus, daß in dieser Welt alle Körper denselben Ausdehnungs-Koeffizienten haben, so daß die Länge irgend eines Lineals seiner absoluten Temperatur proportional sei.

Endlich setze ich voraus, daß ein Objekt, welches von einem Punkte nach einem anderen mit verschiedener Temperatur übertragen wird, sich sofort ins Wärme-Gleichgewicht mit seiner neuen Umgebung setzt.

Nichts ist in dieser Hypothese widerspruchsvoll oder undenkbar.

Ein bewegliches Objekt wird also immer kleiner in dem Maße, wie es sich der begrenzenden Kugel nähert.

Beachten wir vor allem, daß diese Welt ihren Einwohnern unbegrenzt erscheinen wird, wenn sie auch vom Gesichtspunkte unserer gewöhnlichen Geometrie aus als begrenzt gilt.

Wenn diese Einwohner sich in der Tat der begrenzenden Kugel nähern wollen, kühlen sie ab und werden immer kleiner. Die Schritte, welche sie machen, sind also auch immer kleiner, so daß sie niemals die begrenzende Kugel erreichen können.

Wenn für uns die Geometrie nur das Studium der Gesetze ist, nach welchen die festen, unveränderlichen Körper sich bewegen, so wird sie für diese hypothetischen Wesen das Studium der Gesetze sein, nach denen sich die (für jene Einwohner scheinbar festen) Körper bewegen, welche durch die soeben besprochenen Temperatur-Differenzen deformiert werden.

Ohne Zweifel erfahren in unserer Welt die natürlichen festen Körper gleicherweise Schwankungen an Gestalt und Volumen, welche durch Erwärmung oder Abkühlung entstehen. Wir vernachlässigen diese Schwankungen, während wir die Grundlagen der Geometrie festlegen; denn, abgesehen von dem Umstande, daß sie sehr gering sind, so sind sie vor allem unregelmäßig und erscheinen uns folglich als zufällig.

In dieser hypothetischen Welt würde dem nicht so sein, und solche Veränderungen würden nach regelmäßigen und sehr einfachen Gesetzen erfolgen.

Andererseits würden die verschiedenen festen Bestandteile, aus denen sich die Körper dieser Einwohner zusammensetzen, denselben Schwankungen in Gestalt und Volumen unterworfen sein.

Ich werde noch eine andere Hypothese aufstellen: ich setze voraus, daß das Licht verschieden brechende Medien durchdringt, und zwar so, daß der Brechungs-Index zu R^2-r^2 umgekehrt proportional sei. Es ist leicht zu ersehen, daß die Licht-Strahlen unter diesen Bedingungen nicht geradlinig, sondern kreisförmig sein werden.[88])

Um das, was vorausgeht, zu rechtfertigen, muß ich beweisen, daß gewisse Ortsveränderungen, welche die äußeren Objekte erlitten haben, durch entsprechende Bewegungen der fühlenden Wesen, welche diese eingebildete Welt bewohnen, korrigiert werden können, und zwar so, daß sich die ursprüngliche Gesamtheit von Eindrücken, denen diese fühlenden Wesen unterworfen sind, wiederherstellt.

Setzen wir in der Tat voraus, daß ein Objekt sich von der Stelle bewegt, indem es sich deformiert, aber nicht wie ein unveränderlicher Körper, sondern wie ein Körper, der ungleichmäßige Dilatationen genau nach den eben angenommenen Temperaturgesetzen erleidet. Man möge mir erlauben, eine solche Bewegung — um die Sprache abzukürzen — nicht-Euklidische Orts-Veränderung zu nennen.[39])

Wenn ein fühlendes Wesen sich in der Nachbarschaft befindet, so werden seine Eindrücke durch das Fortrücken des Objektes verändert, aber es kann sie wieder herstellen, wenn es sich selbst in passender Weise bewegt. Schließlich müssen nur das Objekt und das fühlende Wesen, beide zusammen (d. h. als ein einziger Körper betrachtet), eine dieser besonderen Orts-Veränderungen erlitten haben, welche ich soeben die nicht-Euklidischen genannt habe. Das ist möglich, wenn man voraussetzt, daß die Glieder dieser Wesen sich nach demselben Gesetze ausdehnen wie die anderen Körper der von ihnen bewohnten Welt.

Wenngleich sich unter dem Gesichtspunkte unserer gewöhnlichen Geometrie die Körper bei dieser Ortsveränderung deformiert haben und wenngleich sich ihre verschiedenen Teile nicht mehr in derselben relativen Stellung wiederfinden, so werden wir doch sehen, daß die Eindrücke des fühlenden Wesens wieder dieselben geworden sind.

In der Tat, wenn die gegenseitigen Entfernungen der verschiedenen Teile verändert werden konnten, so sind nichtsdestoweniger die ursprünglich sich berührenden

Teile auch nachher wieder in Berührung. Die Eindrücke des Tast-Sinnes haben sich nicht geändert.

Wenn man andererseits der oben in Bezug auf die Brechung und die Krümmung der Lichtstrahlen gemachten Hypothese Rechnung trägt, so werden auch die Gesichts-Eindrücke dieselben geblieben sein.

Diese hypothetischen Wesen werden also wie wir dazu geführt, die Erscheinungen, deren Zeugen sie sind, einzuteilen und unter ihnen die „Orts-Veränderungen" zu unterscheiden, welche durch eine willkürliche entsprechende Bewegung korrigiert werden können.

Wenn sie eine Geometrie begründen, so wird diese nicht wie die unserige das Studium der Bewegungen unserer festen Körper sein; es wird vielmehr das Studium derjenigen Orts-Veränderungen sein, welche sie so von den übrigen unterschieden haben und welche keine anderen als die „nicht-Euklidischen Orts-Veränderungen" sind, es wird die nicht-Euklidische Geometrie sein.

So werden uns ähnliche Wesen, deren Erziehung in einer solchen Welt bewerkstelligt wäre, nicht dieselbe Geometrie wie wir haben.

Die vierdimensionale Welt. — Eine vierdimensionale Welt kann man sich ebenso gut vorstellen, wie eine nicht-Euklidische Welt.

Der Gesichts-Sinn, selbst mit einem Auge, verbunden mit Muskel-Empfindungen, die sich auf die Bewegungen des Augapfels beziehen, würde genügen, um den dreidimensionalen Raum kennen zu lernen.

Die Bilder der äußeren Objekte malen sich auf der Netzhaut, welche ein zweidimensionales Gemälde darstellt; das sind die Perspektiven.

Da aber die Objekte beweglich sind und dasselbe für unser Auge gilt, so sehen wir nacheinander verschiedene Perspektiven eines und desselben Körpers, von mehreren verschiedenen Gesichtspunkten aus aufgenommen.

Wir konstatieren zugleich, daß der Übergang von einer Perspektive zur anderen oft von Muskel-Empfindungen begleitet ist.

Wenn der Übergang der Perspektive *A* zur Perspektive *B* und derjenige der Perspektive *A'* zur Perspektive *B'* von denselben Muskel-Empfindungen begleitet ist, so machen sie uns den Eindruck gleichartiger Operationen, die wir zueinander in Beziehung setzen können.

Wenn wir darauf die Gesetze studieren, nach welchen sich diese Operationen zusammensetzen, so bemerken wir, daß sie eine Gruppe bilden, welche dieselbe Struktur hat wie die Gruppe der Bewegungen von festen Körpern.

Wir haben nun gesehen (vgl. S. 66), daß wir gerade aus den Eigenschaften dieser Gruppe den Begriff des geometrischen und des dreidimensionalen Raumes abgeleitet haben.

Wir verstehen somit, wie der Begriff eines dreidimensionalen Raumes aus dem Schauspiel dieser Perspektiven entstehen konnte, wenngleich jede von ihnen nur zwei Dimensionen hat; denn sie folgen **aufeinander nach gewissen Gesetzen**.

Also gut; so wie man auf einer Leinwand die Perspektive einer dreidimensionalen Figur zeichnen kann, so kann man auch die Perspektive einer vierdimensionalen Figur auf eine drei- (oder zwei-) dimensionale Leinwand zeichnen. Das ist für den Mathematiker nur leichtes Spiel.

Man kann sogar von derselben Figur verschiedene Perspektiven von verschiedenen Gesichtspunkten aus entwerfen.[40])

Wir können uns diese Perspektiven leicht vorstellen, weil sie nur drei Dimensionen haben.

Wir wollen uns denken, die verschiedenen Perspektiven eines und desselben Objektes folgten aufeinander und der Übergang von einer zur anderen wäre von Muskel-Empfindungen begleitet.

Man wird, wohlverstanden, zwei dieser Übergänge als zwei Operationen gleicher Natur betrachten, wenn sie mit den gleichen Muskel-Empfindungen verbunden sind.

Nichts hindert dann daran, sich zu denken, daß diese Operationen sich nach einem Gesetze, wie wir es haben wollen, zusammensetzen, z. B. derart, daß sie eine Gruppe bilden, welche dieselbe Struktur hat wie diejenige der Bewegungen eines vierdimensionalen festen Körpers.

Da gibt es nichts, was man sich nicht vorstellen könnte, und dennoch sind diese Empfindungen genau dieselben, denen ein mit einer zweidimensionalen Netzhaut versehenes Wesen unterworfen wäre, welches sich im vierdimensionalen Raume bewegen könnte.

In diesem Sinne ist es erlaubt zu sagen, daß man sich die vierte Dimension vorstellen könne.

Es würde nicht möglich sein, sich in dieser Weise den Hilbertschen Raum vorzustellen, von dem wir im vorhergehenden Kapitel gesprochen haben (S. 49), denn dieser Raum ist nicht mehr ein Kontinuum zweiter Ordnung. Er unterscheidet sich dadurch zu wesentlich von unserem gewöhnlichen Raum.

Zusammenfassung. — Man sieht, daß die Erfahrung eine unumgänglich notwendige Rolle in der Genesis der Geometrie spielt; aber es würde ein Irrtum sein, daraus zu schließen, daß die Geometrie — wenn auch nur teilweise — eine Erfahrungswissenschaft sei.

Wenn sie erfahrungsmäßig wäre, so würde sie nur annähernd richtig und provisorisch sein. Und von welch' grober Annäherung!

Die Geometrie würde nur das Studium der Bewegungen von festen Körpern sein; aber sie beschäftigt sich in Wirklichkeit nicht mit natürlichen Körpern, sie hat gewisse ideale, durchaus unveränderliche Körper zum Gegenstand, welche nur ein vereinfachtes und wenig genaues Bild der natürlichen Körper geben.

Der Begriff dieser idealen Körper ist aus den verschiedenen Gebieten unserer Verstandes-Tätigkeit hervorgegangen, und die Erfahrung ist nur eine Gelegenheit, welche uns antreibt, sie daraus hervorgehen zu lassen.

Das Objekt der Geometrie ist das Studium einer besonderen „Gruppe"; aber der allgemeine Gruppen-Begriff präexistiert in unserem Verstande, zum mindesten die Möglichkeit zur Bildung desselben; er drängt sich uns auf, nicht als eine Form unseres Empfindungs-Vermögens, sondern als eine Form unserer Erkenntnis.

Unter den möglichen Gruppen muß man nur diejenige auswählen, welche sozusagen das Normalmaß sein wird, auf das wir die Erscheinungen der Natur beziehen.

Die Erfahrung leitet uns in dieser Wahl, zwingt sie uns aber nicht auf; sie läßt uns nicht erkennen, welche Geometrie die richtigste ist, wohl aber, welche die bequemste ist.

Man wird bemerken, daß ich die phantastischen Welten, welche ich oben erdachte, beschreiben konnte, ohne aufzuhören, die Sprache der gewöhnlichen Geometrie anzuwenden.

Und wirklich, wir brauchten diese nicht zu wechseln, wenn wir in jene Welten versetzt würden.

Wesen, welche dort ihre Erziehung durchmachen, würden es ohne Zweifel bequemer finden, sich eine von der unserigen verschiedene Geometrie zu schaffen, welche sich ihren Eindrücken besser anpaßte. Was uns betrifft, so ist es gewiß, daß wir angesichts derselben Eindrücke es bequemer finden würden, unsere Gewohnheiten nicht zu ändern.

Fünftes Kapitel.
Die Erfahrung und die Geometrie.

1. In den vorhergehenden Zeilen habe ich bereits verschiedene Male zu beweisen versucht, daß die Prinzipien der Geometrie keine Erfahrungs-Tatsachen sind,

und daß insbesondere das Euklidische Postulat nicht durch Erfahrung bewiesen werden kann.

So entscheidend mir auch die bereits dargelegten Gründe erscheinen mögen, so glaube ich doch hierbei besonders verweilen zu müssen, weil in vielen Köpfen eine hierauf bezügliche falsche Idee tief eingewurzelt ist.

2. Man stelle sich einen materiellen Kreis her, messe dessen Halbmesser und Umfang und versuche zu sehen, ob das Verhältnis dieser beiden Längen gleich π ist; was hat man damit getan? Man wird ein Experiment gemacht haben über die Eigenschaften der Materie, aus welcher man diesen Kreis gefertigt hat, und derjenigen Materie, aus welcher man das zum Messen benutzte Metermaß gefertigt hat, nicht aber ein Experiment über die Eigenschaften des Raumes.

3. **Geometrie und Astronomie.** — Man hat die Frage noch auf andere Weise gestellt. Wenn die Lobatschewskysche Geometrie wahr ist, so ist die Parallaxe eines sehr entfernten Sternes endlich; wenn die Riemannsche Geometrie wahr ist, so wird sie negativ sein. Damit haben wir Resultate, welche der Erfahrung zugänglich sind, und man hoffte, daß die astronomischen Beobachtungen erlauben würden, zwischen den drei Geometrien zu entscheiden.[41])

Aber was man in der Astronomie die gerade Linie nennt, ist einfach die Bahn des Lichtstrahles. Wenn man also, was allerdings unmöglich ist, negative Parallaxen entdecken könnte oder beweisen könnte, daß alle Parallaxen oberhalb einer gewissen Grenze liegen, so hätte man die Wahl zwischen zwei Schlußfolgerungen: wir könnten der Euklidischen Geometrie entsagen oder die Gesetze der Optik abändern und zulassen, daß das Licht sich nicht genau in gerader Linie fortpflanzt.

Es ist unnütz hinzuzufügen, daß jedermann diese letztere Lösung als die vorteilhaftere ansehen würde.

Die Euklidische Geometrie hat also von neuen Erfahrungen nichts zu fürchten.

4. Kann man behaupten, daß gewisse Erscheinungen, welche im Euklidischen Raume möglich sind, im nicht-Euklidischen Raume unmöglich wären, und zwar so, daß die Erfahrung, indem sie diese Erscheinungen bestätigt, der nicht-Euklidischen Hypothese direkt widersprechen würde? Meiner Meinung nach kann eine derartige Frage nicht gestellt werden. Ich würde sie für gleichbedeutend mit der folgenden halten, deren Abgeschmacktheit allen in die Augen springt: „Gibt es Längen, welche man in Metern und Zentimetern angeben kann, aber welche man nicht in Klafter, Fuß und Zoll abmessen kann, und könnte das Experiment, durch welches man die Existenz dieser Längen bestätigt, zugleich der Hypothese widersprechen, daß es in sechs Fuß eingeteilte Klafter gibt?"

Prüfen wir die Frage näher. Ich setze voraus, daß die gerade Linie im Euklidischen Raume zwei beliebige Eigenschaften besitzt, welche ich A und B nennen werde; wir nehmen an, daß diese gerade Linie im nicht-Euklidischen Raume noch die Eigenschaft A, aber nicht mehr die Eigenschaft B besitzt; schließlich setze ich voraus, daß die gerade Linie sowohl im Euklidischen, wie im nicht-Euklidischen Raume die einzige Linie sei, welche die Eigenschaft A besitzt.

Wenn dem so wäre, so würde die Erfahrung geeignet sein, zwischen der Euklidischen Hypothese und der Lobatschewskyschen zu entscheiden. Man würde feststellen, daß ein bestimmtes konkretes und dem Experimente zugängliches Objekt, wie z. B. ein Bündel von Lichtstrahlen, die Eigenschaft A besitzt; man würde daraus schließen, daß es geradlinig ist, und man würde daraufhin untersuchen, ob es die Eigenschaft B besitzt oder nicht.

Aber dem ist nicht so, es existiert keine Eigenschaft, welche wie diese Eigenschaft *A* ein absolutes Kriterium sein könnte, um die gerade Linie als solche zu erkennen und sie von jeder andern Linie zu unterscheiden.

Vielleicht wird man einwerfen (vgl. oben S. 47): „Diese Eigenschaft ist doch die folgende: die gerade Linie ist eine derartige Linie, daß eine Figur, deren Teil diese Linie ist, sich bewegen kann, ohne daß die gegenseitigen Entfernungen ihrer Punkte sich verändern, und daß somit alle Punkte dieser Linie fest bleiben."

Da hätten wir tatsächlich eine Eigenschaft, welche, sei es nun im Euklidischen oder sei es im nicht-Euklidischen Raume, der Geraden zukommt und nur ihr zukommt. Aber wie erkennt man durch die Erfahrung, ob sie diesem oder jenem konkreten Objekte zugehört? Man muß Entfernungen messen, und wie wird man wissen können, daß eine gewisse konkrete Größe, welche ich mit meinem materiellen Instrument gemessen habe, die abstrakte Entfernung richtig angibt?

Man hat die Schwierigkeit nur weiter hinausgeschoben.

In Wirklichkeit ist die Eigenschaft, von der ich soeben sprach, nicht nur eine Eigenschaft der geraden Linie allein, es ist eine Eigenschaft der geraden Linie und der Entfernung. Wenn sie als absolutes Kriterium dienen soll, so müßte man nicht nur feststellen, daß sie der Entfernung und keiner andern Linie als der geraden Linie eigentümlich ist, sondern auch daß sie keiner andern Linie als der geraden Linie zukommt und keiner andern Größe als der Entfernung. Aber das ist nicht richtig.

Es ist also unmöglich, ein konkretes Experiment zu erdenken, das im Euklidischen Systeme der Geometrie interpretiert werden könnte, nicht aber im Lobatschewskyschen Systeme; demnach darf ich schließen:

Keine Erfahrung wird jemals mit dem Euklidischen Postulate im Widerspruche sein; ebenso aber andererseits: keine Erfahrung wird jemals im Widerspruche mit dem Lobatschewskyschen Postulate sein.

5. Aber es genügt nicht, daß die Euklidische (oder nicht-Euklidische) Geometrie niemals durch die Erfahrung direkt widerlegt werden kann. Könnte es nicht eintreten, daß die Geometrie sich mit der Erfahrung nur in Übereinstimmung bringen läßt, wenn man das Prinzip des zureichenden Grundes oder das Prinzip der Relativität des Raumes verletzt?

Ich will dies näher ausführen: Betrachten wir irgend ein materielles System; wir werden einerseits den „Zustand" der verschiedenen Körper dieses Systems ins Auge fassen müssen (z. B. ihre Temperatur, ihr elektrisches Potential u. s. w.), und andererseits ihre Stellung im Raume; und unter den Angaben, welche zur Definition dieser Stellung dienen, werden wir noch die gegenseitigen Entfernungen dieser Körper (die ihre relativen Stellungen bestimmen) von den Bedingungen unterscheiden, welche den absoluten Ort des Systems und seine absolute Orientierung im Raume festlegen.

Die Gesetze der Erscheinungen, welche sich in diesem Systeme abspielen, werden von dem Zustande dieser Körper und von ihren gegenseitigen Entfernungen abhängen; aber wegen der Relativität und wegen der Passivität des Raumes werden sie nicht vom absoluten Orte und von der absoluten Orientierung des Systems abhängen.

Mit anderen Worten: der Zustand der Körper und ihre gegenseitigen Entfernungen in irgend einem Zeitpunkte hängen allein vom Zustande dieser selben Körper und von ihren gegenseitigen Entfernungen zur Anfangszeit ab, aber sie hängen niemals vom absoluten anfänglichen Orte des Systems ab oder von seiner absoluten anfänglichen Orientierung. Um die Ausdrucksweise abzukürzen, werde ich dies als das Gesetz der Relativität bezeichnen.

Bis jetzt habe ich wie ein Euklidischer Mathematiker gesprochen. Wie ich schon gesagt habe, gestattet jede beliebige Erfahrungstatsache eine Interpretation in der Euklidischen Hypothese; aber sie gestattet eine solche gleichfalls in der nicht-Euklidischen Hypothese. Nehmen wir also an, wir hätten eine Reihe von Experimenten gemacht; wir hätten sie in der Euklidischen Hypothese interpretiert und wir hätten erkannt, daß diese so interpretierten Experimente unser „Gesetz der „Relativität" nicht verletzen.

Jetzt interpretieren wir sie in der nicht-Euklidischen Hypothese: das ist immer möglich; nur werden die nicht-Euklidischen Entfernungen unserer verschiedenen Körper bei dieser neuen Interpretation im allgemeinen nicht dieselben sein wie die Euklidischen Entfernungen bei der früheren Interpretation.

Werden nun unsere Experimente, wenn sie auf diese neue Weise interpretiert werden, auch noch im Einklang mit unserem „Gesetze der Relativität" stehen? Und wenn eine solche Übereinstimmung nicht stattfindet, würde man dann nicht auch das Recht haben zu sagen, daß die Erfahrung die Falschheit der nicht-Euklidischen Geometrie bewiesen hat?

Man erkennt leicht, daß diese Befürchtung ohne Grund ist; in der Tat, um das Gesetz der Relativität in aller Strenge anwenden zu können, muß man es auf das ganze Universum anwenden. Denn wenn man nur einen Teil dieses Universums betrachtet, und wenn der absolute

Ort dieses Teiles sich zu verändern beginnt, so werden sich die Entfernungen von den übrigen Körpern des Universums gleichfalls ändern; ihr Einfluß auf den gerade betrachteten Teil des Universums würde sich folglich vermehren oder vermindern, und das könnte die Gesetze der beobachteten Erscheinungen beeinflussen.

Aber wenn unser System das ganze Universum umfaßt, so ist die Erfahrung nicht im stande, uns über seinen absoluten Ort und seine absolute Orientierung zu unterrichten. Alles was unsere Instrumente, wenn sie auch noch so vollkommen sind, uns lehren können, ist der Zustand der verschiedenen Teile des Universums und die gegenseitigen Entfernungen dieser Teile.

Man könnte also unser Gesetz der Relativität so aussprechen:

Die Ablesungen, welche wir in einem beliebigen Zeitpunkte an unseren Instrumenten machen können, werden einzig von den Ablesungen abhängen, welche wir an denselben Instrumenten in der Anfangszeit machen können.

Eine solche Aussage ist unabhängig von jeder Interpretation der Erfahrungstatsachen. Wenn das Gesetz in der Euklidischen Interpretation wahr ist, so wird es auch in der nicht-Euklidischen Interpretation wahr sein.

Man gestatte mir in bezug hierauf eine kleine Abschweifung. Ich habe weiter oben von den Angaben gesprochen, welche die Stellung der verschiedenen Körper des Systems definieren; ich hätte gleicherweise von denjenigen sprechen sollen, welche ihre Geschwindigkeiten definieren; ich hätte dann einzeln die Geschwindigkeiten angeben sollen, mit welchen die gegenseitigen Entfernungen der verschiedenen Körper sich verändern; und andererseits hätte ich die Geschwindigkeiten der Translation und der Rotation des Systems unterscheiden sollen, d. h.

die Geschwindigkeiten, mit welchen ihr absoluter Ort und ihre absolute Orientierung sich ändern.

Damit der Verstand ganz befriedigt wird, hätte man das Gesetz der Relativität folgendermaßen ausdrücken müssen:

Der Zustand der Körper und ihre gegenseitigen Entfernungen in irgend einem Zeitpunkte, sowie die Geschwindigkeiten, mit denen diese Entfernungen sich in dem Zeitpunkte ändern, hängen allein von dem Zustande dieser Körper und von ihren gegenseitigen Entfernungen in der Anfangszeit ab, ebenso von den Geschwindigkeiten, mit welchen diese Entfernungen in der Anfangszeit sich verändern, aber sie hängen weder von dem absoluten anfänglichen Orte des Systems, noch von seiner absoluten Orientierung ab, noch von den Geschwindigkeiten, mit welchen sich dieser absolute Ort und diese absolute Orientierung zur Anfangszeit ändern.

Unglücklicherweise steht das so ausgesprochene Gesetz mit den Erfahrungen nicht im Einklang, wenigstens nicht, wenn man die letzteren in der gewöhnlichen Weise interpretiert.

Man nehme an, daß ein Mensch auf einen Planeten versetzt sei, dessen Himmel beständig mit einer dicken Wolkenschicht bedeckt wäre, und zwar derart, daß man niemals die anderen Gestirne bemerken könnte; auf diesem Planeten würde man leben, als ob derselbe im Raume isoliert wäre. Dieser Mensch könnte indessen bemerken, daß sich der Planet dreht, entweder indem er die Abplattung nachmißt (was man gewöhnlich mit Hilfe astronomischer Beobachtungen bewerkstelligt, was man aber auch mit rein geodätischen Hilfsmitteln ausführen kann), oder, indem er das Experiment des Foucaultschen Pendels wiederholt. Die absolute Rotation dieses Planeten würde also völlig klar gestellt werden.

Das ist eine Tatsache, welche bei den Philosophen Anstoß erregt, welche aber der Physiker anerkennen muß.

Man weiß, daß Newton aus dieser Tatsache die Existenz des absoluten Raumes geschlossen hat; ich kann diese Anschauungsweise durchaus nicht teilen, im dritten Teile werde ich erklären, warum⁴²). Für jetzt möchte ich mich nicht auf die Erörterung dieser Schwierigkeit einlassen.

Von Wichtigkeit ist hauptsächlich die Folgerung: Die Erfahrung kann nicht zwischen Euklid und Lobatschewsky unterscheiden.

Ich habe mich bei der Formulierung des Gesetzes der Relativität begnügen müssen, alle Arten von Geschwindigkeiten unter die Angaben einzuschließen, welche den Zustand der Körper definieren.

Wie dem auch sei, diese Schwierigkeit ist dieselbe für die Euklidische und für die Lobatschewskysche Geometrie; ich brauche mich also deshalb nicht weiter zu beunruhigen und ich habe nur beiläufig davon sprechen wollen.

Wie man sich auch drehen und wenden möge, es bleibt unmöglich, mit dem Empirismus in der Geometrie einen vernünftigen Sinn zu verbinden.

6. Die Erfahrungstatsachen lassen uns nur die gegenseitigen Beziehungen der Körper erkennen; keine von ihnen bezieht sich (oder kann sich auch nur beziehen) auf die Beziehungen der Körper zum Raume oder auf die wechselseitigen Beziehungen der verschiedenen Raumteile.

„Ja", werden Sie darauf antworten, „ein einziges Experiment ist ungenügend, weil es nur eine einzige Gleichung mit mehreren Unbekannten gibt; aber wenn ich hinreichend viele Experimente gemacht habe, so werde ich auch eine hinreichende Anzahl von Gleichungen haben, um alle meine Unbekannten zu berechnen."

Die Höhe des Topmastes zu kennen, ist nicht genügend, um das Alter des Kapitäns zu berechnen. Wenn

Sie alle Holzstücke des Schiffes gemessen haben, so haben Sie viele Gleichungen, aber das Alter des Kapitäns kennen Sie deshalb doch nicht. Alle Ihre Messungen beziehen sich auf Ihre Holzstücke und können Ihnen deshalb nur Dinge offenbaren, die mit diesen Holzstücken zusammenhängen. Ebenso haben Ihre Experimente, so zahlreich sie auch sein mögen, nur mit den wechselseitigen Beziehungen der Körper zu tun und werden uns deshalb nichts über die wechselseitigen Beziehungen der verschiedenen Raumteile offenbaren.

7. Sie werden behaupten, daß die Experimente sich doch mindestens auf die geometrischen Eigenschaften der Körper beziehen, wenn sie überhaupt mit Körpern zu tun haben.

Aber was verstehen Sie denn unter geometrischen Eigenschaften der Körper? Ich nehme an, es handelt sich um Beziehungen der Körper zum Raume; diese Eigenschaften sind also für Experimente unzugänglich, welche nur mit gegenseitigen Beziehungen der Körper zu tun haben. Das allein würde genügen, um zu beweisen, daß von diesen Eigenschaften keine Rede sein kann.

Fangen wir immerhin damit an, uns über den Sinn dieser Worte zu verständigen: geometrische Eigenschaften der Körper. Wenn ich behaupte, daß ein Körper sich aus mehreren Teilen zusammensetzt, so setze ich voraus, daß ich damit keine geometrische Eigenschaft aussage; und das wird wahr bleiben, auch wenn ich jetzt den kleinsten Teilen, die ich ins Auge fasse, den unrichtigen Namen Punkte beilege.

Wenn ich sage, daß ein bestimmter Teil eines bestimmten Körpers in Berührung mit einem bestimmten Teile eines bestimmten anderen Körpers ist, so spreche ich eine Behauptung aus, welche die gegenseitigen Beziehungen dieser beiden Körper zueinander und nicht ihre Beziehungen zum Raume betrifft.

Ich nehme an, Sie werden mir darin beistimmen, daß das keine geometrischen Eigenschaften sind; ich bin wenigstens sicher, Sie werden mir zugeben, daß diese Eigenschaften von jeder Bekanntschaft mit der metrischen Geometrie unabhängig sind.

Dies vorausgesetzt, denke ich mir einen festen Körper, gebildet von dünnen Eisenstäben OA, OB, OC, OD, OE, OF, OG, OH, welchen allen der eine Endpunkt O gemeinsam ist. Wir haben andererseits einen zweiten festen Körper, z. B. ein Holzstück, das man mit drei kleinen Tintenflecken zeichnen möge, welche ich α, β, γ nennen will. Ich nehme ferner an, man habe sich überzeugt, daß man α, β, γ mit A, G, O in Berührung bringen kann (ich will damit sagen: α mit A, zu gleicher Zeit β mit G und γ mit O), ferner, daß man nach und nach $\alpha\beta\gamma$ mit BGO, CGO, DGO, EGO, FGO in Berührung bringen kann, dann mit AHO, BHO, CHO, DHO, EHO, FHO; endlich $\alpha\gamma$ nacheinander mit AB, BC, CD, DE, EF, FA.

Damit haben wir Feststellungen, welche man ohne irgend eine vorhergehende Vorstellung von der Form oder von den metrischen Eigenschaften des Raumes machen kann. Sie haben durchaus nichts mit den „geometrischen Eigenschaften der Körper" zu tun. Diese Feststellungen sind nicht möglich, wenn die Körper, mit welchen man experimentiert hat, sich gemäß einer Gruppe (vgl. S. 66) bewegen, deren Struktur mit der Struktur der Lobatschewskyschen Gruppe übereinstimmt (ich will sagen, wenn sie sich nach demselben Gesetze bewegen, wie die festen Körper in der Lobatschewskyschen Geometrie). Sie genügen aber, um zu zeigen, daß diese Körper sich gemäß der Euklidischen Gruppe oder wenigstens nicht gemäß der Lobatschewskyschen Gruppe bewegen.

Es ist leicht zu sehen, daß sie mit der Euklidischen Gruppe verträglich sind.

II, 5. Erfahrung und Geometrie

Denn man könnte diese Feststellungen machen, wenn der Körper $\alpha\beta\gamma$ ein fester, unveränderlicher Körper unserer gewöhnlichen Geometrie wäre, welcher die Gestalt eines geradlinigen Dreiecks hat, und wenn die Punkte $ABCDEFGH$ die Scheitelpunkte eines Polyeders wären, das von zwei hexagonalen regelmäßigen Pyramiden unserer gewöhnlichen Geometrie gebildet ist, welche zur gemeinsamen Basis das Sechseck $ABCDEF$ und als Spitzen die eine den Punkt G und die andere den Punkt H haben.

Setzen wir nun voraus, man beobachte an Stelle der vorhergehenden Feststellungen, daß man, wie soeben, $\alpha\beta\gamma$ nacheinander zur Deckung bringen kann mit AGO, $BGO, CGO, DGO, EGO, FGO, AHO, BHO, CHO, DHO, EHO, FHO$, dazu, daß man $\alpha\beta$ (aber nicht mehr $\alpha\gamma$) nacheinander auf AB, BC, CD, DE, EF und FA legen kann.[48])

Das sind Feststellungen, welche man machen könnte, wenn die nicht-Euklidische Geometrie wahr wäre, wenn die Körper $\alpha\beta\gamma$ und $OABCDEFGH$ feste unveränderliche Körper wären, und wenn der erste ein geradliniges Dreieck und der zweite eine doppelte, hexagonale, regelmäßige Pyramide von passenden Dimensionen wäre.

Diese neuen Feststellungen sind also nicht möglich, wenn die Körper sich gemäß der Euklidischen Gruppe bewegen; aber sie werden möglich sein, wenn man voraussetzt, daß die Körper sich gemäß der Lobatschewskyschen Gruppe bewegen. Sie würden genügen (wenn man sie ausführte), um zu beweisen, daß die fraglichen Körper sich nicht gemäß der Euklidischen Gruppe bewegen.

Somit habe ich, ohne irgend eine Hypothese über die Gestalt, über die Natur des Raumes, über die Beziehungen der Körper zum Raume zu machen, ohne den Körpern irgend eine geometrische Eigenschaft beizulegen, Feststellungen gemacht, welche mir erlaubt haben darzulegen, in dem einen Falle, daß die zum Experiment benutzten Körper sich einer Gruppe gemäß bewegen, deren Struktur die Euklidische ist, und im anderen Falle, daß sie sich einer Gruppe gemäß bewegen, deren Struktur die Lobatschewskysche ist.

Man sage nicht, daß die erste Gesamtheit von Feststellungen eine Erfahrung darstellen würde, welche beweist, daß der Raum ein Euklidischer ist und daß die zweite Gesamtheit eine Erfahrung darstellen würde, welche beweist, daß der Raum ein nicht-Euklidischer ist.

Man könnte sich in der Tat Körper vorstellen (ich sage vorstellen), welche sich derart bewegen, daß sie die zweite Reihe der Feststellungen ermöglichten. Der Beweis dafür ist, daß der erste beste Mechaniker solche Körper konstruieren kann, wenn er sich die Mühe geben und die Kosten daran wenden wollte. Trotzdem werden Sie daraus nicht schlußfolgern, daß der Raum ein nicht-Euklidischer ist.

Und da die gewöhnlichen festen Körper nicht aufhören würden zu existieren, wenn der Mechaniker die sonderbaren Körper, von denen ich soeben sprach, konstruiert hätte, so müßte man sogar schließen, daß der Raum zugleich Euklidisch und nicht-Euklidisch ist.

Setzen wir z. B. voraus, daß wir eine große Kugel vom Halbmesser R hätten und daß die Temperatur vom Mittelpunkte nach der Oberfläche dieser Kugel zu nach dem Gesetze sinken würde, von dem ich sprach, als ich die nicht-Euklidische Welt beschrieb (vgl. S. 67).

Wir könnten so Körper vor uns haben, deren Dilatation zu vernachlässigen ist und welche sich wie gewöhnliche feste Körper verhalten, und andererseits sehr stark ausdehnbare Körper, welche sich wie nicht-Euklidische feste Körper verhalten. Wir könnten z. B. zwei Doppelpyramiden $OABCDEFGH$ und $O'A'B'C'D'E'$

$F'G'H'$ und zwei Dreiecke $\alpha\beta\gamma$ und $\alpha'\beta'\gamma'$ haben. Die erste Doppelpyramide möge geradlinig und die zweite krummlinig sein; das Dreieck $\alpha\beta\gamma$ sei aus unausdehnbarem Materiale hergestellt und das andere Dreieck aus sehr stark ausdehnbarem Materiale.

Man könnte dann die ersten Feststellungen mit der Doppelpyramide $OA\ldots H$ und dem Dreiecke $\alpha\beta\gamma$ machen und die zweite Klasse von Feststellungen mit der Doppelpyramide $O'A'\ldots H'$ und dem Dreiecke $\alpha'\beta'\gamma'$. Und dann würde das Experiment beweisen erstens, daß die Euklidische Geometrie richtig ist, zweitens, daß sie falsch ist.

Die Experimente beziehen sich folglich nicht auf den Raum, sondern auf die Körper.

Anhang.

8. Um vollständig zu sein, müßte ich noch eine delikate Frage besprechen, welche lange Entwickelungen erfordern würde; ich werde mich darauf beschränken, hier zusammenfassend wiederzugeben, was ich in der Revue de Métaphysique et de Morale und in der Zeitschrift The Monist*) dargelegt habe. Was verstehen wir darunter, wenn wir sagen, daß der Raum drei Dimensionen hat?

Wir haben die Wichtigkeit derjenigen „inneren Veränderungen" kennen gelernt, welche uns durch unsere Muskelempfindungen zum Bewußtsein kommen (vgl. S. 57f.). Sie können dazu dienen, die verschiedenen Haltungen unseres Körpers zu charakterisieren. Nehmen wir irgend eine willkürlich gewählte Körperhaltung A zum Ausgangspunkte. Wenn wir von dieser Anfangshaltung zu irgend

---

*) On the foundation of Geometry, The Monist, edited by P. Carus, vol. 9, Chicago 1898.

einer anderen Haltung B übergehen, so erleiden wir eine Reihe S von Muskelempfindungen und diese Reihe S wird B definieren. Bemerken wir indessen, daß wir oft zwei Reihen S und S' ansehen, als ob sie eine und dieselbe Haltung B definieren (weil die Anfangshaltung A und die Endhaltung B dieselben bleiben können, während die Zwischenhaltungen und die begleitenden Empfindungen verschieden sind). Wie können wir diese beiden Reihen als äquivalent nachweisen? Weil sie dazu dienen können, eine und dieselbe äußere Veränderung zu kompensieren, oder allgemeiner, weil eine dieser Reihen durch die andere ersetzt werden kann, wenn es sich um die Kompensation einer äußeren Veränderung handelt.

Unter diesen Reihen haben wir diejenigen hervorgehoben, welche für sich allein eine äußere Veränderung kompensieren und welche wir „Ortsveränderungen" (vgl. S. 60) genannt haben. Da wir zwei Ortsveränderungen, welche einander zu benachbart sind, nicht unterscheiden können, so besitzt die Gesamtheit dieser Ortsveränderungen die Charaktere eines physikalischen Kontinuums; die Erfahrung lehrt uns[44], daß es die Charaktere eines sechsdimensionalen physikalischen Kontinuums sind; aber wir wissen noch nicht, wieviele Dimensionen der Raum selbst hat, wir müssen zuerst eine andere Frage lösen.

Was ist ein Punkt im Raume? Jedermann glaubt es zu wissen, aber das beruht auf einer Täuschung. Was wir sehen, wenn wir versuchen, uns einen Punkt im Raume vorzustellen, ist ein schwarzer Fleck auf weißem Papier oder ein Kreidefleck auf einer schwarzen Tafel, es ist immer ein Gegenstand. Die Frage muß also folgendermaßen verstanden werden:

Was will ich damit ausdrücken, wenn ich sage, daß der Gegenstand B sich an demselben Punkte befindet, in welchem soeben der Gegenstand A war? Und weiter, welches Kriterium wird es mir ermöglichen, dies zu erkennen?

Ich will sagen, daß mein erster Finger, der soeben den Gegenstand *A* berührte, jetzt den Gegenstand *B* berührt, obgleich ich mich nicht von der Stelle rühre (was mir meine Muskelempfindung anzeigt). Ich könnte mich anderer Kriterien bedienen, z. B. eines andern Fingers oder des Gesichtssinnes. Aber das erste Kriterium ist genügend; wenn dieses mit „Ja" antwortet, so weiß ich, daß alle anderen Kriterien dieselbe Antwort geben werden. Ich weiß es aus Erfahrung, ich kann es nicht a priori wissen. Darum sage ich auch, daß das Berühren nicht aus der Entfernung möglich ist, und das ist eine andere Art, die gleiche experimentelle Tatsache auszusprechen. Wenn ich aber im Gegensatz dazu sage, daß das Sehen aus der Entfernung möglich ist, so will das heißen, daß das durch den Gesichtssinn gelieferte Kriterium bejahen kann, während die anderen Kriterien verneinen.

Der Gegenstand kann nemlich, obgleich er sich von uns entfernt, doch sein Bild auf denselben Punkt der Netzhaut werfen. Dann antwortet der Gesichtssinn: ja, der Gegenstand ist an demselben Punkte geblieben; der Tastsinn dagegen antwortet: nein, denn mein Finger, der doch soeben den Gegenstand berührte, berührt ihn jetzt nicht mehr. Wenn die Erfahrung uns gelehrt hätte, daß ein Finger mit ja, ein anderer zugleich mit nein antworten kann, so würden wir ebenso sagen, das Tasten sei aus der Entfernung möglich.

Kurz, mein erster Finger wird für jede Haltung meines Körpers einen Punkt bestimmen, und das ist es, und nur das allein, was einen Punkt im Raume definiert.

Mit jeder Haltung korrespondiert also ein Punkt; aber es kommt öfters vor, daß der gleiche Punkt mit verschiedenen Haltungen korrespondiert (in solchem Falle sagen wir, daß unser Finger sich nicht bewegt hat, wohl aber der übrige Teil des Körpers). Wir unterscheiden also unter den Haltungsveränderungen solche, bei denen der Finger sich nicht bewegt. Wie sind wir dazu gekommen? Weil wir oft bemerken, daß in diesen Veränderungen der Gegenstand, welcher mit dem Finger in Berührung kommt, diese Berührung nicht aufgibt.

Wir wollen also in ein und dieselbe Abteilung alle Haltungen einreihen, welche sich auseinander mittelst einer der Veränderungen ableiten, die wir so gekennzeichnet haben. Mit allen Haltungen derselben Abteilung wird derselbe Punkt im Raume korrespondieren. So wird also mit jeder Abteilung ein Punkt korrespondieren und mit jedem Punkte eine Abteilung. Aber man kann sagen: die Erfahrung bezieht sich nicht auf den Punkt, sondern auf diese Abteilung von Veränderungen, oder besser gesagt, auf die entsprechende Abteilung von Muskelempfindungen.

Wenn wir dann vom dreidimensionalen Raume sprechen, so wollen wir damit einfach sagen, daß die Gesamtheit dieser Abteilungen uns wie die Charaktere eines physikalischen, dreidimensionalen Kontinuums erscheint.

Wenn ich mich, anstatt die Punkte im Raume mit Hilfe des ersten Fingers zu definieren, z. B. eines anderen Fingers bedient hätte, würden dann die Resultate die gleichen sein? Das ist keineswegs a priori sicher, aber die Erfahrung zeigt uns, wie wir gesehen haben, daß alle Kriterien übereinstimmen; darum können wir mit „Ja" antworten.

Wenn wir zu dem zurückkehren, was wir Ortsveränderungen nannten, deren Gesamtheit, wie wir schon bemerkten (S. 66), eine Gruppe bildet, so werden wir dazu geführt, von den übrigen Ortsveränderungen diejenigen zu unterscheiden, bei denen ein Finger sich nicht bewegt; nach dem Vorhergegangenen charakterisieren also diese Ortsveränderungen einen Punkt im Raume und ihre Gesamtheit wird eine Untergruppe unserer Gruppe sein.[45])

Man wird versucht sein zu schlußfolgern, daß es die Erfahrung ist, welche uns lehrt, wieviele Dimensionen der Raum hat. Aber in Wahrheit haben wiederum unsere Erfahrungen nichts mit dem Raume zu tun, sondern mit unserem Körper und seinen Beziehungen zu den benachbarten Gegenständen. Überdies sind sie außerordentlich grob

In unserem Verstande präexistierte die latente Idee einer gewissen Anzahl von Gruppen; es sind diejenigen, deren Theorie Lie entwickelt hat (vgl. S. 48). Welche sollen wir wählen, um daraus eine Art Normalmaß zu fertigen, mit dem wir die natürlichen Erscheinungen vergleichen könnten? Und welches ist von dieser ausgewählten Gruppe diejenige Untergruppe, die wir brauchen können, um einen Punkt im Raume zu charakterisieren? Die Erfahrung leitete uns, als sie uns zeigte, welche Wahl sich am besten den Eigenschaften unseres Körpers anpassen würde. Aber damit ist ihre Rolle ausgespielt.

Die Erfahrung unserer Vorfahren.

Man sagt oft, daß die individuelle Erfahrung des Einzelnen zwar niemals die Geometrie schaffen konnte, daß aber die Erfahrungen unserer Vorfahren dazu wohl imstande waren. Was meint man damit? Will man damit behaupten, daß man das Euklidische Postulat zwar nicht experimentell prüfen könne, daß aber unsere Vorfahren es gekonnt haben? Nichts weniger als dieses; man will vielmehr sagen, daß unser Verstand sich durch natürliche Zuchtwahl den Bedingungen der äußeren Welt angepaßt hat, daß er diejenige Geometrie angenommen hat, welche für die Gattung am vorteilhaftesten war, oder mit anderen Worten: die am bequemsten war. Das ist mit unseren obigen Schlußfolgerungen durchaus im Einklang; unsere Geometrie ist nicht wahr, sondern sie ist vorteilhaft.

Dritter Teil.

Die Kraft.

Sechstes Kapitel.

Die klassische Mechanik.

Die Engländer lehren die Mechanik wie eine experimentelle Wissenschaft; auf dem Kontinent stellt man sie stets als eine mehr oder weniger deduktive Wissenschaft und als eine Wissenschaft a priori dar. Die Engländer haben zweifelsohne recht, aber wie konnte man so lange in solchen Irrtümern beharren? Warum konnten die Gelehrten auf dem Kontinente, welche die Gewohnheiten ihrer Vorgänger zu meiden suchten, sich meist nicht vollständig von diesen Irrtümern befreien?

Wenn andererseits die Prinzipien der Mechanik keine andere Quelle haben als die Erfahrung, sind sie dann nicht nur annähernd und nur provisorisch richtig? Könnten uns neue Erfahrungen nicht eines Tages dazu führen, diese Prinzipien abzuändern oder sie sogar aufzugeben?

Solche Fragen drängen sich natürlicherweise auf, und die Schwierigkeit der Lösung stammt hauptsächlich daher, daß die mechanischen Lehrbücher nicht klar unterscheiden, was Übereinkommen und was Hypothese ist. Das ist nicht alles:

1. Es gibt keinen absoluten Raum, und wir begreifen nur relative Bewegungen; trotzdem spricht man die mechanischen Tatsachen öfters so aus, als ob es einen absoluten Raum gäbe, auf den man sie beziehen könnte

2. Es gibt keine absolute Zeit; wenn man sagt, daß zwei Zeiten gleich sind, so ist das eine Behauptung, welche an sich keinen Sinn hat und welche einen solchen nur durch Übereinkommen erhalten kann.

3. Wir haben nicht nur keinerlei direkte Anschauung von der Gleichheit zweier Zeiten, sondern wir haben nicht einmal diejenige von der Gleichzeitigkeit zweier Ereignisse, welche auf verschiedenen Schauplätzen vor sich gehen; das habe ich in einem Aufsatze unter dem Titel: la Mesure du temps*) dargelegt.[46]

4. Endlich ist unsere Euklidische Geometrie selbst nur eine Art von Übereinkommen für unsere Ausdrucksweise; wir könnten die mechanischen Tatsachen aussprechen, indem wir sie auf einen nicht-Euklidischen Raum übertragen; das wäre zwar ein wenig bequemes, aber doch ein ebenso berechtigtes Werkzeug wie unser gewöhnlicher Raum; die Darstellung würde dann viel komplizierter werden, aber sie bliebe möglich.[47]

So sind weder der absolute Raum, noch die absolute Zeit, noch sogar die Geometrie Voraussetzungen, die für die Mechanik absolut notwendig wären; alle diese Dinge bestanden nicht vor der Mechanik, so wie logischerweise die französische Sprache nicht vor den Wahrheiten bestand, welche man in dieser Sprache ausdrückt.

Man kann versuchen die fundamentalen Gesetze der Mechanik in einer Sprache auszudrücken, welche von allen diesen Übereinkommen unabhängig ist; man würde sich so ohne Zweifel besser von dem Rechenschaft geben können, was diese Gesetze in sich bedeuten; das hat Andrade in seinen Leçons de Mécanique physique (Paris 1898), wenigstens teilweise, versucht klar zu stellen.

Die Darlegung dieser Gesetze würde, wohlverstanden,

---

*) Revue de Métaphysique et de Morale, t. VI p. 1—13 (janvier 1898).

viel schwieriger werden, weil alle diese Übereinkommen ausdrücklich ersonnen waren, um diese Darlegung abzukürzen und zu vereinfachen.

Was mich betrifft, so werde ich alle diese Schwierigkeiten beiseite lassen, ausgenommen diejenige, welche sich auf den absoluten Raum bezieht; nicht, daß ich diese Schwierigkeiten verkenne, davon bin ich weit entfernt; aber wir haben sie zur Genüge in 'den beiden ersten Teilen durchgenommen. Vorläufig will ich also die absolute Zeit und die Euklidische Geometrie zulassen.

Das Prinzip der Trägheit. — Ein Körper, welcher keiner Kraft unterworfen ist, kann nur eine geradlinige und gleichförmige Bewegung haben.

Liegt darin eine Wahrheit, welche sich dem Verstande a priori aufdrängt? Wenn dem so wäre, wie konnten die Griechen sie dann verkennen? Wie hätten sie glauben können, daß die Bewegung in dem Augenblicke anhält, in dem die Ursache, welche die Bewegung entstehen ließ, aufhört? Oder wie konnten sie sogar glauben, daß jeder Körper, sobald ihm nichts in den Weg kommt, eine kreisförmige Bewegung machen würde, welche die angeblich vornehmste aller Bewegungen sein sollte?

Wenn man sagt, daß sich die Geschwindigkeit eines Körpers nicht ändern kann, ohne daß ein Grund dazu vorliegt, könnte man dann nicht ebenso gut behaupten, daß die Stellung dieses Körpers sich nicht ändern kann oder daß die Krümmung seiner Bahn sich nicht ändern kann, es sei denn, daß eine äußere Ursache abändernd einwirkt?

Ist also das Prinzip der Trägheit, welches doch keine Wahrheit a priori enthält, eine experimentelle Tatsache? Aber hat man jemals mit Körpern experimentiert, welche der Wirkung jeder Kraft entzogen waren, und wenn man es getan hat, wie konnte man dann wissen, daß diese Körper keiner Kraft unterworfen waren? Man citiert gewöhnlich das Beispiel einer Kugel, welche eine sehr lange Zeit hindurch auf einem Marmortische rollt; aber wie können wir behaupten, daß sie keiner Kraft unterworfen ist? Vielleicht, weil sie von allen anderen Körpern zu weit entfernt ist, um von ihnen merklich beeinflußt zu werden? Aber sie ist doch von der Erde nicht weiter entfernt, als wenn man sie frei in die Luft würfe; und jeder weiß, daß sie in diesem Falle dem Einflusse der Schwerkraft unterworfen ist, welche auf der Anziehungskraft der Erde beruht.

Die Lehrer der Mechanik haben die Gewohnheit, über das Beispiel der Kugel schnell hinwegzugehen; aber sie fügen hinzu, daß das Prinzip der Trägheit indirekt durch seine Folgerungen bestätigt wird. Dabei drücken sie sich nicht richtig aus; sie wollen offenbar sagen, daß man verschiedene Folgerungen eines allgemeineren Prinzipes, von dem das Prinzip der Trägheit nur ein besonderer Fall ist, durch die Erfahrung bestätigen kann.

Ich schlage vor, dies allgemeine Prinzip in folgender Weise auszusprechen:

Die Beschleunigung eines Körpers hängt nur ab von dem Orte dieses Körpers und der ihm benachbarten Körper und von ihren Geschwindigkeiten.

Die Mathematiker würden statt dessen sagen [48]): Die Bewegungen aller materiellen Moleküle des Universums hängen von Differential-Gleichungen zweiter Ordnung ab.

Um verständlich zu machen, daß dies wirklich die natürliche Verallgemeinerung des Trägheitsgesetzes ist, erlaube man mir eine fingierte Annahme. Das Trägheitsgesetz drängt sich uns nicht a priori auf, wie ich schon oben erwähnt habe; andere Gesetze würden ebenso mit dem Prinzipe des zureichenden Grundes verträglich sein. Anstatt vorauszusetzen, daß die Geschwindigkeit eines Körpers sich nicht ändert, wenn derselbe keiner Kraft unterworfen ist, könnte man voraussetzen, daß seine Lage, oder auch daß seine Beschleunigung sich nicht ändern kann.

Denken wir uns für einen Augenblick, daß das eine dieser beiden hypothetischen Gesetze mit demjenigen der Natur identisch sei und unser Trägheitsgesetz ersetze. Was würde dann dessen natürliche Verallgemeinerung sein? Eine Minute Überlegung wird uns die Antwort geben.

Im ersten Falle müßte man annehmen, daß die Geschwindigkeit eines Körpers nur von seiner Lage und von der Lage des Nachbarkörpers abhängt; im zweiten Falle, daß die Änderung der Beschleunigung eines Körpers nur von der Lage dieses Körpers und seiner Nachbarkörper, von ihren Geschwindigkeiten und von ihren Beschleunigungen abhängt.

Oder, wenn wir es mathematisch ausdrücken: Die Differential-Gleichungen der Bewegungen würden im ersten Falle von der ersten Ordnung, im zweiten Falle von der dritten Ordnung sein.[49])

Ändern wir unsere fingierte Annahme etwas ab. Ich setze eine unserem Sonnensysteme analoge Welt voraus, in welcher aber, durch besonderen Zufall, die Bahnen aller Planeten ohne Exzentrizität und ohne Neigung gegen die Ekliptik sein sollen. Ich setze weiter voraus, daß die Massen dieser Planeten zu schwach wären, um die gegenseitigen Störungen der Planeten sichtbar werden zu lassen. Die Astronomen, welche einen dieser Planeten bewohnen, würden nicht verfehlen zu schlußfolgern, daß die Bahn eines Gestirns nur kreisförmig und einer gewissen Ebene parallel sein kann; die Stellung eines Gestirnes in einem gegebenen Augenblicke würde also genügen, um seine Geschwindigkeit und seine ganze Bahn zu bestimmen. Das Trägheitsgesetz, welches sie annehmen würden, wäre das erste der beiden hypothetischen Gesetze, von denen ich soeben sprach.[50])

Denken wir uns, daß dieses System eines Tages mit großer Schnelligkeit von einem groß-massigen Körper durchschnitten würde, der von einem entfernten Sternbilde herkommt. Alle Planetenbahnen würden gründlich gestört werden. Unsere hypothetischen Astronomen würden nicht einmal sehr verwundert sein, sie würden wohl erraten, daß dieses neue Gestirn allein an all dem Unheil schuld ist. Sie würden sagen: „Die Ordnung wird sich von selbst wiederherstellen, wenn der Störenfried wieder fort ist; ohne Zweifel werden die Entfernungen der Planeten von der Sonne nicht wieder dieselben werden, welche sie vor der Katastrophe waren; aber wenn der Störenfried nicht mehr da ist, so werden die Planetenbahnen wieder kreisförmig sein."

Nur dann werden diese Astronomen ihres Irrtums gewahr werden und die Notwendigkeit erkennen, ihre ganze Mechanik zu erneuern, wenn der störende Körper sich weit entfernt hätte und wenn dennoch die Planetenbahnen anstatt kreisförmig elliptisch geworden wären.

Ich habe mich bei dieser Hypothese etwas aufgehalten, denn es scheint mir, daß man nur gut verstehen kann, was unser verallgemeinertes Trägheitsgesetz bedeutet, wenn man es einer entgegengesetzten Hypothese gegenüberstellt.

Nun gut; ist dieses verallgemeinerte Trägheitsgesetz durch die Erfahrung bewahrheitet oder kann es in Zukunft bewahrheitet werden? Als Newton die „Principia" schrieb, betrachtete er diese Wahrheit als gesichert und durch Experimente bewiesen. Sie war es auch in seinen Augen nicht nur durch die anthropomorphen Vorstellungen, von denen wir weiterhin sprechen werden, sondern auch durch die Arbeiten Galileis. Sie war überdies gesichert durch die Keplerschen Gesetze; nach diesen Gesetzen ist in der Tat die Bahn eines Planeten vollkommen durch seine Anfangs-Lage und seine Anfangs-Geschwindigkeit bestimmt; gerade das verlangt ja unser verallgemeinertes Trägheits-Prinzip.

Wenn dieses Prinzip nur scheinbar richtig sein soll, wenn man zu befürchten hat, dasselbe eines Tages z. B. durch eines der analogen Prinzipien ersetzen zu müssen, welche ich ihm soeben gegenüberstellte, so müßten wir durch einen ganz ungewöhnlichen Zufall getäuscht worden sein, durch einen solchen Zufall, wie er unsere hypothetischen Astronomen unter den oben fingierten Umständen irregeführt hatte.

Eine solche Hypothese ist zu unwahrscheinlich, als daß man sich mit ihr aufzuhalten brauchte. Niemand wird glauben, daß solche Zufälligkeiten stattfinden können; zweifelsohne ist die Wahrscheinlichkeit dafür (bis auf die Beobachtungsfehler), daß zwei Exzentrizitäten beide zugleich gleich Null seien, nicht kleiner wie die Wahrscheinlichkeit dafür, daß die eine z. B. (bis auf die Beobachtungsfehler) genau gleich 0,1 und die andere gleich 0,2 sei. Die Wahrscheinlichkeit eines einfachen Ereignisses ist nicht geringer als die Wahrscheinlichkeit eines zusammengesetzten Ereignisses; und dennoch werden wir, wenn das einfache Ereignis eintritt, es nicht dem Zufall zuschreiben wollen; wir können nicht glauben, daß das Naturereignis nur eintrat, um uns zu täuschen. Nachdem die Möglichkeit eines derartigen Irrtums für uns erledigt ist, können wir also zugeben, daß unser Gesetz durch die Erfahrung bestätigt sei, wenigstens soweit es die Astronomie betrifft.

Aber die Astronomie ist nicht die ganze Physik.

Sollte man nicht fürchten, daß irgend ein neues Experiment eines Tages das Gesetz in irgend einem Gebiete der Physik zu nicht macht? Ein experimentelles

Gesetz ist immer der Kontrolle unterworfen; man muß immer gewärtig sein, es durch ein anderes, genaueres Gesetz ersetzt zu sehen.

Niemand denkt indessen ernstlich daran, daß das Gesetz, von dem wir sprechen, jemals aufgegeben oder verbessert werden könnte. Warum? Einfach deshalb, weil man es niemals einer entsprechenden Probe unterwerfen kann.

Um eine wirklich vollständige Probe zu machen, müßte man zuerst alle Körper des Universums nach gewisser Zeit mit ihren Anfangs-Geschwindigkeiten in ihre Anfangs-Lagen zurückkehren lassen. Man wird dann von diesem Momente ausgehen und sehen, ob sie die Bahnen, welche sie bereits einmal verfolgten, wieder durchlaufen.

Aber diese Probe ist unmöglich; man kann sie nur teilweise ausführen, und wenn man es auch noch so gut machte, so wird es doch immer einige Körper geben, welche nicht zu ihrer Anfangs-Lage zurückkehren; so findet jede Abweichung vom Gesetze in leichter Weise ihre Erklärung.

Das genügt noch nicht: in der Astronomie sehen wir die Körper, deren Bewegungen wir studieren, und wir nehmen meistens an, daß sie nicht der Einwirkung anderer, unsichtbarer Körper unterliegen. Unter solchen Bedingungen muß unser Gesetz sich bewahrheiten oder sich nicht bewahrheiten.

Aber in der Physik ist es nicht ebenso: wenn die physikalischen Erscheinungen aus Bewegungen hervorgehen, so sind es die Bewegungen der Moleküle, und die können wir nicht sehen. Wenn uns nun die Beschleunigung eines der Körper, welche wir sehen, von einem anderen Ding abhängig erscheint als von Lagen oder Geschwindigkeiten der anderen, sichtbaren Körper oder der unsichtbaren Moleküle (deren Existenz wir schon vorhin zugelassen haben), so wird uns nichts daran hindern vorauszusetzen, daß dieses andere Ding durch die Lage oder die Geschwindigkeit anderer Moleküle gegeben wird, deren Anwesenheit wir bis dahin nicht geahnt haben. Das Gesetz wäre damit gerettet.

Man gestatte mir für einen Augenblick, die mathematische Ausdrucksweise anzuwenden, um denselben Gedanken in anderer Form darzulegen. Ich setze voraus, daß wir n Moleküle beobachten und daß nach unseren Feststellungen ihre $3n$ Koordinaten ein System von $3n$ Differential-Gleichungen vierter Ordnung befriedigen (und nicht zweiter Ordnung, wie es das Trägheits-Gesetz erfordern würde). Wir wissen, daß ein System von $3n$ Gleichungen vierter Ordnung durch Einführung von $3n$ Hilfs-Variabeln auf ein System von $6n$ Gleichungen zweiter Ordnung zurückgeführt werden kann. Wenn wir also voraussetzen, daß diese $3n$ Hilfs-Variabeln die Koordinaten von n unsichtbaren Molekülen darstellen, so ist das Resultat wiederum mit dem Trägheits-Gesetze in Übereinstimmung.

Kurz, dieses Gesetz, das in einigen besonderen Fällen erfahrungsmäßig bewiesen ist, kann ohne Furcht auf die allgemeinsten Fälle ausgedehnt werden, weil wir wissen, daß in diesen allgemeinsten Fällen die Erfahrung dieses Gesetz weder bekräftigen noch entkräften kann.

Das Gesetz der Beschleunigung. — Die Beschleunigung eines Körpers ist gleich der Kraft, welche auf ihn wirkt, dividiert durch seine Masse.

Kann dieses Gesetz durch die Erfahrung bewiesen werden? Dazu müßte man die drei Größen messen, welche in dem eben ausgesprochenen Satze vorkommen: Beschleunigung, Kraft und Masse.

Ich nehme an, daß man die Beschleunigung messen kann, denn ich sehe von der Schwierigkeit ab, welche im Zeitmaße liegt (vgl. S. 93). Aber wie soll man die

Kraft oder die Masse messen? Wir wissen nicht einmal, was diese Worte bedeuten.

Was ist Masse? Es ist, sagt Newton, das Produkt des Volumens in die Dichte. — Man sollte besser sagen, so meinen Thomson und Tait, daß die Dichtigkeit der Quotient der Masse durch das Volumen ist. — Was ist Kraft? Es ist, sagt Lagrange, eine Ursache, welche die Bewegung eines Körpers hervorbringt oder welche sie hervorzubringen bestrebt ist. — Kirchhoff wird sagen, es ist das Produkt der Masse in die Beschleunigung[51]). Aber warum sagt man dann nicht, daß die Masse der Quotient der Kraft durch die Beschleunigung ist?

Diese Schwierigkeiten sind unentwirrbar.

Wenn man sagt, daß die Kraft die Ursache einer Bewegung sei, so macht man Metaphysik, und diese Definition würde, wenn man sich mit ihr begnügte, völlig unfruchtbar sein. Wenn eine Definition zu irgend etwas nützlich sein soll, muß sie uns lehren, die Kraft zu messen; das genügt andererseits; es ist keineswegs nötig, daß sie uns lehrt, was die Kraft an sich ist, noch ob sie die Ursache oder die Wirkung der Bewegung ist.

Man muß also zuerst die Gleichheit von zwei Kräften definieren. Wann wird man sagen, daß zwei Kräfte gleich sind? Das ist der Fall, erwidert man, wenn sie, auf dieselbe Masse angewandt, ihr eine gleiche Beschleunigung auferlegen, oder wenn sie, einander direkt entgegenwirkend, sich das Gleichgewicht halten. Diese Definition ist nur eine Augentäuschung. Man kann eine an einen Körper angreifende Kraft nicht loshaken, um sie einem anderen Körper anzuhaken, wie man eine Lokomotive loshakt, um sie an einem anderen Zuge zu befestigen. Es ist also unmöglich zu erfahren, welche Beschleunigung eine bestimmte Kraft, die an einem bestimmten Körper angreift, einem bestimmten anderen

Körper erteilen würde, wenn sie an letzterem angriffe. Es ist unmöglich zu wissen, wie sich zwei Kräfte verhalten würden, welche nicht einander direkt entgegenwirken, wenn sie dazu gebracht werden, einander direkt entgegenzuwirken.

Diese Definition versucht man, sozusagen, zu materialisieren, wenn man eine Kraft mit einem Dynamometer mißt oder sie durch Gewichte äquilibriert. Zwei Kräfte F und F', welche ich der Einfachheit wegen als vertikal und von unten nach oben gerichtet voraussetze, werden bezw. an zwei Körper C und C' angebracht; ich befestige einen und denselben schweren Körper P zuerst an dem Körper C, dann an dem Körper C'; wenn in beiden Fällen Gleichgewicht stattfindet, so schließe ich, daß die beiden Kräfte F und F' einander gleich sind, denn sie sind beide gleich dem Gewichte des Körpers P.

Aber bin ich gewiß, daß der Körper P dasselbe Gewicht behalten hat, während ich ihn vom ersten Körper zum zweiten übertragen habe? Weit gefehlt; ich bin vom Gegenteil überzeugt; ich weiß, daß die Intensität der Schwere sich von einem Punkte zum anderen ändert und daß sie z. B. am Pole stärker ist als am Äquator. Ohne Zweifel ist der Unterschied sehr gering und, ins Praktische übersetzt, möchte ich damit nicht rechnen; eine gute Definition soll indessen von mathematischer Strenge sein; diese Strenge vermissen wir. Was ich vom Gewichte sage, ließe sich offenbar auf die Kraft der Feder eines Dynamometers anwenden, welche die Temperatur und eine Menge von Nebenumständen verändern können.

Noch nicht genug; man kann nicht sagen, daß das Gewicht des Körpers P auf den Körper C übertragen werde und direkt die Kraft F äquilibriere. Was an den Körper C angreift, das ist die Wirkung A des

Körpers P auf den Körper C; der Körper P seinerseits ist einesteils seinem Gewichte, anderteils der Gegenwirkung R des Körpers C auf P unterworfen. Schließlich ist die Kraft F gleich der Kraft A, weil sie ihr das Gleichgewicht hält; die Kraft A ist gleich R vermöge des Prinzipes der Gleichheit der Wirkung und Gegenwirkung (actio und reactio), endlich ist die Kraft R gleich dem Gewichte von P, weil sie ihm das Gleichgewicht hält. Aus diesen drei Gleichungen leiten wir als Folgerung die Gleichheit der Kraft F mit dem Gewichte des Körpers P ab.[52])

Wir sind demnach genötigt, in die Definition der Gleichheit dieser beiden Kräfte das Prinzip der Gleichheit der Wirkung und der Gegenwirkung eingehen zu lassen; demzufolge darf dieses Prinzip nicht mehr als ein experimentelles Gesetz, sondern als eine Definition angesehen werden.

Um die Gleichheit zweier Kräfte zu erkennen, sind wir also jetzt im Besitze zweier Regeln: Gleichheit zweier Kräfte, die sich äquilibrieren; Gleichheit von Wirkung und Gegenwirkung. Aber wir haben weiter oben gesehen, daß diese zwei Regeln ungenügend sind; wir sind dazu gezwungen, eine dritte Regel zu Hilfe zu nehmen und zuzulassen, daß gewisse Kräfte, wie z. B. das Gewicht eines Körpers, nach Größe und Richtung konstant sind. Diese dritte Regel ist, wie erwähnt, ein erfahrungsmäßiges Gesetz; sie ist nur annähernd richtig; sie ist eine schlechte Definition.

Wir werden also zu der Definition Kirchhoffs geführt: Die Kraft ist gleich der Masse, multipliziert mit der Beschleunigung. Dieses „Newtonsche Gesetz" hört seinerseits auf, als erfahrungsmäßiges Gesetz betrachtet zu werden; es ist nichts als eine Definition. Aber auch diese Definition ist noch ungenügend, weil wir nicht wissen, was Masse ist. Sie erlaubt uns ohne

Zweifel das Verhältnis zweier Kräfte zu berechnen, die an demselben Körper zu verschiedenen Zeiten angreifen; sie lehrt uns nichts über das Verhältnis zweier Kräfte, die an zwei verschiedenen Körpern angreifen.

Um sie zu vervollständigen, müssen wir wieder das dritte Newtonsche Gesetz (Gleichheit der Wirkung und Gegenwirkung) zu Hilfe nehmen und es nicht als ein erfahrungsmäßiges Gesetz ansehen, sondern als eine Definition. Zwei Körper A und B wirken aufeinander; die Beschleunigung von A, multipliziert in die Masse von A, ist gleich der Wirkung von B auf A; ebenso ist das Produkt der Beschleunigung von B in seine Masse gleich der Gegenwirkung von A auf B. Da nach der Definition die Wirkung gleich der Gegenwirkung ist, so verhalten sich die Massen von A und B umgekehrt wie die Beschleunigungen dieser beiden Körper. Damit haben wir das Verhältnis dieser beiden Massen definiert, und es ist Sache des Experimentes zu bestätigen, daß dieses Verhältnis unveränderlich ist.

Das wäre möglich, wenn die beiden Körper A und B allein gegenwärtig und der Einwirkung der übrigen Welt entzogen wären. Dem ist nicht so; die Beschleunigung von A wird nicht nur durch die Wirkung von B hervorgebracht, sondern durch die Wirkung einer Menge von anderen Körpern $C, D, \ldots$. Um die vorhergehende Regel anzuwenden, muß man die Beschleunigung des Körpers A in verschiedene Komponenten zerlegen und unterscheiden, welche von diesen Komponenten der Einwirkung von B zuzuschreiben ist.

Diese Zerlegung wird stets möglich sein, wenn wir zulassen, daß die Wirkung von C auf A einfach zu derjenigen von B auf A hinzuzuzählen ist, ohne daß die Gegenwart des Körpers C die Wirkung von B auf A beeinträchtigt, oder daß die Gegenwart von B die Wirkung von C auf A beeinträchtigt; wenn wir folglich zulassen, daß irgend welche zwei Körper sich anziehen, daß die Richtung ihrer gegenseitigen Einwirkung mit ihrer Verbindungslinie zusammenfällt und daß diese Einwirkung nur von ihrer Entfernung abhängt; wenn wir, kurz gesagt, die Hypothese von Zentral-Kräften zulassen.

Man weiß, daß man sich um die Massen der Himmelskörper zu bestimmen, eines ganz verschiedenen Prinzipes bedient. Das Gravitationsgesetz lehrt uns, daß die Anziehung zweier Körper ihren Massen proportional ist; wenn r ihre Entfernung ist, m und m' ihre Massen, k eine Konstante, dann wird ihre Anziehung

$$\frac{k\,m\,m'}{r^2}$$

sein.

Was man dabei mißt, ist nicht die Masse, das Verhältnis der Kraft zur Beschleunigung, es ist die anziehende Masse; es ist nicht die Trägheit des Körpers, sondern seine anziehende Kraft.

Wir haben damit ein indirektes Verfahren, dessen Anwendung theoretisch nicht unumgänglich notwendig ist. Man könnte z. B. annehmen, daß die Anziehung dem Quadrate der Entfernung entgegengesetzt proportional wäre, ohne dem Produkte der Massen proportional zu sein; daß sie also gleich:

$$\frac{f}{r^2}$$

ist, aber ohne daß:

$$f = k\,m\,m'$$

wäre.

Wenn dem so ist, so könnte man nichtsdestoweniger die Massen dieser Körper durch Beobachtung der relativen Bewegungen der Himmels-Körper messen.[58]).

Aber haben wir das Recht, die Hypothese von Zentral-Kräften zuzulassen? Ist diese Hypothese streng exakt?

Ist es gewiß, daß sie durch die Erfahrung niemals widerlegt wird? Wer wagte das zu bejahen? Und doch, wenn wir diese Hypothese aufgeben, so stürzt das so mühsam aufgerichtete Gebäude zusammen.

Wir haben nicht mehr das Recht, von der Komponente der Beschleunigung von A, welche der Einwirkung von B zuzuschreiben ist, zu reden. Wir haben keine Mittel, sie von derjenigen zu unterscheiden, welche der Einwirkung von C oder von einem anderen Körper zuzuschreiben ist. Die Regel für das Messen der Massen wird nicht anzuwenden sein.

Was bleibt dann vom Prinzipe der Gleichheit von Wirkung und Gegenwirkung? Wenn die Hypothese von Zentral-Kräften verworfen wird, so müssen wir dieses Prinzip offenbar folgendermaßen aussprechen: Die geometrische Resultante aller Kräfte, die an den verschiedenen Körpern eines jeder äußeren Einwirkung entzogenen Systems angreifen, ist gleich Null. Oder in anderen Worten: **Die Bewegung des Schwerpunktes dieses Systems ist geradlinig und gleichförmig.**

Darin scheint eine Möglichkeit zu liegen, die Masse zu definieren; die Lage des Massenmittelpunktes (Schwerpunktes) hängt augenscheinlich von den den Massen beigelegten Werten ab; man muß diese Werte in der Art verteilen, daß die Bewegung des Massenmittelpunktes geradlinig und gleichförmig ist; das wird stets möglich sein, wenn das dritte Gesetz von Newton richtig ist, und das wird im allgemeinen nur auf eine Art möglich sein.

Aber es existiert kein System, das von jeder äußeren Einwirkung frei ist; alle Teile des Universums unterliegen in mehr oder weniger ausgeprägter Weise der Einwirkung aller anderen Teile. **Das Gesetz der Bewegung des Massenmittelpunktes ist streng genommen nur richtig, wenn man es auf das ganze Universum anwendet.**

Aber dann müßte man, um daraus die Massenwerte zu berechnen, die Bewegung des Massenmittelpunktes des Universums beobachten. Das Absurde in dieser Forderung ist offenbar; wir kennen nur relative Bewegungen; die Bewegung des Massenmittelpunktes des Universums wird für uns ewig unbekannt bleiben.

Wir haben also nichts erreicht, und unsere Anstrengungen sind vergeblich gewesen; wir müssen gezwungenermaßen zur folgenden Definition zurückkehren, welche nur ein Geständnis unserer Ohnmacht ist: **Die Massen sind Koëffizienten, welche man zur größeren Bequemlichkeit in die Rechnungen einführt.**

Wir könnten die ganze Mechanik neu aufbauen, wenn wir allen Massen andere Werte zuerteilten. Diese neue Mechanik würde weder mit der Erfahrung, noch mit den allgemeinen Prinzipien der Dynamik in Widerspruch sein (Trägheits-Prinzip, Proportionalität der Kräfte zu den Massen und Beschleunigungen, Gleichheit der Wirkung und der Gegenwirkung, geradlinige und gleichförmige Bewegung des Schwerpunktes, Prinzip der Flächen).

Nur würden die Gleichungen dieser neuen Mechanik **weniger einfach sein.** Verstehen wir uns recht: nur die ersten Glieder würden weniger einfach sein, d. h. diejenigen, welche die Erfahrung uns bereits erkennen ließ; vielleicht könnte man die Massen um kleine Quantitäten ändern, ohne daß die **vollständigen** Gleichungen an Einfachheit gewinnen oder verlieren.

Hertz hat die Frage aufgeworfen[54]), ob die Prinzipien der Mechanik streng genommen richtig sind; er sagt: „In der Meinung vieler Physiker gilt es als undenkbar, daß die späteste Erfahrung jemals etwas an den feststehenden Grundsätzen der Mechanik ändern könnte; und dennoch, was aus der Erfahrung stammt, kann auch immer durch die Erfahrung vernichtet werden."

Nach dem, was wir gesagt haben, erscheint diese Furcht überflüssig. Die Prinzipien der Dynamik erscheinen uns zuerst als experimentelle Wahrheiten; aber wir haben sie wie Definitionen verwenden müssen. **Nach Definition ist die Kraft gleich dem Produkte der Masse in die Beschleunigung;** das ist ein Prinzip, welches in Zukunft außer dem Bereiche jeder weiteren Erfahrung liegt. Ebenso ist **nach Definition die Wirkung gleich der Gegenwirkung.**

Aber dann sind, wird man einwerfen, diese unverifizierbaren Prinzipien jeder Bedeutung absolut bar; die Erfahrung kann ihnen nicht widersprechen; aber sie können uns nichts Nützliches lehren, wozu soll man dann die Dynamik studieren?

Dieses voreilige Urteil würde ungerecht sein. Es gibt in der Natur kein **vollkommen** isoliertes System, das zugleich vollkommen frei von jeder äußeren Einwirkung ist; aber es gibt **nahezu isolierte Systeme.**

Wenn man ein solches System beobachtet, so kann man nicht nur die relative Bewegung seiner verschiedenen Teile gegeneinander studieren, sondern auch die Bewegungen seines Schwerpunktes in Bezug auf die anderen Teile des Universums. Man stellt dann fest, daß die Bewegung dieses Schwerpunktes **nahezu** geradlinig und gleichförmig ist, gemäß dem dritten Gesetze von Newton.

Das ist eine experimentelle Wahrheit, welche durch die Erfahrung nicht entkräftigt werden kann; was könnte uns in der Tat noch genauere Erfahrung lehren? Sie würde uns lehren, daß das Gesetz nur nahezu richtig ist, aber das wissen wir bereits.

Es erklärt sich jetzt, warum die Erfahrung den Prinzipien der Mechanik als Grundlage dienen konnte und dennoch ihnen niemals wird widersprechen können.

Die anthropomorphe Mechanik. — Man könnte einwerfen: „daß Kirchhoff nur dem Hange der meisten Mathematiker zum Nominalismus gehuldigt hat; seine physikalische Geschicklichkeit hat ihn nicht davor bewahrt. Er hat Wert darauf gelegt, eine Definition der Kraft zu haben, und er hat dafür den ersten besten Lehrsatz genommen; aber wir brauchen keine Definition der Kraft: die Idee der Kraft ist ein ursprünglicher, völlig selbständiger und undefinierbarer Begriff; wir wissen alle, was Kraft ist; wir haben ja eine direkte Anschauung davon. Diese direkte Anschauung entsteht aus dem Begriffe der Anstrengung, der uns von Kindheit an vertraut ist."

Vorerst jedoch wird diese direkte Anschauung, selbst wenn sie uns die wahre Natur der Kraft in sich erkennen ließe, ungenügend sein, um die Mechanik zu begründen; sie wird andererseits gänzlich unnütz sein. Es kommt nicht darauf an, zu wissen, was Kraft ist, sondern zu wissen, wie man sie mißt.

Was nicht zum Messen der Kraft dient, ist für den Mechaniker ebenso unnütz, wie es z. B. der subjektive Begriff von Wärme und Kälte für den Physiker ist, der die Wärme studiert. Dieser subjektive Begriff läßt sich nicht in Zahlen übersetzen, also ist er unnütz. Ein Gelehrter, dessen Haut ein absolut schlechter Wärmeleiter ist und welcher folglich niemals weder Kälte- noch Wärme-Empfindungen gespürt hat, könnte dennoch ein Thermometer ebenso gut wie ein anderer betrachten, und das würde ihm genügen, um die ganze Wärme-Theorie zu konstruieren.

Der unmittelbare Begriff einer Anstrengung kann uns nicht dazu dienen, die Kraft zu messen; es ist z. B. klar, daß ich beim Heben eines Gewichtes von fünfzig Kilo mehr Ermüdung empfinde als ein Mensch, der daran gewöhnt ist, Lasten zu tragen.

Aber noch mehr: dieser Begriff der Anstrengung läßt uns nicht die wahre Natur der Kraft erkennen; er reduziert sich eigentlich auf eine Erinnerung an Muskel-Empfindungen, und man wird nicht behaupten, daß die Sonne eine Muskel-Empfindung hat, wenn sie die Erde anzieht.[55])

Alles, was man aus diesen Empfindungen gewinnen kann, ist ein noch ungenaueres und unbequemeres Symbol, als es die Pfeile sind, deren sich die Mathematiker bedienen, um die Richtung von Kräften zu bezeichnen; diese Pfeile sind ebensoweit von der Wirklichkeit entfernt als unser Symbol.

Der Anthropomorphismus hat in der Genesis der Mechanik eine beträchtliche historische Rolle gespielt; vielleicht liefert er noch öfters ein Symbol, das manchem als bequem erscheinen wird; aber er kann nichts begründen, was einen wissenschaftlichen oder wahrhaft philosophischen Charakter hätte.

„Die Schule des Fadens". — Andrade hat in seinen Leçons de Mécanique physique (vergl. oben S. 92) die anthropomorphe Mechanik verjüngt. Der Schule der Mechaniker, zu denen Kirchhoff gehört, stellt er eine andere Schule gegenüber, welcher er den bizarren Namen „Schule des Fadens" gegeben hat.

Diese Schule versucht, „alles auf die Betrachtung gewisser materieller Systeme von sehr geringer Masse zurückzuführen, die sich im Zustande der Spannung befinden und fähig sind, beträchtliche Kraft-Äußerungen auf entfernte Körper zu übertragen, also Systeme, deren idealer Typus der masselose Faden ist."

Ein Faden, welcher irgend eine Kraft überträgt, verlängert sich leicht unter der Einwirkung dieser Kraft; die Richtung des Fadens läßt uns die Richtung der Kraft erkennen, deren Größe durch die Verlängerung des Fadens gemessen wird.

Man kann also folgendes Experiment ausführen. Ein Körper A ist an einem Faden befestigt; am anderen Ende des Fadens soll irgend eine Kraft wirken, welche man variieren läßt, bis der Faden eine Verlängerung a annimmt; man merkt sich die Beschleunigung des Körpers A; man löst A los und befestigt den Körper B an demselben Faden, man läßt wiederum dieselbe Kraft oder eine andere Kraft wirken und man läßt sie variieren, bis der Faden die Verlängerung a wieder annimmt; man merkt sich die Beschleunigung des Körpers B. Man wiederholt das Experiment sowohl mit dem Körper A als mit dem Körper B, aber derart, daß der Faden die Verlängerung β annimmt. Die vier beobachteten Beschleunigungen müssen einander proportional sein. Man hat somit eine experimentelle Prüfung des weiter oben besprochenen Beschleunigungsgesetzes.

Oder noch besser: man unterwirft einen Körper der gleichzeitigen Einwirkung von mehreren identischen, gleichmäßig gespannten Fäden, und man sucht durch das Experiment festzustellen, bei welcher Lage aller dieser Fäden der Körper im Gleichgewicht bleibt. Man hat dann eine experimentelle Prüfung der Regel von der Zusammensetzung der Kräfte.[56])

Was haben wir nun in Summa getan? Wir haben die Kraft definiert, welcher der Faden durch die von ihm erlittene Deformation unterworfen ist; das ist hinreichend einleuchtend; wir haben ferner angenommen, daß die Kraft, welche auf einen an diesem Faden befestigten Körper durch diesen Faden übertragen wird, zugleich die Wirkung ist, welche dieser Körper auf diesen Faden ausübt; schließlich haben wir uns also des Prinzips der Gleichheit von Wirkung und Gegenwirkung bedient, indem wir es nicht als experimentelle Wahrheit, sondern als die Definition der Kraft selbst ansehen.

Diese Definition ist ebenso konventionell wie diejenige von Kirchhoff, aber sie ist weniger allgemein.

Es sind nicht alle Kräfte durch Fäden übertragbar (überdies müßten alle Kräfte durch identische Fäden übertragen werden, damit man sie vergleichen kann). Selbst wenn man annehmen würde, daß die Erde durch irgend einen unsichtbaren Faden an der Sonne befestigt sei, so würde man zum mindesten zugeben, daß man keine Mittel hat, die Verlängerung eines solchen Fadens zu messen.

Folglich wird, in neun von zehn Fällen, unsere Definition versagen; man könnte ihr keinen Sinn beilegen, und wir müßten zu derjenigen von Kirchhoff zurückkehren.

Wozu also diesen Umweg machen? Als Ausgangspunkt nehmen Sie eine gewisse Definition der Kraft, welche nur für gewisse besondere Fälle Sinn hat. In diesen Fällen bestätigen Sie durch das Experiment, daß diese Definition zum Gesetze der Beschleunigung führt. Auf dieses Experiment gestützt, nehmen Sie sodann das Gesetz der Beschleunigung als Definition der Kraft in allen anderen Fällen an.

Würde es nicht viel einfacher sein, das Gesetz der Beschleunigung als eine Definition in allen Fällen zu betrachten und die in Frage kommenden Experimente nicht als Prüfungen dieses Gesetzes anzusehen, sondern als Prüfungen des Prinzips der Gegenwirkung oder als Beweismittel dafür, daß die Deformation eines elastischen Körpers nur von den Kräften abhängt, denen dieser Körper unterworfen ist?

Dabei haben wir noch gar nicht berücksichtigt, daß die Bedingungen, unter welchen Ihre Definition angenommen werden könnte, nie anders als unvollkommen ausführbar sind, daß ein Faden nie ohne Masse sein kann, daß auf ihn außer der Reaktion des an seinen

Enden befestigten Körpers immer noch andere Kräfte einwirken.

Die Ideen Andrades sind deshalb nicht weniger interessant; wenn sie auch unser logisches Bedürfnis nicht befriedigen, so lassen sie uns doch die historische Genesis der fundamentalen mechanischen Begriffe besser verstehen. Die Überlegungen, zu welchen sie uns veranlassen, zeigen, wie der menschliche Verstand sich von einem naiven Anthropomorphismus zu wirklichen, wissenschaftlichen Gedanken erhebt.

Wir sehen beim Beginne unseres Weges ein sehr spezielles und ziemlich rohes Experiment, am Ende aber ein ganz allgemeines und vollkommen genaues Gezetz, das wir für absolut gewiß halten. Diese Gewißheit haben einzig und allein wir demselben sozusagen freiwillig beigelegt, indem wir es als durch Übereinkommen festgelegt ansehen.

Beruhen demnach das Gesetz der Beschleunigung und die Regel für die Zusammensetzung der Kräfte nur auf willkürlichem Übereinkommen? Auf Übereinkommen? Ja; aber auf willkürlichem? Nein. Die Gesetze wären willkürlich, wenn man die Experimente aus den Augen verlöre, welche die Begründer der Wissenschaft zu ihrer Annahme bewogen und welche trotz ihrer Unvollkommenheit genügen, um sie zu rechtfertigen. Es ist gut, dem experimentellen Ursprunge dieser konventionellen Festsetzungen hin und wieder unsere Aufmerksamkeit zu schenken.

Siebentes Kapitel.
Relative und Absolute Bewegung.

Das Prinzip der relativen Bewegung. Man hat manchmal versucht das Gesetz der Beschleunigung mit einem allgemeinen Prinzipe in Verbindung zu bringen. Die Bewegung irgend eines Systems muß denselben Gesetzen genügen, einerlei ob man sie auf feste Achsen bezieht oder auf bewegliche Achsen, die eine geradlinige und gleichförmige Bewegung ausführen. Darin besteht das Prinzip der relativen Bewegung, welches sich uns aus zwei Gründen aufdrängt: erstens bestätigt es die tagtägliche Erfahrung, und zweitens würde eine entgegengesetzte Hypothese unserem Verstande außerordentlich widerstreben.

Nehmen wir dieses Prinzip also an und betrachten einen Körper, welcher einer Kraft unterworfen ist; der Beobachter bewege sich mit einer gleichförmigen Geschwindigkeit, welche gleich der Anfangsgeschwindigkeit des Körpers ist; die relative Bewegung des letzteren inbezug auf den Beobachter muß dann ebenso verlaufen, wie seine absolute Bewegung verlaufen würde, wenn die Anfangsgeschwindigkeit gleich Null wäre (der Körper also die Bewegung aus der Ruhelage begönne) Man schließt daraus, daß seine Beschleunigung nicht von seiner absoluten Geschwindigkeit abhängen kann und man bemüht sich daraus das vollständige Gesetz der Beschleunigung abzuleiten.

Spuren solcher Beweise hat man lange in den Aufgaben der Baccalaureats-Prüfungen bemerken können. Offenbar muß dieser Versuch erfolglos bleiben Die Schwierigkeit, welche uns verhindert das Beschleunigungsgesetz zu beweisen, liegt darin, daß wir keine Definition der Kraft haben; und diese Schwierigkeit bleibt ihrem ganzen Umfange nach bestehen, denn das zu Hilfe genommene Prinzip hat uns die fehlende Definition nicht geliefert.

Das Prinzip der relativen Bewegung ist darum nicht weniger interessant und verdient um seiner selbst willen studiert zu werden. Versuchen wir zunächst, es in präciser Fassung auszusprechen.

Wir haben oben gesagt, daß die Beschleunigungen der verschiedenen Körper, welche Teile eines isolierten Systems sind, nur von ihren relativen Geschwindigkeiten und ihren relativen Lagen abhängen und nicht von ihren absoluten Geschwindigkeiten und ihren absoluten Lagen, vorausgesetzt, daß die beweglichen Achsen, auf welche die relative Bewegung bezogen wird, geradlinig und gleichförmig im Raume fortrücken. Oder, wenn man lieber will, ihre Beschleunigungen hängen nur von den Differenzen ihrer Koordinaten und Geschwindigkeiten ab und nicht von den absoluten Werten dieser Koordinaten und Geschwindigkeiten.

Wenn dieses Prinzip für die relativen Beschleunigungen, oder besser für die Beschleunigungsdifferenzen richtig ist, so kann man es mit dem Gesetze der Wirkung und Gegenwirkung kombinieren und kommt so zu dem Schlusse, daß es auch für die absoluten Beschleunigungen richtig ist.

Es bleibt uns also noch übrig nachzusehen, wie man beweisen kann, daß die Differenzen der Beschleunigungen nur von den Differenzen der Geschwindigkeiten und der Koordinaten abhängen oder, um die mathematische Ausdrucksweise zu gebrauchen, daß diese Koordinatendifferenzen ein System von Differentialgleichungen zweiter Ordnung befriedigen.

Kann dieser Beweis durch Experimente oder durch Überlegungen a priori erbracht werden?

Der Leser wird sich selbst die Antwort geben, wenn er sich dessen erinnert, was wir oben dargelegt haben.

In der Tat gleicht das Prinzip der relativen Bewegung, wie wir es ausgesprochen haben, außerordentlich dem Prinzipe, welches ich oben als das verallgemeinerte Prinzip der Trägheit bezeichnet habe (vgl. S. 94); es ist aber nicht damit identisch, denn jetzt handelt es sich um die Differenzen der Koordinaten und nicht um die Koordinaten selbst. Das neue Prinzip lehrt uns also etwas mehr als das alte, aber es lassen sich auf dasselbe die gleichen Erörterungen anwenden, und diese führen dann zu den gleichen Schlüssen; es ist deshalb nicht nötig darauf zurückzukommen,

Die Schlußweise Newtons. — Hier kommen wir auf einen sehr wichtigen und zuerst sogar störend erscheinenden Einwurf. Ich habe erwähnt, daß das Prinzip der relativen Bewegung für uns nicht nur ein Resultat der Erfahrung ist, und daß jede entgegengesetzte Hypothese a priori dem Verstande widerstreben würde.

Aber warum ist dann das Prinzip nur richtig, wenn die Bewegung der beweglichen Achsen geradlinig und gleichförmig ist? Es scheint, daß dieses Prinzip sich uns mit derselben Macht aufdrängen müßte, wenn diese Bewegung ungleichförmig ist, oder wenigstens wenn sie sich auf eine gleichförmige Rotation reduziert. In diesen zwei Fällen ist das Prinzip aber nicht richtig.

Ich verweile nicht lange bei dem Falle, in welchem die Bewegung der Achsen geradlinig ist ohne gleichförmig zu sein; das darin enthaltene Paradoxon kann einer gründlichen Prüfung nicht standhalten. Wenn ich im Eisenbahnwaggon bin und wenn der Zug auf irgend ein Hindernis stößt und dann plötzlich anhält, so werde ich auf den gegenüberliegenden Sitz geschleudert, obgleich ich nicht direkt irgend einer Kraft unterworfen bin. Darin liegt nichts Rätselhaftes; wenn ich nicht der

Einwirkung einer äußeren Kraft unterlegen bin, so hat doch der Zug an sich selbst eine äußere Erschütterung erfahren. Wenn die relative Bewegung zweier Körper von dem Momente ab gestört wird, wo die Bewegung des einen von ihnen durch eine äußere Ursache geändert wird, so liegt darin nichts Paradoxes.

Ich werde mich länger bei dem Fall der relativen Bewegungen aufhalten, welche auf Achsen bezogen sind, die eine gleichförmige Rotation ausführen. Wenn der Himmel unaufhörlich mit Wolken bedeckt wäre, wenn wir kein Mittel hätten die Gestirne zu beobachten, so könnten wir nichtsdestoweniger schlußfolgern, daß die Erde sich dreht; wir hätten durch ihre Abplattung davon Kenntnis oder auch durch den Foucaultschen Pendelversuch (vgl. S. 80).

Und hätte es trotzdem in diesem Falle einen Sinn zu behaupten, daß die Erde sich dreht? Wenn es keinen absoluten Raum gibt, kann man da eine Drehung erkennen, ohne daß diese Drehung auf irgend etwas zu beziehen wäre? und andererseits, wie könnte man die Schlußfolgerung Newtons annehmen und an den absoluten Raum glauben?

Aber es genügt nicht zu konstatieren, daß alle die möglichen Lösungen uns gleicherweise befremden; man muß für jede von ihnen die Vernunftgründe für unser Widerstreben analysieren, um nach Erkenntnis der Ursache unsere Wahl zu treffen. Man möge also die lange Erörterung, welche ich folgen lasse, entschuldigen.

Versetzen wir uns wieder in unsere fingierte Welt: dichtes Gewölk verbirgt die Gestirne den Menschen, welche sie nicht beobachten und sogar von ihrer Existenz nichts wissen können; wie erfahren diese Menschen, daß die Erde sich dreht? Mehr noch wie unsere Vorfahren würden sie den Boden, welcher sie trägt, als fest und unerschütterlich betrachten; sie würden viel später die Ankunft eines Coppernicus zu erwarten haben. Aber schließlich würde dieser Coppernicus doch kommen; wie würde er kommen?

Die Mechaniker dieser fingierten Welt würden sich vorerst nicht durch eine Schlußfolgerung beunruhigen lassen, die nach unserer Auffassung einen absoluten Widerspruch enthält. In der Theorie der relativen Bewegung faßt man, abgesehen von den wirklichen Kräften, zwei fingierte Kräfte ins Auge, welche man die gewöhnliche Zentrifugalkraft und die zusammengesetzte Zentrifugalkraft nennt.[57]) Unsere fingierten Gelehrten könnten also alles erklären, indem sie diese zwei Kräfte als wirkliche ansehen und sie würden dabei keinen Widerspruch mit dem verallgemeinerten Prinzipe der Trägheit bemerken, denn von diesen Kräften würde die eine von den relativen Stellungen der verschiedenen Teile des Systems abhängen (wie bei den wirklichen Anziehungen der Fall ist), die andere von ihren relativen Geschwindigkeiten (wie es bei den wirklichen Reibungen der Fall ist).

Indessen würden bald noch mehr Schwierigkeiten ihre Aufmerksamkeit in Anspruch nehmen; wenn es ihnen gelingen würde ein isoliertes System darzustellen, so würde der Schwerpunkt dieses Systems nicht eine nahezu geradlinige Bahn haben. Sie müßten, um diese Tatsache zu erklären, die Zentrifugalkräfte zu Hilfe nehmen, welche sie als wirkliche betrachten und welche sie zweifellos den gegenseitigen Wirkungen der Körper zuschreiben. Nur würden sie diese Kräfte bei großen Entfernungen, d. h. in dem Maße, wie die Isolierung immer mehr verwirklicht würde, nicht kleiner und kleiner werden sehen; weit gefehlt: die Zentrifugalkraft wächst mit der Entfernung ins Unendliche.

Diese Schwierigkeit würde ihnen bereits ziemlich groß erscheinen; aber dennoch würde dieselbe sie nicht lange aufhalten; sie würden sich bald irgend ein sehr fein geartetes Medium ausdenken, das unserem Äther analog wäre, in welchem alle Körper schwimmen und welches auf die Körper eine abstoßende Wirkung ausüben würde.

Dieses ist noch nicht alles. Der Raum ist symmetrisch und dennoch würden die Gesetze der Bewegung keine Symmetrie aufweisen; sie müßten zwischen rechts und links unterscheiden. Man würde z. B. sehen, daß die Wirbelstürme sich immer in demselben Sinne drehen, während gemäß den Gründen der Symmetrie diese Erscheinungen sich ebensowohl in dem einen wie im anderen Sinne abspielen müßten. Wenn unsere Gelehrten vermöge ihrer Arbeit dahin gelangt wären, ihr Universum völlig symmetrisch zu gestalten, so würde diese Symmetrie mit derartigen Erscheinungen nicht verträglich sein, obgleich es keinen vernünftigen Grund zu geben scheint, warum sie in dem einen Sinne mehr als im anderen gestört werden sollte.

Sie würden sich ohne Zweifel schon zu helfen wissen, sie würden irgend ein Ding erfinden, das nicht außerordentlicher wäre als die gläsernen Sphären des Ptolomäus, und man würde so die Schwierigkeiten anhäufen, bis der erwartete Coppernicus sie alle mit einem einzigen Schlage beseitigen würde, indem er sagt: Es ist viel einfacher anzunehmen, daß die Erde sich dreht.

Und ebenso wie unser Coppernicus uns sagte: Es ist bequemer vorauszusetzen, daß die Erde sich dreht, weil man damit die astronomischen Gesetze in einer viel einfacheren Sprache ausdrückt, so würde auch dieser Coppernicus sagen: Es ist bequemer vorauszusetzen, daß die Erde sich dreht, weil man damit die Gesetze der Mechanik in einer viel einfacheren Sprache ausdrückt.

Das verhindert nicht, daß der absolute Raum, d. h. das Hilfsmittel, auf welches man die Erde beziehen müßte, um zu wissen, ob sie sich wirklich dreht, keine objektive Existenz hat. Daher hat die Behauptung: „Die Erde dreht sich" keinen Sinn, denn sie läßt sich durch keine Erfahrung verifizieren; ja es könnte eine entsprechende Erfahrung nicht nur nicht verwirklicht, sondern nicht einmal vom kühnsten Jules Verne erträumt, noch ohne Widerspruch begriffen werden; also diese beiden Sätze: „Die Erde dreht sich" und „Es ist bequemer vorauszusetzen, daß die Erde sich dreht" haben ein und denselben Sinn; es liegt in dem einen nicht mehr wie im anderen.[58])

Vielleicht würde man sich damit noch nicht begnügen und man würde es immer noch befremdlich finden, daß unter allen Hypothesen oder vielmehr unter allen Festsetzungen, welche wir auf diesem Gebiete machen können, eine besteht, welche bequemer als die anderen ist.

Aber warum sollte das, was man sorglos zuließ, als es sich um die astronomischen Gesetze handelte, im Gebiete der Mechanik befremdlich sein?

Wir haben gesehen, daß die Koordinaten der Körper durch Differentialgleichungen zweiter Ordnung bestimmt werden, und daß mit den Differenzen dieser Koordinaten dasselbe der Fall ist. Dieser Satz sprach den Inhalt des verallgemeinerten Trägheitsprinzips (vgl. S. 94) und des Prinzips der relativen Bewegung (vgl. S. 114) aus. Wenn die Entfernungen dieser Körper ebenso durch Gleichungen zweiter Ordnung bestimmt wären, so scheint es, daß der Verstand vollkommen befriedigt sein müßte. Bis zu welchem Grade erhält der Verstand diese Befriedigung und warum begnügt er sich nicht damit?

Um uns davon Rechenschaft zu geben, ist es besser ein einfaches Beispiel zu wählen. Ich setze ein unserem Sonnensysteme analoges System voraus, von welchem aus man diesem Systeme fremde Fixsterne nicht bemerken kann, und zwar derart, daß die Astronomen nur die gegenseitigen Entfernungen der Planeten und der Sonne und nicht die absoluten Längen (d. h. Stellungen in ihrer Bahn) der Planeten beobachten könnten. Wenn wir direkt aus dem Newtonschen Gesetze die Differentialgleichungen ableiten wollten, welche die Veränderung dieser Entfernungen definieren, so werden diese Gleichungen nicht zweiter Ordnung sein. Ich will damit folgendes ausdrücken: wenn man, abgesehen vom Newtonschen Gesetze, die Anfangswerte dieser Entfernungen und ihre Differentialquotienten inbezug auf die Zeit (d. h. die Geschwindigkeiten, mit denen sich die Entfernungen ändern) kennen würde, so würde das nicht genügen, um die Werte dieser selben Entfernungen in einem späteren Zeitpunkte zu bestimmen.[59]) Es würde noch eine (der Erfahrung zu entnehmende) Angabe fehlen, und diese Angabe könnte z. B. in dem gefunden werden, was die Astronomen Konstante des Flächensatzes nennen (vgl. das zweite Kepplersche Gesetz).

Hier kann man zwei verschiedene Standpunkte einnehmen; wir können zwei Arten von Konstanten unterscheiden. In den Augen der Physiker reduziert sich die Welt auf eine Reihe von Naturerscheinungen, welche einzig und allein einerseits von den Anfangszuständen abhängen, andererseits von den Gesetzen, welche die folgenden Zustände jeweils mit den vorhergehenden verbinden. Wenn dann die Beobachtung uns lehrt, daß eine gewisse Größe eine Konstante ist, so werden wir zwischen zwei Auffassungsweisen die Wahl haben.

Entweder wir nehmen an, daß es ein Gesetz gibt, welches vorschreibt, daß diese Größe sich nicht ändern kann, daß sie aber nur zufällig dazu gekommen ist, seit Jahrhunderten gerade diesen bestimmten Wert lieber als jeden anderen anzunehmen, den sie nun seitdem behalten muß. Diese Größe könnte man dann eine zufällige Konstante nennen.

Oder wir nehmen das Gegenteil an, nämlich, daß es ein Naturgesetz gäbe, welches dieser Größe gerade diesen bestimmten Wert und keinen anderen zuerteilt. Wir werden dann eine Größe haben, die man eine wesentliche Konstante nennen kann.

Zum Beispiel ist infolge der Newtonschen Gesetze die Dauer der Umdrehung der Erde konstant. Wenn sie aber 366 Sterntage und etwas darüber beträgt und nicht 300 oder 400 Tage, so beruht dies auf irgend welchem unbekannten, anfänglichen Zufalle. Dies ist eine zufällige Konstante. Wenn dagegen die Potenz der Entfernung, welche in dem Ausdrucke für das Attraktionsgesetz vorkommt, gleich — 2 ist und nicht gleich — 3, so ist das kein Zufall, sondern es ist so, weil das Newtonsche Gesetz es so verlangt. Dies ist eine wesentliche Konstante.

Ich weiß nicht, ob es in sich gerechtfertigt ist, den Zufall in solcher Weise in die Erscheinungen eingreifen zu lassen, und ob die gemachte Unterscheidung nicht etwas künstlich ist; jedenfalls steht so viel fest, daß dieselbe in ihrer Anwendung sehr willkürlich und immer mißlich bleibt, solange die Natur noch Geheimnisse besitzt.

Was die Konstante des Flächensatzes betrifft, so betrachten wir dieselbe gewöhnlich als zufällig. Sind wir gewiß, daß unsere fingierten Astronomen es ebenso machen würden? Wenn sie zwei verschiedene Sonnensysteme miteinander hätten vergleichen können, so würden sie die Idee haben, daß dieser Konstanten verschiedene Werte zukommen können; aber ich habe gerade am Beginne dieser Betrachtung vorausgesetzt, daß ihnen ihr System als ein isoliertes erscheine, und daß sie keinen Stern beobachten können, der nicht dazu gehört. Unter diesen Bedingungen würden sie nur eine einzige Konstante wahrnehmen können, deren Wert absolut fest und unveränderlich wäre; sie würden ohne Zweifel dazu kommen, dieselbe für eine wesentliche Konstante zu halten.

Um einem möglichen Einwurfe zu begegnen, schalte ich hier die folgende Bemerkung ein: Die Bewohner dieser fingierten Welt würden die Flächenkonstante weder so beobachten noch so definieren können, wie wir es tun, denn es fehlen ihnen dazu die absoluten Längen der Planeten; das würde sie aber nicht hindern, sehr bald zu bemerken, daß sich eine gewisse Konstante in ihre Gleichungen naturgemäß einführen läßt, und diese Konstante würde genau diejenige sein, die wir als die Konstante des Flächensatzes bezeichnen.

Aber nun würden unsere Astronomen folgendermaßen weiterschließen! Wenn die Flächenkonstante als eine wesentliche (d. h. als bestimmt durch ein Naturgesetz) betrachtet wird, so genügt es, die Anfangswerte der Entfernungen der Planeten und die Anfangswerte der ersten Differentialquotienten dieser Entfernungen zu kennen, um daraus für irgend einen Zeitpunkt die Entfernungen zu berechnen. Unter diesem neuen Gesichtspunkte werden sich dann die Entfernungen wieder durch Differentialgleichungen zweiter Ordnung bestimmen lassen.

Wird sich indessen damit der Verstand unserer fingierten Astronomen vollkommen zufrieden geben? Ich glaube es nicht; sie würden es bald bemerken, daß ihre Differentialgleichungen viel einfacher werden, wenn sie dieselben differentiieren und dadurch ihre Ordnung erhöhen. Vor allem aber würden sie über die Schwierigkeit betroffen sein, welche in den Symmetrieverhältnissen liegt: Je nachdem die Gesamtheit der Planeten die Figur eines Polyeders oder des dazu symmetrischen Polyeders bilden, würden sie verschiedene Gesetze aufstellen müssen, und sie würden sich dieser Folgerung nur dadurch entziehen können, daß sie die Flächenkonstante als eine zufällige betrachten.

Ich habe ein sehr spezielles Beispiel gewählt, indem ich voraussetzte, daß unsere Astronomen sich durchaus nicht mit der irdischen Mechanik beschäftigten, und daß ihr Beobachtungsgebiet auf das Sonnensystem beschränkt sei, aber unsere Schlußfolgerungen sind auf alle analogen Fälle anwendbar. Unser Universum ist ausgedehnter als das ihrige, denn wir haben Fixsterne, aber es ist dennoch ebenfalls begrenzt, und deshalb könnten wir inbezug auf unser gesamtes Universum dieselben Überlegungen anstellen und dieselben Schlüsse ziehen wie jene fingierten Astronomen inbezug auf ihr Sonnensystem.

Wie man hieraus sieht, würde man endlich zu dem Schlusse kommen, daß die zur Bestimmung der Entfernungen dienenden Differentialgleichungen von höherer als der zweiten Ordnung sind. Weshalb sollte uns das befremden? Weshalb finden wir es ganz natürlich, daß die Folge der Erscheinungen von den Anfangswerten der ersten Differentialquotienten abhängen, während wir zögern anzunehmen, daß sie von den Anfangswerten der zweiten Differentialquotienten abhängen können? Das kann nur eine Folge der Gewohnheiten unseres Verstandes sein, die durch das beständige Studium des verallgemeinerten Trägheitsprinzips und seiner Folgerungen sich in uns entwickelt haben.

Die Werte der gegenseitigen Entfernungen zu irgend einem Zeitpunkte hängen von ihren Anfangswerten ab, von den Anfangswerten ihrer ersten Differentialquotienten und von noch etwas anderem. Was ist dieses andere?

Wenn man nicht zugibt, daß es einfach einer der zweiten Differentialquotienten sei, so hat man nur die Wahl zwischen zwei Hypothesen. Entweder muß man annehmen (wie man es gewöhnlich tut), daß dieses andere durch die absolute Orientierung des Universums im Raume gegeben ist und durch die Schnelligkeit, mit welcher diese Orientierung sich ändert; das kann richtig sein, jedenfalls ist es für den Mathematiker die bequemste Lösung: sie ist aber nicht die befriedigendste für den Philosophen, denn eine solche absolute Orientierung gibt es nicht.

Oder man muß annehmen, daß dieses andere durch die Stellung und die Geschwindigkeit irgend eines unsichtbaren Körpers gegeben ist: zu dieser Annahme haben sich manche bereits entschlossen: sie haben diesem Körper sogar den Namen Alpha beigelegt, obgleich wir dazu bestimmt sind, von diesem Körper in aller Zukunft niemals mehr als seinen Namen zu wissen.[60]) Dieser Kunstgriff ist ganz analog demjenigen, von welchem ich am Schlusse meiner Betrachtungen über das Trägheitsprinzip gesprochen habe (vgl. S. 98 f.).

Aber auch die Schwierigkeit im ganzen ist eine künstliche. Wenn nur die künftigen Ablesungen unserer Instrumente allein von den Ablesungen abhängen können, welche wir früher gemacht haben oder welche wir in Zukunft machen werden, so brauchen wir nichts weiter (vgl. S. 79). Und inbezug hierauf können wir beruhigt sein.

Achtes Kapitel.
Energie und Thermodynamik.

Das energetische System. — Die Schwierigkeiten, welche der klassischen Mechanik anhaften, haben manche dazu geführt ein neues System zu bevorzugen, das sie das energetische System nennen. Das energetische System ist durch die Entdeckung des Prinzips von der Erhaltung der Energie (welchem Helmholtz seine definitive Form gegeben hat) ermöglicht worden.[61])

Zuerst müssen wir zwei Größen definieren, welche in dieser Theorie eine fundamentale Rolle spielen. Diese Größen sind: erstens die **kinetische Energie** oder lebendige Kraft, zweitens die **potentielle Energie**.

Alle Veränderungen, welche die Körper in der Natur erleiden, werden durch die folgenden beiden erfahrungsmäßigen Gesetze bestimmt:

1. Die Summe der kinetischen und der potentiellen Energie ist konstant. Darin liegt das Prinzip von der Erhaltung der Energie.

2. Wenn ein System von Körpern sich zur Zeit t_0 in der Lage A und zur Zeit t_1 in der Lage B befindet, so bewegt es sich immer von der ersten Lage zur zweiten auf einem solchen Wege, daß in dem Intervalle zwischen den Zeiten t_0 und t_1 der mittlere Wert der Differenz beider Arten von Energie möglichst klein ist.

So lautet das Hamiltonsche Prinzip; dasselbe ist eine der Formen, unter denen man das Prinzip der kleinsten Wirkung aussprechen kann.[62])

Die energetische Theorie hat vor der klassischen Theorie folgende Vorzüge voraus:

1. Sie ist weniger unvollständig, d. h. das Prinzip der Erhaltung der Energie und dasjenige Hamiltons lehren uns mehr als die fundamentalen Prinzipien der klassischen Theorie und schließen gewisse Bewegungen aus, welche die Natur nicht verwirklicht, die hingegen mit der klassischen Theorie vereinbar wären.

2. Sie macht für uns die Annahme von Atomen überflüssig, während diese Annahme bei der klassischen Theorie kaum zu vermeiden ist.

Aber sie erhebt ihrerseits neue Schwierigkeiten:

Die Definitionen der beiden Arten von Energie würden fast ebenso große Schwierigkeiten bereiten wie diejenigen, welche im ersten Systeme durch die Begriffe von Kraft und Masse entstanden. Man kann sich dabei indessen leichter helfen, wenigstens in den einfachsten Fällen.

Setzen wir ein isoliertes System voraus, daß von einer gewissen Anzahl materieller Punkte gebildet wird; setzen wir weiter voraus, daß diese Punkte Kräften unterworfen sind, welche nur von ihrer relativen Stellung und ihren gegenseitigen Entfernungen abhängen, von ihren Geschwindigkeiten aber unabhängig sind. Vermöge des Prinzips der Erhaltung der Energie müßte dann eine Kräftefunktion existieren.

In diesem einfachen Falle ist die Aussage des Prinzips von der Erhaltung der Energie von außerordentlicher Einfachheit. Eine bestimmte Größe, welche dem Experimente zugänglich ist, soll konstant bleiben. Diese Größe ist die Summe von zwei Gliedern; das erste hängt nur von der Stellung der materiellen Punkte ab und ist von ihren Geschwindigkeiten unabhängig; das zweite ist dem Quadrate dieser Geschwindigkeiten proportional. Diese Zerlegung läßt sich nur auf eine einzige Art machen.

Das erste dieser Glieder, welches ich U nennen will, soll die potentielle Energie sein; das zweite, welches ich T nennen will, soll die kinetische Energie sein.[68])

Wenn $U + T$ eine Konstante ist, so wird zwar dasselbe mit irgend einer Funktion von $U + T$ der Fall sein:

$$\varphi(U + T) = \text{konstant},$$

aber diese Funktion $\varphi(U + T)$ wird nicht die Summe von zwei Gliedern sein, deren eines unabhängig von den Geschwindigkeiten ist, deren anderes dem Quadrate dieser Geschwindigkeiten proportional ist. Unter den Funktionen, welche konstant bleiben, gibt es nur eine, welche diese Eigenschaft besitzt; diese ist $U + T$ (oder eine lineare Funktion von $U + T$, was auf dasselbe hinauskommt, denn diese lineare Funktion kann immer durch eine Änderung der Maßeinheit und des Anfangspunktes auf die Funktion $U + T$ zurückgeführt werden). Das also nennen wir Energie; das erste Glied wollen wir potentielle Energie nennen und das zweite soll die kinetische Energie heißen. Die Definition der beiden Arten von Energie kann ohne jede Mehrdeutigkeit in allen Fällen durchgeführt werden

Dasselbe ist mit der Definition der Massen der Fall. Die kinetische Energie oder lebendige Kraft drückt sich sehr einfach mit Hilfe der Massen und relativen Geschwindigkeiten aller materiellen Punkte aus, wenn diese Geschwindigkeiten auf einen dieser Punkte bezogen werden. Diese relativen Geschwindigkeiten sind der Beobachtung zugänglich und, wenn wir den Ausdruck der kinetischen Energie in Funktion dieser relativen Geschwindigkeiten kennen, so geben uns die Koeffizienten dieses Ausdrucks die Massen.

So kann man in diesem einfachen Falle die fundamentalen Begriffe ohne Schwierigkeit definieren. Aber die Schwierigkeiten tauchen in den komplizierteren Fällen wieder auf, z. B. wenn die Kräfte, anstatt nur von Entfernungen abzuhängen, auch von Geschwindigkeiten abhängen. Weber setzt z. B. voraus, daß die gegenseitige Einwirkung von zwei elektrischen Molekülen nicht nur von ihrer Entfernung abhängt, sondern von ihrer Entfernung und von ihrer Geschwindigkeit. Wenn die materiellen Punkte sich einem analogen Gesetze gemäß anzögen, so würde U von der Geschwindigkeit abhängen und könnte ein dem Quadrate der Geschwindigkeit proportionales Glied enthalten.[64])

Wie kann man unter den Gliedern, welche den Quadraten der Geschwindigkeit proportional sind, die von T abstammenden und die von U abstammenden voneinander unterscheiden? Und wie kann man folglich die beiden einzelnen Teile der Energie trennen?

Aber noch mehr: wie kann man die Energie selbst definieren? Wir haben keinen Grund, $T + U$ als Definition lieber anzunehmen, als irgend eine andere Funktion von $T + U$, wenn der Ausdruck $T + U$ die für ihn charakteristische Eigenschaft verloren hat, die Summe zweier Glieder bestimmter Form zu sein.

Das ist nicht alles: man muß nicht nur die eigentliche mechanische Energie berücksichtigen, sondern auch die anderen Formen der Energie, die Wärme, die chemische Energie, die elektrische Energie u. s. w. Das Prinzip der Erhaltung der Energie ist:

$$T + U + Q = \text{konst.},$$

wo T die wahrnehmbare kinetische Energie, U die potentielle Energie der Stellung (welche nur von der Stellung der Körper abhängt) repräsentiert und Q die innere molekulare Energie, möge es sich dabei um Wärme, chemische Verwandtschaft oder Elektrizität handeln.

Alles wäre in Ordnung, wenn diese drei Glieder absolut voneinander zu unterscheiden wären, wenn die einzelnen Glieder von T den Quadraten der Geschwindigkeiten proportional wären, wenn U von diesen Geschwindigkeiten und von dem Zustande der Körper unabhängig, Q unabhängig von den Geschwindigkeiten und Stellungen der Körper und allein abhängig von ihrem inneren Zustande wäre.

Der Ausdruck der Energie ließe sich dann nur auf eine einzige Art in drei Glieder der verlangten Form zerlegen.

Das geht jedoch nicht; betrachten wir elektrisierte Körper: die elektrostatische, durch ihre gegenseitige Einwirkung entstandene Energie wird offenbar von ihrer Ladung, d. h. von ihrem Zustande abhängen; aber sie wird gleichzeitig von ihrer Lage abhängen. Wenn diese

Körper in Bewegung sind, so werden sie aufeinander elektrodynamisch einwirken, und die elektrodynamische Energie wird nicht nur von ihrem Zustande und ihrer Lage, sondern auch von ihren Geschwindigkeiten abhängen.

Wir haben also kein Mittel mehr, um zwischen den Gliedern, welche zu T, zu U und zu Q einen Beitrag liefern sollen, eine Auswahl zu treffen und die drei Teile der Energie zu trennen.

Wenn $(T + U + Q)$ konstant ist, so wird dasselbe mit irgend einer Funktion von $T + U + Q$ der Fall sein:

$$\varphi(T + U + Q) = \text{konst.}$$

Wenn $T + U + Q$ die besondere Form hätte, welche ich weiter oben ins Auge faßte, so würde daraus keine Mehrdeutigkeit hervorgehen; unter den Funktionen

$$\varphi(T + U + Q),$$

welche konstant bleiben, wäre nur eine von dieser besonderen Form, und wir würden uns dahin einigen, diese eine Funktion als Energie zu bezeichnen.

Ich habe bereits gesagt, daß es streng genommen nicht so ist; unter den Funktionen, welche konstant bleiben, gibt es keine solchen, welche sich streng dieser besonderen Form fügen; wie soll man dann aber unter ihnen diejenige auswählen, welche Energie genannt werden soll? Wir haben keinen Anhaltspunkt mehr, der uns bei dieser Auswahl leiten könnte.

Es bleibt uns nur noch ein Ausdruck für das Prinzip der Erhaltung der Energie übrig: es gibt ein Etwas, das konstant bleibt. Unter dieser Form entzieht es sich wieder dem Bereiche der Erfahrung und reduziert sich auf eine Art Tautologie. Es ist klar, daß, wenn die Welt von Gesetzen regiert wird, es offenbar Größen geben muß, welche konstant bleiben. Wie die Prinzipien

Newtons (und aus einem analogen Grunde, vgl. S. 98f.) würde das Prinzip von der Erhaltung der Energie, das doch durch die Erfahrung begründet ist, durch diese niemals entkräftet werden können.

Diese Erörterung beweist, daß es einen Fortschritt bedeutet, wenn man vom klassischen Systeme zum energetischen Systeme übergeht; aber sie beweist zu gleicher Zeit, daß dieser Fortschritt ungenügend ist.

Ein anderer Einwurf scheint mir noch gewichtiger: das Prinzip der kleinsten Wirkung ist auf umkehrbare Naturerscheinungen anwendbar, aber es ist keineswegs befriedigend in seiner Anwendung auf nicht umkehrbare Vorgänge; der Versuch von Helmholtz, es auf diese Art von Erscheinungen auszudehnen, ist nicht gelungen und kann nicht gelingen: in dieser Beziehung bleibt noch alles zu tun übrig.[65]

Der Inhalt des Prinzips der kleinsten Wirkung hat an sich für den Verstand etwas Befremdliches. Um sich von einem Punkte zu einem anderen zu begeben, wird ein materielles Molekül, welches der Einwirkung jeder Kraft entzogen ist, aber daran gebunden ist, sich auf einer Oberfläche zu bewegen, die geodätische Linie beschreiben, d. h. den kürzesten Weg.

Dieses Molekül scheint den Punkt zu kennen, zu dem man es hinführen will; es scheint die Zeit vorauszusehen, welche es braucht, um ihn zu erreichen; indem es diesen und jenen Weg verfolgt und darauf den passendsten Weg wählt. Die Aussage des Prinzips stellt es uns sozusagen als ein lebendiges und freies Wesen dar. Es ist klar, daß man sie durch eine weniger befremdende Aussage ersetzen müßte, bei welcher der Schein vermieden wird, als ob, wie die Philosophen sagen, die Endziele an Stelle der wirkenden Ursachen gesetzt sind.

Thermodynamik.*) — Die Rolle der beiden fundamentalen Prinzipien der Thermodynamik wird in allen Zweigen der Naturphilosophie von Tag zu Tag wichtiger. Indem wir die ehrgeizigen, mit molekularen Hypothesen überladenen Theorien aufgeben, welche man vor vierzig Jahren hatte, versuchen wir heute allein aus der Thermodynamik heraus das ganze Gebäude der mathematischen Physik zu errichten. Werden die beiden Prinzipien von Mayer und von Clausius [66]) diesem Gebäude genügend solide Grundmauern sichern, damit es sich einige Zeit halten kann? Niemand zweifelt daran; aber woher kommt uns dieses Vertrauen?

Ein berühmter Physiker sagte mir eines Tages inbezug auf das Fehlergesetz: „Jedermann glaubt fest daran, weil die Mathematiker sich einbilden, daß 'es eine Beobachtungstatsache sei, und die Beobachter glauben, daß es ein mathematischer Lehrsatz sei." So war es auch lange mit dem Prinzipe von der Erhaltung der Energie. Heute ist es nicht mehr so; niemand bezweifelt, daß dies eine experimentelle Tatsache ist.

Aber wer gibt uns dann das Recht, dem Prinzipe selbst eine größere Allgemeinheit und größere Genauigkeit beizulegen als den Experimenten, welche zum Beweise desselben gedient haben? Das würde auf die Frage hinauskommen, ob es berechtigt ist, die Ergebnisse der Erfahrung so zu verallgemeinern, wie man es täglich tut; ich werde nicht so anmaßend sein diese Frage zu erörtern, nachdem so viele Philosophen sich vergeblich bemüht haben sie zu lösen. Eines ist gewiß: wenn diese Gabe zur Verallgemeinerung uns versagt wäre, so würde die Wissenschaft aufhören zu existieren, oder sie würde sich wenigstens darauf beschränken eine Art von

---

*) Die folgenden Zeilen sind eine teilweise Reproduktion des Vorwortes zu meinem Werke Thermodynamique, Paris 1892, 2. Aufl. 1908 (deutsch von Jäger und Gumlich, Berlin 1893).

Inventar anzulegen, in dem vereinzelte Tatsachen verzeichnet werden, und sie würde damit für uns jeden Wert verlieren, denn sie könnte unser Bedürfnis nach Ordnung und Harmonie nicht befriedigen und sie würde zugleich unfähig sein, Zukünftiges vorauszubestimmen. Da die Umstände, unter welchen irgend eine Tatsache eintritt, sich wahrscheinlich niemals gleichzeitig wiederholen werden, so ist schon eine erste Verallgemeinerung notwendig, um vorauszusehen, ob diese Tatsache sich noch wiederholen wird, wenn in den genannten Umständen auch nur die geringste Änderung eintritt.

Aber jeder Satz kann auf unendlich viele Arten verallgemeinert werden. Unter allen möglichen Verallgemeinerungen müssen wir eine Auswahl treffen, und da können wir nur die einfachste Verallgemeinerung wählen. Dadurch wird es verständlich, daß wir so handeln, als ob ein einfaches Gesetz unter übrigens gleichen Umständen mehr Wahrscheinlichkeit für sich habe wie ein kompliziertes Gesetz.[67]

Vor einem halben Jahrhundert bekannte man sich offen zu dem Satze, daß die Natur die Einfachheit liebt; aber seitdem haben wir zu viele entgegenstehende Erfahrungen gemacht. Heute erkennt man diesen Satz nicht mehr an, oder wenigstens nur insoweit, als er unvermeidlich ist, wenn die Wissenschaft möglich bleiben soll.

Wenn wir, auf Grund einer verhältnismäßig geringen Anzahl von Experimenten, die auch unter sich nicht vollkommen übereinstimmen, ein allgemeines, einfaches und genaues Gesetz formulieren, so gehorchen wir dabei einer inneren Notwendigkeit, der sich der menschliche Verstand nicht entziehen kann.

Aber es handelt sich um noch mehr, und deshalb verweile ich bei dieser Frage.

Niemand bezweifelt, daß das Mayersche Prinzip dazu berufen ist, alle besonderen Gesetze, aus denen man es abgeleitet hat, ebenso zu überleben, wie das Newtonsche Gesetz die Kepplerschen Sätze überlebt hat, aus denen es hervorgegangen war, und welche nur annähernd richtig sind, sobald man die Störungen berücksichtigt.

Weshalb nimmt nun dieses Prinzip eine so bevorzugte Stellung unter allen physikalischen Gesetzen ein? Dafür gibt es viele kleine Ursachen.

Vor allem glaubt man, daß wir es nicht verwerfen oder auch nur seine absolute Strenge anzweifeln können, ohne die Möglichkeit des perpetuum mobile zuzulassen; die Aussicht auf eine solche Folgerung macht uns natürlich mißtrauisch, und so glauben wir weniger kühn zu handeln, wenn wir das Prinzip annehmen, als wenn wir es leugnen.

Vielleicht ist diese Vorstellung nicht ganz richtig; denn nur für die umkehrbaren Prozesse zieht die Unmöglichkeit des perpetuum mobile das Prinzip von der Erhaltung der Energie nach sich.

Die überraschende Einfachheit des Mayerschen Prinzips trägt ebenfalls dazu bei, uns im Glauben an dasselbe zu bestärken. Bei einem Gesetze, das unmittelbar aus der Erfahrung abgeleitet wird, z. B. beim Mariotteschen Gesetze, würde solche Einfachheit uns eher Grund zum Mißtrauen geben: aber hier ist es anders; Elemente, die auf den ersten Blick scheinbar nichts miteinander zu tun haben, reihen sich vor unseren Augen in unerwarteter Ordnung aneinander und bilden ein harmonisches Ganzes; und wir können unmöglich glauben, daß diese unvorhergesehene Harmonie nur durch ein Spie des Zufalls zu stande komme. Unsere Errungenschaft scheint uns um so wertvoller und lieber zu sein, je mehr Anstrengungen sie uns gekostet hat, und es scheint uns um so sicherer, daß wir der Natur ihr wahres Geheimnis entrissen haben, je eifersüchtiger dieselbe bemüht war, es uns zu verbergen.

Aber das sind nur die kleinen Ursachen; um das Mayersche Gesetz zu einem absoluten Prinzipe zu erheben, bedarf es einer tiefergehenden Erörterung. Aber wenn man versucht eine solche vorzunehmen, so bemerkt man, daß dieses absolute Prinzip nicht leicht auszusprechen ist.

In jedem besonderen Falle sieht man wohl, was Energie ist, und man kann eine zum mindesten provisorische Definition derselben geben; aber es ist unmöglich eine allgemeine Definition zu finden.

Wenn man das Prinzip in seiner ganzen Allgemeinheit aussprechen und auf das Universum anwenden will, so sieht man es sozusagen sich verflüchtigen, und es bleibt nichts zurück als der Satz: Es gibt ein Etwas, das konstant bleibt.

Aber hat selbst dieser einen Sinn? Unter dem Namen der deterministischen Hypothese fasse ich die folgenden Voraussetzungen zusammen: „Der Zustand des Universums ist durch eine außerordentlich große Zahl n von Parametern bestimmt, welche ich x_1, x_2, ..., x_n nennen will. Sobald man in irgend einem Augenblicke die Werte dieser n Parameter kennt, so kennt man gleichzeitig ihre Ableitungen inbezug auf die Zeit, und man kann folglich die Werte dieser selben Parameter für einen vorhergehenden oder künftigen Zeitpunkt berechnen. Mit anderen Worten: Diese n Parameter genügen n Differentialgleichungen erster Ordnung."

Diese Gleichungen lassen $n-1$ Integrale zu und daraus ergeben sich $n-1$ Funktionen von x_1, x_2, ..., x_n, welche konstant bleiben. Wenn wir also sagen, daß es ein Etwas gibt, das konstant bleibt, so sprechen wir nur eine Tautologie aus. Man wird sogar in Verlegenheit sein zu sagen, welches unter allen unseren Integralen den Namen Energie erhalten soll.[68])

Übrigens versteht man das Mayersche Prinzip nicht

in diesem Sinne, wenn man es auf ein begrenztes System anwendet.

Man läßt dann zu, daß p von unseren n Parametern unabhängig von den anderen variieren, so daß wir nur $n-p$ (im allgemeinen lineare) Relationen zwischen unseren n Parametern und ihren Differentialquotienten haben.

Setzen wir, um die Aussage zu vereinfachen, voraus, daß die Summe der Arbeit der äußeren Kräfte gleich Null sei, und daß ebenso die Summe der Wärmemengen, welche nach außen abgegeben werden, verschwinde. Dann wird die Bedeutung unseres Prinzips folgende sein:

Man kann aus unseren $n-p$ Relationen eine neue Gleichung ableiten, deren linke Seite ein exaktes Differential ist, während die rechte Seite infolge unserer $n-p$ Relationen gleich Null ist. Das Integral dieses Differentials ist eine Konstante und dieses Integral nennt man Energie.

Aber wie kann es möglich sein, daß es mehrere Parameter gibt, die selbständig variieren? Das kann nur unter dem Einflusse der äußeren Kräfte stattfinden (obgleich wir zur Vereinfachung voraussetzten, daß die algebraische Summe der Arbeiten dieser Kräfte gleich Null sei). Wenn das System in der Tat jeder äußeren Einwirkung völlig entzogen ist, so würden die Werte unserer n Parameter in einem gegebenen Augenblicke genügen, um den Zustand des Systems in irgend einem künftigen Augenblicke zu bestimmen, vorausgesetzt, daß wir in der deterministischen Hypothese verbleiben; wir würden also auf dieselbe Schwierigkeit, wie vorhin, stoßen.

Wenn der künftige Zustand des Systems durch seinen gegenwärtigen Zustand nicht vollkommen bestimmt ist, so liegt dies daran, daß er außerdem vom Zustande der Körper abhängt, die dem Systeme fremd sind. Aber ist es dann wahrscheinlich, daß es zwischen den Parametern x, welche den Zustand des Systems definieren, Gleichungen gibt, die unabhängig von diesem Zustande der fremden Körper sind? und wenn wir in gewissen Fällen glauben, solche finden zu können, beruht dieser Glaube dann nicht nur auf unserer Unwissenheit und auf der Tatsache, daß der Einfluß dieser Körper zu schwach ist, um sich unseren Beobachtungen bemerkbar zu machen?

Wenn das System nicht als vollkommen isoliert betrachtet wird, so ist es wahrscheinlich, daß der streng exakte Ausdruck für seine innere Energie vom Zustande der außerhalb stehenden Körper abhängt. Ich habe weiter oben vorausgesetzt, daß die Summe der äußeren Arbeiten gleich Null ist, und wenn man sich von dieser etwas künstlichen Einschränkung befreien will, so wird es noch schwieriger, das Prinzip auszusprechen.

Um das Mayersche Prinzip in absolutem Sinne zu formulieren, muß man es auf das ganze Universum ausdehnen, und dann wieder findet man sich dieser selben Schwierigkeit gegenüber, welche man zu vermeiden suchte.

Alles zusammengefaßt und nicht mathematisch ausgedrückt, kann das Gesetz von der Erhaltung der Energie nur eine Bedeutung haben, nämlich die, daß es eine allen Möglichkeiten gemeinsame Eigenschaft gibt; aber in der deterministischen Hypothese gibt es nur eine Möglichkeit, und dann hat das Gesetz keine Bedeutung mehr.

In der indeterministischen Hypothese würde es im Gegenteil eine Bedeutung erhalten, sogar wenn man es in absolutem Sinne verstehen wollte; das Gesetz würde dann als eine unserer Freiheit gezogene Grenze erscheinen.

Aber dieses Wort erinnert mich daran, daß ich zu weit gehe und daß ich im Begriffe bin, das mathematische und das physikalische Gebiet zu verlassen. Ich stehe davon ab und will von dieser ganzen Erörterung nur das eine betonen, nämlich, daß das Mayersche Gesetz uns ein hinreichend dehnbares Gefäß darstellt, um in dasselbe alles Mögliche hineinzubringen. Ich will damit weder sagen, daß das Gesetz keiner objektiven Wirklichkeit entspricht, noch daß es sich auf eine einfache Tautologie zurückführen läßt, denn es hat in jedem besonderen Falle, und vorausgesetzt, daß man es nicht hartnäckig bis zum Absoluten verfolgt, einen vollkommen klaren Sinn.

Diese Dehnbahrkeit veranlaßt uns an eine lange Dauer des Gesetzes zu glauben; und da dasselbe andererseits nur verschwinden wird, um sich in eine höhere Harmonie aufzulösen, so können wir mit Vertrauen weiter arbeiten, indem wir uns auf dies Gesetz stützen; und wir sind im voraus gewiß, daß unsere Arbeit keine verlorene sein wird.

Fast alles, was ich soeben sagte, paßt auch auf das Clausiussche Prinzip; der Unterschied ist, daß letzteres sich durch eine Ungleichheit ausdrückt. Man wird vielleicht behaupten, daß dieses in allen physikalischen Gesetzen der Fall ist, weil ihre Genauigkeit immer durch Beobachtungsfehler beschränkt ist. Aber die physikalischen Gesetze beanspruchen wenigstens erste Annäherungen darzustellen, und man hat die Hoffnung, sie nach und nach durch genauere Gesetze zu ersetzen. Wenn im Gegenteil das Clausiussche Prinzip sich durch eine Ungleichheit ausdrückt, so ist nicht die Unvollkommenheit unserer Beobachtungsmittel daran schuld, sondern die Natur der Frage selbst.

Allgemeine Übersicht des dritten Teiles.

Die Prinzipien der Mechanik stellen sich uns unter zwei verschiedenen Gesichtspunkten dar. Einesteils haben wir auf Erfahrungen begründete Wahrheiten, die in sehr angenäherter Weise verifiziert sind, wenigstens soweit es sich um nahezu isolierte Systeme handelt. Anderenteils haben wir Postulate, welche auf die Gesamtheit des Universums anwendbar sind und als streng richtig betrachtet werden.

Wenn diese Postulate eine Allgemeinheit und eine Zuverlässigkeit besitzen, welche den experimentellen Wahrheiten abgeht, aus denen man sie ableitete, so liegt dies daran, daß sie sich in letzter Instanz auf ein einfaches Übereinkommen reduzieren, welches wir mit Recht eingehen, da wir im voraus wissen, daß keine Erfahrung ihm widersprechen kann.

Dieses Übereinkommen ist jedoch nicht absolut willkürlich; es entspringt nicht unserer Laune; wir nehmen es an, weil gewisse Experimente uns bewiesen haben, daß es bequem ist.

Man erklärt sich so, wie das Experiment die Prinzipien der Mechanik aufbauen konnte und warum es sie niemals umstoßen kann.

Wir wollen einen Vergleich mit der Geometrie ziehen. Die fundamentalen Sätze der Geometrie, wie z. B. das Euklidische Postulat, sind nichts anderes als Übereinkommen, und es ist ebenso unvernünftig zu untersuchen, ob sie richtig oder falsch sind, wie es unvernünftig wäre zu fragen, ob das metrische System richtig oder falsch ist (vgl. S. 51f.).

Diese Übereinkommen sind jedoch bequem, und das lehren uns bestimmte Erfahrungen.

Auf den ersten Blick ist die Analogie vollständig;

die Rolle der Erfahrung scheint dieselbe zu sein. Man wird demnach versucht zu sagen: Entweder wird die Mechanik als eine experimentelle Wissenschaft angesehen, und dann muß dasselbe für die Geometrie gelten, oder die Geometrie ist im Gegensatze dazu eine deduktive Wissenschaft, und dann muß dasselbe für die Mechanik gelten.

Eine solche Schlußfolgerung würde unberechtigt sein. Die Erfahrungen, welche uns dazu führten, die fundamentalen Übereinkommen der Geometrie als bequemer anzunehmen, beziehen sich auf Gegenstände, welche mit denjenigen, die der Mathematiker studiert, nichts gemeinsam haben; sie beziehen sich auf Eigenschaften der festen Körper, auf die geradlinige Fortpflanzung des Lichtes. Es sind mechanische und optische Experimente; man kann sie unter keinem Gesichtspunkte als geometrische Experimente ansehen. Und der Hauptgrund, weshalb unsere Geometrie uns bequem erscheint, liegt darin, daß die verschiedenen Teile unseres Körpers, unser Auge, unsere Glieder, gewisse Eigenschaften fester Körper besitzen. So angesehen sind unsere fundamentalen Experimente vor allem physiologische Experimente, welche sich nicht auf den Raum als das vom Mathematiker studierte Objekt beziehen, sondern auf seinen Körper, d. h. auf das Werkzeug, dessen er sich zu diesem Studium bedient.

Im Gegensatze dazu beziehen sich die fundamentalen Übereinkommen der Mechanik und die Experimente, welche uns beweisen, daß sie bequem sind, entweder auf dieselben Gegenstände oder auf analoge Gegenstände. Die nach Übereinkommen festgesetzten und allgemeinen Prinzipien sind die natürliche und direkte Verallgemeinerung der experimentellen und besonderen Prinzipien.

Man sage mir nicht, daß ich damit künstliche Grenzen

zwischen den Wissenschaften ziehe; daß ich zwischen der experimentellen Mechanik und der gebräuchlichen Mechanik der allgemeinen Prinzipien eine Schranke errichten könnte, wie ich die eigentliche Geometrie vom Studium der festen Körper durch eine Schranke getrennt habe. In der Tat, wer sieht nicht, daß ich beide Zweige der Mechanik verstümmele, indem ich sie voneinander trenne, daß von der allgemeinen Mechanik nur sehr wenig übrig bleibt, wenn sie isoliert wird, und daß dieses wenige keineswegs mit dem herrlichen Lehrgebäude, das man Geometrie nennt, verglichen werden kann?

Man versteht jetzt, warum der Unterricht in der Mechanik experimentell bleiben muß.

Nur so kann man die Genesis der Wissenschaft verstehen lernen, und das ist für das vollkommene Verständnis der Wissenschaft selbst unerläßlich.

Andererseits studiert man die Mechanik, um sie anzuwenden, und man kann sie nur anwenden, wenn sie objektiv bleibt. Wie wir gesehen haben, verlieren die Prinzipien an Objektivität, was sie an Allgemeinheit und Zuverlässigkeit gewinnen. Man muß sich also hauptsächlich mit der objektiven Seite der Prinzipien rechtzeitig bekannt machen, und man kann dieses nur bewerkstelligen, wenn man vom Besonderen zum Allgemeinen schreitet, anstatt den umgekehrten Weg einzuschlagen.

Die Prinzipien sind Übereinkommen und verkleidete Definitionen (vgl. S. 102 u. S. 112). Sie sind indessen von experimentellen Gesetzen abgeleitet, diese Gesetze sind sozusagen als Prinzipe hingestellt, denen unser Verstand absolute Gültigkeit beilegt.

Manche Philosophen haben zu viel verallgemeinert; sie glaubten, die Prinzipien wären die ganze Wissenschaft, und hielten folglich die ganze Wissenschaft für konventionell.

Diese paradoxe Lehre, welche man den Nominalismus nennt, ist nicht stichhaltig.

Wie kann aus einem Gesetze ein Prinzip werden? Es drückte eine Beziehung zwischen zwei realen Gliedern A und B aus. Aber es war nicht streng genommen richtig, es war nur annähernd richtig. Wir führen willkürlich ein dazwischen liegendes Glied C, das mehr oder weniger fingiert ist, ein, und C ist durch Definition dasjenige Ding, welches zu A genau in der Beziehung steht, die in dem Gesetze annähernd zum Ausdrucke kommt.

So hat sich unser Gesetz in ein absolutes und strenges Prinzip zerlegt, welches die Beziehung zwischen A zu C ausdrückt, und in ein experimentelles, annähernd richtiges Gesetz, welches der Verbesserung fähig ist und die Beziehung von C zu B ausdrückt. Es ist klar, daß immer Gesetze übrig bleiben, soweit man auch diese Zerlegung verfolgt.

Wir gehen jetzt zu dem Gebiete der sogenannten eigentlichen Gesetze über.

Vierter Teil.

Die Natur.

Neuntes Kapitel.

Die Hypothesen in der Physik.

Die Rolle des Experimentes und der Verallgemeinerung. — Das Experiment ist die einzige Quelle der Wahrheit; dieses allein kann uns etwas Neues lehren; dieses allein kann uns Gewißheit geben. Das sind zwei Punkte, die durch nichts bestritten werden können.

Wenn aber das Experiment alles ist, welcher Platz bleibt dann für die mathematische Physik übrig? Was hat die Experimental-Physik mit einem solchen Hilfsmittel zu schaffen, das unnütz und wohl gar gefährlich zu sein scheint?

Und dennoch existiert die mathematische Physik; sie hat unleugbare Dienste geleistet; darin liegt eine Tatsache, die notwendigerweise erklärt werden muß.

Es genügt nicht allein, zu beobachten, man muß seine Beobachtungen auch ausnutzen und zu diesem Zwecke verallgemeinern. Das hat man jederzeit getan; da jedoch die Erinnernng an die Fehler der Vergangenheit den Menschen immer vorsichtiger machte, beobachtete man immer mehr und verallgemeinerte immer weniger.

Jedes Jahrhundert machte sich über das vorhergehende lustig, indem es das letztere beschuldigte, zu schnell und zu unbefangen verallgemeinert zu haben. Descartes belächelte die Ionier, wir lächeln über Descartes; ohne Zweifel werden unsere Söhne über uns lächeln.

Aber können wir nicht gleich bis ans Endziel gehen? Ist das nicht das Mittel, um diesen Spöttereien, die wir voraussehen, zu entgehen? Können wir uns nicht mit dem völlig nackten Experimente begnügen?

Nein, das ist nicht möglich; das hieße den wahren Charakter der Wissenschaft völlig verkennen. Der Gelehrte soll anordnen; man stellt die Wissenschaft aus Tatsachen her, wie man ein Haus aus Steinen baut; aber eine Anhäufung von Tatsachen ist so wenig eine Wissenschaft, wie ein Steinhaufen ein Haus ist.

Und vor allem: der Forscher soll voraussehen. Carlyle hat irgendwo folgendes geschrieben: „Nur die Tatsache hat Bedeutung; Johann ohne Land ist hier vorbeigegangen; das ist bemerkenswert, das ist eine tatsächliche Wahrheit, für die ich alle Theorien der Welt hergeben würde." Carlyle war ein Landsmann von Bacon; wie der letztere, so legte auch Carlyle Gewicht darauf, seinen Kultus „for the God of Things as they are" zu betonen; aber doch würde Bacon dergleichen nicht gesagt haben. Das ist die Sprache des Historikers. Der Physiker würde vielleicht sagen: „Johann ohne Land ist hier vorbeigegangen; das ist mir sehr gleichgültig, weil er nicht wieder vorbeikommt."

Wir wissen, daß es gute und daß es schlechte Experimente gibt. Die letzteren häufen sich nutzlos; wenn man hundert oder gar tausend solche macht, so würde doch die einzige Arbeit eines wirklichen Meisters, wie z. B. Pasteur, genügen, um sie der Vergangenheit anheimfallen zu lassen. Bacon würde das wohl verstanden haben; er ist es, der das Wort experimentum crucis erfunden hat. Aber Carlyle hätte es nicht verstanden. Eine Tatsache ist eine Tatsache; ein Schüler hat eine gewisse Zahl an seinem Thermometer abgelesen, er braucht dazu keine Kenntnisse; aber gleichviel, er hat die Zahl abgelesen, und wenn es nur auf die Tatsache ankommt, so ist dies ebensogut eine tatsächliche Wahrheit, wie das Vorbeipassieren des Königs Johann ohne Land. Was ist denn ein gutes Experiment? Es ist ein solches, welches uns etwas anderes als eine isolierte Tatsache erkennen läßt; es ist ein solches, welches uns voraussehen läßt, d. h. ein solches, welches uns erlaubt zu verallgemeinern.

Denn ohne Verallgemeinerung ist das Voraussehen unmöglich. Die Umstände, unter welchen man operiert hat, werden sich niemals zugleich wieder einstellen. Die beobachtete Tatsache wird sich nicht noch einmal abspielen; das einzige, was man festhalten kann, ist, daß unter analogen Umständen eine analoge Tatsache eintreten wird. Um vorauszusehen, muß man zum mindesten die Analogie zu Hilfe nehmen, und das heißt wiederum: verallgemeinern.

So vorsichtig man auch sein mag, so muß man doch interpolieren; das Experiment gibt uns nur eine gewisse Anzahl von isolierten Punkten, man muß sie durch einen kontinuierlichen Linienzug verbinden, damit haben wir eine wirkliche Verallgemeinerung. Aber man geht weiter, die Kurve, welche man zieht, geht zwischen den beobachteten Punkten durch und nahe bei diesen Punkten vorbei; sie geht nicht durch diese Punkte selbst. Somit beschränkt man sich nicht darauf, das Experiment zu verallgemeinern, man verbessert es; und der Physiker, welcher sich dieser Verbesserungen enthalten und sich tatsächlich mit dem völlig nackten Experimente begnügen wollte, wäre gezwungen, ganz merkwürdige Gesetze auszusprechen.

Die ganz nackten Tatsachen können uns also nicht genügen; darum brauchen wir eine geordnete, oder vielmehr organisierte Wissenschaft.

Man sagt oft, daß man ohne vorgefaßte Meinung experimentieren soll. Das ist nicht möglich; dadurch würde nicht nur jedes Experiment unfruchtbar gemacht, sondern man würde sich etwas vornehmen, das man nicht ausführen kann. Jeder trägt in sich seine Weltanschauung, von der er sich nicht so leicht loslösen kann. Wir müssen uns z. B. der Sprache bedienen, und unsere Sprache ist von lauter vorgefaßten Meinungen durchdrungen, und es kann nicht anders sein. Es sind unbewußte vorgefaßte Meinungen, die tausendmal gefährlicher als die anderen sind.

Behaupten wir nun, daß wir das Übel nur verschlimmern, wenn wir andere vorgefaßte Meinungen mit vollem Bewußtsein zulassen? Ich glaube es nicht; ich meine vielmehr, daß dieselben sich gegenseitig das Gleichgewicht halten werden, daß sie wie Gegengifte wirken; sie werden sich im allgemeinen schlecht miteinander vertragen; sie werden miteinander in Konflikt geraten und uns dadurch zwingen, die Dinge unter verschiedenen Gesichtspunkten zu betrachten. Das ist hinreichend, um uns frei zu machen; man ist kein Sklave mehr, wenn man sich seinen Herrn wählen kann.

Dank der Verallgemeinerung läßt uns so jede beobachtete Tatsache eine große Anzahl anderer voraussehen; nur dürfen wir nicht vergessen, daß die erste allein gewiß ist, die anderen alle nur wahrscheinlich sind. So fest auch eine Voraussage begründet erscheinen mag, so sind wir doch niemals absolut sicher, daß das Experiment sie auch bestätigen wird, wenn wir eine Prüfung vornehmen. Aber die Wahrscheinlichkeit ist oft so groß, daß wir uns in der Praxis mit ihr zufrieden geben können. Es ist besser, ohne absolute Gewißheit vorauszusagen als gar nichts vorauszusagen.

Man darf daher niemals eine Prüfung von der Hand weisen, wenn sich Gelegenheit zu einer solchen bietet. Aber jedes Experiment ist langwierig und schwierig, die wissenschaftlichen Arbeiter sind wenig zahlreich, und die

Anzahl der Tatsachen, welche wir im voraus bestimmen sollen, ist ungeheuer groß; im Verhältnis zu dieser Menge wird die Anzahl der direkten Prüfungen, welche wir vornehmen können, immer verschwindend klein bleiben.

Das wenige, was wir direkt erreichen können, müssen wir uns möglichst zu Nutze machen; jedes Experiment muß so eingerichtet sein, daß es uns erlaubt, die größtmögliche Anzahl von Tatsachen mit dem höchstmöglichen Grade von Wahrscheinlichkeit vorauszusehen. Diese Aufgabe besteht sozusagen darin, den Nutzeffekt der wissenschaftlichen Maschine möglichst zu erhöhen.

Man gestatte mir, die Wissenschaft mit einer Bibliothek zu vergleichen, welche unaufhörlich wachsen soll; der Bibliothekar verfügt für seine Ankäufe nur über ungenügende Mittel; er muß sich bemühen, dieselben nicht zu vergeuden.

Die Experimental-Physik spielt die Rolle des Bibliothekars; sie ist mit den Ankäufen beauftragt; sie allein kann also die Bibliothek bereichern.

Was die mathematische Physik betrifft, so hat sie die Mission, den Katalog herzustellen. Wenn dieser Katalog gut gemacht ist, so wird die Bibliothek deshalb nicht reicher; aber der Katalog ist für den Leser notwendig, um sich die Reichtümer der Bibliothek zu Nutze zu machen.

Indem der Katalog ferner den Bibliothekar auf die Lücken seiner Sammlungen aufmerksam macht, setzt er ihn in den Stand, von seinen Mitteln einen vernünftigen Gebrauch zu machen; und das ist um so wichtiger, als diese Mittel gänzlich ungenügend sind.

Das ist also die Rolle der mathematischen Physik, sie muß die Verallgemeinerung in dem Sinne leiten, daß sie, wie ich mich soeben ausdrückte, den Nutzeffekt der Wissenschaft erhöht. Durch welche Mittel ihr dies gelingt und wie sie es ohne Schaden durchführen kann, haben wir noch näher zu prüfen.

Die Einheit der Natur. — Vor allem müssen wir beachten, daß jede Verallgemeinerung bis zu einem gewissen Grade den Glauben an die Einheit und die Einfachheit der Natur voraussetzt. In Betreff der Einheit ist keine Schwierigkeit vorhanden. Wenn die verschiedenen Teile des Universums sich nicht wie die Organe eines und desselben Körpers verhielten, so könnten sie nicht aufeinander wirken, sie würden sich gegenseitig nicht kennen, und wir insbesondere, wir würden nur eines dieser Organe kennen. Wir brauchen deshalb nicht weiter zu fragen, ob die Natur einheitlich ist, sondern nur, wie diese Einheit zu stande kommt.

Was den zweiten Punkt angeht, so ist die Sache nicht ebenso leicht. Es ist nicht sicher, daß die Natur einfach ist. Können wir ohne Gefahr für uns so handeln, als ob sie einfach wäre?

Es gab eine Zeit, in der die Einfachheit des Gesetzes von Mariotte ein oft zu Gunsten der Genauigkeit dieses Gesetzes angerufenes Argument war, eine Zeit, in der Fresnel selbst, nachdem er in einer Unterredung mit Laplace geäußert hatte, daß die Natur sich aus analytischen Schwierigkeiten nichts mache, sich verpflichtet fühlte, Erklärungen zu geben, um die herrschende Anschauung nicht zu sehr zu verletzen.

Heute haben sich die Meinungen darüber sehr geändert; und dennoch sind diejenigen, welche nicht daran glauben, daß die natürlichen Gesetze einfach sein müssen, genötigt, sich wenigstens so zu stellen, als ob sie es glaubten. Sie können sich dieser Notwendigkeit nicht ganz entziehen, ohne jede Verallgemeinerung als unmöglich und folglich auch jede Wissenschaft als unmöglich hinzustellen.

Es ist klar, daß eine Tatsache, welche es auch immer

sein mag, auf unendlich viele Arten verallgemeinert werden kann, und es handelt sich darum, zu wählen; die Wahl kann nur durch Betrachtungen über die Einfachheit geleitet werden. Nehmen wir den allergewöhnlichsten Fall, den der Interpolation. Die Punkte, welche unsere Beobachtungen darstellen, verbinden wir durch eine kontinuierliche, möglichst regelmäßige Linie. Warum vermeiden wir dabei scharfe Ecken und zu plötzliche Wendungen? Weshalb lassen wir nicht die Kurve nach freier Laune Zickzacklinien beschreiben? Wir tun es nicht, weil wir im voraus wissen, oder zu wissen glauben, daß das auszudrückende Gesetz nicht so kompliziert sein kann, um dergleichen zu rechtfertigen.

Man kann die Masse des Jupiter entweder aus den Bewegungen seiner Trabanten berechnen oder aus den Störungen der großen Planeten oder aus denjenigen der kleinen Planeten. Wenn man das Mittel aus den Resultaten dieser drei Methoden nimmt, so findet man drei sehr benachbarte, aber doch verschiedene Zahlen. Man könnte dieses Resultat erklären, indem man voraussetzt, daß der Koëffizient der Schwerkraft in den drei Fällen nicht derselbe ist; die Beobachtungen wären dadurch viel besser dargestellt. Warum verwerfen wir diese Interpretation? Wir tun es, nicht, weil sie töricht ist, sondern weil sie unnütz kompliziert ist. Man wird sie nur dann annehmen, wenn sie sich uns aufzwingt, und sie zwingt sich uns bis jetzt noch nicht auf.

Alles zusammengefaßt, wird meist jedes Gesetz für einfach gehalten, bis das Gegenteil bewiesen ist.

Diese Gewohnheit drängt sich 'den Physikern aus Gründen auf, welche ich soeben erklärt habe; aber wie soll man diese Gewohnheit rechtfertigen im Hinblick auf Entdeckungen, welche uns täglich neue, immer reichere und immer zusammengesetztere Einzelheiten zeigen? Wie soll man sie mit eben der Empfindung von der Einheit in der Natur vereinbaren? Denn wenn alles von einander abhängt, können Beziehungen, an denen so viele Objekte teilnehmen, nicht einfacher Natur sein.

Wenn wir die Geschichte der Wissenschaft studieren, treten zwei Erscheinungen auf, welche sozusagen einander entgegengesetzt sind: bald versteckt sich die Einfachheit unter komplizierten Erscheinungen, bald ist im Gegensatze dazu die Einfachheit sichtbar und verbirgt außerordentlich komplizierte wirkliche Vorgänge.

Was gibt es Komplizierteres als die gestörten Bewegungen der Planeten, und was gibt es Einfacheres als das Newtonsche Gesetz? Hier verhöhnt die Natur, wie Fresnel sagt, unsere analytischen Schwierigkeiten, wendet nur einfache Mittel an und erzeugt durch ihre Verbindung, ich weiß nicht, welch' ein unlösliches Gewirre. Hier ist die Einfachheit versteckt und wir müssen sie erst entdecken.

Die Beispiele des Gegenteils sind im Überfluße vorhanden. In der kinetischen Theorie der Gase faßt man Moleküle, die mit großen Geschwindigkeiten begabt sind, ins Auge, deren Bahnen durch unaufhörliche Stöße verändert, die seltsamsten Gestalten zeigen und den Raum nach allen Richtungen hin durchschneiden. Das Beobachtungsresultat ist das einfache Gezetz von Mariotte; jede einzelne Tatsache war kompliziert; das Gesetz der großen Zahlen hat die Einfachheit im Durchschnitte wiederhergestellt. Hier ist die Einfachheit nur scheinbar, und die grobe Beschaffenheit unserer Sinne verhindert uns, die Kompliziertheit zu bemerken.[69])

Viele Erscheinungen gehorchen einem Gesetze der Proportionalität: warum tun sie dieses? Weil es in diesen Erscheinungen ein Etwas gibt, das sehr klein ist. Das einfache Erfahrungsgesetz ist dann nichts anderes als eine Übertragung dieser allgemeinen analytischen Regel, nach welcher das unendlich kleine Anwachsen einer Funktion dem unendlich kleinen Anwachsen der Variabeln proportional ist. Da in Wirklichkeit diese Zunahme nicht unendlich klein, sondern nur sehr klein ist, so ist das Gesetz der Proportionalität nur annähernd und die Einfachheit nur scheinbar. Was ich soeben ausspreche, betrifft die Regel der Superposition kleiner Bewegungen, deren Anwendung so fruchtbringend ist und welche die Grundlage der Optik bildet.[70])

Und wie steht es mit dem Newtonschen Gesetze selbst? Seine so lang verborgene Einfachheit ist vielleicht nur scheinbar. Wer kann wissen, ob sie nicht aus irgend einem komplizierten Mechanismus entsteht, aus dem Stoße irgend einer feinen, unregelmäßig bewegten Materie, und ob sie nicht nur durch das Spiel der Mittelwerte und großen Zahlen einfach wurde? Auf jeden Fall ist es schwierig, nicht vorauszusetzen, daß das wirkliche Gesetz ergänzende Glieder enthält, welche für kleine Entfernungen merkbar werden könnten. Wenn diese weiteren Glieder gegenüber dem ersten Gliede (das dem Newtonschen Gesetze entspricht) in der Astronomie vernachlässigt werden, so ist das nur eine Folge der ungeheuren Größe der kosmischen Entfernungen.[71])

Wenn unsere Forschungsmittel immer schärfer werden, so werden wir ohne Zweifel das Einfache unter dem Komplizierten, dann das Komplizierte unter dem Einfachen entdecken, dann wieder von neuem das Einfache unter dem Komplizierten und so fort, ohne daß wir voraussehen können, womit diese Kette schließen wird

Man muß irgendwo aufhören, und damit die Wissenschaft möglich sei, muß man aufhören, wenn man die Einfachheit gefunden hat. Das ist der einzige Boden, auf welchem wir das Gebäude unserer Verallgemeinerungen errichten können. Aber wird dieser Boden solide genug sein, wenn diese Einfachheit nur scheinbar ist? Das müssen wir noch untersuchen.

Um das zu können, wollen wir sehen, welche Rolle der Glaube an die Einfachheit in unseren Verallgemeinerungen spielt. Wir haben ein einfaches Gesetz in einer ziemlich großen Anzahl von besonderen Fällen verifiziert; wir können unmöglich zulassen, daß diese so oft wiederholte Bestätigung ein bloßer Glückszufall sei, und wir schließen daraus, daß das Gesetz im allgemeinen Falle wahr sein muß.

Keppler bemerkt, daß die von Tycho beobachteten Orte eines Planeten sich alle auf einer und derselben Ellipse befinden. Er kommt nicht einen Augenblick auf die Idee, daß Tycho infolge eines seltsamen Zufalls den Himmel immer nur in dem Moment betrachtet hätte, in welchem die wirkliche Bahn des Planeten im Begriffe war, diese Ellipse zu schneiden.

Was ist uns daran gelegen, ob die Einfachheit der Wirklichkeit entspricht, oder ob sie eine komplizierte Wahrheit verdeckt? Möge sie nun dem Einflusse der großen Zahlen, welche die individuellen Verschiedenheiten ausgleicht, zu verdanken sein, oder möge sie der Größe, bezw. der Kleinheit gewisser Größen, welche gestattet, gewisse Glieder zu vernachlässigen, zu verdanken sein, auf keinen Fall ist sie dem Zufalle zu verdanken. Diese Einfachheit, ob sie nun wirklich oder scheinbar ist, hat immer eine Ursache. Wir können also immer dieselbe Überlegung machen, und wenn ein einfaches Gesetz in verschiedenen besonderen Fällen beobachtet ist, so können wir mit Recht voraussetzen, daß es auch in den analogen Fällen noch wahr sein wird. Wenn wir diese Schlußfolgerung ablehnen, so hieße das dem Zufalle eine unstatthafte Rolle zuerteilen.

Es besteht indessen ein Unterschied. Wenn die Einfachheit wirklich und tiefgehend wäre, so würde sie der anwachsenden Genauigkeit unserer Meßinstrumente Widerstand leisten; wenn wir also glauben, daß die Natur im tiefsten Grunde einfach sei, so müssen wir aus einer angenäherten Einfachheit auf eine strenge Einfachheit schließen. Das hat man früher getan; wir haben nicht mehr das Recht, so zu handeln.

Die Einfachheit der Kepplerschen Gesetze ist z. B. nur scheinbar. Das verhindert nicht, daß sie sich fast auf alle analogen Systeme des Sonnensystems anwenden lassen, aber es verhindert, daß sie streng genommen genau sind.

Die Rolle der Hypothese. — Jede Verallgemeinerung ist eine Hypothese; der Hypothese kommt also eine notwendige Rolle zu, welche niemand je bestritten hat. Allein sie muß immer sobald als möglich und so oft als möglich der Verifikation unterworfen werden; es ist selbstverständlich, daß man sie ohne Hintergedanken aufgeben muß, sobald sie diese Prüfung nicht besteht. Man macht es tatsächlich so, aber manchmal verdrießt es uns, so handeln zu müssen.

Diese verdrießliche Stimmung ist nicht gerechtfertigt; der Physiker, welcher im Begriff ist, auf eine seiner Hypothesen zu verzichten, sollte im Gegenteil froh sein, denn er findet eine unverhoffte Gelegenheit zu einer Entdeckung. Ich setze natürlich voraus, daß er seine Hypothese nicht leichtsinnig angenommen hatte, und daß letztere allen bekannten Faktoren standhielt, welche möglicherweise auf die beobachtete Erscheinung einen Einfluß üben konnten. Wenn die Verifikation nicht möglich ist, so liegt es daran, daß irgend etwas Unerwartetes, Außergewöhnliches vorliegt; man muß also Unbekanntes und Neues entdecken.

Ist nun die so umgestoßene Hypothese unfruchtbar? Weit gefehlt, man kann sagen, daß sie mehr Dienste geleistet hat wie eine richtige Hypothese; sie hat nicht nur Gelegenheit zu dem entscheidenden Experimente gegeben, sondern man würde sogar dieses Experiment zufällig gemacht haben, und keinerlei Schlüsse daraus gezogen haben, wenn man die Hypothese nicht gemacht hätte; man würde darin nichts Außerordentliches gesehen haben, man hätte nur eine Tatsache mehr festgestellt, ohne daraus die geringsten Folgerungen abzuleiten.

Unter welcher Bedingung ist dann die Benutzung der Hypothese ohne Schaden?

Der feste Vorsatz, sich dem Experimente unterzuordnen, genügt nicht; es gibt trotzdem gefährliche Hypothesen; das sind vorerst und hauptsächlich diejenigen, welche stillschweigend und unbewußt gemacht werden. Weil wir solche Hypothesen benutzen, ohne es zu wissen, sind wir unfähig, sie aufzugeben. In diesem Falle kann uns die mathematische Physik einen Dienst erweisen. Durch die Genauigkeit, welche ihr eigentümlich ist, zwingt sie uns, alle Hypothesen zu formulieren, welche wir ohne die Mathematik unbewußt benutzt hätten.

Wir wollen andererseits bemerken, daß es wichtig ist, die Hypothesen nicht übermäßig zu vervielfältigen und sie einzeln nacheinander aufzustellen. Wenn wir eine, auf vielfache Hypothesen gegründete Theorie bilden, welche unter unsern Prämissen muß dann notwendigerweise geändert werden, wenn das Experiment die Theorie widerlegt? Das zu wissen ist unmöglich. Und umgekehrt, wenn das Experiment gelingt, wird man dann glauben alle Hypothesen auf einmal verifiziert zu haben? Wird man glauben, mit einer einzigen Gleichung mehrere Unbekannte bestimmt zu haben?

Man muß Sorge tragen, unter den verschiedenen Arten von Hypothesen zu unterscheiden. Es gibt vorerst solche, welche ganz natürlich sind, und denen man sich kaum entziehen kann. Es ist schwer, nicht vorauszusetzen: daß der Einfluß sehr entfernter Körper ganz und gar zu vernachlässigen ist, daß die kleinen Bewegungen einem linearen Gesetze gehorchen, daß die

Wirkung eine stetige Funktion ihrer Ursache ist. Dasselbe gilt von den durch die Symmetrie uns auferlegten Bedingungen. Alle diese Hypothesen bilden sozusagen die gemeinsame Grundlage aller Theorien der mathematischen Physik. Sie wären die letzten, die man aufgeben könnte.

Es gibt eine zweite Kategorie von Hypothesen, welche ich als indifferente bezeichnen möchte. In den meisten Fragen setzt der Analytiker im Anfange seiner Berechnung entweder voraus, daß die Materie kontinuierlich ist oder daß sie aus Atomen zusammengesetzt sei. Er könnte das Umgekehrte tun, und seine Resultate würden sich deshalb nicht ändern; er würde nur mehr Mühe haben, sie zu erreichen, das wäre alles. Wenn also das Experiment seine Schlußfolgerungen bestätigt, wird er dann z. B. glauben, die wirkliche Existenz der Atome bewiesen zu haben?

In den optischen Theorien führt man zwei Vektoren ein, von denen der eine als Geschwindigkeit, der andere als Wirbel betrachtet wird. Das ist wieder eine indifferente Hypothese, weil man zu denselben Schlußfolgerungen gelangt, wenn man genau das Gegenteil tut. Der Erfolg des Experimentes kann also nicht beweisen, daß der erste Vektor wirklich eine Geschwindigkeit ist; er beweist nur, daß er ein Vektor ist; das ist die einzige Hypothese, welche man tatsächlich in die Voraussetzungen eingeführt hat. Um dem Vektor die konkrete Bedeutung zu geben, welche die Schwachheit unseres Verstandes erfordert, muß man ihn betrachten, als wenn er entweder eine Geschwindigkeit oder ein Wirbel wäre; ebenso wie es notwendig ist, ihn durch einen Buchstaben, entweder durch x oder durch y darzustellen; aber das Resultat, wie es auch sei, wird nicht beweisen, ob man Recht oder Unrecht hatte, wenn man ihn als eine Geschwindigkeit ansah; nicht mehr, als es uns beweisen kann, daß man Recht oder Unrecht hatte, ihn x und nicht y zu nennen.[72])

Diese indifferenten Hypothesen sind niemals gefährlich, vorausgesetzt, daß man ihren Charakter nicht verkennt. Sie können nützlich sein, sei es als Hilfsmittel der Rechnung, sei es, um unser Verständnis durch konkrete Vorstellungen zu unterstützen, um die Ideen, wie man sagt, zu fixieren. Es ist also kein Grund vorhanden, diese Hypothesen zu verwerfen.

Die Hypothesen der dritten Kategorie sind die wirklichen Verallgemeinerungen. Es sind solche, die von der Erfahrung bestätigt oder entkräftet werden. Verifiziert oder verworfen, immer werden sie fruchtbringend sein, aber aus den von mir dargelegten Gründen nur, wenn man sie nicht zu sehr vervielfältigt.

Ursprung der mathematischen Physik. — Wir wollen weiter vordringen und die Bedingungen näher studieren, welche die Entwicklung der mathematischen Physik erlaubten. Wir erkennen auf den ersten Blick, daß die Anstrengungen der Gelehrten immer dahin gerichtet waren, die aus der Erfahrung direkt übernommene zusammengesetzte Erscheinung in eine sehr große Anzahl von elementaren Erscheinungen aufzulösen.

Das geschieht auf drei verschiedene Arten: zuerst in der Zeit. Anstatt die fortschreitende Entwicklung einer Erscheinung in ihrer Gesamtheit zu umfassen, versucht man einfach jeden Augenblick mit dem unmittelbar vorhergehenden zu verknüpfen: man nimmt an, daß der gegenwärtige Zustand der Welt nur von der nächsten Vergangenheit abhängt, ohne sozusagen von der Erinnerung an eine weiter entfernte Vergangenheit beeinflußt zu sein. Vermöge dieses Postulates kann man sich, anstatt direkt die ganze Folge der Erscheinungen zu studieren, darauf beschränken, „die Differentialgleichung der Erscheinung" hinzuschreiben: die Kepplerschen Gesetze ersetzt man durch das Newtonsche Gesetz.

Darauf versucht man die Erscheinung im Raume zu zerlegen. Die Erfahrung bietet uns eine verworrene Gesamtheit von Tatsachen dar, die sich auf einem Schauplatze von gewisser Ausdehnung abspielen; man muß versuchen die elementare Erscheinung auszuscheiden, welche im Gegensatze dazu auf einen sehr beschränkten Teil des Raumes zu lokalisieren ist.

Einige Beispiele werden vielleicht meinen Gedankengang verständlicher machen. Wenn man die Verteilung der Temperatur in einem sich abkühlenden Körper in ihrer ganzen Zusammengesetztheit studieren will, so würde das nie gelingen. Alles wird einfach, wenn man überlegt, daß ein Punkt des festen Körpers nicht direkt an einen entfernten Körper Wärme abgeben kann; er wird unmittelbar nur den am nächsten liegenden Punkten Wärme abgeben, und so wird der Wärmestrom sich von Punkt zu Punkt fortpflanzen, bis er den anderen Teil des festen Körpers erreicht. Die Elementarerscheinung ist der Wärmeaustausch zwischen zwei benachbarten Punkten; dieser Austausch ist streng lokalisiert und verhältnismäßig einfach, wenn man, wie es ja natürlich ist, annimmt, daß er nicht durch die Temperatur derjenigen Moleküle beeinflußt wird, deren Entfernung eine merkliche Größe hat.[73])

Ich biege einen Stab, er wird eine sehr komplizierte Gestalt annehmen, deren direktes Studium unmöglich wäre; aber ich kann die Schwierigkeiten überwinden wenn ich beobachtete, daß seine Biegung nur die Resultante der Deformation kleiner Elemente des Stabes ist und daß die Deformation jedes dieser Elemente nur von den Kräften abhängt, welche direkt an denselben angreifen, und keineswegs von denjenigen Kräften, welche auf die anderen Elemente wirken.[74])

In allen diesen Beispielen, die ich ohne Mühe vermehren kann, nimmt man an, daß es keine Fernwirkung gibt, wenigstens nicht auf große Entfernung hin. Das ist eine Hypothese; sie ist nicht immer nichtig, das Gesetz der Schwerkraft beweist es uns; man muß sie also der Verifikation unterwerfen; wenn sie auch nur annähernd bestätigt wird, so ist sie doch wertvoll, denn sie erlaubt uns, wenigstens mittelst successiver Annäherungen mathematische Physik zu treiben.

Wenn sie der Prüfung nicht standhält, muß man sich etwas anderes Analoges suchen, denn es gibt noch andere Mittel, um zu der Elementarerscheinung zu gelangen. Wenn mehrere Körper gleichzeitig zur Wirkung kommen, kann es vorkommen, daß ihre Wirkungen voneinander unabhängig sind und sich einfach zueinander addieren, entweder nach Art der Vektoren oder nach Art der Scalare.[75]) Die Elementarerscheinung ist alsdann die Wirkung eines isolierten Körpers. Ein anderes mal hat man mit kleinen Bewegungen, oder allgemeiner gesagt, mit kleinen Änderungen zu tun, welche dem wohlbekannten Gesetze der Superposition gehorchen. Die beobachtete Bewegung wird dann in einfache Bewegungen zergliedert, z. B. der Ton in seine harmonischen Komponenten und das weiße Licht in seine einfarbigen Komponenten.

Durch welche Mittel wird man die Elementarerscheinung wirklich auffinden können, wenn man herausgefunden hat, in welcher Richtung sie wahrscheinlich zu suchen ist?

Um das Resultat vorauszusehen, oder vielmehr um so viel vorauszusehen, als für uns nützlich ist, wird es häufig nicht nötig sein, in den ganzen Mechanismus der Erscheinung einzudringen; das Gesetz der großen Zahlen wird genügen. Wir wollen das Beispiel von der Wärmeleitung wieder aufnehmen; jedes Molekül strahlt gegen jedes benachbarte Molekül Wärme aus; nach welchem Gesetze das erfolgt, brauchen wir nicht zu wissen; wenn wir irgend etwas in dieser Hinsicht voraussetzen, so wäre es eine indifferente Hypothese und folglich etwas Unnützes und Unverifizierbares. Und in der Tat, da man nur mit durchschnittlichen Mittelwerten rechnet und da das umgebende Medium symmetrisch vorausgesetzt wird, gleichen sich alle Verschiedenheiten aus, und welche Hypothesen man auch gemacht hat, das Resultat bleibt immer dasselbe.

Derselbe Umstand tritt uns in der Theorie der Elastizität und in derjenigen der Kapillarität entgegen; die benachbarten Moleküle ziehen sich an und stoßen sich ab; wir brauchen nicht zu wissen, nach welchem Gesetze, es genügt uns, daß diese Anziehung nur auf kleine Entfernungen hin bemerkbar ist, daß die Moleküle sehr zahlreich sind, und daß das Medium symmetrisch sein soll; wir brauchen dann nur das Gesetz der großen Zahlen walten zu lassen.

Auch hier verbarg sich die Einfachheit der Elementarerscheinung unter der Kompliziertheit des zu beobachtenden Schlußergebnisses; aber diese Einfachheit war ihrerseits nur eine scheinbare und verhüllte einen sehr komplizierten Mechanismus.

Das beste Mittel, um zu der Elementarerscheinung zu gelangen, würde offenbar das Experiment sein. Man müßte durch experimentelle Kunstgriffe das verworrene Bündel, das die Natur unserem Forschen darbietet, auseinanderlegen und mit Sorgfalt dessen möglichst gereinigte Elemente studieren; man wird z. B. das weiße natürliche Licht in einfarbige Lichtstrahlen mit Hülfe des Prismas zerlegen und in polarisierte Lichtstrahlen mit Hülfe des Polarisators.

Unglücklicherweise ist das weder immer möglich noch immer genügend, und es ist notwendig, daß der Verstand manchmal der Erfahrung vorauseilt. Ich will davon nur ein Beispiel erwähnen, das mich immer lebhaft betroffen hat.

Wenn ich das weiße Licht zerlege, so kann ich einen kleinen Teil des Spektrums isolieren, aber so klein er auch sei, er wird doch immer eine gewisse Breite bewahren. Ebenso geben uns die natürlichen, sogenannten einfarbigen Lichtstrahlen eine sehr schmale Linie, die aber doch nicht unendlich schmal ist. Man kann voraussetzen, daß man durch einen Grenzübergang schließlich dahin gelangen wird, die Eigenschaft eines streng einfarbigen Lichtstrahles zu erkennen, indem man die Eigenschaften dieser natürlichen Lichtstrahlen experimentell prüft und dabei mit immer schmaleren Streifen des Spektrums operiert.

Das würde nicht genau sein. Ich setze voraus, daß zwei Strahlen von derselben Quelle ausgehen, daß man sie zuerst in zwei zueinander rechtwinkligen Ebenen polarisiert, daß man sie hierauf auf dieselbe Polarisationsebene zurückführt und daß man versucht, sie interferieren zu lassen. Wenn das Licht streng einfarbig wäre, so würden sie interferieren; aber mit unseren annähernd einfarbigen Lichtstrahlen gibt es keine Interferenz, so schmal der Streifen auch sei. Er müßte, damit es anders würde, mehrere Millionen mal dünner als die schmalsten bekannten Streifen sein.

Hier also hätte uns der Übergang zur Grenze getäuscht; der Verstand mußte dem Experimente vorauseilen, und er hat dies mit Erfolg getan, weil er sich dabei durch das Gefühl für Einfachheit leiten ließ.

Die Kenntnis der Elementarerscheinung gestattet uns, das Problem in eine Gleichung zu setzen; es bleibt nur noch übrig, daraus durch Kombination die komplizierte Tatsache abzuleiten, welche der Beobachtung und Verifikation zugänglich ist. Das nennt man Integration; das ist Sache des Mathematikers.

Man möchte fragen, warum die Verallgemeinerung in der physikalischen Wissenschaft so gerne die mathematische Form annimmt. Die Ursache ist jetzt leicht erkennbar; es geschieht nicht nur deshalb, weil man Zahlengesetze ausdrücken muß; es geschieht, weil die zu beobachtende Erscheinung aus der Superposition einer großen Anzahl von elementaren Erscheinungen entstanden ist, welche alle einander ähnlich sind; so führen sich die Differentialgleichungen ganz natürlich ein.

Es genügt nicht, daß jede Elementarerscheinung einfachen Gesetzen gehorcht, es müssen alle diejenigen, welche man zu kombinieren hat, demselben Gesetze gehorchen. Nur dann kann das Eingreifen der Mathematik nützlich sein: die Mathematik lehrt uns in der Tat, Ähnliches mit Ähnlichem zu kombinieren. Ihr Ziel ist, das Resultat einer Kombination zu erraten, ohne diese Kombination Stück für Stück wieder durchzunehmen. Wenn man dieselbe Operation mehrere Male zu wiederholen hat, erlaubt sie uns diese Wiederholung zu vermeiden, indem sie uns im voraus das Resultat durch eine Art Induktion erkennen läßt. Ich habe das weiter oben in dem Kapitel über die mathematische Schlußweise erörtert. (Vgl. S. 17).

Zu diesem Zwecke müssen alle diese Operationen untereinander ähnlich sein; im entgegengesetzten Falle müßte man sich offenbar damit begnügen, sie wirklich nacheinander wieder durchzunehmen; dann wäre die Mathematik überflüssig.

Infolge der angenäherten Homogenität der von den Physikern studierten Materie konnte also die mathematische Physik entstehen.

In den Naturwissenschaften findet man diese Bedingungen: Homogenität, relative Unabhängigkeit von entfernten Teilen, Einfachheit der Elementarerscheinungen nicht, und darum sind die Vertreter der beschreibenden Naturwissenschaften genötigt, andere Arten von Verallgemeinerungen zu Hilfe zu nehmen.

Zehntes Kapitel.
Die Theorien der modernen Physik.

Die Bedeutung der physikalischen Theorien. — Die Laien sind darüber betroffen, wieviele wissenschaftliche Theorien vergänglich sind. Nach einigen Jahren des Gedeihens sehen sie dieselben nacheinander aufgegeben, sie sehen, wie sich Trümmer auf Trümmer häufen; sie sehen voraus, daß die Theorien, die heutzutage Mode sind, in kurzer Zeit vergessen werden, und sie schlußfolgern daraus, daß diese Theorien absolut eitel sind. Sie nennen das: das **Fallissement der Wissenschaft**.

Ihr Skeptizismus ist oberflächlich; sie geben sich keine Rechenschaft von dem Ziele und der Rolle, welche wissenschaftliche Theorien spielen sollen, sonst verständen sie, daß die Trümmer vielleicht noch zu irgend etwas nützen können.

Keine Theorie schien gefestigter als diejenige Fresnels, welche das Licht den Ätherschwingungen zuschrieb. Man zieht ihr jetzt jedoch die Maxwellsche Theorie vor. Soll damit gesagt sein, daß das Werk Fresnels vergeblich war? Nein, denn das Ziel Fresnels war nicht, zu erforschen, ob es wirklich einen Äther gibt, ob seine Atome sich wirklich in dem oder jenem Sinne bewegen; sein Ziel war: die optischen Erscheinungen vorauszusehen.

Das erlaubt die Fresnelsche Theorie heute ebenso wie vor Maxwell. Die Differentialgleichungen sind immer richtig; man kann sie durch dasselbe Verfahren integrieren, und die Resultate dieser Integration behalten stets ihren vollen Wert.

Man erwidere nicht, daß wir auf diese Weise die physikalischen Theorien zur Rolle einfacher, praktischer Regeln erniedrigen; die genannten Gleichungen drücken Beziehungen aus, und sie bleiben richtig, solange diese Beziehungen der Wirklichkeit entsprechen. Sie lehren uns vorher wie nachher, daß eine gewisse Beziehung zwischen irgend einem Etwas und irgend einem anderen Etwas besteht; nur daß dieses Etwas früher Bewegung genannt wurde und jetzt elektrischer Strom heißt. Aber diese Benennungen waren nichts als Bilder, die wir an die Stelle der wirklichen Objekte gesetzt haben, und diese wirklichen Objekte wird die Natur uns ewig verbergen; die wahren Beziehungen zwischen diesen wirklichen Objekten sind das einzige Tatsächliche, welches wir erreichen können, und die einzige Bedingung ist, daß dieselben Beziehungen, welche sich zwischen diesen Objekten befinden, sich auch zwischen den Bildern befinden, welche wir gezwungenermaßen an die Stelle der Objekte setzen. Wenn diese Beziehungen uns bekannt sind, so macht es nichts aus, ob wir es für bequemer halten, ein Bild durch ein anderes zu ersetzen.

Es ist weder sicher noch interessant, ob eine gewisse periodische Erscheinung (wie z. B. eine elektrische Schwingung) wirklich dem Vibrieren eines gewissen Atomes zuzuschreiben ist, das sich wirklich in diesem oder jenem Sinne wie ein Pendel bewegt. Daß es nun aber zwischen der elektrischen Schwingung, der Bewegung des Pendels und allen periodischen Erscheinungen eine enge Verwandtschaft gibt, welche einer tieferen Wirklichkeit entspricht; daß diese Verwandtschaft, diese Ähnlichkeit oder vielmehr dieser Parallelismus sich bis ins Kleinste fortsetzt; daß sie aus allgemeinen Prinzipien, z. B. aus dem

Prinzipe der Energie und aus dem Prinzipe der kleinsten Wirkung folgt, das können wir behaupten; darin liegt eine Wahrheit, welche ewig dieselbe bleiben wird, unter welchem Gewande wir sie auch aus praktischen Gründen darstellen mögen.

Man hat zahlreiche Theorien der Dispersion vorgeschlagen; die ersten waren unvollkommen und enthielten nur einen Bruchteil von Wahrheit. Dann kam die Helmholtzsche Theorie; dann hat man sie auf verschiedene Weise geändert, und ihr Urheber selbst hat eine andere Theorie erdacht, die auf den Prinzipien von Maxwell beruht. Aber es ist eine bemerkenswerte Tatsache, daß alle Gelehrten, die nach Helmholtz kamen, zu denselben Gleichungen gelangt sind, obgleich sie von scheinbar ganz verschiedenen Gesichtspunkten ausgingen. Ich möchte sagen, daß diese Theorien alle zugleich wahr sind, nicht nur, weil sie uns dieselben Erscheinungen voraussehen lassen, sondern weil sie eine wirkliche Beziehung klarmachen, nämlich diejenige der Absorption unter der anomalen Dispersion. Was in den Prämissen dieser Theorien richtig ist, das ist allen Autoren gemeinsam; es ist die Bestätigung dieser oder jener Beziehung zwischen gewissen Dingen, welche von den einen mit dem, von den anderen mit jenem Namen bezeichnet werden.[76])

Die kinetische Theorie der Gase hat zu manchen Einwürfen Anlaß gegeben, auf die man leicht antworten könnte, wenn man die Absicht hatte, sie als absolut richtig zu betrachten. Aber alle diese Einwürfe verhindern nicht, daß die Theorie nützlich gewesen ist, und zwar besonders dadurch, daß sie uns eine wahre und ohne sie tief verborgene Beziehung offenbart: nämlich die Beziehung des osmotischen Druckes zu dem von Gasen ausgeübten Drucke. In diesem Sinne kann man sagen, daß die Theorie richtig ist.[77])

Wenn ein Physiker einen Widerspruch zwischen zwei Theorien feststellt, welche ihm gleich lieb sind, so sagt er oft: Wir wollen uns darüber nicht weiter beunruhigen; wir wollen jedoch die beiden Enden der Kette festhalten, wenn auch die Zwischenglieder dieser Kette uns verborgen sind. Diese Argumentation eines in die Enge getriebenen Theologen wäre lächerlich, wenn man den physikalischen Theorien den Sinn beilegen müßte, welchen die Laien ihnen zu geben pflegen: Im Falle des Widerspruchs müsse wenigstens eine von ihnen als falsch angesehen werden. Anders ist es, wenn man in den Theorien nur das sucht, was man suchen soll. Es kann geschehen, daß die Theorien eine oder die andere Beziehung richtig wiedergeben, und daß ein Widerspruch nur in den Bildern liegt, deren wir uns an Stelle der wirklichen Objekte bedient haben.

Sollte jemand meinen, daß wir das dem Gelehrten zugängliche Gebiet allzusehr beschränken, so würde ich ihm antworten: Diese Fragen, deren Behandlung wir Ihnen verweigern und die Sie bei uns vermissen, sind nicht nur unlösbar, sondern sogar gänzlich illusorisch und haben keinen Sinn.

Mancher Theoretiker behauptet, daß die ganze Physik auf den gegenseitigen Stößen der Atome beruht. Wenn er damit einfach sagen will, daß zwischen den physikalischen Erscheinungen dieselben Beziehungen herrschen wie zwischen den gegenseitigen Stößen einer großen Anzahl von Kugeln, so ist es gut; das kann man prüfen, das ist vielleicht sogar richtig. Aber er will mehr sagen; und wir glauben ihn zu verstehen, weil wir zu wissen glauben, was der Stoß eigentlich ist; warum? Ganz einfach, weil wir oft dem Billardspiele zugesehen haben. Glauben wir deshalb, daß Gott, wenn er sein Werk betrachtet, dieselbe Empfindung hat wie wir, wenn wir einem Wettspiele auf dem Billard zusehen? Wenn wir der Behauptung jenes Philosophen nicht diesen bizarren Sinn unterlegen wollen, wenn wir uns noch weniger mit dem begrenzten Sinne begnügen wollen, den ich soeben dargelegt habe, und der allein richtig ist, so hat jene Behauptung gar keinen Sinn.

Die Hypothesen dieser Art haben nur einen metaphorischen Sinn. Der Forscher kann solche Metaphern ebensowenig vermeiden wie der Dichter, aber er muß wissen, was sie bedeuten. Sie können nützen durch die Befriedigung, die sie dem Verstande gewähren, und sie werden nicht schaden, vorausgesetzt, daß es sich nur um indifferente Hypothesen handelt (vgl. S. 154).

Diese Betrachtungen geben uns die Erklärung dafür, warum gewisse Theorien, welche man für aufgegeben und definitiv durch die Erfahrung wiederlegt hielt, plötzlich aus ihrer Asche wieder auferstehen und ein neues Leben beginnen. Sie brachten eben wirkliche Beziehungen zum Ausdrucke und sie hörten nicht auf, solche auszudrücken, wenn wir auch aus diesem oder jenem Grunde glaubten, dieselben Beziehungen in einer anderen Sprache zum Ausdrucke bringen zu müssen. Sie bewahrten so eine Art latenten Lebens.

Noch sind es kaum fünfzehn Jahre her, da gab es nichts Lächerlicheres und es galt nichts für einfältiger und für so veraltet wie die Fluida von Coulomb. Und doch sind sie unter dem Namen Elektronen wieder auf der Bildfläche erschienen. Wodurch unterscheiden sich nun dauernd diese elektrisierten Moleküle von den elektrischen Molekülen Coulombs? Zwar wird jetzt bei den Elektronen etwas, wenn auch sehr wenig Materie als Träger der Elektrizität angenommen, mit anderen Worten: die Elektronen haben Masse (und auch die will man ihnen neuerdings nicht mehr zugestehen); aber Coulomb dachte seine Fluida auch nicht ohne Masse, oder, wenn er es tat, so geschah es nur mit Widerstreben.

Es wäre anmaßend, wenn man behaupten wollte, daß der Glaube an die Elektronen nicht noch einmal verdunkelt werde, deshalb war es nicht weniger bemerkenswert, diese unverhoffte Wiedergeburt festzustellen.[78])

Das schlagendste Beispiel ist jedoch das Carnotsche Prinzip. Carnot ist bei seiner Begründung von falschen Hypothesen ausgegangen; als man bemerkte, daß die Wärme nicht unzerstörbar ist, sondern sich in Arbeit umsetzen läßt, gab man die Ideen Carnots völlig auf; da tritt Clausius dafür ein und läßt sie endgültig triumphieren. Die Carnotsche Theorie brachte in ihrer ursprünglichen Form neben wirklichen Beziehungen andere ungenaue Beziehungen zum Ausdrucke, die als Trümmer veralteter Ideen zu betrachten sind; aber das Vorhandensein dieser letzteren beeinflußt nicht die Wirklichkeit der anderen. Clausius brauchte sie nur zu entfernen, so wie man verdorbene Äste abschneidet.[79])

Das Resultat war das zweite Fundamentalgesetz der Thermodynamik. Es handelte sich immer um dieselben Beziehungen; obgleich diese Beziehungen nicht zwischen denselben Objekten stattfanden, wenigstens scheinbar nicht. Das genügte, um die Gültigkeit des Prinzips zu sichern. Selbst die Entwicklungen Carnots sind deshalb nicht untergegangen, man wandte sie auf Materien an, die damals noch ganz falsch verstanden wurden; aber ihre Form (d. h. das Wesentliche) blieb korrekt.

Was ich soeben gesagt habe, erklärt zu gleicher Zeit die Rolle der allgemeinen Prinzipien, wie des Prinzips der kleinsten Wirkung oder des Prinzips von der Erhaltung der Energie.

Diese Prinzipe sind von sehr hohem Werte; man fand sie, während man danach forschte, was es Gemeinsames in der Darlegung zahlreicher physikalischer Gesetze gibt; sie stellen also gleichsam die Quintessenz unzähliger Beobachtungen dar.

Gleichwohl stammt aus ihrer Verallgemeinerung eine Folgerung, auf welche ich die Aufmerksamkeit im achten Kapitel lenkte: sie können nicht verifiziert werden. Da wir eine allgemeine Definition der Energie nicht geben können, so hat das Prinzip von der Erhaltung der Energie einfach die Bedeutung, daß es irgend ein Etwas gibt, das konstant bleibt. Also gut; wie nun auch die neuen Begriffe über das Weltall sein mögen, welche uns die zukünftigen Experimente geben werden, eines ist uns im voraus sicher: es wird ein Etwas geben, das konstant bleibt und das wir Energie nennen (S. 134).

Soll das heißen, daß das Prinzip keinen Sinn hat und daß es sich zu einer Tautologie abschwächt? Keineswegs; es bedeutet, daß die verschiedenen Dinge, denen wir den Namen Energie beilegen, durch eine wirkliche Verwandtschaft verbunden sind; es besagt, daß unter ihnen eine tatsächliche Beziehung besteht. Wenn nun aber das Prinzip einen Sinn hat, so könnte es ein falscher Sinn sein; möglicherweise hat man nicht das Recht seine Anwendung unbegrenzt auszudehnen, und dennoch steht von vornherein fest, daß man es (streng im obigen Sinne genommen) verifizieren kann; wie erfahren wir, wann es die volle Ausdehnung erlangt hat, welche man ihm berechtigterweise zuerteilen darf? Dieser Zeitpunkt tritt ein, wenn das Prinzip aufhört, uns nützlich zu sein, d. h. wenn es aufhört, uns neue Erscheinungen voraussehen zu lassen, ohne uns zu täuschen. In einem solchen Falle sind wir sicher, daß die behauptete Beziehung nicht mehr der Wirklichkeit entspricht; denn anderenfalls würde das Prinzip sich als fruchtbringender wiesen haben. Das Experiment läßt uns dann eine weitere Ausdehnung des Prinzips verwerfen, obgleich letzteres einer solchen nicht direkt entgegen ist.

Die Physik und der Mechanismus. — Die meisten Theoretiker haben für die der Mechanik oder der Dynamik entnommenen Erklärungen eine andauernde Vorliebe. Die einen sind befriedigt, wenn sie sich von allen Erscheinungen durch die Bewegungen der Moleküle, die sich gegenseitig nach bestimmten Gesetzen anziehen, Rechenschaft geben können. Die anderen verlangen mehr; sie wollen die in der Entfernung wirkenden Anziehungskräfte beseitigen; ihre Moleküle sollen geradlinige Bahnen verfolgen und nur durch Stöße von denselben abgelenkt werden können. Noch andere, wie z. B. Hertz, beseitigen auch die Kräfte, denken sich jedoch ihre Moleküle in ähnlicher Weise geometrisch miteinander verbunden, wie wir Stäbe durch Gelenke verbinden; sie wollen somit die Dynamik auf eine Art von Kinematik zurückführen.[80])

Kurz gesagt: Alle wollen die Natur in eine gewisse Form einzwängen, und ohne diese Form würde ihr Verstand nicht befriedigt sein. Wird die Natur für diesen Zweck hinreichend gefügig sein?

Wir wollen die Frage im zwölften Kapitel bei Gelegenheit der Maxwellschen Theorie prüfen. Immer, wenn das Prinzip der Energie und das Prinzip der kleinsten Wirkung befriedigt ist, so ist nicht nur eine mechanische Erklärung möglich, wie wir sehen werden, sondern immer eine unendliche Anzahl solcher Erklärungen. Vermöge eines wohlbekannten Lehrsatzes von Königs über die Gelenksysteme ist man im stande zu beweisen, daß man auf unendlich viele verschiedene Arten alles nach dem Vorgange von Hertz durch starre Verbindungen erklären kann, oder auch durch zentral wirkende Kräfte. Man könnte ohne Zweifel ebenso leicht beweisen, daß alles sich durch einfache Stöße erklären läßt.[81])

Dazu braucht man sich, wohlverstanden, nicht mit der

gewöhnlichen Materie zu begnügen, mit derjenigen, die auf unsere Sinne wirkt und deren Bewegungen wir direkt beobachten können. Entweder wird man voraussetzen, daß diese gewöhnliche Materie aus Atomen gebildet ist, deren innere Bewegungen uns entgehen, während nur die Ortsveränderung der Gesamtheit unseren Sinnen zugänglich ist; oder man erdenkt irgend eines dieser empfindlichen Fluida, welche unter dem Namen Äther oder unter anderen Namen von jeher eine so große Rolle in den physikalischen Theorien gespielt haben.

Oft geht man noch weiter und betrachtet den Äther als die einzige, ursprüngliche Materie oder sogar als die einzige wirkliche Materie. Diejenigen, welche gemäßigter denken, betrachten die gewöhnliche Materie als kondensierten Äther, was nichts Befremdliches an sich hat; andere setzen die Bedeutung der gewöhnlichen Materie noch mehr herab und sehen darin nur den geometrischen Ort für die Singularitäten des Äthers. So ist z. B. nach Lord Kelvin das, was wir Materie nennen, nur der Ort der Punkte, in welchem der Äther durch wirbelartige Bewegungen erregt ist; nach Riemann ist es der Ort der Punkte, in welchem beständig Äther vernichtet wird. Nach anderen, neueren Autoren, z. B. Wiechert und Larmor, ist es der Ort der Punkte, in dem der Äther einer Art Torsion von einer ganz besonderen Beschaffenheit unterworfen ist.[82]) Wenn man sich einen dieser Gesichtspunkte aneignen will, so frage ich mich: Mit welchem Rechte dehnt man auf den Äther unter dem Vorwand, daß dies die wahre Materie sei, die mechanischen Eigenschaften aus, welche nur an der gewöhnlichen Materie, die doch nur die falsche ist, beobachtet sind?

Die alten Fluida, wie Wärmestoff, Elektrizität u. s. w. wurden aufgegeben, als man bemerkte, daß die Wärme nicht unzerstörbar ist. Aber sie wurden auch aus anderem Grunde aufgegeben. Indem man sie materialisierte, hob man sozusagen ihre Individualität hervor, und man trennte sie voneinander durch tiefe Abgründe. Man mußte sich dazu bequemen, diese Abgründe wieder auszufüllen, nachdem man ein lebhaftes Gefühl für die Einheit in der Natur gewonnen hatte, und nachdem man die innigen Verwandtschaften bemerkt hatte, welche alle ihre Teile miteinander verbinden. Indem die alten Physiker die Zahl der Fluida vermehrten, schufen sie nicht nur Wesen ohne Daseinsberechtigung, sondern zerstörten auch wirkliche Verwandtschaftsbande.

Es genügt nicht, daß eine Theorie keine falschen Beziehungen behauptet, sie darf auch wirkliche Beziehungen nicht verdecken.

Und existiert unser Äther nun wirklich? Man weiß, worauf sich der Glaube an den Äther gründet. Wenn das Licht eines entfernten Sternes mehrere Jahre braucht um zu uns zu gelangen, so ist es nicht mehr auf dem Sterne und noch nicht auf der Erde, es muß also dann irgendwo sein und sozusagen an irgend einem materiellen Träger haften.

Man kann denselben Gedanken in einer mehr mathematischen und mehr abstrakten Form darstellen. Was wir feststellen, sind durch materielle Moleküle erlittene Veränderungen; wir bemerken z. B., daß unsere photographische Platte sich unter dem Einflusse von Erscheinungen verändert, deren Schauplatz mehrere Jahre vorher die weißglühende Masse eines Sternes war. Nun hängt aber in der gewöhnlichen Mechanik der Zustand des studierten Systemes nur von seinem Zustande in einem unmittelbar vorhergehenden Zeitpunkte ab; das System genügt also gewissen Differentialgleichungen. Wenn wir an den Äther nicht glauben, so würde im Gegenteil der materielle Zustand des Weltalls nicht nur von dem unmittelbar vorhergehenden Zustande abhängen, sondern von viel älteren Zuständen; das System würde Gleichungen zwischen endlichen Differenzen genügen. Um dieser Beeinträchtigung der allgemeinen Gesetze der Mechanik zu entgehen, haben wir den Äther erfunden.

Das würde uns nur dazu nötigen, den leeren Raum zwischen den Planeten mit Äther auszufüllen, aber nicht den Äther bis in das Innere der materiellen Medien selbst dringen zu lassen. Das Experiment von Fizeau geht weiter. Durch die Interferenz von Strahlen, welche bewegte Luft oder bewegtes Wasser durchlaufen hatten, scheint dies Experiment uns zwei verschiedene Medien zu zeigen, welche sich gegenseitig durchdringen und dennoch in Bezug aufeinander relative Ortsveränderungen erleiden. Man glaubt den Äther gleichsam mit dem Finger zu berühren.[83])

Man kann jedoch Experimente erdenken, welche uns dem Äther noch näher kommen lassen. Wir setzen voraus, daß das Newtonsche Prinzip der Gleichheit von Wirkung und Gegenwirkung nicht mehr richtig sei, wenn man es allein auf die Materie anwendet, und daß man dies festgestellt habe. Die geometrische Summe aller Kräfte, die an alle materiellen Moleküle angreifen, wird dann nicht mehr gleich Null sein. Man muß also, wenn man nicht die ganze Mechanik ändern will, den Äther einführen, damit diese Wirkung, welche die Materie zu erleiden scheint, durch die Gegenwirkung der Materie auf irgend etwas wieder ausgeglichen wird.

Oder besser, ich setze voraus, man habe erkannt, daß die optischen und elektrischen Erscheinungen durch die Bewegung der Erde beeinflußt werden. Man wäre zu dem Schlusse geführt worden, daß diese Erscheinungen uns nicht nur die relativen Bewegungen der materiellen Körper offenbaren können, sondern auch solche Bewegungen, die uns als absolute erscheinen. Es ist notwendig, daß es einen Äther gibt, damit diese sogenannten absoluten Bewegungen nicht in Ortsveränderungen in Bezug auf einen leeren Raum bestehen, sondern in Ortsveränderungen in Beziehung zu irgend einem konkreten Objekte.

Wird man jemals dahin kommen? Ich habe diese Hoffnung nicht, ich werde sofort sagen warum, und doch ist diese Hoffnung nicht ganz ausgeschlossen, wenigstens haben andere sie gehabt.

Wenn z. B. die Lorentzsche Theorie, von der ich weiterhin im dreizehnten Kapitel sprechen werde, richtig wäre, so würde das Newtonsche Prinzip auf die Materie allein nicht anwendbar sein, und der dadurch bedingte Unterschied würde wahrscheinlich der experimentellen Prüfung zugänglich sein.

Andererseits hat man Untersuchungen über den Einfluß der Erdbewegung gemacht. Die Resultate sind immer negativ gewesen. Aber wenn man diese Experimente unternommen hat, geschah es, weil man über den Ausgang nicht sicher war, und weil selbst nach den herrschenden Theorien die Ausgleichung nur eine angenäherte war; und man durfte erwarten, daß wirklich genaue Methoden positive Resultate ergeben.[84])

Ich halte eine solche Hoffnung für illusorisch; ebenso seltsam würde es sein, wenn man beweisen wollte, daß ein derartiger Erfolg uns irgendwie eine neue Welt erschließen würde.

Und jetzt möge man mir eine Abschweifung gestatten; ich muß in der Tat erklären, warum ich trotz der Lorentzschen Theorie nicht glaube, daß genauere Beobachtungen jemals etwas anderes klar beweisen können als die relativen Ortsveränderungen materieller Körper. Man hat Experimente gemacht, welche uns die Glieder erster Ordnung hätten offenbaren sollen; die Resultate waren negativ; sollte das Zufall sein? Niemand hat das angenommen; man hat eine allgemeine Erklärung versucht, und Lorentz hat sie gefunden; er bewies, daß die Glieder erster Ordnung sich zerstören müßten, aber das Gleiche galt nicht für die Glieder zweiter Ordnung. Darauf hat man genauere Experimente gemacht; auch sie waren negativ; das konnte noch weniger Zufall sein; man brauchte eine Erklärung dafür; man fand sie[85]); man findet eine solcher immer; an Hypothesen ist niemals Mangel.

Aber das ist nicht genug; wer empfindet nicht, daß man auf diese Weise dem Zufalle eine zu große Rolle überläßt? Sollte der Zufall auch dieses sonderbare Zusammentreffen herbeiführen, welches bewerkstelligt, daß ein gewisser Umstand gerade zu rechter Zeit die Glieder erster Ordnung zerstört und daß ein anderer, völlig verschiedener, aber ebenso glücklicher Umstand es auf sich nimmt, die Glieder zweiter Ordnung zu zerstören? Nein, man muß für die einen wie für die anderen dieselbe Erklärung finden, und dann drängt uns alles darauf hin zu erwägen, daß diese Erklärung gleicherweise für die Glieder höherer Ordnung gelten würde und daß die gegenseitige Zerstörung dieser Glieder eine strenge und absolute ist.

Der gegenwärtige Zustand der Wissenschaft. — In der Geschichte der Entwicklung der Physik unterscheidet man zwei entgegengesetzte Tendenzen. Einerseits entdeckt man in jedem Augenblicke neue Verbindungen zwischen den Objekten, welche scheinbar immer getrennt bleiben sollten; die zerstreuten Tatsachen hören auf, einander fremd zu sein; sie ordnen sich immer mehr zu einem gewaltigen Gebäude. Die Wissenschaft strebt nach Einheit und Einfachheit und schreitet in dieser Richtung vorwärts.

Andererseits offenbart uns die Beobachtung täglich neue Erscheinungen; diese müssen lange auf einen Platz im Gebäude warten, und manchmal muß man eine Ecke niederreißen, um ihnen Platz zu machen. Sogar in den bekannten Erscheinungen, bei denen uns unsere groben Sinneswerkzeuge die Gleichartigkeit zeigten, bemerken wir Einzelheiten, die von Tag zu Tag mannigfaltiger werden; was wir für einfach hielten, wird wieder kompliziert, und die Wissenschaft strebt scheinbar nach Mannigfaltigkeit und Kompliziertheit.

Welche von diesen beiden entgegengesetzten Tendenzen, die abwechselnd zu triumphieren scheinen, wird den Sieg davontragen? Wenn die erste siegt, ist die Wissenschaft möglich; aber nichts gibt uns davon a priori einen Beweis, und man kann fürchten, daß wir uns vergeblich bemüht haben, der Natur wider ihren Willen unser Einheitsideal aufzuzwängen, daß wir durch die steigende Flut unserer neuen Reichtümer überwältigt werden, daß wir deshalb darauf verzichten müssen, diese neuen Erscheinungen in unser System einzuordnen, vielmehr unser Ideal aufgeben und so die Wissenschaft auf die Registrierung von unzähligen Einzelerträgnissen reduzieren.

Auf diese Frage können wir keine Antwort geben. Alles was wir tun können, ist, die Wissenschaft von heute zu beobachten und sie mit der Wissenschaft von gestern zu vergleichen. Aus dieser Prüfung können wir zweifelsohne einige Ermunterung entnehmen.

Vor einem halben Jahrhundert hegte man große Hoffnungen. Die Entdeckung der Erhaltung der Energie und ihrer Verwandlungen hatte uns die Einheit der Kraft offenbart. Sie zeigte uns, daß die Erscheinungen der Wärme sich durch molekulare Bewegungen erklären ließen. Welches die Natur dieser Bewegungen war, wußte man nicht genau, aber man zweifelte nicht daran, daß man es bald wissen würde. Für das Licht schien der Versuch völlig gelungen. Was die Elektrizität betraf, so war man weniger vorgeschritten. Die Elektrizität zeigte den engsten Zusammenhang mit dem Magnetismus.

Das war ein bedeutender Schritt vorwärts der Einheit zu, und ein entscheidender Schritt. Aber wie sollte die Elektrizität ihrerseits in die allgemeine Einheit eintreten, wie sollte sie sich in den universellen Mechanismus einfügen? Davon hatte man keine Idee. Die Möglichkeit dieser Reduktion wurde indessen von niemandem angezweifelt, man hatte eben den Glauben an die Sache. Was schließlich die molekularen Eigenschaften materieller Körper angeht, so schien da die Reduktion einfacher zu sein, aber alle Einzelheiten blieben sozusagen im Nebel. Mit einem Worte: die Hoffnungen gingen weit, sie waren lebhaft, aber sie waren unbestimmt.

Was sehen wir nun heute?

Vor allem einen ersten Fortschritt, einen ungeheueren Fortschritt. Die Beziehungen zwischen Elektrizität und Licht sind jetzt bekannt; die drei Gebiete: Licht, Elektrizität und Magnetismus, die früher getrennt waren, bilden jetzt ein Ganzes; und dieser Zusammenhang scheint endgültig fest zu stehen.

Diese Eroberung hat uns jedoch einige Opfer gekostet. Die optischen Erscheinungen ordnen sich als besondere Fälle unter die elektrischen Erscheinungen ein; solange sie isoliert blieben, war es leicht, sie durch Bewegungen zu erklären, welche man in allen Einzelheiten zu erkennen glaubte, das ging ganz von selbst; aber eine Erklärung muß, um annehmbar zu sein, sich ohne Mühe auf das ganze elektrische Gebiet ausdehnen lassen. Das geht jedoch nicht ohne Hindernisse.

Das Befriedigendste ist die Lorentzsche Theorie, welche die elektrischen Ströme durch die Bewegungen kleinster elektrischer Teilchen erklärt, wie wir im letzten Kapitel sehen werden; sie ist ohne Widerspruch diejenige, welche am besten von den bekannten Tatsachen Rechenschaft gibt, sie ist diejenige, welche die größeste Anzahl wirklicher Beziehungen zu Tage fördert, von ihr wird man bei der definitiven Konstruktion des Gebäudes am meisten beibehalten. Nichtsdestoweniger besitzt sie einen ersten Fehler, den ich weiter oben andeutete: sie ist im Widerspruche mit dem Newtonschen Prinzipe von der Gleichheit der Wirkung und Gegenwirkung; oder vielmehr dieses Prinzip wäre nach der Ansicht von Lorentz auf die Materie allein nicht anwendbar; damit das Prinzip wahr würde, müßte es von den durch den Äther auf die Materie ausgeübten Wirkungen Rechenschaft geben und ebenso von der Gegenwirkung der Materie auf den Äther (vgl. S. 172). Jedoch bis auf weiteres können wir annehmen, daß sich die Dinge nicht so abspielen.

Wie dem auch sei, vermöge der Lorentzschen Theorie finden sich die Resultate Fizeaus über die Optik der bewegten Körper, die Gesetze der normalen und anomalen Dispersion und Absorption untereinander und mit den anderen Eigenschaften des Äthers durch Bande verknüpft, welche ohne Zweifel nicht mehr zerreißen werden. Wir bemerken die Leichtigkeit, mit welcher das neue Zeemansche Phänomen seinen Platz bereit fand und sogar half, die magnetische Rotation von Faraday dem Systeme einzuordnen, welche sich den Anstrengungen Maxwells gegenüber rebellisch verhalten hatte; diese Leichtigkeit beweist zur Genüge, daß die Lorentzsche Theorie kein künstlicher, zur Auflösung bestimmter Bau ist. Man muß sie vermutlich modifizieren, aber man braucht sie nicht zu zerstören.[86])

Lorentz kannte keinen anderen Ehrgeiz, als durch seine Theorie die ganze Optik und die ganze Elektrodynamik der bewegten Körper gleichzeitig zu umfassen; er hatte nicht die Absicht, eine mechanische Erklärung dieser Erscheinungen abzugeben. Larmor ging weiter; indem er die Lorentzsche Theorie im wesentlichen beibehielt, impfte er ihr sozusagen die Ideen Mac-Cullaghs über die Richtung der Ätherbewegungen ein. Für ihn hatte die Geschwindigkeit des Äthers dieselbe Richtung und dieselbe Größe wie die magnetische Kraft. So scharfsinnig dieser Versuch auch war, so besteht der Fehler der Lorentzschen Theorie dennoch fort und wird immer schwerwiegender. Nach Lorentz wußten wir nicht, welcher Art die Ätherbewegungen sind; dank dieser Unwissenheit konnten wir die Bewegungen als solche voraussetzen, welche die Bewegung der Materie ausgleichen und dadurch die Gleichheit zwischen Wirkung und Gegenwirkung wiederherstellen. Nach Larmor kennen wir die Ätherbewegungen, und wir können feststellen, daß die Ausgleichung unmöglich ist.[87])

Wenn somit Larmors Bemühungen meines Erachtens nach gescheitert sind, sollen wir daraus folgern, daß eine mechanische Erklärung unmöglich ist? Weit gefehlt, ich sagte weiter oben, daß eine Erscheinung, welche den beiden Prinzipien der Energie und der kleinsten Wirkung gehorcht, eine unendliche Anzahl von mechanischen Erklärungen gestattet (S. 168); ebenso ist es mit den optischen und elektrischen Erscheinungen.

Das genügt jedoch nicht: damit eine mechanische Erklärung gut sei, muß sie einfach sein; man muß, um sie unter allen Erklärungen, die möglich sind, auszuwählen, andere Gründe haben als die Notwendigkeit, eine Wahl zu treffen. Gut, aber eine Theorie, die in dieser Hinsicht befriedigt und folglich zu irgend etwas dienen könnte, haben wir noch nicht. Sollen wir uns darüber beklagen? Das hieße das vorgesteckte Ziel vergessen; nicht der Mechanismus ist das wahre, einzige Ziel, die Einheit ist es.

Wir müssen also unseren Ehrgeiz einschränken; wir wollen nicht versuchen, eine mechanische Erklärung zu formulieren; wir wollen uns damit begnügen zu beweisen, daß wir eine solche stets finden können, sobald wir nur wollen. In diesem Punkte haben wir Erfolg gehabt; das

Prinzip von der Erhaltung der Energie ist immer von neuem bestätigt worden; ein zweites Prinzip ist dazu gekommen, nämlich das der kleinsten Wirkung, wenn man es in die für die Physik brauchbare Form bringt. Auch dieses hat alle Proben bestanden, wenigstens insoweit die umkehrbaren Erscheinungen in Betracht kommen, welche den Gleichungen von Lagrange, d. h. den allgemeinsten Gesetzen der Mechanik folgen.

Die nicht umkehrbaren Erscheinungen sind viel rebellischer. Auch sie lassen sich in bestimmter Weise ordnen und streben sozusagen der Einheit zu; das Licht, welches uns über sie aufgeklärt hat, kam uns aus dem Carnotschen Prinzipe. Lange Zeit beschränkte sich die Thermodynamik auf das Studium der Ausdehnung der Körper und ihrer Zustandsänderungen. Seit einiger Zeit ist sie kühner geworden und hat ihr Gebiet beträchtlich erweitert. Wir verdanken ihr die Theorie der galvanischen Säule und diejenige der thermoelektrischen Erscheinungen; es gibt in der ganzen Physik keinen Winkel, den sie nicht aufgeklärt hätte, und sie wagt sich sogar an die Chemie. Überall herrschen dieselben Gesetze; überall findet man unter der Mannigfaltigkeit der Erscheinungen das Carnotsche Prinzip; überall findet man auch diesen so völlig abstrakten Begriff der Entropie, welcher ebenso allumfassend ist wie der Begriff der Energie und gleich wie sie etwas wirklich Vorhandenes zu verdecken scheint.[88]) Die strahlende Wärme schien dem Carnotschen Prinzipe entgehen zu wollen, man sah aber neuerdings, daß sie sich denselben Gesetzen fügt.

Dadurch sind uns neue Analogien erschlossen, welche sich oft bis ins Kleinste verfolgen lassen; der Ohmsche Widerstand gleicht der Zähigkeit der Flüssigkeiten; die Hysteresis würde mehr der Reibung fester Körper gleichen. Auf alle Fälle scheint die Reibung einen Typus darzustellen, auf den sich die verschiedensten nicht umkehrbaren Erscheinungen beziehen lassen, und diese Verwandtschaft ist wirklich und tiefgehend.

Man hat auch eine eigentlich mechanische Erklärung für diese Erscheinungen gesucht, obgleich sich dieselben dafür nicht zu eignen scheinen. Um die mechanische Erklärung aufzufinden, mußte man voraussetzen, daß die Nichtumkehrbarkeit nur scheinbar ist, daß nämlich die Elementarerscheinungen umkehrbar sind und den bekannten Gesetzen der Dynamik gehorchen. Aber die Elemente sind außerordentlich zahlreich und vermischen sich mehr und mehr miteinander, und zwar derart, daß für unsere blöden Augen sich jeder Unterschied zu verwischen scheint, d. h. daß alles scheinbar in gleichem Sinne vorwärts geht, ohne Hoffnung auf Umkehr. Die scheinbare Nichtumkehrbarkeit ist also nur ein Effekt des Gesetzes der großen Zahlen. Nur ein Wesen, dessen Sinne unendlich feinfühlig wären, (wie der imaginäre Dämon Maxwells) könnte dieses unentwirrbare Knäuel in seine Bestandteile auflösen und das Weltsystem zur Umkehr veranlassen.

Diese Auffassung, welche sich an die kinetische Theorie der Gase anschließt, hat große Anstrengungen gekostet und hat sich im ganzen als wenig fruchtbar erwiesen: aber sie kann es werden. Hier ist nicht der Ort, zu prüfen, ob sie nicht zu Widersprüchen führt und ob sie mit der wahren Natur der Dinge verträglich ist.

Wir wollen die Aufmerksamkeit auf die originellen Ideen von Gouy über die Brownsche Bewegung lenken. Nach diesem Gelehrten würde diese seltsame Bewegung dem Carnotschen Prinzipe entschlüpfen, die Teilchen, welche er in Bewegung setzt, wären bedeutend kleiner als die Knoten in dem erwähnten verworrenen Knäuel; die Teilchen würden also fähig sein, diese Knoten zu entwirren und dadurch das Weltsystem zur Umkehr auf seinen Bahnen und in seinen Zuständen zu veranlassen. Man möchte glauben, den Maxwellschen Dämon bei der Arbeit zu sehen.[89])

Im ganzen lassen sich die von altersher bekannten Gesetze immer besser klassifizieren; aber neue Erscheinungen verlangen ihren Platz; die meisten von ihnen, wie diejenige von Zeemann, haben ihn sofort gefunden.

Aber wir haben außerdem die Kathodenstrahlen, die X-Strahlen, die Strahlen des Uraniums und des Radiums.[90]) Hierin liegt eine ganze Welt, die niemand vermutete. Was für unerwartete Gäste muß man da beherbergen!

Noch kann niemand voraussehen, welchen Platz sie einnehmen werden. Aber ich glaube nicht, daß sie die allgemeine Einheit stören, ich glaube vielmehr, daß sie diese Einheit vervollkommnen werden. Einerseits scheinen die neuen Strahlungserscheinungen mit den Luminiscenzerscheinungen zusammenzuhängen, sie erregen nicht nur die Fluorescenz, sondern sie kommen sogar oft unter denselben Bedingungen wie diese zu stande.

Andererseits sind sie ebenfalls nicht ohne Verwandtschaft mit der Ursache, welche den elektrischen Funken unter der Einwirkung des ultravioletten Lichtes aufsprühen läßt.

Endlich und hauptsächlich: man glaubt in diesen Erscheinungen wirkliche Ionen zu erkennen, welche sich allerdings mit unvergleichlich viel größeren Geschwindigkeiten bewegen als in den Elektrolyten.

Das alles ist noch unbestimmt, aber das alles wird genauer präcisiert werden.

Die Phosphorescenz und die Wirkung des Lichtes auf den Funken gehören in ein etwas isoliertes, von den Forschern deshalb ziemlich vernachlässigtes Gebiet. Man kann jetzt hoffen, daß man einen neuen Weg bahnt, der die Verbindungen dieser Gebiete mit der universellen Wissenschaft erleichtert.[91])

Wir entdecken nicht nur neue Erscheinungen, sondern in denjenigen, welche wir bereits zu kennen glauben, eröffnen sich ungeahnte Ausblicke. Im freien Äther bewahren die Gesetze ihre majestätische Einfachheit; aber die eigentliche Materie erscheint immer komplizierter; alles, was man davon sagt, ist stets nur annähernd, und jeden Augenblick verlangen unsere Formeln neue Glieder.

Aber deshalb ist der Rahmen noch nicht zerbrochen, der unsere allgemeinen Gesetze zusammenhält; die Beziehungen, welche wir zwischen scheinbar einfachen Objekten erkannten, bestehen noch immer zwischen diesen selben Objekten, nachdem wir ihre Kompliziertheit erkannt haben, und darauf allein kommt es an. Zwar werden unsere Gleichungen immer komplizierter, um sich immer näher an die Kompliziertheit der Natur anzuschließen; aber in den Beziehungen, welche gestatten, diese Gleichungen auseinander abzuleiten, ist nichts geändert. Mit einem Worte: die Form dieser Gleichungen hat standgehalten.

Nehmen wir die Gesetze der Reflexion zum Beispiel. Fresnel begründete sie durch eine einfache und verlockende Theorie, welche die Erfahrung zu bestätigen schien. Seitdem haben genauere Nachforschungen erwiesen, daß diese Verifikation nur annähernd war; diese Nachforschungen zeigen überall Spuren elliptischer Polarisation. Aber dank der Hilfe, die uns die erste Annäherung gab, fand man sofort die Ursache dieser Unregelmäßigkeit; dieselbe liegt in der Existenz einer Übergangsschicht an der Grenze zweier optisch verschiedenen Medien, und die Fresnelsche Theorie bestand in allem, was an ihr wesentlich war, weiter.[92])

Nur kann man nicht umhin, folgendes zu überlegen: alle diese Beziehungen wären unbemerkt geblieben, wenn man anfangs von der Kompliziertheit der Objekte, die

sie verbinden, eine Ahnung gehabt hätte. Schon vor
langer Zeit sagte man: Wenn Tycho zehnfach genauere
Instrumente gehabt hätte, so hätte es nie einen Keppler,
noch einen Newton, noch überhaupt eine Astronomie
gegeben. Es ist für eine Wissenschaft ein Unglück, zu
spät geboren zu werden, d. h. nachdem die Beobachtungsmittel zu vollkommen geworden sind. Das ist
heutzutage der Fall mit der physikalischen Chemie;
ihre Begründer sind in den Anwendungen ihrer
Theorien durch die dritte und vierte Decimale be-
hindert; glücklicherweise sind sie Männer von starkem
Glauben.

Je mehr man die Eigenschaften der Materie kennen
lernt, desto mehr erkennt man die Herrschaft der Stetigkeit. Seit den Arbeiten von Andrews und van der
Waals gibt man sich Rechenschaft über die Art, in der
sich der Übergang des flüssigen Zustandes zum gasförmigen Zustande vollzieht, und hat sich überzeugt, daß
dieser Übergang kein gewaltsamer ist. So gibt es auch
keinen Abgrund zwischen den flüssigen Zuständen und
den festen Zuständen, und in den Berichten eines vor
kurzem abgehaltenen Kongresses sah man neben einer
Arbeit über die Festigkeit der Flüssigkeiten eine Abhandlung über das Fließen der festen Körper.[93]

Bei dieser Tendenz geht die Einfachheit ohne Zweifel
verloren; eine solche Erscheinung wurde früher durch
mehrere gerade Linien dargestellt, jetzt muß man diese
geraden Linien durch mehr oder weniger komplizierte
Kurven ineinander übergehen lassen; zum Ersatze dafür
gewinnt die Einheit dabei bedeutend.[94] Diese streng ge-
schiedenen Kategorien ließen den Verstand ausruhen,
aber sie befriedigten ihn nicht.

Endlich haben sich die Methoden der Physik eines
neuen Gebietes bemächtigt, desjenigen der Chemie; die
physikalische Chemie ist geboren. Sie ist noch sehr

jung, aber man sieht bereits, daß sie uns gestatten wird, Erscheinungen wie die Elektrolyse, die Osmose und die Bewegungen der Ionen untereinander zu verbinden.[94a]

Was sollen wir aus dieser gedrängten Darstellung schließen?

Aller Berechnung nach hat man sich der Einheit genähert; es ging nicht so schnell, wie man es vor fünfzig Jahren hoffte, man hat nicht immer den im voraus geahnten Weg eingeschlagen; aber schließlich hat man doch viel Terrain gewonnen.

Elftes Kapitel.
Die Wahrscheinlichkeitsrechnung.

Man wird ohne Zweifel erstaunt sein, an dieser Stelle Betrachtungen über die Wahrscheinlichkeitsrechnung zu finden. Was hat diese mit der Methode der physikalischen Wissenschaft zu tun?

Und doch muß sich ein Philosoph, der über die Physik nachdenken will, die Frage vorlegen, die ich jetzt anregen, aber nicht lösen werde.

Mußte ich doch in den beiden vorhergehenden Kapiteln mehrmals die Worte „Wahrscheinlichkeit" und „Zufall" aussprechen.

Ich sagte oben: „Die vorausgesehenen Tatsachen können nur wahrscheinlich sein. So fest auch eine Voraussage begründet erscheinen mag, so sind wir doch niemals absolut sicher, daß das Experiment sie auch bestätigen wird, wenn wir eine Prüfung vornehmen. Aber die Wahrscheinlichkeit ist oft so groß, daß wir uns in der Praxis mit ihr zufrieden geben können." (S. 145.)

Und weiter fügte ich hinzu:

„Um das zu können, wollen wir sehen, welche Rolle

der Glaube an die Einfachheit in unseren Verallgemeinerungen spielt. Wir haben ein einfaches Gesetz in einer ziemlich großen Anzahl von besonderen Fällen verifiziert; wir können unmöglich zulassen, daß diese so oft wiederholte Bestätigung ein bloßer Glückszufall sei . . ." (S. 151.)

So befindet sich in einer Menge von Fällen der Physiker in derselben Lage wie der Spieler, wenn er seine Chancen berechnet. Immer, wenn er induktive Schlüsse zieht, muß er mehr oder weniger bewußt die Wahrscheinlichkeitsrechnung anwenden.

Darum muß ich eine Zwischenbetrachtung einschieben und unser Studium über die Methode in den physikalischen Wissenschaften unterbrechen, um etwas näher zu untersuchen, was diese Rechnungsart bedeutet und inwieweit sie Vertrauen verdient.

Schon der Name allein „Wahrscheinlichkeitsrechnung" enthält ein Paradoxon: die Wahrscheinlichkeit ist im Gegensatze zur Gewißheit etwas, das wir nicht kennen, und wie soll man berechnen, was man nicht kennt? Dennoch haben sich viele der bedeutendsten Gelehrten mit dieser Rechnung beschäftigt, und man kann nicht leugnen, daß die Wissenschaft daraus Nutzen zog. Wie erklärt sich dieser scheinbare Widerspruch?

Ist die Wahrscheinlichkeit definiert? Kann sie definiert werden? Und wenn sie nicht definierbar ist, wie kann man wagen, darauf Schlüsse zu bauen? Man wird sagen, daß die Definition sehr einfach sei: die Wahrscheinlichkeit eines Ereignisses ist das Verhältnis der Anzahl der diesem Ereignisse günstigen Fälle zur Gesamtzahl der möglichen Fälle.

Ein einfaches Beispiel genügt, um diese Definition als unvollständig erscheinen zu lassen. Ich werfe zwei Würfel; welches ist die Wahrscheinlichkeit dafür, daß wenigstens der eine der beiden Würfel „sechs" zeigen wird? Jeder Würfel kann sechs verschiedene Zahlen werfen; die Zahl der möglichen Fälle ist $6 \times 6 = 36$; die Zahl der günstigen Fälle ist 11; die Wahrscheinlichkeit ist also $\frac{11}{36}$.

Damit haben wir die korrekte Lösung. Aber kann ich nicht ebensogut sagen: Die von den beiden Würfeln geworfenen Zahlen können $\frac{6 \times 7}{2} = 21$ verschiedene Kombinationen bilden? Unter diesen Kombinationen sind 6 günstige; die Wahrscheinlichkeit ist also $\frac{6}{21}$.

Warum ist die erste Art, die möglichen Fälle zu überzählen, berechtigter als die zweite? Jedenfalls klärt uns unsere Definition darüber nicht auf.

Man wird so darauf geführt, diese Definition zu vervollständigen, indem man sagt: „. . . zur Gesamtzahl der möglichen Fälle, vorausgesetzt, daß diese Fälle gleich wahrscheinlich sind." Wir sind also darauf gekommen, das Wahrscheinliche durch das Wahrscheinliche zu definieren.

Woher wissen wir, daß zwei mögliche Fälle gleich wahrscheinlich sind? Wissen wir es durch Übereinkommen? Wenn wir zu Beginn eines jeden Problems eine dem Übereinkommen entsprechende deutliche Festsetzung machen, wird alles gut gehen; wir brauchen nur die Regeln der Arithmetik und der Algebra anzuwenden, und wir können die Rechnung zu Ende führen, ohne daß an unseren Resultaten zu zweifeln wäre. Aber wenn wir die geringste Anwendung machen wollen, müssen wir beweisen, daß unsere Festsetzung berechtigt war, und wir befinden uns derselben Schwierigkeit gegenüber, die wir umgehen wollten.

Kann man behaupten, daß der gesunde Menschenverstand genügt, um uns zu lehren, welcher Art das zu treffende Übereinkommen sein muß? Auf diese Frage ist nicht leicht zu antworten. Bertrand beschäftigte sich gern mit einfachen Problemen folgender Art: "Welches ist die Wahrscheinlichkeit dafür, daß in einem gegebenen Kreise eine willkürlich gezogene Sehne größer ausfalle als die Seite des dem Kreise einbeschriebenen gleichseitigen Dreiecks?" Der berühmte Mathematiker hat nacheinander zwei Übereinkommen getroffen, welche sich dem gesunden Menschenverstande als gleich gut aufzudrängen schienen, und er fand mittelst der einen Festsetzung die Wahrscheinlichkeit gleich $\frac{1}{2}$, mittelst der anderen gleich $\frac{1}{3}$.[95])

Aus alledem scheint mit Notwendigkeit die Folgerung hervorzugehen, daß die Wahrscheinlichkeitsrechnung eine nutzlose Wissenschaft ist, daß man dem dunkeln Instinkte mißtrauen muß, den wir gesunden Menschenverstand nennen, und von welchem wir verlangen, daß er unsere Festsetzungen legitimieren soll.

Aber diese Folgerung können wir nicht unterschreiben; diesen dunkeln Instinkt können wir nicht übergehen; ohne ihn wäre die Wissenschaft unmöglich, ohne ihn könnten wir ein Gesetz weder entdecken, noch es anwenden. Haben wir z. B. das Recht, das Newtonsche Gesetz auszusprechen? Zweifellos, zahlreiche Beobachtungen stimmen damit überein; aber ist dieses Gesetz nicht ein einfacher Glückszufall? Wie wollen wir überhaupt wissen, ob dieses seit Jahrhunderten richtige Gesetz im nächsten Jahre noch richtig sein wird? Auf diese Einwendung kann man nichts antworten als: "Das ist sehr unwahrscheinlich."

Lassen wir nun das Gesetz gelten; auf Grund desselben glaube ich die Stellung des Jupiters während eines Jahres berechnen zu können. Habe ich ein Recht dazu? Wer sagt mir, ob nicht eine gigantische, mit riesiger Geschwindigkeit begabte Masse im Laufe dieses Jahres unserem Sonnensysteme so nahe kommt, daß sie unerwartete Störungen verursacht? Auch hier kann man nichts antworten als: „Das ist sehr unwahrscheinlich."

Somit wären alle Wissenschaften nur unbewußte Anwendungen der Wahrscheinlichkeitsrechnung; wenn man diese Rechnungsart verwirft, so verwirft man damit die ganze Wissenschaft.

Ich werde weniger bei solchen wissenschaftlichen Problemen verweilen, bei denen das Eingreifen der Wahrscheinlichkeitsrechnung klarer zu Tage tritt. Ein solches ist in erster Linie das Problem der Interpolation, bei welcher man dazwischenliegende Werte zu erraten sucht, wenn eine gewisse Anzahl von Werten einer Funktion bekannt ist.

Ich erwähne ebenso die berühmte Theorie der Beobachtungsfehler, auf welche ich weiterhin zurückkomme, ferner die kinetische Theorie der Gase, eine wohlbekannte Hypothese, bei der man voraussetzt, das jedes Gasmolekül eine außerordentlich komplizierte Bahn beschreibt, bei welcher jedoch nach dem Gesetze der großen Zahlen die durchschnittlichen und allein zu beobachtenden Erscheinungen einfachen Gesetzen gehorchen, z. B. den Gesetzen von Mariotte und Gay-Lussac.[96])

Alle diese Theorien beruhen auf dem Gesetze der großen Zahlen, und die Wahrscheinlichkeitsrechnung würde sie in ihren Untergang unwiderstehlich mitreißen. Zwar haben sie nur ein beschränktes Interesse, und, abgesehen von der Anwendung auf die Interpolation, wären das Verluste, zu denen man sich entschließen könnte.

Aber, wie ich weiter oben sagte, würde es sich nicht nur um diese speziellen Opfer handeln, sondern die Rechtmäßigkeit der ganzen Wissenschaft würde zweifellos in Frage gestellt werden.

Ich sehe sehr wohl, daß man sich auf folgende Überlegung berufen könnte: ,,Wir sind Unwissende und dennoch müssen wir handeln. Um handeln zu können, haben wir nicht Zeit zu einer Untersuchung, die genügen würde, um unsere Unwissenheit zu beseitigen; eine solche Untersuchung würde eben eine unendliche Zeit kosten. Wir müssen also eine Entscheidung treffen, ohne die nötigen Kenntnisse zu haben; man muß es auf gut Glück tun und nach Regeln handeln, über deren Berechtigung man sich nicht klar ist. Ich weiß nicht, daß diese oder jene Sache richtig ist, aber ich weiß, daß es für mich das beste ist zu handeln, als ob sie richtig wäre." Die Wahrscheinlichkeitsrechnung und folglich auch die Wissenschaft hätte dann nur noch einen praktischen Wert.

Unglücklicherweise verschwindet hiermit die Schwierigkeit noch nicht: ein Spieler will einen Zug versuchen; er fragt mich um Rat. Wenn ich ihm einen solchen gebe, so folge ich der Wahrscheinlichkeitsrechnung, aber ich kann ihm für den Erfolg nicht garantieren. Das nenne ich die **subjektive Wahrscheinlichkeit**. In piesem Falle kann man sich mit der Erklärung begnügen, die ich soeben andeutete. Aber ich setze voraus, daß ein Beobachter dem Spiele beiwohnt, daß er alle Züge des Spiels notiert und daß das Spiel sich lange hinzieht; wenn er nun das Facit aus seinen Notizen zieht, wird er bestätigen, daß die Tatsachen sich gemäß den Gesetzen der Wahrscheinlichkeitsrechnung vollzogen haben. Das nenne ich die **objektive Wahrscheinlichkeit**, und diese Erscheinung bedarf der weiteren Erklärung.

Es bestehen zahlreiche Versicherungsgesellschaften, welche die Regeln der Wahrscheinlichkeitsrechnung anwenden, und sie verteilen an ihre Aktionäre Dividenden, deren objektive Tatsächlichkeit niemand in Zweifel ziehen kann. Um die Dividenden zu erklären, genügt es nicht, sich auf unsere Unwissenheit und auf die Notwendigkeit zum Handeln zu berufen.

Also ist der absolute Skeptizismus nicht berechtigt; wir müssen vorsichtig sein, aber wir brauchen nicht in Bausch und Bogen zu verwerfen; es ist notwendig, noch zu prüfen.

1. **Einteilung der Wahrscheinlichkeitsprobleme.** — Um die Probleme einzuteilen, welche sich bei Wahrscheinlichkeitsbetrachtungen darbieten, kann man von mehreren Gesichtspunkten ausgehen, vor allem von dem Gesichtspunkte der Allgemeinheit. Ich sagte weiter oben, daß die Wahrscheinlichkeit das Verhältnis der Anzahl der günstigen Fälle zu der Anzahl der möglichen Fälle ist. Was ich in Ermangelung eines besseren Wortes die Allgemeinheit nenne, wird mit der Anzahl der möglichen Fälle wachsen. Diese Zahl kann endlich sein; so ist es z. B., wenn man ein Würfelspiel ins Auge faßt, wo die Zahl der möglichen Fälle 36 ist. Das ist der erste Grad der Allgemeinheit.

Wenn wir aber z. B. fragen, was ist die Wahrscheinlichkeit dafür, daß ein im Inneren eines Kreises gelegener Punkt sich auch innerhalb des dem Kreise eingeschriebenen Quadrats befinde, so gibt es so viel mögliche Fälle als Punkte im Kreise, also eine unendliche Zahl von Möglichkeiten. Das ist der zweite Grad der Allgemeinheit. Die Allgemeinheit kann noch weiter ausgedehnt werden: man kann nach der Wahrscheinlichkeit dafür fragen, daß eine Funktion einer gegebenen Bedingung genügt; dann gibt es so viel mögliche Fälle, als man sich verschiedene Funktionen vorstellen kann. Das ist der dritte Grad der Allgemeinheit, zu welchem man sich erhebt, wenn man z. B. versucht, aus einer endlichen Anzahl von Beobachtungen das wahrscheinlichste Gesetz abzuleiten.

Man kann einen gänzlich verschiedenen Standpunkt einnehmen. Wenn wir nicht unwissend wären, gäbe es keine Wahrscheinlichkeit; es wäre nur Platz für die Gewißheit da; aber unsere Unwissenheit kann keine absolute sein, denn sonst würde es nicht einmal eine Wahrscheinlichkeit geben; es muß doch wenigstens etwas Licht vorhanden sein, um bis zu dieser unsicheren Wissenschaft zu gelangen. Die Wahrscheinlichkeitsprobleme können so nach der größeren oder kleineren Tiefe unserer Unwissenheit eingeteilt werden.

Schon in der Mathematik kann man sich Wahrscheinlichkeitsprobleme stellen. Was ist die Wahrscheinlichkeit dafür, daß die 5. Decimale eines auf gut Glück in einer Tabelle aufgeschlagenen Logarithmus gleich 9 sei? Man wird nicht zögern zu antworten, daß diese Wahrscheinlichkeit $\frac{1}{10}$ ist. Hier sind wir im Besitze aller Daten des Problems; wir könnten unseren Logarithmus berechnen, ohne die Tabelle zu benutzen; aber wir wollen uns nicht die Mühe geben. Das ist der erste Grad der Unwissenheit.

In den physikalischen Wissenschaften ist unsere Unwissenheit schon größer. Der Zustand eines Systems hängt in einem gegebenen Augenblicke von zwei Dingen ab: von seinem Anfangszustande und dem Gesetze, nach welchem dieser Zustand variiert. Wenn wir zu gleicher Zeit dieses Gesetz und diesen Anfangszustand kennen würden, so hätten wir nur noch ein mathematisches Problem zu lösen, und wir würden von neuem zu dem ersten Grade der Unwissenheit gelangen.

Aber es geschieht oft, daß man das Gesetz kennt, aber nicht den Anfangszustand. Man fragt z. B., welches die gegenwärtige Verteilung der kleinen Planeten ist; wir wissen, daß sie seit jeher den Keplerschen Gesetzen unterworfen waren, aber wir wissen nicht, wie ihre anfängliche Verteilung war.

In der kinetischen Theorie der Gase setzt man voraus, daß die Gasmoleküle geradlinige Bahnen beschreiben und den Gesetzen des Stoßes elastischer Körper gehorchen; da man jedoch nichts von ihren Anfangsgeschwindigkeiten weiß, so weiß man auch nichts von ihrer gegenwärtigen Geschwindigkeit.

Nur die Wahrscheinlichkeitsrechnung erlaubt, die durchschnittlichen Erscheinungen vorauszusehen, welche aus der Kombination dieser Geschwindigkeiten hervorgehen. Das ist der zweite Grad der Unwissenheit.

Schließlich ist es noch möglich, daß nicht nur die Anfangsbedingungen, sondern die Gesetze selbst unbekannt sind; man erreicht dann den dritten Grad der Unwissenheit, und man kann im allgemeinen über die Wahrscheinlichkeit einer Erscheinung nichts mehr behaupten.

Während man in der Regel versucht, aus einer mehr oder weniger unvollkommenen Kenntnis der Gesetze ein Ereignis vorauszusagen, kommt es oft vor, daß man die Ereignisse kennt und das Gesetz zu erraten sucht; statt die Wirkungen aus den Ursachen abzuleiten, will man die Ursachen aus den Wirkungen ableiten. Solche Probleme beziehen sich auf die sogenannte Wahrscheinlichkeit der Ursachen; unter dem Gesichtspunkte der wissenschaftlichen Verwertung sind es die interessantesten.

Ich spiele mit einem Herrn, den ich als vollkommen ehrlich kenne, Ecarté; er hat zu geben; welches ist die Wahrscheinlichkeit dafür, daß er den König tourniert? sie ist $\frac{1}{8}$; diese Frage bezieht sich auf die Wahrscheinlichkeit der Wirkungen. Ich spiele mit einem Herrn, den ich nicht kenne; er hat 10mal gegeben und 6mal den König tourniert; wie groß ist die Wahrscheinlichkeit dafür, daß er ein Falschspieler ist? Das ist eine Frage, die sich auf die Wahrscheinlichkeit der Ursachen bezieht.

Man kann behaupten, daß dieses das wesentliche Problem der experimentellen Methode ist. Ich habe n Werte von x beobachtet und die entsprechenden Werte von y; ich habe festgestellt, daß das Verhältnis der letzteren Größen zu den ersteren merklich konstant ist. Damit haben wir das Ereignis; was ist dessen Ursache?

Ist es wahrscheinlich, daß es ein Gesetz gibt, nach welchem y proportional zu x ist, und daß die kleinen Abweichungen den Beobachtungsfehlern zur Last fallen? Das ist eine Art von Frage, die man sich unaufhörlich vorlegen muß, und die man unbewußt jedesmal löst, wenn man Wissenschaft treibt.

Ich will jetzt diese verschiedenen Kategorien von Problemen an uns vorbeiziehen lassen und dabei nach einander das, was ich weiter oben die subjektive Wahrscheinlichkeit und die objektive Wahrscheinlichkeit nannte, näher ins Auge fassen.

2. **Die Wahrscheinlichkeit in den mathematischen Wissenschaften.** — Die Unmöglichkeit der Quadratur des Zirkels ist seit 1882 bewiesen; aber lange vor diesem verhältnismäßig jungen Datum betrachteten alle Mathematiker diese Unmöglichkeit als derart wahrscheinlich, daß die Akademie der Wissenschaften ohne Prüfung die leider nur zu zahlreichen Abhandlungen, welche einige unglückliche Narren ihr alle Jahre über diesen Gegenstand zusandten, verwarf.[97]

Hatte die Akademie unrecht? Gewiß nicht, und sie wußte genau, daß sie durch diese Handlungsweise keineswegs Gefahr laufe, eine ernsthafte Entdeckung zu unterdrücken. Sie hätte nicht beweisen können, daß sie recht hatte; aber sie wußte sehr wohl, daß ihr Instinkt sie nicht täusche. Wenn Sie die Akademiker gefragt hätten, so würden diese geantwortet haben: „Wir haben die Wahrscheinlichkeit dafür, daß ein unbekannter Gelehrter das herausfände, was man seit so langer Zeit vergeblich sucht, mit der Wahrscheinlichkeit dafür verglichen, daß es einen Narren mehr auf der Welt gibt; die zweite Wahrscheinlichkeit schien uns die größere zu sein." Das sind wohlerwogene Gründe, aber sie haben nichts mathematisches an sich, sie sind rein psychologischer Natur.

Und wenn Sie noch eindringlicher mit Ihren Fragen geworden wären, so hätten die Akademiker hinzugefügt: „Warum soll durchaus ein besonderer Wert einer transcendenten Funktion gleich einer algebraischen Zahl sein? Und wenn π Wurzel einer algebraischen Gleichung mit rationalen Koeffizienten wäre, weshalb soll dann gerade diese eine Wurzel mit der Periode der Funktion sin $2x$ identisch sein, und nicht auch dasselbe für die anderen Wurzeln dieser selben Gleichung gelten?" Kurz, sie hätten das Prinzip des zureichenden Grundes in seiner unbestimmtesten Form angerufen.

Was konnten sie aus diesem Prinzipe schließen? Höchstens eine Verhaltungsmaßregel für die Verwertung ihrer Zeit, welche sie nützlicher zu ihren regelmäßigen Arbeiten verwenden konnten als zur Lektüre phantastischer Ausarbeitungen, die ihnen berechtigtes Mißtrauen einflößten. Was ich jedoch oben als objektive Wahrscheinlichkeit bezeichnete, hat mit diesem ersten Probleme nichts zu schaffen.

Anders ist es mit dem folgenden zweiten Probleme.

Betrachten wir die 10000 ersten Logarithmen, wie man sie in einer Tabelle findet. Unter diesen 10000 Logarithmen wähle ich auf gut Glück eine Zahl aus; wie groß ist die Wahrscheinlichkeit dafür, daß ihre dritte Decimale eine gerade Zahl sei? Sie werden nicht zögern zu antworten, daß diese Wahrscheinlichkeit gleich $\frac{1}{2}$ ist; und wenn Sie in der Tat in einer Tabelle die dritten Decimalen dieser 10000 Zahlen nachsehen, so werden Sie ungefähr ebensoviele gerade wie ungerade Ziffern finden.

Dasselbe kann man auch in folgender Weise ausdrücken. Schreiben wir 10000 Zahlen auf, die unseren 10000 Logarithmen entsprechen sollen; und zwar sei jede dieser Zahlen gleich $+1$, wenn die dritte Decimale des entsprechenden Logarithmus gerade ist, gleich -1 im entgegengesetzten Falle. Nehmen wir darauf das arithmetische Mittel dieser 10000 Zahlen. Ohne Zögern behaupte ich, daß dieses Mittel wahrscheinlich gleich Null ausfällt; und wenn ich die Rechnung wirklich durchführe, so würde ich bestätigen, daß es sehr klein ist.

Diese Bestätigung ist jedoch überflüssig. Ich hätte streng beweisen können, daß dieses Mittel kleiner als 0,003 sein muß. Um dies Resultat zu erhalten, muß man sehr ausgedehnte Überlegungen und Rechnungen anstellen, für die hier kein Platz ist; ich verweise deshalb auf einen Aufsatz, den ich in der Revue générale des Sciences vom 15. April 1899 veröffentlicht habe. Ich will hier nur auf den folgenden Punkt aufmerksam machen: Bei dieser Rechnung brauchte ich mich nur auf zwei Tatsachen zu stützen, nämlich, daß sowohl der erste als auch der zweite Differentialquotient des Logarithmus in dem betrachteten Intervalle zwischen gewissen endlichen Grenzen eingeschlossen bleibt.

Hieraus ergibt sich die wichtige Folgerung, daß die besagte Eigenschaft nicht nur dem Logarithmus zukommt, sondern ebenso jeder beliebigen stetigen Funktion, denn die Differentialquotienten jeder stetigen Funktion bleiben zwischen endlichen Grenzen.

Von diesem Resultate war ich im voraus überzeugt, denn erstens hatte ich oft analoge Tatsachen bei anderen stetigen Funktionen beobachtet, zweitens hatte ich mehr oder weniger unbewußt und unvollkommen in meinem Inneren diejenigen Überlegungen angestellt, welche mich zu den erwähnten Ungleichheiten geführt haben, wie ja auch ein geübter Rechner vor Vollendung einer Multiplikation sich darüber Rechenschaft gibt, „daß das Resultat ungefähr so und so viel betragen wird."

Da nun meine Intuition nur in einem unvollständigen Überblicke über eine Reihe wirklicher Schlußfolgerungen bestand, so wird man verstehen, weshalb die Beobachtung meine Vorhersagungen bestätigt hat und so die objektive Wahrscheinlichkeit mit der subjektiven Wahrscheinlichkeit in Einklang war.

Als drittes Beispiel wähle ich das folgende Problem: Eine Zahl u werde auf gut Glück gewählt; es sei n eine sehr große gegebene ganze Zahl; welches ist der wahrscheinlichste Wert von $\sin nu$? Diese Aufgabe hat an sich gar keinen Sinn. Um ihr einen solchen zu geben, bedarf es einer Festsetzung; wir setzen also fest: die Wahrscheinlichkeit dafür, daß die Zahl u zwischen a und $a + da$ liegt, sei gleich $\varphi(a)\,da$; sie sei also proportional der Größe des unendlich kleinen Intervalles da und gleich dieser Größe, multipliziert in eine Funktion $\varphi(a)$, welche nur von a abhängt. Diese Funktion wähle ich willkürlich, nur muß ich sie als stetig voraussetzen. Der Wert von $\sin nu$ bleibt derselbe, wenn u um 2π wächst; ich kann also ohne die Allgemeinheit zu beeinträchtigen voraussetzen, daß u zwischen 0 und 2π liegt; und so komme ich zu der Voraussetzung, daß $\varphi(a)$ eine periodische Funktion mit der Periode 2π sein muß.

Der gesuchte wahrscheinliche Wert läßt sich leicht durch ein einfaches Integral ausdrücken, und es ist nicht schwierig zu zeigen, daß dieses Integral kleiner als

$$\frac{2\pi M_k}{n^k},$$

sei, wo M_k den größten Wert des k^{ten} Differentialquotienten von $\varphi(u)$ bezeichnet. Man sieht hieraus, daß unser wahrscheinlicher Wert, wenn dieser k^{te} Differentialquotient endlich ist, bei unendlich wachsendem n sich der Grenze Null nähert und zwar schneller als die Zahl

$$\frac{1}{n^{h-1}}.$$

Der wahrscheinliche Wert von sin nu für große Werte von n ist also gleich Null; um diesen Wert zu definieren, bedurfte ich einer Festsetzung; aber das Resultat bleibt dasselbe, wie auch diese Festsetzung getroffen wird. Indem ich voraussetzte, daß die Funktion $\varphi(a)$ stetig und periodisch sei, habe ich mir nur unbedeutende Beschränkungen auferlegt, und diese Voraussetzungen sind in dem Grade natürlich, daß man sich denselben kaum entziehen kann.

Die Betrachtung der drei vorhergehenden Beispiele, die untereinander so sehr verschieden waren, läßt uns einerseits die Rolle dessen erkennen, was die Philosophen das Prinzip des zureichenden Grundes nennen, und läßt uns andererseits die Wichtigkeit der Tatsache verstehen, daß gewisse Eigenschaften allen stetigen Funktionen gemeinsam sind. Zu demselben Resultate wird uns das Studium der Wahrscheinlichkeit in den physikalischen Wissenschaften führen.

3. **Die Wahrscheinlichkeit in den physikalischen Wissenschaften.** — Wir gelangen jetzt zu den Problemen, welche sich auf das beziehen, was ich weiter oben den zweiten Grad der Unwissenheit nannte; es sind diejenigen Probleme, bei denen man das Gesetz kennt, aber nichts von dem Anfangszustande weiß. Ich könnte eine Menge von Beispielen anführen, will aber nur eines davon nehmen: Welches ist die gegenwärtig wahrscheinliche Verteilung der kleinen Planeten auf dem Tierkreise?

Wir wissen, daß die Planeten den Kepplerschen Gesetzen gehorchen; wir können sogar, ohne irgend etwas an der Natur des Problems zu ändern, voraussetzen, daß ihre Bahnen sämtlich kreisförmig sind und in derselben Ebene liegen, und daß wir diese Ebene kennen. Wir wissen hingegen absolut nichts über ihre anfängliche Verteilung. Indessen zögern wir nicht damit, zu behaupten, daß diese Verteilung heutzutage fast gleichförmig ist. Wie kommen wir dazu?

Wenn b die Länge eines kleinen Planeten zur Anfangszeit, d. h. zur Zeit $t = 0$ ist, ferner a seine mittlere Bewegung, so wird seine Länge zur gegenwärtigen Zeit, d. h. zur Zeit t, $at + b$ sein. Wenn man sagt, daß die gegenwärtige Verteilung gleichförmig ist, so soll das heißen, daß der mittlere Wert des Sinus und des Cosinus der Vielfachen von $at + b$ gleich Null ist. Warum behaupten wir das?

Wir wollen uns jeden kleinen Planeten durch einen Punkt in einer Ebene darstellen, und zwar durch denjenigen Punkt, dessen Koordinaten genau a und b sind. Alle diese darstellenden Punkte sind in einem gewissen Bezirke der Ebene enthalten, aber da sie sehr zahlreich sind, wird dieser Bezirk mit Punkten dicht übersät erscheinen. Sonst wissen wir nichts von der Verteilung dieser Punkte.

Wie kommt man dazu, die Wahrscheinlichkeitsrechnung auf eine ähnliche Frage anzuwenden? Was ist die Wahrscheinlichkeit dafür, daß eine gewisse Zahl darstellender Punkte sich in einem bestimmten Teile der Ebene befindet? In unserer Unwissenheit werden wir dazu geführt, eine willkürliche Hypothese zu machen. Um die Natur dieser Hypothese verständlich zu machen, möge man mir gestatten, an Stelle einer mathematischen Formel ein zwar grobes, aber faßliches Bild anzuwenden. Denken wir uns, wir hätten über der Oberfläche unserer Ebene eine fingierte Materie ausgebreitet, deren Dichtigkeit veränderlich ist, sich aber nur auf stetige Weise ändert. Wir kommen dahin überein, zu sagen, daß die wahrscheinliche Anzahl von darstellenden Punkten, die sich auf einem Teile der Ebene befinden, der Menge von fingierter Materie, welche sich in diesem Teile befindet, proportional ist. Wenn man dann zwei Bezirke der Ebene von gleicher Ausdehnung hat, so werden sich die Wahrscheinlichkeiten dafür, daß ein darstellender Punkt eines unserer kleinen Planeten sich in dem einen oder dem anderen Bezirke befindet, verhalten wie die durchschnittlichen Dichtigkeiten der fingierten Materie in dem einen oder anderen Bezirke.

Wir haben dann zwei Verteilungen, eine wirkliche, in der die darstellenden Punkte sehr zahlreich und sehr gedrängt sind, aber diskret wie die Moleküle der Materie in der atomistischen Hypothese; die andere, von der Wirklichkeit weit entfernte, in der unsere darstellenden Punkte durch eine stetige und fingierte Masse ersetzt sind. Diese letztere Verteilung halten wir nicht für wirklich, aber unsere Unwissenheit verurteilt uns dazu, sie anzunehmen.

Wenn wir irgend welche Idee von der wirklichen Verteilung der darstellenden Punkte hätten, könnten wir es so einrichten, daß in einem Bezirke gewisser Ausdehnung die Dichtigkeit dieser stetigen, fingierten Materie der Anzahl von darstellenden Punkten nahezu proportional ist, oder, wenn man will, der Anzahl von Atomen proportional sei, welche in diesem Bezirke enthalten sind. Das ist unmöglich, und unsere Unwissenheit ist so groß, daß wir gezwungen sind, die Funktion willkürlich zu wählen, welche die Dichtigkeit unserer fingierten Materie definiert. Wir sind nur zu einer Hypothese verpflichtet, der wir uns kaum entziehen können; wir werden nämlich voraussetzen, daß diese Funktion stetig ist. Das genügt, wie wir sehen werden, um uns eine Schlußfolgerung zu gestatten.

Welches ist im Augenblicke t die Verteilung der

kleinen Planeten? Oder besser, was ist der wahrscheinliche Wert des Sinus der Länge zur Zeit t, d. h. der Wert von sin $(at+b)$? Wir haben anfänglich ein willkürliches Übereinkommen getroffen; wenn wir es aber annehmen, so ist dieser wahrscheinliche Wert vollkommen bestimmt. Zerlegen wir die Ebene in Flächenelemente. Betrachten wir den Wert von sin $(at+b)$ im Mittelpunkte jedes dieser Elemente; multiplizieren wir diesen Wert mit der Oberfläche des Elementes und mit der Dichtigkeit, welche der fingierten Materie entspricht; und dann bilden wir die Summe für alle Elemente der Ebene. Diese Summe wird, nach Definition, der wahrscheinliche Mittelwert sein, den wir suchten, und der sich hier durch ein Doppelintegral ausdrückt.

Man könnte zuerst glauben, daß dieser mittlere Wert von der Wahl der Funktion φ abhängen wird, welche die Dichtigkeit der fingierten Materie definiert, und daß wir, weil die Definition von φ willkürlich ist, je nach der willkürlichen Wahl, die wir treffen, jeden beliebigen mittleren Wert erhalten können. Es ist jedoch nicht so.

Eine einfache Rechnung beweist, daß unser Doppelintegral sehr rasch abnimmt, wenn t wächst.

Anfangs war ich nicht klar darüber, welche Hypothese ich in Betreff der Wahrscheinlichkeit dieser oder jener Anfangsverteilung machen sollte; aber welcher Art auch die gemachte Hypothese sei, das Resultat wird immer das gleiche bleiben, und das hilft mir aus der Verlegenheit.

Welches auch die Funktion φ sei, der mittlere Wert nähert sich der Null, wenn t wächst, und da die kleinen Planeten sicher eine große Anzahl von Umläufen ausgeführt haben (so daß t sehr groß ist), so kann ich behaupten, daß dieser mittlere Wert sehr klein sein muß.

Ich kann φ wählen, wie ich will, jedoch immer mit einer Beschränkung: diese Funktion muß stetig sein; und in der Tat, vom Gesichtspunkte der subjektiven Wahrscheinlichkeit aus würde die Wahl einer unstetigen Funktion unvernünftig gewesen sein; welcher Grund würde mich z. B. veranlassen, vorauszusetzen, daß die anfängliche Länge genau gleich 0^0 sei, daß ihr Wert aber nicht zwischen 0^0 und 1^0 liegen könne.

Aber die Schwierigkeit erscheint von neuem, wenn man sich auf den Standpunkt der objektiven Wahrscheinlichkeit stellt, wenn man von unserer imaginären Verteilung, in der die fingierte Materie als stetig vorausgesetzt ist, zur wirklichen Verteilung übergeht, in der unsere darstellenden Punkte sich wie diskrete Atome verhalten.

Der mittlere Wert von $\sin(at+b)$ wird ganz einfach durch:

$$\frac{1}{n} \sum \sin(at+b)$$

dargestellt, wo n die Zahl der kleinen Planeten bezeichnet. Anstatt eines Doppelintegrals, das sich auf eine stetige Funktion bezieht, haben wir eine Summe von diskreten Gliedern. Und doch wird niemand ernstlich daran zweifeln, daß dieser mittlere Wert tatsächlich sehr klein ist.

Das kommt daher, weil unsere darstellenden Punkte dicht gedrängt sind und deshalb unsere diskrete Summe im allgemeinen von einem Integral wenig verschieden sein wird.

Ein Integral ist die Grenze, der sich eine Summe von Gliedern nähert, wenn die Anzahl dieser Glieder unendlich wächst. Wenn die Glieder sehr zahlreich sind, so wird die Summe nur sehr wenig von ihrer Grenze, d. h. von dem Integrale verschieden sein, und was ich von dem letzteren sagte, bezieht sich auch auf die Summe selbst.

Nichtsdestoweniger gibt es Ausnahmefälle. Wenn man z. B. für alle kleinen Planeten:

$$b = \frac{\pi}{2} - at$$

hätte, so würden alle Planeten zur Zeit t wieder die Länge $\frac{\pi}{2}$ haben, und der mittlere Wert würde offenbar gleich 1 sein. Zu dem Zwecke würde man annehmen, daß die kleinen Planeten zur Zeit $t=0$ sich sämtlich auf einer besonderen Spirale mit sehr engen Windungen befanden. Jeder wird mir darin beistimmen, daß eine derartige anfängliche Verteilung äußerst unwahrscheinlich ist, und selbst, wenn man annehmen wollte, daß sie wirklich so gewesen sei, so würde die jetzige Verteilung (z. B. am 1. Januar 1900) nicht gleichförmig ausfallen, aber sie würde einige Jahre später wieder gleichförmig werden.

Warum halten wir denn diese anfängliche Verteilung für unwahrscheinlich? Es ist notwendig, das zu erklären, denn, wenn wir keinen Grund haben, diese einfältige Hypothese als unwahrscheinlich zu verwerfen, so würde alles zusammenstürzen, und wir könnten in Betreff der Wahrscheinlichkeit dieser oder jener wirklichen Verteilung nichts mehr behaupten.

Wir müssen uns hier wieder auf das Prinzip des zureichenden Grundes berufen, zu welchem man stets zurückkehren muß. Wir könnten zulassen, daß zu Anfang die Planeten ungefähr in gerader Linie verteilt waren; wir könnten zulassen, daß sie unregelmäßig verteilt waren; aber es scheint, daß es keinen genügenden Grund dafür gibt, daß die unbekannte Ursache, welche die Planeten entstehen ließ, gemäß einer so regelmäßigen und doch so komplizierten Kurve (Spirale mit sehr engen Windungen) gewirkt habe, die einzig nur darum so gewählt scheinen würde, damit die gegenwärtige Verteilung nicht gleichförmig sei.

4. **Rouge et noir.** — Durch die Glücksspiele und das Roulette sind Fragen angeregt worden, welche im Grunde genommen mit den soeben behandelten vollkommen analog sind.

Eine Scheibe ist z. B. in eine große Anzahl von gleichen Abteilungen eingeteilt, die abwechselnd rot und schwarz sind; eine Nadel wird mit großer Kraft in Bewegung gesetzt und, nachdem sie viele Umdrehungen gemacht hat, bleibt sie vor einer dieser erwähnten Abteilungen stehen. Die Wahrscheinlichkeit dafür, daß diese Abteilung rouge sei, ist offenbar $\frac{1}{2}$.

Die Nadel dreht sich um einen Winkel ϑ, der mehrere Umgänge umfaßt (also größer als 360 Grad ist); ich weiß nicht, welches die Wahrscheinlichkeit dafür ist, daß die Nadel mit einer solchen Kraft in Bewegung gesetzt werde, daß dieser Winkel zwischen ϑ und $\vartheta + d\vartheta$ enthalten ist; aber ich kann eine Festsetzung treffen; ich kann vorraussetzen, daß diese Wahrscheinlichkeit gleich $\varphi(\vartheta)d\vartheta$ ist; was die Funktion $\varphi(\vartheta)$ anbelangt, so kann ich sie auf ganz willkürliche Art wählen; es gibt nichts, was mich in meiner Wahl leiten könnte, jedoch habe ich Veranlassung, diese Funktion als stetig vorauszusetzen.

Es sei ε die Länge (gemessen auf dem Umfange eines Kreises vom Radius 1) jeder roten oder schwarzen Abteilung.

Man muß das Integral von $\varphi(\vartheta)d\vartheta$ berechnen, indem man es einerseits auf alle roten Abteilungen, andererseits auf alle schwarzen Abteilungen ausdehnt, und dann die Resultate vergleichen.

Betrachten wir ein Intervall 2ε, das eine rote und die darauf folgende schwarze Abteilung in sich einschließt. Sei M und m der größte, bezw. der kleinste Wert der Funktion $\varphi(\vartheta)$ in diesem Intervalle. Das auf die roten Abteilungen ausgedehnte Integral wird kleiner als $\Sigma M\varepsilon$ sein; das auf die schwarzen Abteilungen ausgedehnte Integral wird größer als $\Sigma m\varepsilon$ sein; die Differenz wird also kleiner als $\Sigma(M-m)\varepsilon$ ausfallen. Aber wenn die Funktion φ als stetig vorausgesetzt ist, wenn andererseits das Intervall ε im Verhältnis zu dem ganzen, von der Nadel durchlaufenen Winkel sehr klein ist, so wird die Differenz $M-m$ sehr klein sein.

Die Differenz zwischen den beiden Integralen wird also sehr klein sein und die Wahrscheinlichkeit sehr nahe an $\frac{1}{2}$ liegen.

Man versteht, daß ich, ohne etwas von der Funktion φ zu wissen, so handeln kann, als ob die Wahrscheinlichkeit $\frac{1}{2}$ wäre. Man versteht andererseits, warum ein objektiver Zuschauer bei Beobachtung einer gewissen Anzahl von Drehungen die Nadel ungefähr ebenso oft auf schwarz wie auf rot anhalten sieht.

Alle Spieler kennen dieses objektive Gesetz; aber es verleitet sie zu einem sonderbaren Irrtum, der schon oft aufgeklärt ist, und in welchen sie immer wieder zurückfallen. Wenn rot z. B. sechsmal hintereinander herauskommt, so setzen sie auf schwarz und glauben damit einen sicheren Einsatz gemacht zu haben, weil, wie sie behaupten, es sehr selten ist, das rot siebenmal hintereinander herauskommt.

Tatsächlich bleibt ihre Wahrscheinlichkeit auf Gewinn gleich $\frac{1}{2}$. Die Beobachtung beweist zwar, daß die Serien von siebenmal rot hintereinander sehr selten sind; aber die Serien von sechsmal rot hintereinander, worauf dann schwarz folgt, sind ebenso selten. Sie haben die Seltenheit der Serien von siebenmal rot hintereinander bemerkt; aber sie haben nicht die Seltenheit der Serien von sechsmal rot hintereinander und einmal schwarz bemerkt, nur weil dergleichen Serien die Aufmerksamkeit weniger auf sich lenken.

5. **Die Wahrscheinlichkeit der Ursachen.** Ich komme jetzt zu den Problemen von der Wahrscheinlichkeit der Ursachen. Dieselben sind unter dem Gesichtspunkte der wissenschaftlichen Anwendung die wichtigsten. Wenn z. B. zwei Sterne auf der Himmelskugel einander sehr nahe sind, ist dann diese scheinbare Nähe ein reiner Zufall, und befinden sich diese Sterne, obgleich sie nahezu in derselben Gesichtslinie liegen, tatsächlich in sehr verschiedenen Entfernungen von der Erde, und sind sie folglich auch voneinander sehr weit entfernt? Oder besser gesagt, entspricht dies einer wirklichen Nähe? Diese Frage bezieht sich auf die Wahrscheinlichkeit der Ursachen.

Ich erinnere daran, daß wir am Anfange aller Probleme über Wahrscheinlichkeit von Wirkungen, die uns bis jetzt beschäftigt haben, immer ein mehr oder minder berechtigtes Übereinkommen treffen mußten (vgl. S. 194ff.). Und wenn das Resultat meistens, bis zu einem gewissen Grade, von diesem Übereinkommen unabhängig war, so lag dies daran, daß wir gewisse Annahmen machten, welche uns erlaubten, z. B. die diskontinuierlichen Funktionen oder gewisse einfältige Festsetzungen a priori zu verwerfen.

Wir werden etwas Analoges wiederfinden, wenn wir uns mit der Wahrscheinlichkeit der Ursachen beschäftigen. Eine Wirkung kann durch die Ursache A oder die Ursache B hervorgebracht werden. Man hat die Wirkung beobachtet; man verlangt die Wahrscheinlichkeit dafür, daß sie der Ursache A entspringt; das ist die Wahrscheinlichkeit der Ursache a posteriori. Aber ich könnte sie nicht berechnen, wenn nicht ein mehr oder minder berechtigtes Übereinkommen mich im voraus erkennen ließe, welches die Wahrscheinlichkeit a priori dafür ist, daß die Ursache A in Wirkung tritt; ich meine, die Wahrscheinlichkeit dieses Ereignisses für jemanden, der die Wirkung noch nicht beobachtet hat.

Um mich besser auszudrücken, komme ich auf das Beispiel des Ecarté-Spieles zurück, das ich weiter oben erwähnte; mein Gegner gibt zum ersten Male und tourniert den König; welches ist die Wahrscheinlichkeit dafür, daß er ein Falschspieler sei? Die gewöhnlich gelehrten Formeln ergeben $\frac{8}{9}$, ein offenbar sehr überraschendes Resultat. Aber wenn man die Formeln näher prüft, bemerkt man, daß die Rechnung gemacht wurde, als hätte ich mich mit der Überzeugung an den Spieltisch gesetzt, daß mein Gegner ebenso gut ehrlich, wie unehrlich sein könnte. Das ist eine törichte Hypothese, weil ich in solchem Falle gewiß nicht mit ihm gespielt haben würde; das erklärt die Absurdität der gezogenen Folgerung.[98])

Das Übereinkommen über die Wahrscheinlichkeit a priori war ungerechtfertigt; darum hatte mich die Berechnung über die Wahrscheinlichkeit a posteriori zu einem unstatthaften Resultate geführt. Man sieht die Wichtigkeit dieses vorhergegangenen Übereinkommens; ich füge sogar hinzu, daß das Problem der Wahrscheinlichkeit a posteriori keinen Sinn hat, wenn man kein Übereinkommen getroffen hat; man muß ein solches immer herstellen, sei es ausdrücklich oder stillschweigend.

Wir wollen zu einem Beispiele von wissenschaftlicherem Charakter übergehen. Ich will ein experimentelles Gesetz bestimmen; wenn ich dieses Gesetz kennen würde, so wäre es durch eine Kurve dargestellt; ich mache eine bestimmte Anzahl von isolierten Beobachtungen; jede von ihnen wird durch einen Punkt dargestellt. Wenn ich diese verschiedenen Punkte erhalten habe, so lasse ich eine Kurve zwischen diesen Punkten hindurchgehen, indem ich mich bemühe, mich möglichst wenig von den Punkten zu entfernen und dennoch meiner Kurve eine regelmäßige Form zu bewahren, d. h. eine Form ohne Ecken, ohne zu starke Biegungen, ohne plötzliche Veränderung des Krümmungsradius. Diese Kurve stellt mir das wahrscheinliche Gesetz dar, und ich nehme nicht nur an, daß sie mich diejenigen Werte der Funktion kennen lehrt, welche zwischen den beobachteten liegen, sondern daß sie mir die beobachteten Werte selbst genauer als die direkte Beobachtung darstellt (darum zog ich die Kurve nahe an meinen Punkten vorbei und nicht durch die Punkte selbst hindurch).

Das ist ein Problem der Wahrscheinlichkeit der Ursachen. Die Wirkungen sind die von mir eingetragenen Messungen; sie hängen von der Zusammenwirkung zweier Ursachen ab: von dem wirklichen Gesetze der Erscheinung und von den Beobachtungsfehlern. Wenn man die Wirkungen kennt, handelt es sich darum, die Wahrscheinlichkeit dafür zu suchen, daß die Erscheinung einem gewissen Gesetze gehorcht, und dafür, daß die Beobachtungen mit gewissen Fehlern behaftet waren. Das wahrscheinlichste Gesetz entspricht dann der gezogenen Kurve, und der wahrscheinlichste Fehler einer einzelnen Beobachtung wird durch die Entfernung des ihr entsprechenden Punktes von der Kurve dargestellt.

Das Problem hätte jedoch keinen Sinn, wenn ich mir nicht, noch vor der Beobachtung, eine Idee a priori über die Wahrscheinlichkeit dieses oder jenes Gesetzes zurechtgelegt hätte, und wenn ich nicht die verschiedenen Möglichkeiten überdacht hätte, die zu Beobachtungsfehlern Veranlassung geben können.

Wenn meine Instrumente gut sind (und das weiß ich, bevor die Beobachtung begonnen hat), gestatte ich meiner Kurve nicht, sich zu sehr von den Punkten, welche die rohen Messungen darstellen, zu entfernen. Wenn meine Instrumente jedoch schlecht beschaffen sind, könnte ich mich von den Punkten etwas weiter entfernen, um eine Kurve mit nicht allzu viel Biegungen zu erhalten; ich würde der Regelmäßigkeit ein größeres Opfer bringen.

Warum versuche ich denn eine Kurve mit nicht allzu starken Biegungen zu ziehen? Es geschieht, weil ich a priori ein durch eine stetige Funktion dargestelltes Gesetz (oder durch eine Funktion, deren höhere Differentialquotienten sehr klein sind), für wahrscheinlicher halte als ein Gesetz, das diesen Bedingungen nicht genügt. Ohne diesen Glauben hätte das Problem, von dem wir sprechen, keinen Sinn; die Interpolation wäre unmöglich; man könnte ein Gesetz nicht aus einer endlichen Zahl von Beobachtungen ableiten; die Wissenschaft würde dann aufhören zu existieren.

Vor fünfzig Jahren hielten die Physiker unter sonst gleichen Umständen ein einfaches Gesetz für wahrscheinlicher als ein kompliziertes Gesetz. Sie beriefen sich sogar auf dieses Prinzip zu Gunsten des Mariotteschen Gesetzes gegenüber den Experimenten von Regnault. Heutzutage haben sie sich von diesem Glauben losgesagt; und doch, wie oft sind sie nicht dazu genötigt zu handeln, als ob sie noch diesen Glauben behalten hätten! Wie dem auch sei, was von dieser Tendenz übrig bleibt, ist der Glaube an die Stetigkeit, und wir haben gesehen, daß die experimentelle Wissenschaft unmöglich wäre, wenn dieser Glaube verschwinden würde (vgl. S. 149 ff.).

6. Die Theorie der Fehler. — Wir werden so dazu geführt, von der Theorie der Fehler zu sprechen, welche sich direkt an das Problem von der Wahrscheinlichkeit der Ursachen anschließt. Auch hier konstatieren wir Wirkungen, nämlich eine gewisse Anzahl von nichtübereinstimmenden Beobachtungen, und wir versuchen die Ursachen zu erraten, und diese liegen einerseits in dem wirklichen Werte der zu messenden Größe, andererseits in dem Fehler, der bei jeder einzelnen Beobachtung gemacht wurde. Man muß berechnen, welches a posteriori die wahrscheinliche Größe jedes Fehlers und folglich der wahrscheinliche Wert der zu messenden Größe ist.

Aber nach dem, was ich soeben auseinandersetzte, kann man diese Rechnung nicht unternehmen, wenn man nicht a priori, d. h. noch bevor man beobachtet, ein Gesetz für die Wahrscheinlichkeit der Fehler annimmt. Gibt es ein Fehlergesetz?

Das von allen Rechnern angenommene Fehlergesetz ist das Gesetz von Gauß, welches durch eine gewisse transcendente Kurve dargestellt wird, die unter dem Namen „Glockenkurve" bekannt ist.[99])

Vorerst ist es jedoch ratsam, sich an die klassische Unterscheidung zwischen den systematischen und den zufälligen Fehlern zu erinnern. Wenn wir eine Länge mit einem zu langen Metermaße messen, werden wir immer eine zu kleine Zahl herausbekommen, und es nützt nichts, die Messung öfter zu wiederholen; das ist ein systematischer Fehler. Wenn wir die Länge mit einem genauen Metermaße messen, können wir uns wohl täuschen, aber wir werden bald ein zu großes, bald ein zu kleines Resultat erhalten, und wenn wir den Durchschnitt einer großen Anzahl von Messungen nehmen, wird sich der Fehler ausgleichen. Das sind zufällige Fehler.

Es ist klar, daß die systematischen Fehler dem Gesetze von Gauß nicht gehorchen können; aber befolgen die zufälligen Fehler dieses Gesetz? Man hat eine große Anzahl von Beweisen versucht; fast alle sind grobe Trugschlüsse. Man kann trotzdem das Gesetz von Gauß beweisen, indem man von folgenden Hypothesen ausgeht: der begangene Fehler ist die Resultante sehr vieler einzelner und unabhängiger Fehler; jeder dieser einzelnen Fehler ist sehr klein und folgt außerdem irgend einem Wahrscheinlichkeitsgesetze, nur muß die Wahrscheinlichkeit eines positiven Fehlers dieselbe sein wie die Wahrscheinlichkeit eines gleich großen Fehlers von entgegengesetztem Vorzeichen. Es ist klar, daß diese Bedingungen oft erfüllt werden, aber nicht immer; und wir können den Namen der zufälligen Fehler nur für die Fehler beibehalten, welche diesen Bedingungen entsprechen.

Man sieht, daß die Methode der kleinsten Quadrate nicht in allen Fällen berechtigt ist; im allgemeinen mißtrauen die Physiker dieser Methode mehr als die Astronomen. Ohne Zweifel liegt dies daran, daß diese letzteren, abgesehen von den systematischen Fehlern, die bei ihnen ebenso wie bei den Physikern vorkommen, mit einer äußerst wichtigen Fehlerquelle zu tun haben, die gänzlich vom Zufalle abhängt; ich meine die atmosphärischen Undulationen. Es ist sehr merkwürdig, den Meinungsaustausch zwischen einem Physiker und einem Astronomen inbezug auf Beobachtungsmethoden anzuhören: Der Physiker ist davon überzeugt, daß eine gute Messung besser ist als viele schlechte, und beschäftigt sich vor allem damit, die letzten systematischen Fehler mit äußerster Vorsicht zu entfernen, und der Astronom antwortet ihm darauf: „Aber Sie können ja dann nur eine kleine Anzahl von Sternen beobachten; die zufälligen Fehler werden sich nicht ausgleichen".

Was sollen wir daraus entnehmen? Soll man damit fortfahren, die Methode der kleinsten Quadrate anzuwenden? Wir müssen folgendes unterscheiden; wir haben alle systematischen Fehler, die wir vermuten konnten, entfernt; wir wissen wohl, daß es noch weitere gibt, aber wir können sie nicht auffinden; dennoch müssen wir einen Entschluß fassen und einen definitiven

Wert annehmen, welcher als der wahrscheinliche Wert betrachtet wird; es ist klar, daß man dafür am besten die Gaußsche Methode anwendet. Wir haben nur eine praktische, sich auf die subjektive Wahrscheinlichkeit beziehende Regel anzuwenden. Dagegen läßt sich nichts einwenden.

Aber man will noch weiter gehen und behaupten, daß nicht nur der wahrscheinliche Wert so und so groß ist, sondern daß auch der wahrscheinliche, dem Resultate anhaftende Fehler so und so groß ist. Das ist absolut unberechtigt; das würde nur richtig sein, wenn wir sicher wären, daß alle systematischen Fehler ausgemerzt sind, und davon wissen wir durchaus nichts. Wir haben zwei Serien von Beobachtungen; wenn wir die Regel der kleinsten Quadrate anwenden, so finden wir, daß der wahrscheinliche Fehler in der ersten Serie zweimal kleiner als in der zweiten ist. Die zweite Serie kann indessen besser wie die erste sein, weil die erste vielleicht von einem groben systematischen Fehler beeinflußt ist. Alles, was wir sagen können, ist, daß die erste Serie wahrscheinlich besser als die zweite ist, weil ihr zufälliger Fehler geringer ist, und daß wir keinen Grund haben zu behaupten, der systematische Fehler sei für die eine Serie größer als für die andere, denn unsere Unwissenheit ist auf diesem Gebiete eine absolute.

7. **Zusammenfassung.** — In den vorhergehenden Zeilen habe ich viele Probleme aufgestellt, aber keines davon gelöst. Ich bedaure dennoch nicht, diese Zeilen geschrieben zu haben, denn sie werden den Leser vielleicht dazu veranlassen, über diese verwickelten Fragen nachzudenken.

Wie man auch darüber denken mag, gewisse Punkte sind doch festgelegt. Um irgend eine Wahrscheinlichkeitsrechnung zu unternehmen und um dieser Rechnung einen Sinn zu geben, muß man als Ausgangspunkt eine Hypothese oder ein Übereinkommen zulassen, welches immer eine gewisse Willkürlichkeit hineinbringt.[100]) In der Wahl dieses Übereinkommens können wir uns nur von dem Prinzipe des zureichenden Grundes leiten lassen. Unglücklicherweise ist dieses Prinzip sehr unbestimmt und sehr dehnbar, und wir haben bei der nur kurzen Prüfung, der wir es unterzogen, bemerkt, daß es verschiedene Gestalten annimmt. Die Gestalt, welche es am häufigsten annahm, ist der Glaube an die Stetigkeit, ein Glaube, der schwer durch eine apodiktische Beweisführung zu rechtfertigen ist, ohne den jedoch jede Wissenschaft unmöglich sein würde. Die Probleme, auf welche die Wahrscheinlichkeitsrechnung mit Recht angewandt werden kann, sind schließlich diejenigen, bei denen das Resultat unabhängig von der zu Anfang gemachten Hypothese ist, wenn nur diese Hypothese der Bedingung der Stetigkeit genügt.

Zwölftes Kapitel.

Optik und Elektrizität.

Die Fresnelsche Theorie. — Das beste Beispiel*), das wir wählen können, ist die Theorie des Lichtes und ihre Beziehung zur Elektrizitäts-Theorie. Wir verdanken Fresnel, daß die Optik der am weitesten vorgeschrittene Teil der mathematischen Physik ist; die sogenannte Theorie der Wellenbewegungen bildet für den Verstand ein wahrhaft befriedigendes Ganze; aber wir dürfen von ihr nicht verlangen, was sie nicht leisten kann.

---

*) Dieses Kapitel ist die teilweise Reproduktion der Vorrede meiner beiden Werke: Théorie mathématique de la lumière (Paris, Naud, 1889) und Électricité et optique (Paris, Naud, 1901).

Die mathematische Wissenschaft hat nicht den Zweck, uns über die wahre Natur der Dinge aufzuklären; das würde ein unbilliges Verlangen sein. Ihr einziges Ziel ist, die physikalischen Gesetze miteinander zu verbinden, welche die Erfahrung uns zwar erkennen ließ, die wir aber ohne mathematische Hilfe nicht aussprechen könnten.

Es kümmert uns wenig, ob der Äther wirklich existiert; das ist Sache des Metaphysikers; wesentlich für uns ist nur, daß alles sich abspielt, als wenn er existierte, und daß diese Hypothese für die Erklärung der Erscheinungen bequem ist (vgl. oben S. 118). Haben wir übrigens eine andere Ursache, um an das Dasein der materiellen Objekte zu glauben? Auch das ist nur eine bequeme Hypothese; nur wird sie nie aufhören zu bestehen, während der Äther eines Tages ohne Zweifel als unnütz verworfen wird.

Aber auch an diesem Tage werden die Gesetze der Optik und die Gleichungen, welche sie in die Sprache der Analysis übertragen, richtig bleiben, wenigstens als erste Annäherungen. Es wird also immer nützlich bleiben, eine Lehre zu studieren, welche alle diese Gleichungen untereinander verknüpft.

Die Theorie der Wellenbewegungen beruht auf einer molekularen Hypothese; für die einen, d. h. für diejenigen, welche glauben, auf diese Art den Urgrund der Gesetze zu entdecken, ist es ein Vorteil; für die anderen ein Grund mehr zum Mißtrauen; aber dieses Mißtrauen der letzteren scheint mir ebensowenig gerechtfertigt zu sein wie die Illusion der ersteren.

Diese Hypothesen spielen nur eine untergeordnete Rolle. Man könnte sie opfern; man tut es gewöhnlich nicht, weil die Darstellung an Klarheit verlieren würde; aber das ist auch der einzige Grund (vergl. S. 154).

Und wirklich, bei näherer Betrachtung wird man sehen, daß man den molekularen Hypothesen nur zwei

Dinge entlehnt: das Prinzip von der Erhaltung der Energie und die lineare Form der Gleichungen, welche das oberste Gesetz für die kleinen Bewegungen wie überhaupt für alle kleinen Veränderungen ist.[101])

Das erklärt, warum die meisten Schlußfolgerungen Fresnels ohne Veränderungen fortbestehen, wenn man die von Maxwell begründete elektro-magnetische Theorie des Lichtes annimmt.

Die Maxwellsche Theorie. — Man weiß, daß Maxwell zwei Abteilungen der Physik, die einander bis dahin vollkommen fremd waren, durch ein enges Band miteinander verknüpfte: Optik und Elektrizität. Die Optik Fresnels büßte nichts von ihrer Lebensfähigkeit ein, wenn sie derart mit einem umfassenderen Ganzen, mit einer höheren Harmonie verschmolzen wurde. Ihre verschiedenen Teile bestehen fort, und die gegenseitigen Beziehungen derselben bleiben stets die gleichen. Nur die Sprache, in welcher wir sie ausdrücken, hat sich verändert, aber andererseits hat uns Maxwell andere Beziehungen, die bis jetzt noch nicht geahnt wurden, zwischen den verschiedenen Teilen der Optik und dem Gebiete der Elektrizität offenbart.[102])

Wenn ein französischer Leser das Buch von Maxwell zum ersten Male öffnet, so mischt sich ein Gefühl des Unbehagens, oft sogar des Mißtrauens in seine Bewunderung. Erst, nachdem er sich länger mit dem Buche beschäftigt hat, und nach Überwindung großer Schwierigkeiten verliert sich dieses Gefühl. Manch bedeutender Geist behält diese Gefühle jedoch immer.

Warum führen sich die Ideen des englischen Gelehrten so schwer bei uns ein? Wahrscheinlich, weil die Erziehung, welche die meisten gebildeten Franzosen genossen haben, sie besonders dazu beanlagt, die Genauigkeit und die Logik jeder anderen Eigenschaft vorzuziehen.

Die alten Theorien der mathematischen Physik boten

uns in dieser Hinsicht eine volle Befriedigung. Alle unsere Meister von Laplace bis auf Cauchy sind in gleicher Weise vorgegangen, Indem sie von klar ausgesprochenen Hypothesen ausgingen, leiteten sie aus ihnen mit mathematischer Strenge alle Folgerungen ab und verglichen sie darauf mit der Erfahrung. Sie schienen jedem Zweige der Physik dieselbe Exaktheit wie der Mechanik des Himmels geben zu wollen.

Ein Verstand, der gewohnt ist, solche Vorbilder zu bewundern, ist schwer durch eine Theorie zu befriedigen. Er wird in einer solchen nicht nur den geringsten Schein eines Widerspruchs als unerträglich empfinden, sondern er wird verlangen, daß die verschiedenen Teile der Theorie logisch miteinander verbunden sein müssen, und daß man die gemachten Hypothesen einzeln ausspricht und ihre Anzahl auf ein Minimum beschränkt.

Das ist nicht alles, er wird noch andere Forderungen stellen, die mir weniger vernünftig erscheinen. Hinter der Materie, die von unseren Sinnen wahrgenommen wird, und welche wir durch die Erfahrung kennen, versucht er eine andere Materie zu sehen, welche in seinen Augen die einzig richtige ist, welche nur noch rein geometrische Eigenschaften besitzt und deren Atome nur mathematische, den alleinigen Gesetzen der Dynamik unterworfene Punkte sind. Und dennoch wird er sich gewissermaßen gegen seine eigene Überzeugung diese unsichtbaren und farblosen Atome bildlich darzustellen suchen und dieselben dadurch möglichst der gewöhnlichen Materie nähern.

Nur dann wird er völlig befriedigt sein und sich einbilden, das Geheimnis des Weltalls erforscht zn haben. Wenn diese Befriedigung auch eine trügerische ist, so ist es deshalb doch nicht minder schwer, ihr zu entsagen.

Deshalb erwartet ein Franzose, wenn er Maxwells Buch öffnet, eine zusammenhängende Theorie zu finden, die ebenso logisch und ebenso genau ist wie die auf der Hypothese vom Äther beruhende Optik; er bereitet sich dadurch eine Enttäuschung, vor der ich den Leser bewahren möchte, indem ich ihn sofort davon in Kenntnis setze, was er bei Maxwell suchen soll und was er bei ihm nicht finden kann.

Maxwell gibt keine mechanische Erklärung für die Elektrizität und den Magnetismus; er beschränkt sich darauf zu beweisen, daß diese Erklärung möglich ist.

Er zeigt zugleich, daß die optischen Erscheinungen nur ein besonderer Fall der elektromagnetischen Erscheinungen sind. Aus jeder Theorie der Elektrizität kann man also sofort eine Theorie des Lichtes ableiten.

Das Umgekehrte geht leider nicht; auf keinen Fall ist es leicht, aus einer vollkommenen Erklärung des Lichtes eine vollkommene Erklärung der elektrischen Erscheinungen abzuleiten. Es ist besonders nicht leicht, wenn man von der Fresnelschen Theorie ausgehen will; es würde zweifellos nicht unmöglich sein; nichtsdestoweniger muß man sich fragen, ob man nicht gezwungen werden würde, bewunderungswürdigen Resultaten zu entsagen, welche man definitiv gesichert glaubte. Das scheint ein Schritt rückwärts zu sein, und mancher tüchtige Kopf wird sich zu solcher Entsagung nicht entschließen.[108]

Wenngleich der Leser darein willigt, seine Hoffnungen zu beschränken, so wird er sich doch an anderen Schwierigkeiten stoßen; der englische Gelehrte versucht nicht ein einziges, bestimmtes und wohlgeordnetes Gebäude zu errichten, er scheint vielmehr eine große Anzahl provisorischer und voneinander unabhängiger Bauten aufzuführen, zwischen denen die Verbindung manchmal schwierig und oft unmöglich ist.

Nehmen wir z. B. das Kapitel, in welchem er die elektrostatische Attraktion durch Druck- und Zugkräfte erklärt, welche in dem dielektrischen Medium herrschen.

IV, 12. Optik und Elektrizität

Dieses Kapitel könnte ausgelassen werden, ohne daß der Rest des Buches weniger klar und weniger vollständig wäre, und andererseits enthält es eine Theorie, welche sich selbst genügt, und man kann sie verstehen, ohne auch nur eine der vorhergehenden oder der folgenden Zeilen zu lesen. Aber dieses Kapitel ist nicht nur unabhängig von dem übrigen Werke; es ist schwer mit den fundamentalen Ideen des Buches in Einklang zu bringen. Maxwell selbst versucht nicht, diese Übereinstimmung herbeizuführen; er beschränkt sich darauf zu sagen: „I have not been able to make the next step, namely, to account by mechanical considerations for these stresses in the dielectric."

Dieses Beispiel wird meinen Gedankengang verständlich machen; ich könnte noch andere Beispiele anführen. Wer würde z. B. bei Lektüre der Seiten, welche sich mit der magnetischen Drehung der Polarisations-Ebene beschäftigen, auf den Gedanken kommen, daß es eine Wesenseinheit zwischen den optischen und den magnetischen Erscheinungen gibt?

Man soll sich nicht einbilden, jeden Widerspruch vermeiden zu können; man muß sich darin finden. Zwei widersprechende Theorien können tatsächlich, vorausgesetzt, daß man sie nicht miteinander vermengt und in ihnen nicht den Grund der Dinge erblickt, alle beide nützliche Untersuchungs-Werkzeuge sein, und vielleicht wäre die Lektüre Maxwells weniger anregend, wenn er uns nicht so viele Ausblicke in die verschiedensten Richtungen eröffnet hätte.

Aber die fundamentale Idee ist dadurch etwas verkleidet, und zwar so sehr, daß sie in den meisten populären Werken fast vollständig übersehen wird.

Um ihre Wichtigkeit besser hervorzuheben, glaube ich erklären zu müssen, worin diese fundamentale Idee besteht. Dazu ist eine kurze Abschweifung notwendig.

Die mechanische Erklärung der physikalischen Erscheinungen. — In jeder physikalischen Erscheinung gibt es eine gewisse Anzahl von Parametern, welche dem Experimente direkt zugänglich sind und durch dasselbe gemessen werden. Ich will sie die Parameter q nennen.

Die Beobachtung läßt uns die Gesetze von den Veränderungen dieser Parameter erkennen, und diese Gesetze lassen sich allgemein in die Form von Differentialgleichungen setzen, welche die Parameter q und die Zeit miteinander verbinden.

Wie kann man eine mechanische Erklärung für eine solche Erscheinung geben?

Man wird versuchen, sie entweder durch die Bewegungen der gewöhnlichen Materie oder durch die Bewegungen eines hypothetischen Fluidums oder mehrerer Fluida zu erklären.

Diese Fluida werden von einer sehr großen Anzahl einzelner Moleküle gebildet, die ich m nennen will.

Wann werden wir nun sagen, daß wir eine vollkommene mechanische Erklärung für die Erscheinung haben? Das wird einerseits der Fall sein, wenn wir die Differentialgleichungen kennen, welchen die Koordinaten dieser hypothetischen Moleküle m genügen, dieselben Gleichungen, welche überdies den Prinzipen der Dynamik konform sein müssen; andrerseits wird es geschehen, wenn wir die Relationen kennen, welche die Koordinaten der Moleküle m in Funktion der Parameter q definieren, welch letztere dem Experimente zugänglich sind.

Diese Gleichungen müssen, wie ich bereits sagte, den Prinzipen der Dynamik und besonders dem Prinzipe von der Erhaltung der Energie und dem Prinzipe der kleinsten Wirkung konform sein.

Das erste dieser beiden Prinzipe lehrt uns, daß die totale Energie konstant ist, und daß diese Energie sich in zwei Teile teilt:

1. Die kinetische Energie oder lebendige Kraft, welche von den Massen der hypothetischen Moleküle m und von ihren Geschwindigkeiten abhängt, und die ich T nennen werde.

2. Die potentielle Energie, welche nur von den Koordinaten dieser Moleküle abhängt, und die ich U nennen werde. Die Summe dieser beiden Energien T und U ist konstant.

Was lehrt uns nun das Prinzip der kleinsten Wirkung? Es lehrt uns, daß das System, um von der Anfangslage, welche es im Zeitpunkte t_0 einnimmt, zur Endlage, die es im Zeitpunkte t_1 einnimmt, überzugehen, einen solchen Weg einschlagen muß, daß in dem Intervalle der Zeit, welche zwischen den beiden Zeitpunkten t_0 und t_1 vergeht, der mittlere Wert der „Wirkung" (d. h. der Differenz zwischen den beiden Energien T und U) so klein als möglich ist. Das erste dieser beiden Prinzipe ist übrigens eine Folge des zweiten.

Wenn man die beiden Funktionen T und U kennt, so genügt dieses Prinzip, um die Gleichungen der Bewegung zu bestimmen.

Unter allen Wegen, welche den Übergang von einer Lage in die andere vermitteln, gibt es offenbar einen, für welchen der mittlere Wert der Wirkung kleiner ist als für alle anderen. Es gibt auch nur einen solchen Weg, und es folgt daraus, daß das Prinzip der kleinsten Wirkung hinreichend ist, um den eingeschlagenen Weg und folglich die Gleichungen der Bewegung zu bestimmen.

Man erhält so die sogenannte erste Form der Gleichungen von Lagrange.

In diesen Gleichungen sind die unabhängigen Variabeln die Koordinaten der hypothetischen Moleküle m; aber ich setze jetzt voraus, daß man die Parameter q zu Variabeln nimmt, weil sie der Erfahrung direkt zugänglich sind.

Die beiden Teile der Energie müssen sich dann in Funktion der Parameter q und ihrer Differentialquotienten ausdrücken lassen: in dieser Gestalt erscheinen sie offenbar dem Experimentator. Dieser sucht natürlich die potentielle und die kinetische Energie mit Hilfe der Größen, welche er direkt beobachten kann, zu definieren.*)

Dies vorausgesetzt, wird das System stets von einer Lage zu einer anderen einen derartigen Weg verfolgen, daß die mittlere Wirkung ein Minimum sein wird.

Es kommt nicht darauf an, daß T und U jetzt mit Hilfe der Parameter q und ihrer Differentialquotienten ausgedrückt werden; ebensowenig kommt es darauf an, daß wir gerade mittelst dieser Parameter die Anfangs- und Endlage definieren; das Prinzip der kleinsten Wirkung bleibt immer richtig.

Es sei hier gleich eingeschaltet, daß von allen Wegen, die von einer Lage zu einer anderen führen, es einen gibt, für den die mittlere Wirkung ein Minimum ist, und daß es nur den einen Weg gibt. Das Prinzip der kleinsten Wirkung genügt also, um die Differentialgleichungen zu bestimmen, welche die Veränderungen der Parameter q definieren.

Die so erhaltenen Gleichungen sind eine zweite Form der Gleichungen von Lagrange.[104])

Um diese Gleichungen zu bilden, brauchen wir nicht die Verbindungen zu kennen, welche die Parameter q mit den Koordinaten der hypothetischen Moleküle verbinden, noch die Massen dieser Moleküle, noch den Ausdruck von U in Funktion der Koordinaten dieser Moleküle. Alles was wir kennen müssen, ist der Ausdruck von U in Funktion der q und derjenige von T

---

*) Wir fügen hinzu, daß U nur von den Parametern q, T von den Parametern q und ihren Differentialquotienten inbezug auf die Zeit abhängt, und daß T ein homogenes Polynom zweiten Grades inbezug auf diese Differentialquotienten ist.

in Funktion der q und ihrer Differentialquotienten, d. h. die Ausdrücke der kinetischen Energie und der potentiellen Energie in Funktion der experimentellen Daten.

Dann gibt es zwei Möglichkeiten. Entweder die in obiger Weise hergestellten Lagrangeschen Gleichungen stimmen bei passender Wahl der Funktionen T und U mit den Differentialgleichungen überein, welche man aus den Experimenten ableitet; oder es gibt keine solche Funktionen T und U, für welche diese Übereinstimmung stattfindet.

In diesem letzteren Falle ist es klar, daß eine mechanische Erklärung nicht möglich ist.

Die notwendige Bedingung dafür, daß eine mechanische Erklärung durchführbar sei, liegt also in der Möglichkeit, die Funktionen T und U so zu wählen, daß sie das Prinzip der kleinsten Wirkung befriedigen, welches das Prinzip der Erhaltung der Energie zur Folge hat.

Diese Bedingung ist übrigens hinreichend; in der Tat: wir wollen voraussetzen, daß man eine Funktion U der Parameter q gefunden hat, welche einen der Teile der Energie darstellt, daß ein anderer Teil der Energie, welche wir durch T darstellen, eine Funktion der q und ihrer Differentialquotienten ist, und daß sie ein homogenes Polynom zweiten Grades inbezug auf diese Differentialquotienten ist, und endlich, daß die Gleichungen von Lagrange, welche mit Hilfe dieser beiden Funktionen T und U gebildet sind, den Daten der Erfahrung konform sind.

Wie leitet man nun daraus eine mechanische Erklärung ab? Man muß U als potentielle Energie eines Systems ansehen und T als die lebendige Kraft dieses selben Systems.

Das ist, was U betrifft, nicht schwierig; aber kann

T als die lebendige Kraft eines materiellen Systems angesehen werden?

Es ist leicht zu beweisen, daß das stets möglich ist, und zwar auf unendlich viele verschiedene Arten. Für weitere Einzelheiten verweise ich auf das Vorwort meines Werkes: Elektrizität und Optik.

Wenn man also dem Prinzipe der kleinsten Wirkung nicht genügen kann, so gibt es keine mögliche mechanische Erklärung; wenn man dem Prinzipe genügen kann, so gibt es nicht nur eine Erklärung, sondern unendlich viele Erklärungen, woraus hervorgeht, daß es unendlich viele gibt, sobald es eine gibt.

Ich mache noch eine Bemerkung.

Unter den Größen, welche das Experiment uns direkt nahe bringt, betrachten wir die einen als Funktionen der Koordinaten unserer hypothetischen Moleküle; das sind die Parameter q; wir betrachten die anderen nicht nur als abhängig von den Koordinaten, sondern auch als abhängig von den Geschwindigkeiten oder, was auf dasselbe herauskommt, als Differentialquotienten der Parameter q oder als Kombinationen dieser Parameter und ihrer Differentialquotienten.

Dann drängt sich uns die folgende Frage auf: Welche unter allen diesen experimentell gemessenen Größen wählen wir, um die Parameter q darzustellen? Welche von ihnen werden wir auswählen, um sie als Differentialquotienten dieser Parameter zu betrachten? Diese Wahl bleibt in sehr ausgedehntem Maße willkürlich, aber um eine mechanische Erklärung zu ermöglichen, ist es genügend, wenn man sie so treffen kann, daß man mit dem Prinzipe der kleinsten Wirkung in Übereinstimmung bleibt.

Und in dieser Weise hat Maxwell sich gefragt, ob er diese Wahl und die Auswahl der beiden Energien T und U so treffen kann, daß die elektrischen Erscheinungen diesem Prinzipe genügen können. Die Erfahrung zeigt uns, daß die Energie eines elektromagnetischen Feldes sich in zwei Teile zerlegt, in die elektrostatische Energie und die elektrodynamische Energie. Maxwell erkannte folgendes: Wenn man annimmt, daß die erste die potentielle Energie U und die zweite die kinetische Energie T darstellt, wenn andererseits die elektrostatischen Ladungen der Konduktoren als Parameter q und die Intensitäten der Ströme als Differentialquotienten anderer Parameter q betrachtet werden; unter diesen Bedingungen, sage ich, erkannte Maxwell, daß die elektrischen Erscheinungen dem Prinzipe der kleinsten Wirkung genügen. Er war seitdem von der Möglichkeit einer mechanischen Erklärung überzeugt.

Wenn er diese Idee am Anfange seines Buches klar ausgesprochen hätte, anstatt sie in einen Winkel des zweiten Bandes zu verbannen, so wäre sie den meisten Lesern nicht entgangen.

Wenn also eine Erscheinung eine vollständig mechanische Erklärung zuläßt, so wird sie eine unendliche Anzahl anderer mechanischer Erklärungen gestatten, welche ebensogut von allen durch die Erfahrung geoffenbarten Einzelheiten Rechenschaft geben.

Und das ist durch die Geschichte aller Teile der Physik bestätigt; in der Optik z. B. hält Fresnel die Vibration für senkrecht zur Polarisationsebene; Neumann hält sie für parallel zu dieser Ebene. Man hat lange ein „experimentum crucis" gesucht, welches zwischen diesen beiden Theorien entscheiden sollte, aber man hat ein solches nicht gefunden.

Ebenso können wir, ohne das Gebiet der Elektrizität zu verlassen, konstatieren, daß die Theorie zweier Fluida und die Theorie eines Fluidums beide gleich gut von dem beobachteten Gesetze der Elektrostatik Rechenschaft geben.

Alle diese Tatsachen erklären sich leicht dank den Eigenschaften der Lagrangeschen Gleichungen, welche ich erwähnte.

Es ist jetzt leicht zu verstehen, welches die fundamentale Idee Maxwells war.

Um die Möglichkeit einer mechanischen Erklärung der Elektrizität zu beweisen, brauchen wir uns nicht vorzunehmen, diese Erklärung selbst wirklich aufzufinden; es genügt uns, den Ausdruck für die beiden Funktionen T und U zu kennen, welche die beiden Teile der Energie sind, darauf mit diesen beiden Funktionen die Lagrangeschen Gleichungen zu bilden und dann diese Gleichungen mit den experimentellen Gesetzen zu vergleichen.

Wie soll man unter allen diesen möglichen Erklärungen eine Wahl treffen, für die wir in den Experimenten keinen Anhalt finden? Es wird vielleicht ein Tag kommen, an dem die Physiker diesen für die positiven Methoden unzugänglichen Fragen kein Interesse mehr schenken und sie den Metaphysikern überlassen. Dieser Tag ist noch nicht gekommen; der Mensch gesteht nicht so leicht ein, daß er den Grund der Dinge niemals erkennen kann.

Unsere Wahl kann also nur von Betrachtungen geleitet werden, bei denen der Anteil persönlicher Neigung und Vorliebe sehr groß ist; es gibt indessen Lösungen, welche von jedem ihrer Wunderlichkeit wegen verworfen werden, und es gibt wiederum Lösungen, welche jeder ihrer Einfachheit wegen bevorzugt.

Was die Elektrizität und den Magnetismus betrifft, so enthält sich Maxwell jeder Wahl; aber nicht weil er grundsätzlich alles, was die positiven Methoden nicht nahe bringen können, verachtet; die Zeit, welche er der kinetischen Theorie der Gase widmete, legt davon Zeugnis ab. Ich füge hinzu, daß, wenn er in seinem großen

Werke keine vollständige Erklärung entwickelt, er anderseits versucht, eine solche in einem Artikel des Philosophical Magazine zu geben. Die Fremdartigkeit und die Kompliziertheit der Hypothesen, welche er so machen mußte, veranfaßten ihn, darauf zu verzichten.[105])

Derselbe Geist findet sich im ganzen Werke wieder. Alles Wesentliche, d. h. alles, was sämtlichen Theorien gemeinsam bleiben muß, ist klar beleuchtet worden; alles, was nur für eine besondere Theorie paßt, wird fast immer mit Stillschweigen übergangen. Der Leser findet sich somit einer fast inhaltlosen Form gegenüber, welche er für einen vorübergleitenden und nicht greifbaren Schatten halten möchte. Aber die Anstrengungen, welche er gewaltsam machen muß, zwingen ihn zum Denken, und schließlich begreift er das ganze Gebäude der oft etwas künstlichen Theorien, welche er früher lediglich bewunderte.

Dreizehntes Kapitel.

Die Elektrodynamik.

Die Geschichte der Elektrodynamik ist gerade für unseren Standpunkt sehr lehrreich.

Ampère hat sein unsterbliches Werk „Théorie des phénomènes électrodynamiques uniquement fondée sur l'expérience" betitelt. Er war also der Meinung, keine Hypothese gemacht zu haben; er hat, wie wir bald bemerken werden, trotzdem Hypothesen aufgestellt, aber er tat es, ohne es zu wissen.

Diejenigen, welche nach ihm kamen, bemerkten sie jedoch, weil ihre Aufmerksamkeit auf die schwachen Punkte der Ampèreschen Lösung gelenkt wurden. Sie machten neue Hypothesen,. diesmal mit vollem Bewußtsein; aber wie oft mußte man sie ändern, bevor man zu dem klassischen Systeme von heute gelangte, welches vielleicht auch noch nicht definitiv ist; wir wollen darauf näher eingehen.

1. **Die Ampèresche Theorie.** — Als Ampère die gegenseitigen Wirkungen der Ströme experimentell studierte, operierte er nur mit geschlossenen Strömen und konnte nicht anders operieren.

Das geschah nicht, weil er die Möglichkeit der offenen Ströme leugnete. Wenn zwei Konduktoren mit entgegengesetzter Elektrizität geladen sind und wenn man sie durch einen Draht in Verbindung bringt, entsteht ein Strom, der von einem Konduktor zum anderen geht und welcher so lange dauert, bis die beiden Potentiale gleich geworden sind. Für die Auffassung, welche zur Zeit Ampères herrschte, war das ein offener Strom; man sah wohl den Strom vom ersten Konduktor zum zweiten übergehen, aber man sah ihn nicht vom zweiten zum ersten Konduktor zurückkommen

Ströme dieser Art betrachtete Ampère als offene, z. B. die Entladungsströme der Kondensatoren; aber er konnte sie nicht zum Gegenstande seiner Experimente machen, weil ihre Dauer zu kurz ist.

Man kann sich noch eine andere Art von offenen Strömen vorstellen. Ich setze zwei Konduktoren A und B voraus, welche durch einen Draht AMB verbunden sind. Kleine, in Bewegung geratene, leitende Massen setzen sich zuerst mit dem Konduktor B in Berührung und entnehmen ihm eine elektrische Ladung, sie verlassen die Berührung mit B, setzen sich in Bewegung, indem sie den Weg BNA verfolgen, und, indem sie ihre Ladung mit sich tragen, kommen sie in Berührung mit A und geben dort ihre Ladung ab, welche nun zu B zurückgelangt, indem sie längs des Drahtes AMB geht.

Man hat hier in gewissem Sinne einen geschlossenen Strom, weil die Elektrizität die geschlossene Kurve $BNAMB$ beschreibt; aber die beiden Teile dieses Stromes sind sehr verschieden; in dem Drahte AMB bewegt sich die Elektrizität im Innern eines festen Leiters in der Art eines Voltaschen Stromes, indem sie einen Ohmschen Widerstand überwindet und Wärme entwickelt; man sagt, daß sie sich durch Leitung fortbewegt; in dem Teile BNA ist die Elektrizität durch einen beweglichen Leiter übertragen; man sagt dann, daß sie sich durch Konvektion bewegt.

Wenn der Konvektionsstrom als völlig analog mit dem Leitungsstrome erachtet wird, so ist der Strom $BNAMB$ geschlossen; wenn im Gegensatze dazu der Konvektionsstrom nicht „ein richtiger Strom" ist und z. B. auf den Magnet nicht einwirkt, so bleibt nur der Leitungsstrom AMB übrig, und der ist offen.

Wenn man z. B. die beiden Pole einer Holtzschen Maschine durch einen Draht verbindet, so überträgt die rotierende, mit Elektrizität beladene Scheibe von einem Pole zum anderen durch Konvektion Elektrizität, und diese gelangt durch Leitung im Innern des Drahtes zum ersten Pole zurück.

Aber Ströme dieser Art sind sehr schwierig mit wahrnehmbarer Intensität zu verwirklichen. Mit den Mitteln, über welche Ampère verfügte, war es so gut wie unmöglich.

Kurz, Ampère konnte das Vorhandensein zweier Arten von offenen Strömen erkennen, aber er konnte weder mit den einen noch mit den anderen operieren, weil sie zu wenig intensiv waren oder zu kurze Zeit dauerten.

Das Experiment konnte ihm also nur die Wirkung eines geschlossenen Stromes auf einen geschlossenen Strom zeigen oder, streng genommen, die Wirkung eines geschlossenen Stromes auf einen Stromteil, denn man kann einen Strom durch einen geschlossenen Weg gehen lassen, der sich aus einem beweglichen und einem festen Teile zusammensetzt Man kann dann die Ortsveränderungen des beweglichen Teiles unter der Wirkung eines anderen geschlossenen Stromes studieren.

Dagegen hatte Ampère kein Mittel, die Wirkung eines offenen Stromes zu studieren, weder inbezug auf einen geschlossenen Strom noch inbezug auf einen anderen offenen Strom.[106]

I. Wirkung geschlossener Ströme. — In dem Falle der gegenseitigen Wirkung zweier geschlossenen Ströme wurden Ampère durch das Experiment auffallend einfache Gesetze geoffenbart.

Ich erwähne hier flüchtig diejenigen, welche uns in der Folge nützlich sein werden:

1. **Wenn die Intensität der Ströme konstant erhalten wird** und wenn die beiden Ströme nach irgend welchen Ortsveränderungen und Deformationen schließlich zu ihren Anfangslagen zurückkehren, so wird die Totalarbeit der elektrodynamischen Wirkungen Null sein.

Mit anderen Worten: Es gibt ein **elektrodynamisches Potential** der beiden Ströme, welches dem Produkte der Intensitäten proportional und von der Gestalt und der relativen Lage der Ströme abhängig ist; die Arbeit der elektrodynamischen Wirkungen ist gleich der Variation dieses Potentials.

2. Die Wirkung eines geschlossenen Solenoids ist Null.

3. Die Wirkung eines geschlossenen Stromes C auf einen anderen geschlossenen Voltaschen Strom C' hängt nur von dem „magnetischen Felde" ab, welches durch diesen Strom C erzeugt wird. In jedem Punkte des Raumes kann man in der Tat nach Größe und Rich-

tung eine gewisse Kraft definieren, welche die **magnetische Kraft** heißt und welche folgende Eigenschaften besitzt:

a) Die von C auf einen magnetischen Pol ausgeübte Kraft greift an diesem Pole an, sie ist gleich der magnetischen Kraft, multipliziert mit der magnetischen Masse des Poles.

b) Eine sehr kurze Magnetnadel sucht die Richtung der magnetischen Kraft einzunehmen, und das Kräftepaar, welches sie in diese Lage zurückzuführen sucht, ist proportional dem Produkte der magnetischen Kraft in das magnetische Moment der Nadel und in den Sinus des Ausschlagswinkels.

c) Wenn der Stromkreis C' seine Lage verändert, so wird die Arbeit der elektrodynamischen, von C auf C' ausgeübten Wirkung gleich dem Zuwachse des „Flusses magnetischer Kraft" sein, der diesen Strom kreuzt.

II. **Wirkung eines geschlossenen Stromes auf einen Stromteil.** — Da Ampère einen eigentlich offenen Strom nicht verwirklichen konnte, so hatte er nur ein Mittel, die Wirkung eines geschlossenen Stromes auf einen Stromteil zu beobachten.

Er operierte nämlich mit einem geschlossenen Strome C', der sich aus zwei Teilen: einem festen und einem beweglichen Teile zusammensetzte. Der bewegliche Teil war z. B. ein beweglicher Draht $\alpha\beta$, dessen Enden α und β längs eines festen Drahtes gleiten konnten. In einer Lage des beweglichen Drahtes ruhte das Ende α auf dem Punkte A des festen Drahtes und das Ende β auf dem Punkte B des festen Drahtes. Der Strom circulierte von α nach β, d. h. von A nach B längs des beweglichen Drahtes, und er kam darauf von B nach A zurück, indem er längs des festen Drahtes ging. **Dieser Strom war also geschlossen.**

Nachdem der bewegliche Draht eine gleitende Bewegung ausgeführt hatte, befand er sich in einer zweiten Lage. Hier ruhte das Ende α auf einem anderen Punkte A' des festen Drahtes und das Ende β auf einem anderen Punkte B' des festen Drahtes. Der Strom circulierte dann von α nach β, d. h. von A' nach B' längs des beweglichen Drahtes, und er kam darauf von B' nach B zurück, dann von B nach A, schließlich von A nach A', immer längs des festen Drahtes. Der Strom war also wieder geschlossen.

Wenn ein solcher Strom der Wirkung eines geschlossenen Stromes C unterworfen wird, so verändert der bewegliche Teil seine Lage, als ob er der Wirkung einer Kraft folgte. Ampère nimmt an, daß die scheinbare Kraft, welcher dieser bewegliche Teil AB unterworfen ist und welche die Wirkung von C auf den Stromteil $\alpha\beta$ darstellt, dieselbe ist, als wenn $\alpha\beta$ von einem offenen Strome durchlaufen wurde, der in α und β aufhört, während tatsächlich $\alpha\beta$ von einem geschlossenen Strome durchlaufen wird, der von β nach α zurückkehrt, indem er den festen Teil des Stromkreises durchläuft.

Diese Hypothese erscheint ziemlich natürlich, und Ampère machte sie, ohne sich dessen bewußt zu sein; nichtsdestoweniger ist sie nicht selbstverständlich, denn wir werden später sehen, daß Helmholtz sie verworfen hat. Wie dem auch sein mag, so konnte doch Ampère vermöge dieser Hypothese, obgleich er einen offenen Strom nicht verwirklichen konnte, die Gesetze der Wirkung eines geschlossenen Stromes auf einen offenen Strom oder selbst auf ein Stromelement aussprechen.

Die Gesetze bleiben einfach:

1. Die Kraft, welche auf ein Stromelement einwirkt, greift an diesem Elemente an; sie ist senkrecht zu dem Elemente und zur magnetischen Kraft und proportional

derjenigen Komponente dieser magnetischen Kraft, welche zum Stromelemente senkrecht ist.

2. Die Wirkung eines geschlossenen Solenoids, auf ein Stromelement bleibt Null.

Aber es gibt kein elektrodynamisches Potential mehr, d. h. wenn ein geschlossener und ein offener Strom, deren Intensitäten konstant erhalten werden, in ihre Anfangslagen zurückkehren, so ist die geleistete Totalarbeit nicht Null.

III. **Stetige Rotationen.** — Unter den elektrodynamischen Experimenten sind diejenigen am meisten bemerkenswert, bei denen man stetige Rotationen herstellen konnte und die man öfters Experimente der „unipolaren Induktion" nennt. Ein Magnet sei um seine Achse frei beweglich; ein Strom durchläuft zuerst einen festen Draht, tritt dann in den Magnet z. B. durch den Pol N ein, durchläuft die Hälfte des Magneten, verläßt ihn durch einen Gleitkontakt und kehrt in den festen Draht zurück.

Der Magnet kommt so in stetige Rotation, ohne jemals eine Gleichgewichtslage einnehmen zu können. Das ist das Faradaysche Experiment.

Wie ist dieses möglich? Wenn man mit zwei Stromkreisen von unveränderlicher Form zu tun hat: einem festen Stromkreise C und einem anderen Stromkreise C', der um eine Achse beweglich ist, so kann dieser letztere niemals in stetige Rotation geraten; so existiert in der Tat ein elektrodynamisches Potential; es wird also um so mehr eine Gleichgewichtslage existieren, und zwar diejenige, wo das Potential ein Maximum ist.

Die stetigen Rotationen sind also nur möglich, wenn der Stromkreis C' sich aus zwei Teilen zusammensetzt: einem festen Teile und einem um eine Achse beweglichen Teile, wie es in dem Experimente Faradays der Fall war. Dennoch müssen wir einen Unterschied machen.

Der Übergang des festen Teiles zum beweglichen Teile oder umgekehrt vollzieht sich entweder durch eine einfache Berührung (indem der gleiche Punkt des beweglichen Teiles beständig mit dem gleichen Punkte des festen Teiles in Berührung bleibt) oder durch eine gleitende Berührung (indem der gleiche Punkt des beweglichen Teiles nacheinander mit verschiedenen Punkten des festen Teiles in Berührung kommt).

Nur im zweiten Falle kann eine stetige Rotation stattfinden. Dabei ereignet sich Folgendes: Das System hat zwar das Bestreben, eine Gleichgewichtslage einzunehmen; aber wenn diese eben erreicht wird, setzt der Gleitkontakt den beweglichen Teil mit einem neuen Punkte des festen Teiles in Verbindung; der bewegliche Teil ändert die Verbindungen im Systeme; er ändert also auch die Gleichgewichtsbedingungen, so daß die Rotation sich ohne Ende fortsetzen kann, indem die Gleichgewichtslage sozusagen vor dem Systeme, welches sie einzunehmen sucht, beständig flieht.

Ampère nimmt an, daß die Einwirkung des Stromkreises auf die beweglichen Teile von C' die gleiche ist, als wenn der feste Teil von C' nicht existierte, und als ob folglich der Strom, welcher in dem beweglichen Teile circuliert, offen wäre.

Hieraus schloß er also, daß die Wirkung eines geschlossenen Stromes auf einen offenen Strom oder umgekehrt die Wirkung eines offenen Stromes auf einen geschlossenen Strom zu einer stetigen Rotation Veranlassung geben kann.

Aber dieser Schluß hängt von der Hypothese ab, welche ich hervorgehoben habe und die, wie ich weiter oben erwähnte, von Helmholtz nicht zugelassen wird.

IV. **Gegenseitige Wirkung zweier offenen Ströme.** — Was die gegenseitige Wirkung zweier offenen Ströme und besonders diejenige zweier Stromelemente betrifft, so versagt jedes Experiment. Ampère nahm die Hypothese zu Hilfe. Er setzt voraus: 1. daß die gegenseitige Wirkung der beiden Elemente sich auf eine Kraft reduziert, welche in der Richtung ihrer geraden Verbindungslinie wirkt; 2. daß die Wirkung zweier geschlossenen Ströme die Resultate der gegenseitigen Einwirkungen ihrer verschiedenen Elemente ist, welche übrigens die gleichen sind, als ob diese Elemente isoliert wären.

Bemerkenswert ist, daß Ampère auch hier wieder zwei Hypothesen macht, ohne sich dessen bewußt zu sein.

Wie dem auch sei, wenn man diese beiden Hypothesen mit den Experimenten über geschlossene Ströme verbindet, so genügen sie, um das Gesetz der gegenseitigen Wirkung zweier Elemente vollständig zu bestimmen.

Dann sind jedoch die meisten einfachen Gesetze, welchen wir in dem Falle der geschlossenen Ströme begegneten, nicht mehr richtig.

Vor allem gibt es kein elektrodynamisches Potential; es existierte übrigens schon, wie wir oben gesehen haben, in dem Falle eines geschlossenen Stromes, der auf einen offenen Strom einwirkt, nicht mehr.

Ferner gibt es, streng genommen, keine magnetische Kraft mehr.

Und in der Tat haben wir von dieser Kraft weiter oben (S. 228) drei verschiedene Definitionen gegeben:

1. durch die Wirkung auf einen magnetischen Pol;
2. durch das Kräftepaar, welches die Richtung der Magnetnadel bestimmt;
3. durch die Wirkung auf ein Stromelement.

Nicht nur stimmen in dem Falle, der uns jetzt beschäftigt, diese drei Definitionen nicht überein, sondern jede von ihnen verliert sogar ihren Sinn, denn in der Tat:

Offene Ströme

1. Ein magnetischer Pol ist nicht mehr einfach einer nur an diesem Pole angreifenden Kraft unterworfen. Wir haben tatsächlich gesehen, daß eine Kraft, welche durch die Wirkung eines Stromelements auf einen Pol ausgeübt wird, nicht am Pole, sondern am Elemente angreift; sie kann andererseits durch eine Kraft ersetzt werden, welche am Pole angreift, und durch ein hinzutretendes Kräftepaar.

2. Das Kräftepaar, welches auf die Magnetnadel wirkt, beschränkt sich nicht mehr darauf, die Richtung derselben zu bestimmen, denn sein Moment inbezug auf die Längsachse der Nadel ist nicht Null. Es zerlegt sich in ein Paar, das die Richtung bestimmt, und in ein ergänzendes Paar, welches die ständige Rotation hervorzubringen strebt, von der ich oben gesprochen habe.

3. Schließlich ist die auf ein Stromelement ausgeübte Kraft nicht mehr senkrecht zu diesem Elemente.

Mit anderen Worten: Die Einheit der magnetischen Kraft ist verschwunden.

Worin besteht diese Einheit? Zwei Systeme, welche dieselbe Wirkung auf einen magnetischen Pol ausüben, üben die gleiche Wirkung auf eine unendlich kleine Magnetnadel oder auf ein Stromelement aus, welche beide sich in demselben Raumpunkte befinden wie dieser Pol.

Das ist richtig, wenn diese beiden Systeme nur geschlossene Ströme enthalten; es wird (nach Ampère) nicht mehr richtig sein, wenn diese beiden Systeme offene Ströme enthalten.

Es genügt z. B. Folgendes zu bemerken: Wenn ein magnetischer Pol in A und ein Stromelement in B liegt und die Richtung des Elements mit der Verlängerung der Linie AB zusammenfällt, so wird dieses Element auf diesen in A liegenden Pol keine Wirkung ausüben, es wird jedoch eine solche auf eine im Punkte A be-

findliche Magnetnadel ausüben oder auf ein im Punkte
A befindliches Stromelement.

V. Induktion. — Man weiß, daß die Entdeckung
der elektrodynamischen Induktion den unsterblichen
Arbeiten Ampères bald folgte.

Sobald es sich nur um geschlossene Ströme handelt,
entsteht keine Schwierigkeit, und Helmholtz hat sogar
bemerkt, daß das Prinzip von der Erhaltung der Energie
genügen könnte, um die Gesetze der Induktion aus den
elektrodynamischen Gesetzen Ampères abzuleiten. Allerdings unter einer Bedingung, wie Bertrand uns zeigte,
nämlich, daß man außerdem eine gewisse Anzahl von
Hypothesen zuläßt.

Dasselbe Prinzip gestattet diese Ableitung noch in
dem Falle der offenen Ströme, obgleich man, wohlverstanden, das Resultat nicht der Kontrolle der Erfahrung
unterwerfen kann, denn man kann solche Ströme nicht
herstellen.

Wenn man diese Art Analyse auf die Ampèresche
Theorie der offenen Ströme anwenden will, so gelangt
man zu Tatsachen, die wohl dazu geeignet sind, uns zu
überraschen.

Vor allem kann die Induktion nicht aus der Veränderung des magnetischen Feldes gemäß der den Gelehrten und Praktikern gleich gut bekannten Formel abgeleitet werden, und in der Tat gibt es, wie wir schon
gesagt haben, eigentlich kein magnetisches Feld mehr.

Noch mehr. Wenn ein Stromkreis C der Induktion
eines veränderlichen Voltaschen Systems S unterworfen
wird, wenn dieses System S seine Stellung verändert
und sich auf irgend welche Art deformiert und wenn
die Intensität der Ströme dieses Systems gemäß irgend
einem Gesetze variiert, wenn aber nach diesen Variationen das System schließlich in seine Anfangslage zurückkehrt: so erscheint es natürlich anzunehmen, daß

die mittlere elektromotorische Kraft, welche in dem Stromkreise C induziert wird, gleich Null ist.

Das ist richtig, wenn der Stromkreis C geschlossen ist und wenn das System S nur geschlossene Ströme enthält. Wenn man die Ampèresche Theorie annimmt, ist es nicht mehr richtig, sobald offene Ströme vorkommen. Dann würde die Induktion nicht mehr die Veränderung des Flusses der magnetischen Kraft im gewöhnlichen Sinne dieses Wortes sein, sie könnte sogar nicht durch die Veränderung irgend eines anderen Etwas dargestellt werden.

2. **Die Helmholtzsche Theorie.** — Ich habe bei den Folgerungen länger verweilt, zu denen Ampères Theorie und seine Erklärungsweise für die Wirkung offener Ströme Veranlassung gaben.

Es ist schwer, den paradoxen und verkünstelten Charakter der Sätze zu verkennen, zu welchen man so geführt wird; man kommt schließlich zu dem Gedanken: „So kann die Sache nicht sein."

Man begreift, daß Helmholtz sich veranlaßt fühlte, etwas anderes zu suchen.

Helmholtz verwirft die fundamentale Ampèresche Hypothese, daß nämlich die gegenseitige Wirkung zweier Stromelemente sich auf eine Kraft zurückführen läßt, welche in der Richtung ihrer Verbindungslinie wirkt.

Er nimmt an, daß ein Stromelement nicht einer einzigen Kraft unterworfen ist, sondern einer Kraft und einem Kräftepaar. Diese Annahme gab zu der berühmten Polemik zwischen Bertrand und Helmholtz Veranlassung.[107])

Helmholtz ersetzt die Ampèresche Hypothese durch die folgende: Zwei Stromelemente lassen immer ein elektrodynamisches Potential zu, das einzig von ihrer Lage und Orientierung abhängt, und die Arbeit der

Kräfte, welche sie aufeinander ausüben, ist gleich der Variation dieses Potentials. So kann sich Helmholtz ebensowenig wie Ampère der Hypothese enthalten; aber wenigstens macht er sie nicht, ohne sie deutlich auszusprechen.

In dem dem Experimente allein zugänglichen Falle der geschlossenen Ströme stimmen die beiden Theorien überein; in allen anderen Fällen sind sie voneinander verschieden.

Im Gegensatze zu Ampères Voraussetzungen ist vor allem die Kraft, welcher der bewegliche Teil eines geschlossenen Stromes scheinbar unterworfen ist, nicht dieselbe, der dieser bewegliche Teil unterliegen würde, wenn er isoliert wäre und einen offenen Strom bildete.

Wir wollen auf den Stromkreis C' zurückkommen, von dem wir weiter oben sprachen und der von einem beweglichen Drahte $\alpha\beta$ gebildet wurde, welcher über einen festen Draht gleitet; in dem einzig realisierbaren Experimente ist der bewegliche Teil $\alpha\beta$ nicht isoliert, sondern bildet einen Teil eines geschlossenen Stromkreises. Wenn der Teil von AB nach $A'B'$ gelangt, so variiert das totale elektrodynamische Potential aus zwei Gründen: 1. es erleidet einen ersten Zuwachs, weil das Potential von $A'B'$ inbezug auf den Stromkreis C nicht dasselbe wie das Potential von AB ist; 2. es erleidet einen zweiten Zuwachs, weil man es um die Potentiale der Elemente AA' und BB' inbezug auf C vergrößern muß.

Dieses doppelte Anwachsen stellt die Arbeit der Kraft dar, welcher der Teil AB scheinbar unterworfen ist.

Wenn im Gegenteil $\alpha\beta$ isoliert wären, so würde das Potential nur den ersten Zuwachs erleiden, und nur dieser erste Zuwachs würde ein Maß für die Kraft geben, welche auf AB einwirkt.

In zweiter Linie kann es keine stetige Rotation ohne gleitende Berührung geben: und wirklich liegt darin, wie wir schon bei Gelegenheit der geschlossenen Ströme bemerkten, eine unmittelbare Folgerung der Existenz eines elektrodynamischen Potentials.

In dem Faradayschen Experimente kann dieser bewegliche Teil eine stetige Rotation erleiden, wenn der Magnet fest ist und wenn der außerhalb des Magneten verlaufende Teil des Stromes einen beweglichen Draht durchläuft. Aber damit ist nicht gesagt, daß der Draht eine Bewegung stetiger Rotation annehmen würde, wenn man die Berührungen des Drahtes mit dem Magneten aufhöbe und den Draht von einem offenen Strome durchlaufen ließe.

Ich habe soeben gesagt, daß ein isoliertes Element nicht derselben Einwirkung unterliegt als ein bewegliches Element, das einen Teil eines geschlossenen Stromkreises ausmacht.

Es gibt noch einen anderen Unterschied: Die Wirkung eines geschlossenen Solenoids auf einen geschlossenen Strom ist gemäß der Erfahrung und nach beiden Theorien gleich Null; nach Ampère würde die Wirkung eines geschlossenen Solenoids auf einen offenen Strom gleich Null sein; nach Helmholtz wäre sie nicht gleich Null.

Daraus entspringt eine wichtige Folgerung. Wir haben weiter oben drei Definitionen der magnetischen Kraft gegeben (S. 228); die dritte hat hier keinen Sinn, weil ein Stromelement nicht mehr nur einer einzigen Kraft unterworfen ist. Die erste Definition hat ebenfalls keinen Sinn für unsere jetzige Untersuchung. Denn was ist eigentlich ein magnetischer Pol? Es ist der Endpunkt eines linearen, unendlich kleinen Magneten. Dieser Magnet kann durch ein unendlich kleines Solenoid ersetzt werden. Damit die Definition der magnetischen

Kraft einen Sinn behielte, ist es notwendig, daß die von einem offenen Strome auf ein unendlich kleines Solenoid ausgeübte Wirkung nur von der Lage des Endpunktes dieses Solenoids abhänge, d. h. daß die Wirkung auf ein geschlossenes Solenoid gleich Null ist. Wir haben gesehen, daß dem nicht so ist.

Dagegen hindert uns nichts, die zweite Definition anzunehmen, welcher das Maß desjenigen Kräftepaares zu Grunde liegt, das eine Magnetnadel zu orientieren strebt.

Aber wenn man die zweite Definition annimmt, so hängen weder die Wirkungen der Induktion noch die elektrodynamischen Wirkungen allein von der Verteilung der Kraftlinien dieses magnetischen Feldes ab.

3. **Die diesen Theorien anhaftenden Schwierigkeiten.** — Die Helmholtzsche Theorie ist ein Fortschritt gegenüber der Ampèreschen Theorie; es bleibt indessen notwendig, alle Schwierigkeiten zu ebnen. In der einen wie in der anderen hat das Wort: „magnetisches Feld" keinen Sinn, oder wenn man ihm durch eine mehr oder weniger künstliche Festsetzung einen Sinn beilegt, so sind die gewöhnlichen, allen Elektrikern so vertrauten Gesetze nicht mehr anwendbar; so wird die in einem Drahte induzierte elektromotorische Kraft nicht mehr durch die Anzahl der Kraftlinien, welche diesen Draht treffen, gemessen.

Und unsere Abneigung stammt nicht nur daher, daß es schwer ist, eingewurzelten Gewohnheiten in Sprache und Gedanken zu entsagen. Es spielt noch anderes mit. Wenn wir an die Fernwirkungen nicht glauben, muß man die elektrodynamischen Erscheinungen durch eine Modifikation des Zwischenmediums erklären. Eben diese Modifikation nennt man magnetisches Feld, dann müßten die elektrodynamischen Wirkungen nur von diesem Felde abhängen.

Alle diese Schwierigkeiten entstehen durch die Hypothese der offenen Ströme.

4. Die Maxwellsche Theorie. — Solchergestalt waren die Schwierigkeiten der herrschenden Theorien, als Maxwell erschien, der sie alle mit einem Federstriche verschwinden ließ. Nach seinen Ideen gibt es nur geschlossene Ströme.

Maxwell nimmt an, daß, wenn in einem Dielektrikum das elektrische Feld sich zu verändern beginnt, dieses Dielektrikum der Sitz einer besonderen Erscheinung wird, die auf das Galvanometer wie ein Strom wirkt und von Maxwell Verschiebungsstrom genannt wird.

Wenn dann zwei Leiter, welche entgegengesetzte Ladungen tragen, durch einen Draht miteinander in Verbindung gebracht sind, so herrscht in diesem Drahte während der Entladung ein offener Leitungsstrom; aber es entstehen zu gleicher Zeit in dem umgebenden Dielektrikum Verschiebungsströme, welche diesen Leitungsstrom schließen.

Man weiß, daß die Maxwellsche Theorie zur Erklärung der optischen Erscheinungen führt, indem letztere aus außerordentlich schnellen elektrischen Oszillationen bestehen.

Zu dieser Zeit war eine solche Auffassung nichts als eine kühne Hypothese, welche sich auf keine Erfahrung stützen konnte.

Nach Verlauf von zwanzig Jahren erhielten die Maxwellschen Ideen ihre experimentelle Bestätigung. Es gelang Hertz, Systeme elektrischer Oszillationen hervorzubringen, welche alle Eigenschaften des Lichtes aufweisen und sich von diesem nur durch die Wellenlänge unterscheiden, d. h. so, wie sich violett von rot unterscheidet. Er verwirklicht gewissermaßen die Synthese des Lichtes.

Man könnte sagen, daß Hertz nicht direkt die fundamentale Idee Maxwells, die Wirkung des Verschiebungsstromes auf das Galvanometer, bewiesen hat. Das stimmt in gewisser Hinsicht; direkt hat er, alles in allem genommen, bewiesen, daß die elektromagnetische Induktion sich nicht momentan, wie man bisher annahm, fortpflanzt, sondern mit der Geschwindigkeit des Lichtes.

Ob man voraussetzt, daß es keinen Verschiebungsstrom gibt und daß die Induktion sich mit der Geschwindigkeit des Lichtes fortpflanzt, oder ob man voraussetzt, daß die Verschiebungsströme Induktionswirkungen hervorbringen und daß die Induktion sich momentan fortpflanzt, ist ganz das Nämliche.

Das sieht man nicht im ersten Augenblick, aber man kann es durch eine Analyse beweisen, die ich unmöglich hier wiedergeben kann.[108]

5. **Rowlandsche Experimente.** — Wie ich weiter oben sagte, gibt es zwei Arten von offenen Leitungsströmen: zuerst die Entladungsströme eines Kondensators oder irgend eines Leiters.

Es gibt ferner Fälle, in denen elektrische Ladungen einen geschlossenen Weg beschreiben, indem sie sich in einem Teile des Stromkreises durch Leitung fortbewegen und in einem andern Teile durch Konvektion.

Für die offenen Ströme der ersten Art konnte die Frage als gelöst betrachtet werden: sie wurden durch die Verschiebungsströme geschlossen.

Für die offenen Ströme der zweiten Art erschien die Lösung noch einfacher; wenn der Strom geschlossen war, so konnte das, wie es schien, nur durch den Konvektionsstrom selbst geschehen. Dazu genügte es anzunehmen, daß ein „Konvektionsstrom", d. h. ein in Bewegung gesetzter geladener Leiter, auf das Galvanometer einwirken könne.

Aber die experimentelle Bestätigung fehlte. Es erschien in der Tat schwer, eine genügende Intensität zu erlangen, selbst wenn man die Ladung und die Geschwindigkeit des Leiters so viel als möglich vergrößerte.

Ein äußerst geschickter Experimentator, der Physiker Rowland, wurde zuerst dieser Schwierigkeit Herr oder schien sie wenigstens überwunden zu haben. Eine Scheibe erhielt eine starke elektrostatische Ladung und eine sehr große Rotationsgeschwindigkeit. Eine astatische Magnetnadel, die in der Nähe der Scheibe aufgestellt war, zeigte Ablenkungen.

Das Experiment wurde von Rowland zweimal gemacht, einmal in Berlin und einmal in Baltimore; es wurde später von Himstedt wiederholt. Diese Physiker glaubten sogar behaupten zu können, daß sie quantitative Messungen ausgeführt hätten.

Tatsächlich ist seit zwanzig Jahren das Rowlandsche Gesetz von allen Physikern ohne Widerspruch angenommen worden.

Alles schien es übrigens zu bestätigen. Der Funken verursacht tatsächlich eine magnetische Wirkung; ist es nicht wahrscheinlich, daß die Entladung durch den Funken Teilchen zuzuschreiben ist, welche der einen Elektrode entrissen und mit ihrer Ladung auf die andere Elektrode übertragen werden? Ist nicht sogar das Spektrum des Funkens, in welchem man die Metallstreifen der Elektroden erkennt, ein Beweis dafür? Der Funke wäre also ein wirklicher Konvektionsstrom.

Andererseits nimmt man bekanntlich an, daß die Elektrizität in einem Elektrolyten von bewegten Ionen mitgeführt wird. Der Strom in einem Elektrolyten wäre also dann ebenfalls ein Konvektionsstrom; er wirkt ja auch auf eine Magnetnadel.

Dasselbe gilt für die Kathodenstrahlen; Crookes schrieb diese Strahlen der Wirkung einer sehr feinen Materie zu, die mit negativer Elektrizität geladen sei und sich mit sehr großer Geschwindigkeit bewege, mit anderen Worten: er sah die Strahlen als Konvektionsströme an. Diese Kathodenstrahlen werden durch den Magneten abgelenkt. Vermöge des Prinzipes der Wirkung und Gegenwirkung müssen sie ihrerseits die Magnetnadel ablenken.

Zwar glaubte Hertz bewiesen zu haben, daß die Kathodenstrahlen keine negative Elektrizität mit sich führen und daß sie nicht auf die Magnetnadel wirken. Aber Hertz täuschte sich; vor allem gelang es Perrin, die von diesen Strahlen übertragene Elektrizität aufzufangen, deren Existenz Hertz leugnete; der deutsche Gelehrte scheint durch die Wirkung der X-Strahlen getäuscht zu sein, die damals noch nicht entdeckt waren. Ferner hat man ganz neuerdings die Wirkung der Kathodenstrahlen auf die Magnetnadel vollkommen außer Zweifel gestellt und die Ursache des von Hertz begangenen Irrtums erkannt.

So wirken also alle diese Erscheinungen, die man als Konvektionsströme betrachtet (Funken, elektrolytische Ströme, Kathodenstrahlen), in gleicher Weise und gemäß dem Rowlandschen Gesetze auf das Galvanometer.[109])

6. **Die Lorentzsche Theorie.** — Man ging bald noch weiter. Nach der Lorentzschen Theorie wären die Leitungsströme selbst wirkliche Konvektionsströme: die Elektrizität bliebe untrennbar mit gewissen materiellen Teilchen, Elektronen genannt, verknüpft; die Bewegung dieser Elektronen durch das Innere der Körper soll die Voltaschen Ströme erzeugen, und der Unterschied der Leiter von den Nichtleitern soll darin bestehen, daß die einen von diesen Elektronen durchdrungen werden können, während die anderen die Bewegungen der Elektronen aufhalten.

Die Lorentzsche Theorie ist sehr verlockend, sie gibt eine sehr einfache Erklärung für bestimmte Erscheinungen, von denen die alten Theorien, selbst diejenige Maxwells in ihrer ursprünglichen Form, keine genügende Rechenschaft geben konnten, z. B. von der Aberration des Lichtes, von der teilweisen Mitführung der Lichtwellen, von der magnetischen Polarisation, von dem Zeemanschen Experimente.[110])

Es bestehen jedoch noch einige Einwürfe. Die in einem Systeme beobachteten Erscheinungen scheinen von der absoluten Translationsgeschwindigkeit des Schwerpunktes dieses Systems abhängig zu sein, was der Idee widerspricht, die wir uns von der Relativität des Raumes machen. Gestützt auf Crémieu, hat Lippmann diesen Einwurf in greifbare Form gebracht. Wir wollen zwei geladene Leiter voraussetzen, welche mit derselben Translationsgeschwindigkeit begabt sind. Sie sind in relativer Ruhe; sie müssen indessen sich gegenseitig anziehen, wenn jeder von ihnen einem Konvektionsstrome äquivalent ist, und man könnte, indem man diese Anziehung mißt, ihre absolute Geschwindigkeit messen.

„Nein," würden die Anhänger von Lorentz erwidern, „was man dergestalt mißt, ist nicht ihre absolute Geschwindigkeit, sondern ihre relative Geschwindigkeit inbezug auf den Äther, so daß das Prinzip der Relativität gerettet ist". Indessen hat Lorentz eine zwar nicht einfache, aber um so mehr befriedigende Antwort gefunden.[111])

Was es auch mit diesen letzten Einwürfen für eine Bewandtnis haben mag (vgl. oben S. 171 ff.), das Gebäude der Elektrodynamik scheint, wenigstens in großen Umrissen, definitiv aufgeführt zu sein; alles erscheint vollkommen befriedigend; die Theorien von Ampère und Helmholtz, welche für die nicht mehr existierenden offenen Ströme gemacht waren, scheinen nur noch rein historisches Interesse zu bieten.

Die Geschichte dieser Veränderungen in der theoretischen Auffassung elektrodynamischer Vorgänge ist deshalb nicht weniger lehrreich; sie lehrt uns, welchen Gefahren der Forscher ausgesetzt ist, überzeugt uns aber auch, daß man hoffen darf, diesen Klippen zu entgehen.

Vierzehntes Kapitel.

Das Ende der Materie.*

Eine der überraschendsten Entdeckungen, die von den Physikern in den letzten Jahren gemacht wurden, gipfelt in der Behauptung, daß die Materie nicht existiert. Fügen wir zugleich hinzu, daß diese Entdeckung noch nicht definitiv gesichert ist. Die wesentliche Eigenschaft der Materie ist ihre Masse und ihre Trägheit. Die Masse bleibt überall und immer konstant, sie bleibt selbst dann bestehen, wenn eine chemische Transformation alle zu beobachtenden Eigenschaften der Materie geändert und scheinbar einen ganz neuen Körper hervorgebracht hat. Wenn man also zeigen kann, daß Masse und Trägheit der Materie eigentlich garnicht zukommen, daß die Materie sich die Masse gleichsam wie einen fremden Schmuck umlegt, daß diese stets als konstant betrachtete Masse doch auch Veränderungen erleiden kann: so hat man wohl das Recht zu sagen, daß es keine Materie gibt. Das ist der Sinn des erwähnten Ausspruches der neueren Physiker.

Die Geschwindigkeiten, welche man bis jetzt beobachten konnte, sind nur gering, denn die Himmelskörper, die doch alle unsere Automobile weit hinter sich lassen, machen kaum 60 oder 100 Kilometer in der Sekunde; das Licht ist allerdings etwa 3000 mal schneller, aber hier handelt es sich nicht um bewegte Materie, sondern um eine Gleichgewichtsstörung, die sich durch eine re-

---

*) Vgl. das Buch von Gustave Le Bon: l'Evolution de la Matière.

lativ unbewegliche Substanz fortpflanzt, wie eine Welle an der Oberfläche des Meeres. Alle mit diesen geringen Geschwindigkeiten angestellten Versuche haben stets die Konstanz der Masse bestätigt, und niemand hat sich die Frage vorgelegt, ob dieses Gesetz auch bei größeren Geschwindigkeiten gültig ist.

Durch die unendlich kleinen Körper wurde der Geschwindigkeitsrekord des Merkur, des schnellsten Planeten, gebrochen: ich meine die Korpuskeln, durch deren Bewegungen die Kathodenstrahlen und die Radiumstrahlen entstehen. Bekanntlich werden diese Ausstrahlungen durch ein förmliches Bombardement von Molekülen verursacht. Die dabei ausgestoßenen Projektile sind mit negativer Elektrizität geladen; man kann sich davon überzeugen, indem man diese Elektrizität in einem geeigneten Apparate sammelt. Infolge dieser Ladung werden sie durch ein magnetisches oder durch ein elektrisches Feld abgelenkt, und durch Messen dieser Ablenkungen kann man ihre Geschwindigkeit und das Verhältnis ihrer Ladung zu ihrer Masse bestimmen.

Solche Messungen haben uns einesteils gelehrt, daß ihre Geschwindigkeit ungeheuer groß ist, indem sie etwa ein Zehntel oder ein Drittel der Lichtgeschwindigkeit erreicht und somit tausendmal größer ist als die Geschwindigkeit der Planeten; andererseits haben sie gelehrt, daß ihre Ladung im Verhältnis zu ihrer Masse sehr beträchtlich ist. Jedes bewegte Korpuskel stellt somit einen elektrischen Strom dar. Nun zeigen bekanntlich elektrische Ströme eine besondere Art von Trägheit, die man Selbstinduktion nennt. Ein einmal hergestellter Strom hat das Bestreben, sich zu erhalten; daher kommt es, daß man das Überspringen eines Funkens bemerkt, wenn man den vom Strom durchflossenen Leiter durchschneidet, und so den Strom unterbricht. Der Strom sucht seine Intensität ebenso beizubehalten, wie ein bewegter Körper seine Geschwindigkeit beizubehalten bestrebt ist. Auch unser Kathoden-Korpuskel wird aus zwei Gründen den Einflüssen, die seine Geschwindigkeit ändern könnten, einen gewissen Widerstand entgegensetzen: erstens durch seine eigentliche Trägheit, zweitens durch seine Selbst-Induktion, letzteres weil jede Änderung seiner Geschwindigkeit mit einer gleichzeitigen Änderung des entsprechenden Stromes verbunden sein würde. Die Elektronen — so nennt man diese Korpuskeln — hätten also zwei Arten von Trägheit: die mechanische Trägheit und die elektromagnetische Trägheit.

Die Arbeiten des Theoretikers Abraham und des Experimentators Kaufmann waren darauf gerichtet, jede dieser beiden Arten von Trägheit näher zu bestimmen. Zu dem Zwecke mußten sie eine Hypothese machen; sie nahmen an, daß alle negativen Elektronen unter sich identisch sind, daß sie alle die gleiche, wesentlich constante Ladung mit sich führen und daß die Unterschiede, welche zwischen ihnen bestehen, einzig und allein durch ihre verschiedenen Geschwindigkeiten bedingt sind. Wenn die Geschwindigkeit sich ändert, so bleibt ihre wirkliche, d. h. ihre mechanische Masse konstant; das ist sozusagen die Definition der letzteren. Die elektromagnetische Trägheit aber, welche die scheinbare Masse hervorruft, wächst mit der Geschwindigkeit nach einem gewissen Gesetze. Zwischen der Geschwindigkeit und dem Verhältnisse der Masse zur Ladung muß demnach eine gewisse Relation bestehen; wie schon oben gesagt, kann man beide Größen berechnen, indem man die Ablenkungen beobachtet, welche die Strahlen unter dem Einflusse eines Magneten oder eines elektrischen Feldes erleiden; das Studium dieser Relation gestattet den Betrag beider Trägheiten einzeln zu bestimmen. Das Resultat ist vollkommen überraschend;

Die Masse ist gleich Null

die wirkliche Masse ist gleich Null. Dieser Schluß beruht allerdings auf der vorhin erwähnten Hypothese, aber die Übereinstimmung zwischen der theoretischen und der experimentellen Kurve ist immerhin groß genug, um diese Hypothese wahrscheinlich zu machen.

Diese negativen Elektronen haben demnach keine eigentliche Masse; wenn sie trotzdem mit Trägheit ausgestattet zu sein scheinen, so liegt dies daran, daß sie ihre Geschwindigkeit nicht ohne gleichzeitige Störung des Lichtäthers ändern können. Ihre scheinbare Trägheit ist nur eine Anleihe, sie kommt nicht ihnen selbst, sondern dem Äther zu. Indessen besteht die Materie nicht ausschließlich aus negativen Elektronen; man kann vielmehr annehmen, daß es daneben noch wirkliche Materie gibt, der eine gewisse Trägheit eigentümlich ist. Es gibt Strahlen, die ebenfalls auf einen Regen von Wurfgeschossen zurückzuführen sind, bei denen aber diese Geschosse positive Ladungen mit sich führen: dazu gehören die Goldsteinschen Kanalstrahlen und die Strahlen des Radium; besitzen diese positiven Elektronen ebenfalls keine Masse? Das kann man nicht behaupten, denn sie sind viel schwerer als die negativen Elektronen und bewegen sich viel langsamer. Hier sind zwei Hypothesen möglich: entweder sind diese Elektronen deshalb schwerer, weil sie außer ihrer vom Äther entliehenen elektromagnetischen Trägheit noch eine, ihnen eigentümliche mechanische Trägheit besitzen, und dann würden sie die eigentliche Materie bilden; oder sie sind ebenfalls ohne Masse und erscheinen uns nur deshalb schwerer, weil sie viel kleiner sind. Ich sage mit Absicht „viel kleiner", obgleich dies paradox erscheinen kann; bei dieser Vorstellung nämlich würden die Korpuskeln nur Höhlungen im Äther darstellen, und nur der Äther allein würde wirklich existieren und mit Trägheit ausgestattet sein.

Soweit wäre die Existenz der Materie noch nicht allzusehr gefährdet; wir können uns noch immer für die erste Hypothese entscheiden, wir können sogar annehmen, daß es außer den positiven und negativen Elektronen noch neutrale Atome gibt. Die neueren Untersuchungen von Lorentz berauben uns indessen auch dieser letzten Zuflucht. Wir werden von der Erde in ihrer äußerst schnellen Bewegung mitgeführt; sollten die optischen und elektrischen Erscheinungen durch diese Fortbewegung garnicht beeinflußt werden? Lange hat man an einen solchen Einfluß geglaubt, man nahm an, daß es gelingen würde, je nach der Orientierung der Apparate im Verhältnis zur Erdbewegung Unterschiede in den Beobachtungen festzustellen. Diese Erwartung war vergeblich, selbst die sorgfältigsten Messungen haben niemals etwas derartiges gezeigt. Gerade dadurch rechtfertigten die Versuche eine allen Physikern gemeinsame Überzeugung; hätte man nämlich irgend einen Einfluß feststellen können, so wäre man imstande gewesen, nicht nur die relative Bewegung der Erde um die Sonne, sondern sogar ihre absolute Bewegung im Äther zu bestimmen. Den meisten Forschern wird es schwer zu glauben, daß man jemals etwas anderes als eine relative Bewegung experimentell feststellen kann; viel lieber bekennen sie sich zu der Folgerung, daß die Materie keine Masse hat.

Über die negativen Resultate war man daher nicht allzusehr erstaunt; sie widersprachen zwar den herrschenden Theorien, aber sie genügten einem gewissen tieferen Instinkte, der älter und mächtiger ist als alle Theorien. Es blieb nichts anderes übrig als die Theorien so abzuändern, daß sie sich wieder mit den Tatsachen in Übereinstimmung bringen ließ. Zu dem Zwecke hat Fitzgerald eine überraschende Hypothese gemacht: nach ihm sollen alle Körper in Richtung der

Erdbewegung eine Kontraktion von etwa ein Hundert-Milliontel erleiden. Eine vollkommene Kugel verwandelt sich demnach in ein abgeplattetes Ellipsoid, und wenn man sie rotieren läßt, so deformiert sie sich derartig, daß die kleine Axe des Ellipsoids immer der Richtung der Erdgeschwindigkeit parallel bleibt. Da die Meßinstrumente sich ebenso deformieren wie die zu messenden Gegenstände, so entziehen sich diese Deformationen der Beobachtung, es sei denn, daß man die Zeit bestimmen könnte, die das Licht gebraucht, um den Gegenstand der Länge nach zu durchlaufen.[112])

Diese Hypothese gibt Rechenschaft von den beobachteten Tatsachen. Aber damit darf man sich nicht zufrieden geben; man wird einst noch genauere Beobachtungen machen: werden die Resultate dann positiv ausfallen? werden sie uns in den Stand setzen die absolute Bewegung der Erde zu bestimmen? Lorentz glaubt das nicht; eine solche Bestimmung hält er auch in der Zukunft für unmöglich; der übereinstimmende Instinkt aller Physiker, der Mißerfolg aller bisherigen Versuche rechtfertigen seine Ansicht hinreichend. Betrachten wir demnach diese Unmöglichkeit als ein allgemeines Naturgesetz, nehmen wir sie als Postulat hin. Welche Folgerungen ergeben sich dann daraus? Diese Frage hat Lorentz näher untersucht; er fand, daß alle Atome sowie alle positiven oder negativen Elektronen eine Trägheit besitzen müssen, die für alle, nach denselben Gesetzen mit der Geschwindigkeit variiert. Jedes materielle Atom wäre danach aus kleinen und schweren positiven Elektronen zusammengesetzt, und wenn die wahrnehmbare Materie uns nicht als elektrisch erscheint, so liegt das daran, daß die beiden Arten von Elektronen in ungefähr gleicher Anzahl vorhanden sind. Sie alle haben keine Maße, und ihre Trägheit beruht auf einer, beim Äther gemachten Anleihe. In diesem Systeme gibt es keine eigentliche Materie, es gibt nur noch Höhlungen im Äther.

Nach Langevin ist die Materie flüssig gewordener Äther, der seine Eigenschaften geändert hat; wenn die Materie sich bewegt, so wandert nicht diese verflüssigte Masse im Äther fort, sondern die Verflüssigung ergreift immer neue Teile des Äthers, während der rückwärts von der bewegten Materie befindliche Äther, der zuvor flüssig war, wieder in seinen früheren starren Zustand zurückkehrt. Die bewegte Materie bleibt also nicht mit sich selbst identisch.

So war die Sachlage bis vor kurzem; aber nun kommt Kaufmann mit neuen Versuchen. Das negative Elektron, dessen Geschwindigkeit außerordentlich groß ist, müßte ebenfalls die von Fitzgerald angenommene Kontraktion erleiden, und dadurch würde die Relation zwischen Masse und Geschwindigkeit modifiziert werden; das haben aber die neueren Versuche nicht bestätigt; so scheint das ganze Gebäude wieder in sich zusammen zu fallen, die Materie ihre Existenzberechtigung zu behalten. Übrigens handelt es sich bei den Versuchen um sehr kleine Größen, und deshalb würde eine definitive Entscheidung heute noch verfrüht sein.

Erläuternde Anmerkungen
von F. Lindemann.

Im folgenden ist, um Wiederholungen zu vermeiden, mit den Zeichen Po., W. u. M. auf die deutsche Ausgabe von Poincaré, Wissenschaft und Methode, Leipzig 1914 und mit den Zeichen Pi., WdG. auf die deutsche Ausgabe von Picard, Das Wissen der Gegenwart in Mathematik und Naturwissenschaft, Leipzig 1913 verwiesen, und zwar hauptsächlich auf die beigefügten erläuternden Anmerkungen.

Erster Teil. Zahl und Größe.

1) Seite 6. Über diese pädagogischen Fragen vgl. unten die Anmerkung 10.

2) Seite 6. Wegen einer eingehenden wissenschaftlichen Begründung der elementaren Arithmetik sei auf folgende Werke verwiesen (vgl. auch Po., W. u. M., Anmerkung 49):

H. Graßmann, Lehrbuch der Arithmetik, 1861;

H. Hankel, Zur Theorie der komplexen Zahlensysteme, 1867;

E. Schröder, Lehrbuch der Arithmetik und Algebra, Bd. I, 1873;

G. Peano, Arithmetices principia nova methodo exposita, Turin 1889 und dessen Bearbeitung von Genocchi: Differentialrechnung, deutsch von Bohlmann und Schepp, 1899;

Tannery, Leçons d'arithmétique théorique et pratique, Paris 1894.

O. Stolz und J. A. Gmeiner, Theoretische Arithmetik, 1900;

Helmholtz, Zählen und Messen, erkenntnistheoretisch bearbeitet, 1887; Wissenschaftliche Abhandlungen Bd. 3, p. 356.

3) S. 14. Dem widerspricht es scheinbar, wenn Dedekind (Was sind und was sollen die Zahlen?

Braunschweig 1888, § 59, 60, 80) einen Nachweis dafür gibt, daß „die unter dem Namen der vollständigen Induktion (oder des Schlusses von n auf $n+1$) bekannte Beweisart wirklich beweiskräftig ist." Die Möglichkeit dieses Nachweises liegt in der Art und Weise, wie das Unendliche eingeführt („definiert") und die an endlichen Ketten gemachten Operationen auf unendliche Ketten übertragen werden (a. a. O., § 64). Irgendwo kommt immer diese Geisteskraft in Frage, „welche überzeugt ist, sich die unendliche Wiederholung eines und desselben Schrittes vorstellen zu können". Bei Stolz und Peano geschieht dies z. B. bei Aufstellung des Grundsatzes: „Wenn ein System von Zahlen, zu welchem die Zahl 1 gehört, die Eigenschaft hat, daß in demselben neben jeder darin vorkommenden Zahl die darauf folgende erscheint, so enthält es jede Zahl". — Über die notwendige Vorsicht bei Gebrauch der Worte „alle", „jede" usw., vgl. Po., W. u. M., Anmerkung 52 und 58.

3a) Seite 19. Über die Gleichbedeutung der Begriffe „möglich" und „frei von Widersprüchen" in der Mathematik vgl. Po., W. u. M., S. 165 ff.

4) S. 20. Besonders hat Kronecker es angestrebt, den Gebrauch irrationaler Zahlen aus der Algebra zu verbannen und alle Beweise allein mit rationalen Zahlen durchzuführen, „die gesamte arithmetische Theorie der algebraischen Größen auf eine Theorie der ganzen ganzzahligen Funktionen von Variabeln und Unbestimmten zurückzuführen" (vgl. dessen Grundzüge einer arithmetischen Theorie der algebraischen Größen, Festschrift zu Kummers fünfzigjährigem Doktorjubiläum, Berlin 1882). Später ging Kronecker noch weiter, indem er die Existenz irrationaler Zahlen leugnete; so sagte er mir in seiner lebhaften und zu Paradoxen geneigten Art einmal: „Was nützt uns Ihre schöne Untersuchung über die Zahl π? Wozu das Nachdenken über solche Probleme, wenn es doch gar keine irrationalen Zahlen gibt?" In diesem Sinne schreibt Kronecker in seiner Schrift „Über den Zahlbegriff" (Crelles Journal Bd. 101): „Und ich glaube auch, daß es dereinst gelingen wird, den

gesamten Inhalt aller dieser mathematischen Disziplinen (nämlich Algebra und Analysis, nicht Geometrie und Mechanik) zu „arithmetisieren", d. h. einzig und allein auf den im engsten Sinne genommenen Zahlbegriff zu gründen, also die Modifikationen und Erweiterungen dieses Begriffes (ich meine hier namentlich die Hinzunahme der irrationalen, sowie der kontinuierlichen Größen) wieder abzustreifen, welche zumeist durch die Anwendungen auf Geometrie und Mechanik veranlaßt worden sind". Insbesondere erörtert Kronecker a. a. O., wie die algebraischen Zahlen überall da entbehrlich werden, wo nicht die Isolierung der untereinander konjugierten erfordert wird, wobei dann weiterhin irrationale Wurzeln algebraischer Gleichungen durch sogenannte „Isolierungsintervalle" zu ersetzen sind. Seine Bestrebungen, zumal deren äußerste Konsequenzen, die er in mündlichen Erörterungen gern betonte, wurden von anderen nicht durchaus gebilligt; Weierstraß äußert sich darüber z. B. in seinen Briefen an Frau Kowalewski (Compte rendu du deuxième congrès international des mathématiciens en 1900, Paris 1902).

Nach einer Bemerkung Dedekinds (in der oben citierten Schrift, p. XI) hat schon Dirichlet sich mit dem Gedanken an solche „Arithmetisierung" der Mathematik beschäftigt; er schreibt darüber (und dürfte damit zugleich den Wert der Kroneckerschen Ideen und die Grenzen ihrer Berechtigung richtig bezeichnen): „Gerade bei dieser Auffassung [nämlich, daß die schrittweise Erweiterung des Zahlbegriffes, die Schöpfung der Null, der negativen, gebrochenen, irrationalen und komplexen Zahlen ohne jede Einmischung fremdartiger Vorstellungen (z. B. der meßbaren Größen) stets durch Zurückführung auf die früheren Begriffe (der ganzen Zahlen) herzustellen ist, und daß erst dadurch jene anderen Vorstellungen, z. B. der meßbaren Größen, zu völliger Klarheit erhoben werden können] erscheint es als etwas Selbstverständliches und durchaus nichts Neues, daß jeder, auch noch so fern liegende Satz der Algebra und höheren Analysis sich als ein Satz über die natürlichen (d. h. ganzen)

Zahlen aussprechen läßt, eine Behauptung, die ich auch wiederholt aus dem Munde von Dirichlet gehört habe. Aber ich erblicke keineswegs etwas Verdienstliches darin — und das lag auch Dirichlet gänzlich fern —, diese mühselige Umschreibung wirklich vornehmen und keine anderen als die natürlichen Zahlen benutzen und anerkennen zu wollen. Im Gegenteil, die größten und fruchtbarsten Fortschritte in der Mathematik und anderen Wissenschaften sind vorzugsweise durch die Schöpfung und Einführung neuer Begriffe gemacht, nachdem die häufige Wiederkehr zusammengesetzter Erscheinungen, welche von den alten Begriffen nur mühselig beherrscht werden, dazu gedrängt hat". Dadurch ist nicht ausgeschlossen, daß das Zurückgehen auf die natürlichen Zahlen in manchen Fällen prinzipielles Interesse bietet. So liegt z. B. in Kroneckers oben mitgeteilter Äußerung über die Zahl π die Frage: Wie werden sich derartige komplizierte Grenzbetrachtungen gestalten lassen, wenn man den Gebrauch irrationaler Zahlen ausschließt? Wie hat man dann algebraische Irrationalitäten von transcendenten zu unterscheiden?

5) S. 20. Die hier gegebene Definition der irrationalen Zahlen schließt sich an die Darstellung von Tannery an (Introduction à la théorie des fonctions, 1886, p. 1 ff., 2. Aufl., 1904). Diese Darstellung ist nahe verwandt mit der Dedekindschen Behandlung; letzterer spricht sich (vgl. die oben citierte Schrift, p. XII) selbst über die Unterschiede näher aus. Andere Theorien des Irrationalen sind von Weierstraß in seinen Vorlesungen (vgl. auch Thomae, Theorie der bestimmten Integrale 1875) und G. Cantor (Math. Annalen Bd. 5 u. 21) aufgestellt. Eine übersichtliche Darstellung dieser Theorien findet man bei Pringsheim: Irrationale Zahlen und Konvergenz unendlicher Prozesse, Encyklopädie der mathematischen Wissenschaften, I A 3.

6) S. 22. Bei den besprochenen Autoren wird wesentlich darauf Gewicht gelegt, daß der Zahlbegriff eingeführt und in alle Konsequenzen verfolgt werden kann, ohne daß die Zahl als Maß einer stetigen aus-

gedehnten Größe gedacht wird. In der Tat entsteht dann schon bei Einführung der rationalen Zahl eine eigentümliche, aber deshalb nicht unüberwindliche Schwierigkeit; der rationale Bruch kann nicht mehr durch Teilung der Einheit in gleiche Teile definiert werden, sondern erscheint nur als ein von zwei ganzen Zahlen (Zähler und Nenner) abhängiges Symbol, vgl. Tannery loc. cit. p. VII der Vorrede und Kronecker, Crelles Journal Bd. 101, p. 346 f.

7) S. 22. Fechner faßte seine Arbeiten zusammen in dem Werke: Elemente der Psychophysik, 2 Bände, 1860, neu herausgegeben von Wundt 1889. Das Fechnersche Gesetz ist eine Folge eines vorher von H. Weber aufgestellten Gesetzes. Bezeichnen x und $x + \Delta x$, zwei wenig von einander verschiedene Reize (z. B. Gewichte, Tonhöhen, Lichtstärken) und bedeutet Δy die Stärke der Empfindungsänderung, so besteht die Gleichung

$$\Delta y = a \cdot \frac{\Delta x}{x}$$

oder durch Integration

$$y = a \log x + b,$$

wo a und b Konstanten bedeuten. Aus diesen Anfängen der Psychophysik (welche die Beziehungen zwischen Körper und Seele exakt formulieren wollte) hat sich inzwischen eine umfangreiche Wissenschaft entwickelt, vgl. z. B. Wundts physiologische Psychologie und das zusammenfassende Werk von Foucault: La psychophysique, Thèse pour le doctorat, Paris 1901.

Für den Mathematiker dürfte eine Bemerkung von Laplace von Interesse sein, die auch bei einem Probleme der Wahrscheinlichkeitsrechnung zu obiger Formel führt; nach ihm (und Bernoulli) ist nämlich der Zuwachs des moralischen Vorteils y, den ein Zuwachs dx des Vermögens x für den Besitzer dieses Vermögens mit sich bringt, direkt proportional zu dx und umgekehrt proportional zu x, so daß zwischen moralischem und materiellem Vermögen dieselbe Relation besteht wie zwischen Empfindung und Reiz.

8) S. 26. Die Vorstellung der eine bestimmte Funktion darstellenden Kurve als Grenzfall eines „Funktionsstreifens" hat F. Klein eingehend besprochen: Sitzungsberichte der physik.-mediz. Sozietät zu Erlangen, 1873, abgedruckt in Bd. 22 der Math. Annalen, vgl. die weiteren Ausführungen in dessen Vorlesung: Anwendung der Diff.- u. Integr.-Rechnung auf Geometrie (lithographiert, Leipzig 1902); vgl. auch Paschs Einleitung in die Differential- und Integralrechnung, Leipzig 1882.

9) S. 26. Ist die Länge der Quadratseite gleich $2a$ und sind die Seiten den Koordinatenachsen parallel, während der Mittelpunkt im Anfangspunkte $x=0$, $y=0$ liegt, so sind die Gleichungen des eingeschriebenen Kreises und der Diagonale bez.

$$x^2 + y^2 = a^2 \text{ und } y = x,$$

woraus sich die Koordinaten ξ, η des Schnittpunktes in der Form

$$\xi = \eta = \frac{a}{\sqrt{2}}$$

ergeben, also irrational, wenn a rational gegeben war. — In ähnlicher Weise formuliert Dedekind (loc. cit.) diesen Gedanken in folgenden Worten: „Wählt man drei nicht in einer Geraden liegende Punkte A, B, C nach Belieben, nur mit der Beschränkung, daß die Verhältnisse ihrer Entfernungen AB, BC, AC algebraische Zahlen sind (d. h. Zahlen, die sich als Wurzeln algebraischer Gleichungen mit rationalen Koeffizienten bestimmen lassen), und sieht man im Raume nur diejenigen Punkte M als vorhanden an, für welche die Verhältnisse von MA, MB, MC zu AB ebenfalls algebraische Zahlen sind, so ist der aus diesen Punkten M bestehende Raum, wie leicht zu sehen, überall unstetig; aber trotz der Unstetigkeit, Lückenhaftigkeit dieses Raumes sind in ihm, so viel ich sehe, alle Konstruktionen, welche in Euklids Elementen auftreten, genau ebenso ausführbar wie in dem vollkommen stetigen Raume; die Unstetigkeit dieses Raumes würde daher in Euklids Wissenschaft gar nicht bemerkt, gar nicht empfunden werden. Wenn mir aber jemand sagt, wir könnten uns den Raum gar nicht anders als stetig denken, so möchte ich das bezweifeln und darauf aufmerksam machen, eine wie weit vorgeschrittene, feine wissenschaftliche Bildung erforderlich ist, um nur das Wesen der Stetigkeit deutlich zu erkennen und um zu begreifen, daß außer den rationalen Größenverhältnissen auch irrationale, außer den algebraischen auch transcendente denkbar sind". — Vgl. ferner Kronecker in seinen Vorlesungen über Zahlentheorie, und Busche, Math. Annalen, Bd. 60, p. 285 ff., 1905. — Für die Differentialrechnung ist die Berücksichtigung der irrationalen Werte der Variabeln x duraus notwendig, vgl. Scheeffer, Acta mathematica, Bd. 5, p. 279 ff., 1884.

10) S. 29. Vgl. P. du Bois-Reymond: Die allgemeine Funktionentheorie, Metaphysik und Theorie der mathematischen Grundbegriffe, Tübingen 1882. Die verschiedenen (ganzen und gebrochenen) Ordnungen des Unendlichkleinen werden auf S. 75 f. kurz besprochen. Die Arbeiten des genannten Verfassers beziehen sich außerdem auf die verschiedenen Ordnungen des Unendlichgroßen (woraus man durch Umkehrung auf das Unendlichkleine schließen kann) und auf die Besetzung der Geraden mit Verdichtungsstellen verschiedener Ordnungen von „Punktmengen", wie sie für die Beurteilung von Integralen wichtig sind und mit Cantors Theorie der Punktmengen zusammenhängen. — Auf S. 55 des erwähnten Werkes bespricht du Bois-Reymond auch den (zuerst von Heine in Bd. 74 von Crelles Journal gemachten) Versuch, die Zahlen rein formal (d. h. unabhängig von der Vorstellung meßbarer Größen) zu definieren, und verwirft ihn als unfruchtbares Gedankenspiel; er stößt sich dabei besonders an die schon beim Rechnen mit rationalen Brüchen entstehende und oben unter 6) besprochene Schwierigkeit (vgl. dazu Pringsheim, Sitzungsberichte der k. bayr. Akad. d. Wiss. 1897, Bd. 27, S. 322 ff.), sowie an das beim Übergange zur Anwendung der Zahlen auf

Messung von Größen in der Tat nicht vermeidbare Axiom, wonach auch wirklich jedem Punkte der geraden Linie eine Zahl zuzuordnen ist, denn direkt beweisbar ist nur der Satz, daß jeder durch irgend ein Gesetz definierten Zahl ein Punkt mit beliebiger Genauigkeit zugeordnet werden kann. Die neuere Entwicklung der Mathematik geht dahin, die rein arithmetische Begründung der Analysis (unabhängig von geometrischen Vorstellungen) immer mehr zu bevorzugen, da sich so bedeutende Erleichterungen für alle mit Grenzbegriffen operierenden Beweise ergeben. — Eine wesentlich andere Frage ist es, ob sich diese arithmetische Behandlung auch für den Anfänger aus didaktischen Rücksichten empfiehlt, oder ob es angezeigt ist, den Anfänger in Kürze denjenigen Gang durchmachen zu lassen, den die historische Entwicklung der Wissenschaft an die Hand gibt, wie es z. B. der Verfasser des vorliegenden Werkes oben auf S. 5 empfiehlt und wie es F. Klein mit besonderem Nachdrucke verlangt hat (Über Arithmetisierung der Mathematik, Göttinger Nachrichten, 1895). Den entgegengesetzten Standpunkt vertritt Pringsheim (Über den Zahl- und Grenzbegriff im Unterricht, VI. Jahresbericht der deutschen Mathematiker-Vereinigung, 1898, und: Zur Frage der Universitäts-Vorlesungen über Differentialrechnung, ib. VII, 1899). Die Frage ist eine wesentlich praktische und wird je nach Begabung und Erfahrung des einzelnen Dozenten immer verschieden beantwortet werden; vielleicht empfiehlt es sich am meisten, keine der beiden Auffassungen über der anderen ganz zu vernachlässigen; auch Pringsheim hebt die Notwendigkeit hervor, das Bedürfnis der betr. abstrakten Betrachtungen dem Anfänger durch ein Beispiel (etwa die Auflösung der Gleichung $x^2 = 2$) fühlbar zu machen, ihn also auf seine bisherige (auch geometrische) Erfahrung zu verweisen. Wenn es dazu kommt, die Anfänge der Infinitesimalrechnung in den Gymnasialunterricht einzufügen, wird man dabei natürlich an die Anschauung anknüpfen müssen; über solche pädagogische Fragen und die betr. Litteratur vgl. meine Rektoratsrede: Lehren und Lernen in der Mathematik, München 1904, ferner: Poincaré, W. u. M. S. 110 ff. und Anmerkung 36. — Unendlich kleine Größen gebrochener Ordnung kommen schon bei Leibniz vor (Math. Schriften Bd. 2, p. 300 ff.).

11) S. 30. Bedeutet δ eine unendlich kleine Größe erster Ordnung, so besagt dieser Ausspruch: „es gibt unendlich kleine Größen η, welche den beiden Relationen

$$\lim_{\delta=0} \left(\frac{\eta}{\delta}\right) = 0 \quad \text{und} \quad \lim_{\delta=0} \left(\frac{\eta}{\delta^{1+\varepsilon}}\right) = \infty$$

gleichzeitig genügen"; beide sind z. B. für $\eta = \delta^{1+\varepsilon^2}$ erfüllt.

12) S. 31. Nachdem Riemann und Schwarz Funktionen konstruiert hatten, welche für gewisse Werte von x, die in jedem noch so kleinen Intervalle unbegrenzt oft wiederkehren, keinen bestimmten endlichen Differentialquotienten haben, hat Weierstraß zuerst eine stetige Funktion angegeben, die an keiner Stelle einen bestimmten Differentialquotienten hat, die also durch eine Kurve ohne Tangenten dargestellt wird, und zwar in einem Briefe an P. du Bois-Reymond, der in des letzteren Abhandlung „Versuch einer Klassifikation der willkürlichen Funktionen" (Crelles Journal Bd. 79, 1875) veröffentlicht wurde. Andere Beispiele hat Darboux gegeben: Mémoire sur les fonctions discontinues, Annales de l'école normale, 2. Serie, t. 4, 1875.

13) S. 33. Der Begriff des Querschnittes ist von Riemann bei seinen Arbeiten über algebraische Funktionen und deren Integrale und über die damit zusammenhängenden und zu deren Veranschaulichung dienenden „Riemannschen Flächen" eingeführt (Crelles Journal, Bd. 54, 1857; Gesammelte Werke, Leipzig 1876) und wird seitdem allgemein angewandt; vgl. die Darstellung bei C. Neumann, Theorie der Abelschen Integrale, Leipzig 1865, 2. Auflage 1884, und F. Klein, Riemanns Theorie der algebraischen Funktionen, Leipzig 1882. — Die Angaben des Textes wird man sich an Beispielen klarmachen, indem man das physikalische Kontinuum wieder durch das mathematische Kontinuum ersetzt, also z. B. ein Kontinuum von

einer Dimension durch eine Kurve. Eine solche wird durch eine diskrete Anzahl von Punkten (die zusammen den Querschnitt darstellen) in getrennte Teile zerlegt, so eine Gerade durch einen Punkt, ein Kreis durch zwei Punkte u. s. f. Gehört dann der Punkt A dem einen Teile, der Punkt B dem andern Teile an, so kann man von A nach B längs der zerlegten Kurve C nur gelangen, indem man einen Punkt des Querschnittes überschreitet. Besteht der Querschnitt selbst nicht aus diskreten Punkten, sondern aus einer stetigen Punktfolge (Kurve), so hatte das zerschnittene Gebilde zwei Dimensionen; so wird eine Ebene durch eine gerade Linie, eine Kugel durch einen ebenen Schnitt (Kreis) in getrennte Kontinua zerlegt, ferner unser Raum durch eine Ebene (Kontinuum von zwei Dimensionen) in zwei getrennte Kontinua von je drei Dimensionen u. s. f. — Der Begriff einer n-fach ausgedehnten Mannigfaltigkeit wurde von H. Graßmann (Lineale Ausdehnungslehre, Leipzig 1844) und Riemann (in der unten unter 18 citierten Abhandlung) fixiert. Vgl. auch das auf S. 270 genannte Werk von Veronese.

14) S. 34. Als Begründer der sogenannten Analysis situs ist Leibniz zu nennen; diesem Teile der Geometrie gehört z. B. der Eulersche Satz an (Nov. Comm. Petrop. 4, 1752), nach dem zwischen der Anzahl f der Flächen, e der Ecken und k der Kanten eines Polyeders die Relation

$$k = f + e - 2$$

besteht, denn dieser Satz gilt auch noch, wenn die Flächen verbogen, die Kanten verzerrt werden; er hängt in der Tat mit der Theorie Riemannscher Flächen (in der auch beliebige Verbiegungen und Verzerrungen als irrelevant behandelt werden) enge zusammen. Die Analysis situs wurde durch Listing (Der Zensus der räumlichen Komplexe, Göttinger Abhandlungen, 1861), Riemann (loc. cit.), Schläfli (Crelles Journal, Bd. 5, Annali di matematica, t. 5) und Klein (Math. Annalen, Bd. 7, 9 und 10) weiter entwickelt. Auch die Theorie der in

Anmerkung 13) erwähnten Riemannschen Flächen bildet einen Teil der Analysis situs, ferner die Theorie der Verknotungen von Fäden (vgl. Gauß, Darstellung der Anzahl der Verschlingungen zweier Kurven durch ein Integral, 1833, Werke Bd. 5 und Thomae, Freiberger Berichte, 1877, Simony, Math Annalen Bd. 19 und 24; sowie für mehrdimensionale Räume; Dyck, Math. Annalen Bd. 32 u. 37, 1888—90 und Sitzungsbericht d. bayr. Akad. d. Wiss. Jahrg. 1895 u. 1898).

Zweiter Teil. Der Raum.

15) S. 36. Der Grundsatz: „Zwei Größen, die einer und derselben dritten gleich sind, sind untereinander gleich" ist rein analytisch, wenn man ihn (wie es in modernen elementaren Büchern meist geschieht) auf Zahlengrößen bezieht. Wenn dieser Satz aber auch unter Euklids Axiomen erscheint und wenn man bedenkt, daß dem Altertume die Identifizierung von geometrischen Größen mit Zahlen vollkommen fernlag, so muß man jenem Grundsatze bei Euklid eine rein geometrische Bedeutung beilegen, wie ich in meiner Darstellung der nicht-Euklidischen Geometrie (Vorlesungen über Geometrie unter Benutzung der Vorträge von Alfred Clebsch, 2. Bandes 1. Teil, Leipzig 1891, p. 555) näher ausgeführt habe. Der Satz ist nichts anderes als eine Definition der Gleichheit geometrischer Figuren, die nicht direkt aufeinander gelegt werden können; denn durch das vierte Axiom von Euklid werden solche Figuren als gleich definiert, die man durch Bewegung zur Deckung bringen kann. Die sogenannten Axioma (κοιναί ἔννοιαι) Euklids sind nach den von mir a. a. O. gegebenen Ausführungen ebenso als Definitionen aufzufassen, wie Poincaré dies für andere Grundsätze Euklids im vorliegenden Werke in Anspruch nimmt. Über die von Euklid benutzen „Bewegungen" vgl. unten Anmerkung 27.

16) S. 37. Mit der geraden Linie als kürzester Linie zwischen zwei Punkten beschäftigt sich eingehend (auf Grund der Methoden der Variationsrechnung) P. du Bois-

Reymond Math. Annalen Bd. 15, 1879. Vgl. dazu Scheeffer, Acta math. Bd. 5, S. 49 ff., 1883.

17) S. 37. Lobatschewskys erste Arbeiten wurden 1829—38 in Kasan veröffentlicht, dann 1837 in Bd. 17 von Crelles Journal; seine Theorie der Parallelen ist in Ostwalds Klassiker-Bibliothek (Nr. 130) wieder abgedruckt; Bolyais Hauptwerk erschien 1832; auch Gauß, der mit letzterem in Verbindung stand, beschäftigte sich mit ähnlichen Gedanken in seinen Briefen an Schumacher (aus dem Jahre 1831, vgl. Gesammelte Werke Bd. 8). Über die Geschichte des Problems vgl. Stäckel und Engel: Die Theorie der Parallellinien von Euklid bis auf Gauß, Leipzig 1895, und von denselben Verfassern: Urkunden zur Geschichte der nicht-Euklidischen Geometrie, Leipzig 1899, ferner: Briefwechsel zwischen Gauß und Bolyai, herausgegeben von Schmidt und Stäckel, Leipzig 1899 und Bonola, Die nicht-Euklidische Geometrie, deutsch von Liebmann, Leipzig 1908. Ein Verzeichnis aller Schriften über nicht-Euklidische Geometrie findet sich in der von der Universität Klausenburg herausgegebenen Festschrift: Libellus post saeculum quam Ioannes Bolyai de Bolya anno 1802 a. D. Claudiopoli natus est ad celebrandam memoriam eius immortalem .... editus, Claudiopoli, 1902.

18) S. 37. Die genannte Abhandlung Riemanns wurde von ihm am 10. Juni 1854 bei dem zum Zwecke seiner Habilitation (als Privatdozent) veranstalteten Kolloquium mit der philosophischen Fakultät in Göttingen vorgelesen. Dadurch erklärt sich der fragmentarische Charakter, indem analytische Entwicklungen für diesen Zweck möglichst vermieden werden mußten. Die Abhandlung wurde 1867 aus dem Nachlasse ihres Verfassers durch R. Dedekind zuerst veröffentlicht: Abhandlungen der königlichen Gesellschaft der Wissenschaften zu Göttingen, Bd. 13, abgedruckt in Riemanns gesammelten Werken, Leipzig 1876, S. 254 ff.; vgl. auch ib. S. 384, wo Dedekind im Anschlusse an eine andere Arbeit Riemanns einige analytische Erläuterungen gibt.

Beltramis Abhandlung (Teoria fondamentale degli spazii di curvatura costante) erschien 1868: Annali di matematica, Serie II, t. 2 (vgl. dessen Opere matematiche). Die Arbeit von Helmholtz (Über die Tatsachen, die der Geometrie zu Grunde liegen) ist gleichfalls 1868 veröffentlicht: Nachrichten der kgl. Gesellschaft der Wissenschaften zu Göttingen, Bd. 15 (vgl. dessen Wissenschaftliche Abhandlungen, Bd. 2, 1883); derselbe hat auch versucht, seine Anschauungen in allgemein verständlicher Weise darzulegen: Über den Ursprung und die Bedeutung der geometrischen Axiome (Vorträge und Reden, Bd. 2, Braunschweig 1884).

Durch die Arbeiten von F. Klein (Über die sogenannte nicht-Euklidische Geometrie, Math. Annalen Bd. 4, 1871; Bd. 6, 1873; Bd. 7, 1874; Bd. 37, 1890), die sich an Cayleys Verallgemeinerung der Maßbestimmungs-Funktion (A sixth memoir upon quantics, Philosophical Transactions, vol. 149, 1859; Collected papers, vol. 2) anschlossen, hat die Behandlung der betreffenden Probleme neue Bahnen eingeschlagen; vgl. meine Darstellung dieser Theorien in dem Werke: Vorlesungen über Geometrie, bearbeitet unter Benutzung der Vorträge von A. Clebsch, Bd. II, Teil I, Leipzig 1891; ferner Killing: Die nicht-Euklidischen Raumformen in analytischer Behandlung, Leipzig 1885.

19) S. 39. In populärer und teilweise humoristischer Weise ist die Geometrie der zweidimensionalen Wesen behandelt in dem Werke: Flatland, A romance of many dimensions by A Square, London 1884. — Zweidimensionale Wesen haben natürlich große Schwierigkeiten im Studium der Geometrie, denn eine gezogene Linie verdeckt ihnen alles, was sich auf der einen Seite dieser Linie befindet; andererseits würden vierdimensionale Wesen mit Ebenen und Kugeln in analoger Weise leicht operieren (durch dem Lineal und Zirkel analoge Instrumente), wie wir es mit geraden Linien und Kreisen tun.

20) S. 40. Die Euklidische, Lobatschewskysche und Riemannsche Geometrie werden nach Klein in folgender Weise charakterisiert: In der ersten (der parabolischen

Geometrie) verhalten sich die unendlich fernen Punkte wie Punkte einer Ebene (nach Poncelet), in welcher sich ein ausgezeichneter imaginärer Kegelschnitt befindet, der nach Chasles und Laguerre zur Definition der Winkel dient; in der zweiten (der hyperbolischen Geometrie) haben wir statt der Ebene eine reelle, nicht geradlinige Fläche zweiter Ordnung als Repräsentanten der unendlich fernen Punkte, in der dritten (der elliptischen Geometrie) eine imaginäre Fläche zweiter Ordnung. Der Satz, daß zwei Punkte ihre gerade Verbindungslinie eindeutig bestimmen, gilt gleichmäßig in allen drei Geometrien. Im dritten Falle kann man durch eine quadratische Transformation eine weitere Geometrie herstellen, bei der jedem Punkte ein anderer eindeutig derartig zugeordnet ist, daß beide zusammen eine gerade Linie nicht bestimmen. Wenn man die Riemannsche Geometrie der Ebene sich nach Riemann und Beltrami auf einer Fläche konstanten Krümmungsmaßes (insbesondere auf der Kugel) veranschaulicht (vgl. S. 41 ff. des obigen Textes), so hat man diesen Fall vor sich, in dem durch zwei Punkte unendlich viele geraden Linien hindurchgehen können (wie auf der Kugel unendlich viele größte Kreise durch zwei diametral gegenüberliegende Punkte). Killing hat a. a. O. gezeigt, daß nie mehr als zwei Punkte einander so zugeordnet sein können; deshalb ist im Texte des vorliegenden Werkes von „zwei möglichen Formen" der Riemannschen Geometrie die Rede. Dieses Verhalten der Geometrie auf der Kugel hat Helmholtz zu der irrigen Ansicht geführt, daß eine solche paarweise Zuordnung der Punkte notwendig mit den Vorstellungen der Riemannschen Geometrie verbunden sei; und diese Ansicht findet man seitdem häufig vertreten, insbesondere z. B. bei Erdmann (Die Axiome der Geometrie, eine philosophische Untersuchung der Riemann-Helmholtzschen Raumtheorie, Leipzig 1877). Riemann selbst spricht sich nicht darüber aus, welche der beiden möglichen Formen ihm vorgeschwebt hat. Diese beiden Formen unterscheiden sich auch dadurch, daß bei der ersten der Raum durch eine Ebene (die

Ebene durch eine gerade Linie) nicht in zwei getrennte Teile zerlegt werden kann, während dies in der zweiten Form möglich ist; vgl. mein oben erwähntes Werk, S. 527 ff.

21) S. 40. Man beachte, daß das Wort „parallel" in der Lobatschewskyschen Geometrie in doppeltem Sinne gebraucht wird. Entweder man nennt zwei Linien parallel, wenn sie sich nicht schneiden; dann gibt es unendlich viele Parallele zu einer gegebenen Geraden durch einen gegebenen Punkt. Oder man nennt sie parallel, wenn sie sich im Unendlichen schneiden (d. h. wenn die eine bei Drehung um den festen Punkt diejenige Grenzlage erreicht, bei welcher der Schnittpunkt sich ins Unendliche entfernt); dann gibt es in der Lobatschewskyschen Geometrie nur zwei solche Parallele, aber außerdem noch unendlich viele Gerade, welche die gegebene Gerade nicht schneiden, und die man als ultraparallel bezeichnen könnte. — Die im Texte erwähnte Unterscheidung von „unbegrenzt" und „unendlich" hat Riemann a. a. O. eingeführt.

22) S. 43. Es seien x, y, z die rechtwinkligen Koordinaten eines Punktes in unserem Euklidischen Raume und ξ, η, ζ die analogen Koordinaten im Lobatschewskyschen Raume (vgl. über die Definition der letzteren mein oben unter 18) citiertes Werk: Vorlesungen über Geometrie, Bd. II, p. 518 ff); dann ist die im Texte des vorliegenden Werkes durch das „Wörterbuch" zum Ausdruck gebrachte Beziehung zwischen beiden Räumen durch die Formeln

$$(1) \quad \xi = \frac{2\alpha x}{x^2 + y^2 + z^2 - k^2}, \quad \eta = \frac{2\beta y}{x^2 + y^2 + z^2 - k^2},$$

$$\zeta = \frac{2\gamma}{x^2 + y^2 + z^2 - k^2}$$

analytisch dargestellt. Diese Transformation ist von Darboux kurz angegeben: Annales de l'école normale 1864; vgl. dessen Werk: Sur une classe remarquable de courbes et de surfaces algébriques, Paris 1873 p. 123 und seine Leçons sur la théorie générale des surfaces, t. 3, Paris 1894, p. 493. Aus (1) erhält man

$$x^2 + y^2 = (x^2 + y^2 + z^2 - k^2)^2 \left(\frac{\xi^2}{4\alpha^2} + \frac{\eta^2}{4\beta^2}\right)$$
$$= \frac{\gamma^2}{\zeta^2}\left(\frac{\xi^2}{\alpha^2} + \frac{\eta^2}{\beta^2}\right),$$

(2) $\quad z^2 = k^2 - x^2 - y^2 + \frac{2\gamma}{\zeta} = k^2 + \frac{2\gamma}{\zeta} - \frac{\gamma^2}{\zeta^2}\left(\frac{\xi^2}{\alpha^2} + \frac{\eta^2}{\beta^2}\right).$

Die Auflösung der Gleichungen (1) ergibt also

(3) $\quad x = \frac{\gamma\xi}{\alpha\zeta}, \quad y = \frac{\gamma\eta}{\beta\zeta},$

$$z = \frac{1}{\zeta}\sqrt{k^2\zeta^2 + 2\gamma\zeta - \gamma^2\left(\frac{\xi^2}{\alpha^2} + \frac{\eta^2}{\beta^2}\right)}.$$

Der Einfachheit halber nehmen wir $\alpha = \beta = \gamma = k$. Reelle Werte von x, y, z erhält man also nur dann, wenn die Bedingung

(4) $\quad\quad\quad (k\zeta + 1)^2 - \xi^2 - \eta^2 - 1 > 0$

erfüllt ist, d. h. wenn der Punkt ξ, η, ζ innerhalb der (nicht geradlinigen) Fläche zweiter Ordnung

(5) $\quad\quad\quad (k\zeta + 1)^2 - \xi^2 - \eta^2 - 1 = 0$

gelegen ist, so daß die von ihm an diese Fläche zu legenden Tangenten imaginär sind. In der Lobatschewskyschen Geometrie stellt diese Fläche die unendlich fernen Punkte des Raumes dar, so daß alle Punkte dieses Raumes erschöpft sind, wenn ξ, η, ζ der Bedingung (4) unterworfen werden; vgl. die Anmerkung 20. Wählt man in (3) das positive Vorzeichen der Quadratwurzel, so entspricht der Gesamtheit von Punkten ξ, η, ζ des Lobatschewskyschen Raumes die Gesamtheit der Punkte in demjenigen „Halbraume" der Euklidischen Geometrie, welcher durch die Bedingung $z > 0$ dargestellt wird. Der „Fundamentalebene" $z = 0$ des Euklidischen Raumes entspricht die „Fundamentalfläche" (unendlich ferne Fläche) zweiter Ordnung, die durch (5) gegeben war.

Eine Kugel des Euklidischen Raumes, welche die

Fundamentalebene $z=0$ orthogonal schneidet (deren Mittelpunkt also in der Ebene $z=0$ liegt), ist durch die Gleichung

(6) $\quad x^2 + y^2 + z^2 - 2ax - 2by + a^2 + b^2 - r^2 = 0$

dargestellt. Sie geht vermöge (1), wo wieder

$$\alpha = \beta = \gamma = k$$

zu nehmen ist, in die Gleichung

(7) $\quad\quad u\xi + v\eta + w\zeta + 1 = 0,$

also in eine Ebene über, wenn

(7a) $\quad u = -\dfrac{a}{k}, \; v = -\dfrac{b}{k}, \; w = -\dfrac{a^2 + b^2 + k^2 - r^2}{2k}$

gewählt wird. Eine zweite Kugel

(8) $\quad x^2 + y^2 + z^2 - 2a_1 x - 2b_1 y + a_1^2 + b_1^2 - r_1^2 = 0$

führt ebenso zu einer zweiten Ebene

(9) $\quad\quad u_1 \xi + v_1 \eta + w_1 \zeta + 1 = 0,$

wenn

(9a) $\quad u_1 = -\dfrac{a_1}{k}, \; v_1 = -\dfrac{b_1}{k}, \; w_1 = -\dfrac{a_1^2 + b_1^2 + k^2 - r_1^2}{2k}.$

Ist die Entfernung ihrer Zentren kleiner als die Summe der Radien, d. h. ist

(10) $\quad\quad (a - a_1)^2 + (b - b_1)^2 < (r \pm r_1)^2,$

so schneiden sich beide Kugeln in einem Kreise, der in einer zu $z=0$ senkrechten Ebene liegt; ihm entspricht im Lobatschewskyschen Raume die Schnittlinie der beiden Ebenen (7) und (9). Ist die Bedingung (10) nicht erfüllt, so schneiden sich die Kugeln nicht, also auch die zugeordneten Ebenen schneiden sich nicht, d. h. die Werte von ξ, η, ζ, welche den Gleichungen (7) und (9) genügen, sind solche, denen im Lobatschewskyschen Raume keine Punkte entsprechen, indem dieselben die verlangte Ungleichung (4) nicht befriedigen; diese Wertetripel stellen (nach Kleins Ausdrucksweise, vgl. S. 471 f. meines oben erwähnten Werkes) „ideale

Punkte" des Raumes dar. Berühren sich die Kugeln (6) und (8), so haben sie einen reellen Punkt in der Fundamentalebene $z=0$ gemeinsam; den Ebenen (7) und (9) ist also auch ein Punkt der (unendlich fernen) Fundamentalfläche (5) gemeinsam, d. h. den Werten von ξ, η, ζ, welche den Gleichungen (7) und (9) genügen, entsprechen im allgemeinen keine Punkte des Lobatschewskyschen Raumes, ausgenommen ein einziges Tripel ξ, η, ζ, das einen unendlich fernen Punkt liefert: die Ebenen (7) und (7) sind einander parallel (sie schneiden sich in einer von „idealen" Punkten erfüllten Geraden, welche die Fundamentalfläche (5) berührt).

Die Gleichung der Fläche (5) in Ebenenkoordinaten u, v, w ist bekanntlich

(11) $$k^2(u^2+v^2+1)-2kw=0.$$

Die Bedingung dafür, daß sich durch die Schnittlinie zweier Ebenen zwei imaginäre Tangentenebenen an die Fläche (5), bezw. (11) legen lassen, ist (vgl. z. B. S. 197 meines oben genannten Werkes):

(12) $$H^2-GL<0,$$

wenn

(13) $$\begin{aligned}G &= k^2(u^2+v^2+1)-2kw,\\ L &= k^2(u_1^2+v_1^2+1)-2kw_1,\\ H &= k^2(uu_1+vv_1+1)-k(w+w_1)\end{aligned}$$

gesetzt wird. Führt man hier die Werte (7a), bez. (9a) ein, so wird:

(14) $$G=r^2,\ L=r_1^2,$$
$$H=-\tfrac{1}{2}[(a-a_1)^2+(b-b_1)^2-r^2-r_1^2],$$

und die Bedingung (12) ergibt

$$\left((a-a_1)^2+(b-b_1)^2-r^2-r_1^2\right)^2<4r^2r_1^2,$$

was mit der Bedingung (10) übereinstimmt. Lassen sich aber durch eine Gerade imaginäre Tangentenebenen an eine nicht geradlinige Fläche zweiter Ordnung legen, so sind die Schnittpunkte dieser Fläche mit jener Geraden reell, und so ergibt sich wieder die Ungleichung (10) als Bedingung dafür, daß sich die Ebenen (7) und (9) in wirklichen Punkten des Lobatschewskyschen Raumes schneiden (und somit als identisch mit der Bedingung, daß sich die zugeordneten Kugeln in einem reellen Kreise durchdringen); die wirklichen Punkte ξ, η, ζ liegen zwischen beiden reellen Schnittpunkten der Geraden mit der Fundamentalfläche (5); außerhalb dieser Schnittpunkte ergeben sich „ideale" Punkte der Geraden.

Die Bedingung für den Parallelismus der beiden Ebenen ist

(15) $$H^2 = GL,$$

und dieselbe ist identisch mit der Bedingung für die Berührung beider Kugeln, nämlich

(16) $$(a - a_1)^2 + (b - b_1)^2 = (r \pm r_1)^2.$$

Diese Bedingung der Berührung ergibt sich auch, wenn man von dem Winkel beider Kugeln ausgeht, d. h. dem Winkel, welchen die Tangentialebenen der Kugeln in einem Punkte ihrer Schnittkurve miteinander einschließen. Ist x, y, z ein Punkt der Schnittkurve und werden mit X, Y, Z laufende Koordinaten bezeichnet, so sind die Gleichungen der beiden Tangentialebenen für die Kugeln (6) und (8)

$$(x - a)(X - a) + (y - b)(Y - b) + z \cdot Z - r^2 = 0,$$

$$(x - a_1)(X - a_1) + (y - b_1)(Y - b_1) + z \cdot Z - r_1^2 = 0;$$

ihr Winkel φ wird also bestimmt durch:

$$\cos \varphi = \frac{(x - a)(x - a_1) + (y - b)(y - b_1) + z^2}{\sqrt{(x - a)^2 + (y - b)^2 + z^2} \sqrt{(x - a_1)^2 + (y - b_1)^2 + z^2}}$$

oder infolge der Gleichungen (6) und (8):

(17) $$\cos \varphi = \frac{r^2 + r_1^2 - b^2 - a^2 - a_1^2 - b_1^2 + 2(a a_1 + b b_1)}{2 r r_1}.$$

Im Falle der Berührung ist $\cos \varphi = \pm 1$, und daraus ergibt sich wieder die Bedingung (16).

Vermöge (14) erhält man aus (17)

(18) $$\cos\varphi = \frac{H}{\sqrt{GL}};$$

das ist aber genau der Ausdruck, welcher sich in der Lobatschewskyschen Geometrie für den Winkel zweier Ebenen (7) und (9) ergibt, wenn man G, H, L gemäß (13) durch die Koordinaten dieser Ebenen ausdrückt. Damit ist die sechste Angabe des im Texte aufgestellten „Wörterbuches" bestätigt. Die siebente Angabe erledigt sich dadurch, daß in der Lobatschewskyschen Geometrie die Entfernung zweier Punkte ξ, η, ζ und ξ_1, η_1, ζ_1 durch den Ausdruck

$$\log \frac{Q - \sqrt{Q^2 - PR}}{Q + \sqrt{Q^2 - PR}}$$

gemessen wird, wenn P, Q, R durch die Gleichungen

$$P = \xi^2 + \eta^2 + 1 - (k\zeta + 1)^2,$$
$$Q = \xi\xi_1 + \eta\eta_1 + 1 - (k\zeta + 1)(k\zeta_1 + 1),$$
$$R = \xi_1^2 + \eta_1^2 + 1 - (k\zeta_1 + 1)^2$$

definiert werden, und daß der im Argumente des Logarithmus stehende Ausdruck eben gleich dem Doppelverhältnis ist, welches die beiden gegebenen Punkte mit den beiden Punkten bilden, in denen ihre Verbindungslinie die Fundamentalfläche (5) schneidet. Das Doppelverhältnis der vier Punkte mit den Koordinaten ξ, η, ζ des ersten, ξ_1, η_1, ζ_1 des zweiten,

$$\frac{\xi + \lambda\xi_1}{1+\lambda}, \quad \frac{\eta + \lambda\eta_1}{1+\lambda}, \quad \frac{\zeta + \lambda\zeta_1}{1+\lambda} \text{ des dritten,}$$

$$\frac{\xi + \lambda'\xi_1}{1+\lambda'}, \quad \frac{\eta + \lambda'\eta_1}{1+\lambda'}, \quad \frac{\zeta + \lambda'\zeta_1}{1+\lambda'} \text{ des vierten}$$

Punktes wird dabei durch den Quotienten $\lambda:\lambda'$ gegeben. Die entsprechenden vier Punkte im Euklidischen Raume liegen auf einem Kreise, der die Ebene $z = 0$ orthogonal schneidet, und ihr Doppelverhältnis sei wieder durch den gleichen Quotienten definiert; diese vier Punkte haben nach (3) die Koordinaten x, y, z und x_1, y_1, z_1 für den ersten und zweiten Punkt, ferner

$$x_2 = \frac{\xi + \lambda \xi_1}{\zeta + \lambda \zeta_1}, \quad y_2 = \frac{\eta + \lambda \eta_1}{\zeta + \lambda \zeta_1},$$

$$z_2 = \frac{1}{\zeta + \lambda \zeta_1} \sqrt{-(P + 2\lambda Q + \lambda^2 R)},$$

woraus sich x_3, y_3, z_3 ergeben, wenn man λ durch λ' ersetzt.

Projizieren wir die beiden Punkte x, y, z und x_1, y_1, z_1 in die Ebene $z = 0$, so entstehen hier Punkte mit den Koordinaten x, y und x_1, y_1. Die Verbindungslinie der letzteren ist ein Durchmesser des betrachteten Kreises; und die Endpunkte des Durchmessers haben die Koordinaten x_2, y_2, bez. x_3, y_3. Auf diesem Durchmesser haben wir also die vier Punkte mit den Koordinaten

$$x = \frac{\xi}{\zeta}, \quad x_1 = \frac{\xi_1}{\zeta_1}, \quad x_2 = \frac{\xi + \lambda \xi_1}{\zeta + \lambda \zeta_1}, \quad x_3 = \frac{\xi + \lambda' \xi_1}{\zeta + \lambda' \zeta_1},$$

$$y = \frac{\eta}{\zeta}, \quad y_1 = \frac{\eta_1}{\zeta_1}, \quad y_2 = \frac{\eta + \lambda \eta_1}{\zeta + \lambda \zeta_1}, \quad y_3 = \frac{\eta + \lambda' \eta_1}{\zeta + \lambda' \zeta_1}.$$

Das Doppelverhältnis dieser vier Punkte ist in der Tat gleich $\lambda : \lambda'$. Wenn also in der siebenten Angabe des „Wörterbuches" von dem „Doppelverhältnisse dieser vier Punkte des Kreises" gesprochen wird, so ist damit das Doppelverhältnis ihrer Projektionen auf die Fundamentalebene $z = 0$ gemeint, nicht etwa im Sinne der synthetischen Geometrie das Doppelverhältnis der vier Strahlen, welche die vier Punkte mit einem beliebigen fünften Punkte desselben Kreises verbinden.

Die vierte und fünfte Angabe unseres Wörterbuches erledigt sich durch die folgende Betrachtung. Die Gleichung einer beliebigen Kugel des Euklidischen Raumes ist

(19) $$x^2 + y^2 + z^2 - 2ax - 2by - 2cz$$
$$+ a^2 + b^2 + c^2 - r^2 = 0.$$

Nach (1) ist die linke Seite gleich

$$(x^2 + y^2 + z^2 - k^2)(1 + u_0 \xi + v_0 \eta + w_0 \zeta) - 2cz,$$

wenn

$$u_0 = -\frac{a}{k}, \quad v_0 = -\frac{b}{k}, \quad w_0 = \frac{a^2+b^2+c^2+k^2-r^2}{2k}$$

gesetzt wird. Drücken wir also z nach (3) durch ξ, η, ζ aus, so entsteht die Gleichung derjenigen Fläche, welche der Kugel (19) im Lobatschewskyschen Raume zugeordnet wird, in der Form:

(20) $k^2(1+u_0\xi+v_0\eta+w_0\zeta)^2 = c^2[(k\zeta+1)^2-\xi^2-\eta^2-1]$.

Es ist dies die Gleichung einer Fläche zweiter Ordnung, welche die Fundamentalfläche (5) längs ihres Schnittes mit der Ebene

(21) $\quad u_0\xi + v_0\eta + w_0\zeta + 1 = 0$

berührt; das ist aber eine Kugel im Sinne der Lobatschewskyschen Geometrie (vgl. S. 495f. u. 521f. meines oben erwähnten Werkes). Der Mittelpunkt der Kugel ist der Pol der Ebene (21) inbezug auf die Fläche (5).

Einer Kugel ist also in der Tat eine Kugel zugeordnet und somit einem Kreise (als Schnitt zweier Kugeln) wieder ein Kreis (Kegelschnitt, der die Fundamentalfläche in zwei Punkten berührt).

Einer Ebene des Euklidischen Raumes

$$Ax + By + Cz + D = 0$$

entspricht nach (3) die Fläche

(22) $(A\xi + B\eta + D\zeta)^2 = C^2[(k\zeta+1)^2 - \xi^2 - \eta^2 - 1]$,

also eine Kugel, für welche die Ebene des Berührungskegelschnittes durch den Punkt $\xi=0, \eta=0, \zeta=0$ hindurchgeht, welcher selbst auf der Fundamentalfläche (also unendlich fern) liegt. Der Mittelpunkt der Kugel (22) liegt demnach in der Tangentialebene dieses unendlich fernen Punktes, gehört also zu den oben erwähnten idealen Punkten des Lobatschewskyschen Raumes.

Schneidet die Kugel (19) die Ebene $z=0$ in einem imaginären Kreise, so ist der unendlich ferne Kegelschnitt der nicht-Euklidischen Kugel (20) imaginär; diese Kugel selbst liegt ganz im Endlichen; ihr Mittelpunkt ist ein wirklicher Punkt. Wird die Ebene $z=0$ von der Kugel (19) in einem reellen Kreise getroffen, so ist der unendlich ferne Kegelschnitt der Kugel (20) reell, und er teilt diese Fläche in zwei Teile; der eine Teil entspricht der Kugel (19), insofern sie in dem Halbraume $z > 0$ liegt, der andere Teil demjenigen Teile der Kugel (19) des Euklidischen Raumes, welcher sich in dem Halbraume $z < 0$ befindet. Berühren sich die Ebene $z = 0$ und die Kugel (19), so wird auch die Fläche (5) von der Kugel (20) berührt; der unendlich ferne Kegelschnitt der letzteren zerfällt in zwei imaginäre Erzeugende; die Kugel selbst ist eine Grenzfläche, deren Eigenschaften ich (a. a. O. S. 500ff.) näher angegeben habe, indem ich insbesondere zeigte, daß diese Fläche in der nicht-Euklidischen Geometrie zur Darstellung einer komplexen Variabeln dieselben Dienste leistet, wie die sogenannte Gaußsche Ebene in unserer Euklidischen Geometrie (vgl. auch Böhm, Parabolische Metrik im hyperpolischen Raum, Inaug.-Diss. München 1908).

Interpretiert man die Größen ξ, η, ζ direkt im Euklidischen Raume als rechtwinklige Koordinaten, so entspricht jedem Punkte ξ, η, ζ des Lobatschewskyschen Raumes ein Punkt im Innern einer durch (5) dargestellten Fläche zweiter Ordnung; jeder Ebene eine Ebene, jeder Geraden eine Gerade, so daß die sogenannte projektivische Geometrie des Euklidischen Raumes von der projektivischen Geometrie des nicht-Euklidischen Raumes nicht verschieden ist, und sich hier ein entsprechendes Wörterbuch aufstellen ließe; insbesondere kann als begrenzende Fläche eine Kugel gewählt werden; dann entsteht die schon von Beltrami benutzte Abbildung (Annali di matematica, Serie II, t. 2), auf welche sich auch Helmholtz in seinem erwähnten populären Vortrage bezieht. Jedem metrischen oder projektivischen Satze der Lobatschewskyschen Geometrie entspricht ein projektivischer Satz der gewöhnlichen Geometrie; auch hier ist deshalb der Schluß zu machen, daß unsere Euklidische Geometrie einen Widerspruch in sich enthalten müßte, wenn dies mit der nicht-Euklidischen Geometrie der Fall wäre, wie ich dies a. a. O. S. 552ff. näher ausgeführt habe. Dabei ist zu beachten, daß die Koordinaten ξ, η, ζ sowohl in der Euklidischen als in der nicht-Euklidischen Geometrie nach den Arbeiten von v. Staudt, Klein, Fiedler und de Paolis definiert werden können, ohne daß dabei von den Begriffen der Entfernung oder des Winkels Gebrauch gemacht würde.

Um den Zusammenhang mit Riemanns und Beltramis Untersuchungen herzustellen, muß man den Ausdruck des Bogenelementes ds aufstellen, der auch weiter unten noch benutzt wird. Führt man homogene Koordinaten ein, ersetzt also ξ, η, ζ bez. durch $\xi:\tau, \eta:\tau, \zeta:\tau$, so wird die Gleichung der Fundamentalfläche (5)

$$\xi^2 + \eta^2 + \tau^2 - (k\zeta + \tau)^2 = 0.$$

Die absoluten Werte dieser Koordinaten kann man durch eine beliebige Festsetzung fixieren, hier am einfachsten durch die Bedingung

$$\xi^2 + \eta^2 + \tau^2 - (k\zeta + \tau)^2 = -C^2,$$

wo dann zwischen den Differentialen die Relation

$$\xi d\xi + \eta d\eta + \tau d\tau - (k\zeta + \tau)(kd\zeta + d\tau) = 0$$

erfüllt ist. Für das Linienelement erhält man dann (vgl. a. a. O. S. 478 und 524):

$$d\sigma^2 = d\xi^2 + d\eta^2 + d\tau^2 - (kd\zeta + d\tau)^2.$$

Die Gleichungen (3), in denen wieder $\alpha = \beta = \gamma = k$ zu nehmen ist, ergeben weiter:

$$x = \frac{\xi}{\zeta}, \quad y = \frac{\eta}{\zeta}, \quad z = \frac{C}{\zeta}$$

und nach einigen Umformungen:

$$dx^2 + dy^2 + dz^2$$
$$= \frac{1}{\zeta^4}[\zeta^2(d\xi^2 + d\eta^2) - 2\zeta d\zeta(\xi d\xi + \eta d\eta) + d\zeta^2(\xi^2 + \eta^2 + C^2)]$$
$$= \frac{1}{\zeta^4}[\zeta^2 d\sigma^2 + \{(k\zeta + \tau) d\zeta - \zeta(kd\zeta + d\tau)\}^2 - (\tau d\zeta - \zeta d\tau)^2]$$
$$= z^2 d\sigma^2 C^{-2},$$

also:

(23) $$d\sigma^2 = \frac{dx^2 + dy^2 + dz^2}{z^2} C^2 = \frac{ds^2}{z^2} C^2.$$

Um auf die üblichen Formeln zu kommen, müssen wir den Halbraum $z > 0$ in das Innere einer Kugel mit dem Radius 1 überführen, was durch eine Transformation mit reziproken Radien geschieht. Sei diese Kugel durch die Gleichung

$$X^2 + Y^2 + Z^2 = 1$$

dargestellt, so setzen wir

$$X = P \cos \Phi,\ Y = P \sin \Phi,\ x = \varrho \cos \varphi,\ y = \varrho \sin \varphi,$$
$$P^2 = X^2 + Y^2,\ \varrho^2 = x^2 + y^2,$$

(24) $P + iZ = \dfrac{\varrho + iz - i}{\varrho + iz + i}$, wo $i = \sqrt{-1}$, $\Phi = \varphi$,

also:

$$P = \frac{2\varrho}{\varrho^2 + (z+1)^2},\ Z = \frac{\varrho^2 + z^2 - 1}{\varrho^2 + (z+1)^2},$$

$$P^2 + Z^2 = \frac{\varrho^2 + (z-1)^2}{\varrho^2 + (z+1)^2},\ dP^2 + dZ^2 = \frac{4 \cdot (d\varrho^2 + dz^2)}{[\varrho^2 + (z+1)^2]^2},$$

$$dS^2 = dX^2 + dY^2 + dZ^2 = dP^2 + P^2 d\Phi^2 + dZ^2$$
$$= \frac{4\, ds^2}{[\varrho^2 + (z+1^2)^2]},$$

$$P^2 + Z^2 - 1 = X^2 + Y^2 + Z^2 - 1 = \frac{-4z}{\varrho^2 + (z+1)^2}.$$

Es wird also:

$$d\sigma^2 = C^2 \frac{ds^2}{z^2} = 4 C^2 \frac{dX^2 + dY^2 + dZ^2}{(X^2 + Y^2 + Z^2 - 1)^2}.$$

Hat die Kugel den Radius A und bezeichnet R die Entfernung des Punktes X, Y, Z von ihrem Mittelpunkte ($R^2 = X^2 + Y^2 + Z^2$), so wird ($4C^2 = 1$ gesetzt):

(25) $$d\sigma^2 = \frac{dX^2 + dY^2 + dZ^2}{(A^2 - R^2)^2},$$

und damit ist der Riemannsche Ausdruck für das Bogenelement einer „dreifach ausgedehnten Mannigfaltigkeit konstanter Krümmung" erreicht.

Die Beziehung zwischen den Punkten X, Y, Z und x, y, z ist eine völlig symmetrische, denn die Auflösung der Gleichung (24) ergibt:

$$\varrho + iz = -i\frac{P+i(Z+1)}{P+i(Z-1)}.$$

Die Ebene $AX + BY + CZ + D = 0$ geht über in die Kugel

$$(x^2+y^2+z^2)(C+D)+2Ax+2By+2Dz+D-C=0,$$

also für $C = -D$ wieder in eine Ebene. Die Kugel

$$(X-A)^2 + (Y-B)^2 + (Z-C)^2 - R^2 = 0$$

gibt wiederum eine Kugel, nämlich:

$$(x^2+y^2+z^2)[A^2+B^2+(C-1)^2-R^2]-4Ax-4By$$
$$+2z(A^2+B^2+C^2-R^2-1)+(A^2+B^2+C^2-R^2+1)=0.$$

Ist $C = 0$, d. h. schneidet die Kugel die Ebene $Z = 0$ senkrecht, so ergibt sich eine Kugel, welche die Kugel $x^2+y^2+z^2-1=0$ unter rechtem Winkel schneidet.

Für weitere Anwendungen der Abbildung des nicht-Euklidischen Raumes auf den Euklidischen Halbraum vgl. Münich, Über nicht-Euklidische Cykliden, Inauguraldiss. München 1906.

Für $Z = 0$ erhält man aus (25) das Bogenelement einer Fläche konstanter Krümmung wobei X und Y die Parameter der geodätischen Linien auf dieser Fläche bedeuten, und damit das im Texte erwähnte Beltramische Resultat betreffend die Veranschaulichung der Lobatschewskyschen Geometrie durch Flächen konstanten Krümmungsmaßes.

Letzteres ist hier im Sinne von Gauß zu nehmen (Disquisitiones generales circa superficies curvas, 1828, Gesammelte Werke Bd. 4). Für die neuere Entwicklung der Theorie der Flächen konstanten Krümmungsmaßes sei z. B. auf die Lehrbücher von Bianchi (Vorlesungen über Differentialgeometrie, deutsch von Lukat, Leipzig

1899, 2. Aufl. 1910) oder Scheffers (Einleitung in die Theorie der Flächen, Leipzig 1902) sowie auf das oben (S. 265) erwähnte große Werk von Darboux verwiesen.

Ersetzt man k^2 durch $-k^2$, so ergibt sich die Riemannsche Geometrie; auch für sie kann in ähnlicher Weise das System der Ebenen auf ein System von Kugeln der Euklidischen Geometrie abgebildet werden, die eine gewisse imaginäre Ebene (allgemeiner eine gewisse feste imaginäre Kugel) orthogonal schneiden.

23) S. 44. Setzt man in den Formeln der vorhergehenden Anmerkung $y = 0$ und vertauscht die Buchstaben y mit z, η mit ζ, so entsteht aus (1):

$$\xi = \frac{2x}{x^2 + y^2 - k^2}, \quad \eta = \frac{2}{x^2 + y^2 - k^2},$$

und aus (3)

$$x = \frac{\xi}{\eta}, \quad y = \frac{1}{\eta}\sqrt{(k\eta + 1)^2 - \xi^2}.$$

Den geraden Linien einer Lobatschewskyschen Ebene werden die Kreise zugeordnet, welche in der xy-Ebene die Achse $y = 0$ orthogonal schneiden, soweit sie in der Halbebene $y > 0$ liegen. Auf die Untersuchung von solchen Kreisen und den aus ihnen gebildeten Figuren (Überführung der letzteren ineinander durch lineare Transformation der komplexen Variabeln $x + iy$) beziehen sich die Arbeiten von Poincaré und Klein über Gruppen von linearen Transformationen der komplexen Veränderlichen $x + iy$ und über die linearen Differentialgleichungen zweiter Ordnung, welche mit diesen Gruppen zusammenhängen. Besonders die Ausdrücke für das Bogenelement und den Flächeninhalt kommen dabei in Betracht. Die (zuerst seit 1881 in den Comptes rendus des séances de l'académie des sciences im Auszuge veröffentlichten) Arbeiten von Poincaré findet man ausführlicher in den Acta mathematica, Bd. 1, 3, 4 und 5; die von Klein in den Mathematischen Annalen Bd. 21 (1882, besonders S. 179 ff.) und 40 (1892); vgl. auch Klein und Fricke, Vorlesungen über die Theorie der automorphen Funktionen, Leipzig 1897.

24) S. 44. Wie man ein solches Wörterbuch durch Übersetzung der nicht - Euklidischen Geometrie in die projektivische Geometrie des Euklidischen Raumes herstellen kann, ist schon in Anmerkung 22) erwähnt (S. 273).

Die Sätze der projektivischen Geometrie sind diejenigen, welche in den drei Geometrien von Euklid, Lobatschewsky und Riemann gleichzeitig Geltung haben, und von denen in der Fortsetzung des Textes gesprochen wird.

25) S. 45. Implizite Voraussetzungen macht man z. B. auch bei den Gesetzen der Anordnung, insbesondere beim Begriffe „zwischen"; vgl. Pasch, Vorlesungen über neuere Geometrie, Leipzig 1882; ebenso wird (wie Stolz zuerst hervorhob) das sogenannte Archimedische Axiom (vgl. oben S. 49) meist implizite vorausgesetzt; dasselbe kann auch in der Weise formuliert werden, daß ein Teil einer Strecke AB von A aus in der Richtung auf B wiederholt abgetragen, stets nach einer endlichen Anzahl von Abtragungen zu einem Punkte führt, der über B hinaus liegt; vgl. Veronese, Grundzüge der Geometrie, deutsch von Schepp, und Stolz: Berichte des naturw.-mediz. Vereins in Innsbruck, XII, 188$^1/_2$, und Math. Annalen Bd. 39, 1891. Für die ebene Geometrie hat Hilbert gezeigt, daß dieses Axiom in der Tat von den übrigen Axiomen unabhängig ist, indem er eine Geometrie konstruierte, die unabhängig von diesem Axiome besteht (vgl. dessen Grundlagen der Geometrie, Festschrift zur Feier der Enthüllung des Gauß-Weber-Denkmals in Göttingen, Leipzig 1899; 2. Aufl. 1904, 3. Aufl. 1909). Vgl. dazu: Schur, Math. Annalen Bd. 55, 1900 und Bd. 59, 1904; Veronese, Rendiconti della R. Accademia dei Lincei, cl. fis. e mat., 2. April 1905; Po., W. u. M. S. 132.

Insbesondere behandelt Hilbert (a. a. O. S. 43 ff.) die Sätze über inhaltsgleiche Dreiecke, die bei Euklid (Buch I, Satz 39) nach ihm nur durch Berufung auf einen allgemeinen Größensatz gelingt (τὸ ὅλον τοῦ μέρους μεῖζόν ἐστιν); nach der oben (S. 261) gemachten Bemerkung ist dies aber nicht ein allgemeiner Größensatz, sondern ein spezieller Grundsatz zur Definition des Begriffes „größer" bei geometrischen Figuren; vgl. oben Anmerkung 15. Auch Schur (Sitzungsberichte der Dorpater naturforschenden Gesellschaft, 1892, und Math. Annalen Bd. 57) hebt hervor, daß zum exakten Beweise der Flächengleichheit zweier Figuren ein neues (sonst stillschweigend vorausgesetztes) Axiom nötig sei, nach welchem eine Fläche keinem ihrer Teile inhaltsgleich sein kann; nach meiner Auffassung ist jener Grundsatz Euklids mit diesem Axiome identisch.

26) S. 47. Fast genau so definiert z. B. P. du Bois-Reymond die Gerade (vgl. S. 97 f. in dessen oben citiertem Werke), aber unter weniger scharfer Trennung von Axiom und Definition; Euklids Definition: „eine gerade Linie liegt gleichmäßig zwischen zwei Punkten" ist auch nur verständlich und fruchtbar, wenn man sie in gleichem Sinne auffaßt.

27) S. 47. Die in den letzten Entwicklungen vom Verfasser mit Recht gerügte Unklarheit inbezug auf die Definition von Gleichheit und Bewegung findet sich insbesondere auch in allen mir bekannten deutschen Lehrbüchern der Elementar-Geometrie. Anders ist es aber, wenn man Euklids Darstellung im Originale zu Rate zieht. Durch die mit Unrecht als allgemeine Größenaxiome bezeichneten Sätze führt er die Beurteilung der Gleichheit, des „größer" und des „kleiner" auf Bewegung zurück; vgl. oben die Anmerkung 15. Wie man aber eine Bewegung auszuführen hat, lehrt der zweite Satz im ersten Buche Euklids; denn dort wird gezeigt, wie man eine gegebene Strecke durch Konstruktion mittelst Kreis und Lineal von einer Stelle der Ebene an eine beliebige andere Stelle übertragen kann; Konstruktionen mit Kreis und Lineal aber sind vorher in den Postulaten ausdrücklich als ausführbar vorausgesetzt. Dadurch ist es möglich, ein durch seine drei Seiten gegebenes Dreieck an eine beliebige Stelle der Ebene zu bringen, somit den betr. Kongruenzsatz (Satz 8 bei Euklid) zu beweisen und dann auch die in Satz 23 gelehrte Winkelübertragung auszuführen. Hierdurch ist also auf Grund der Postu-

late genau definiert, wie eine „Bewegung" in jedem einzelnen Falle auszuführen ist; in der Tat enthält der zweite Satz des Euklid nichts anderes als den wichtigen Satz unserer Kinematik, daß jede Bewegung der Ebene auf eine Rotation (eventuell Parallelverschiebung, d. h. Rotation um einen unendlich fernen Punkt) zurückgeführt werden kann. Es handelt sich also nicht darum, eine Figur mit einer andern mechanisch (etwa durch Herausheben aus der Ebene) zur Deckung zu bringen, sondern durch eine vorgeschriebene Konstruktion eine Figur in eine andere überzuführen; dabei kann die erstere auch durch ihr Spiegelbild ersetzt werden, indem man die betr. Konstruktion symmetrisch abändert. Dadurch wird es erklärlich, daß bei Euklid nicht unterschieden wird, ob kongruente Figuren direkt oder nur mit Hilfe einer Spiegelung in einander übergeführt werden können. Ein entsprechender Satz gehört unbedingt an den Beginn eines jeden elementaren Lehrbuches; und es ist bedauerlich, wenn die hohe Bedeutung desselben in modernen Darstellungen der Elementar-Geometrie so gänzlich verkannt wird, daß man ihn mit Stillschweigen übergeht (vgl. auch S. 556 meines oben erwähnten Werkes). Tut man dieses, so muß man allerdings bei der Bewegung von Dreiecken in der Ebene (also schon bei den Kongruenzsätzen) von neuem auf direkte Anschauung zurückgreifen, was nach Aufstellung der Definitionen, Postulate und Axiome nicht mehr geschehen soll (wenigstens nur noch in heuristischem oder pädagogischem Interesse geschehen darf).

28) S. 47. Die Notwendigkeit, diese Möglichkeit explizite vorauszusetzen, haben Graßmann und Helmholtz besonders betont; vgl. unten die Anmerkung 34.

29) S. 48. Diese „vierte Geometrie" entsteht, wenn man annimmt, daß wir uns in demjenigen Teile des Raumes befinden, von dessen Punkten reelle Tangentenkegel an die in Anmerkung 20) erwähnte reelle unendlich ferne Fläche zweiter Ordnung gelegt werden können. Von einer jeden reellen Tangente dieser Fläche kann dann gesagt werden, daß sie zu sich selbst senkrecht

steht. Diese Geraden würden vor allen anderen ausgezeichnet sein und könnten durch Bewegungen nur untereinander, nicht mit anderen Geraden vertauscht werden. Noch verwickelter werden die Verhältnisse, wenn die unendlich ferne Fläche zweiter Ordnung reelle gerade Linien enthalten sollte.

30) S. 48. Vgl. Lie, Theorie der Transformationsgruppen, Bd. 3, Leipzig 1893, S. 521. Ich kann dies Werk nicht citieren, ohne auf die Kritik einzugehen, die Lie darin an meiner Bearbeitung der nicht-Euklidischen Geometrie übt. Schon in der Vorrede (S. XIII) sagt er, daß sich bei mir (und anderen) eine Reihe von groben Fehlern fänden, die darin ihren Grund hätten, daß die Verfasser nur mangelhafte oder gar keine gruppentheoretischen Kenntnisse besäßen. Allerdings baut Lie seine Theorie darauf auf, daß er die Bewegungen durch ihre Gruppeneigenschaft definiert; aber deshalb ist es doch nicht unerlaubt, von anderen Definitionen auszugehen, aus denen dann umgekehrt die Gruppeneigenschaft folgt; und das ist der von mir eingeschlagene Weg, bei dem von Gruppentheorie in der Tat gar nicht die Rede ist. Der von mir befolgte Gedankengang ist vielmehr kurz folgender:

Nachdem die Koordinaten eines Punktes im Raume definiert sind, ohne daß der Begriff der Entfernung oder des Winkels angewandt wurde, und nachdem damit die projektivische Geometrie in vollem Umfange begründet war, handelte es sich darum, zu den spezielleren Sätzen der metrischen Geometrie durch Einführung von „Winkel" und „Entfernung" überzugehen. Zuerst entstand die Frage: Welche Transformationen der Koordinaten sollen als Bewegungen definiert werden? Ich charakterisierte sie durch folgende Eigenschaften

a) Jeder Punkt geht wieder in einen Punkt über.
b) Jede Ebene geht wieder in eine Ebene über.
c) Jeder Punkt kann in jeden andern durch Bewegung übergeführt werden, ebenso jede Gerade (es gibt keine ausgezeichneten Punkte oder Richtungen).

Für den Fall, daß reelle unendlich ferne Punkte existieren, ist hiermit alles bestimmt (d. h. Bewegung, Entfernung und Winkel sind definiert), wenn man noch die weitere Festsetzung macht:

d) Es kann durch Bewegung kein Punkt verschwinden und keiner neu entstehen (d. h. unendlich ferne und ideale Punkte. bleiben unendlich fern, bez. ideal).

Die hyperbolische Geometrie ist hiermit erledigt, und nur der Grenzfall, wo die unendlich ferne Fläche in eine Doppelebene ausartet, bedarf noch der näheren Betrachtung.

Wenn keine unendlich fernen Elemente existieren, ist auf jeder Geraden eine Involution als gegeben vorauszusetzen, die jedem Punkte einen zweiten zuordnet, so daß sich beide bei einer gewissen Bewegung miteinander vertauschen; die Festsetzung d) ist dann durch die folgende zu ersetzen:

d') Die auf den verschiedenen Geraden vorausgesetzten Involutionen gehen durch Bewegung ineinander über.

Dann ist auch für die elliptische Geometrie alles erledigt.

Man kann auch die zu d') dualistische Festsetzung machen, daß durch jeden Strahl eine ausgezeichnete Ebenen-Involution gegeben ist und daß alle diese Involutionen durch Bewegung ineinander übergehen (was dem Euklidischen Postulate entspricht, nach dem alle rechten Winkel einander gleich sind). Dies gilt gleichmäßig für die elliptische, hyperbolische und parabolische Geometrie; und man hat den Vorteil, diese drei Geometrien zunächst noch gemeinsam behandeln zn können; dieselben werden dann durch das verschiedene Verhalten der unendlich fernen Punkte nachträglich unterschieden.

Artet die imaginäre Fundamentalfläche in einen Kegelschnitt aus, so entsteht der Grenzfall der parabolischen Geometrie; in dieser müssen noch die Ähnlichkeitstransformationen von den Bewegungen getrennt werden, was durch die Festsetzung geschieht, daß der Kreis eine geschlossene Kurve sei (wie es auch Euklid ausdrücklich postulieren muß).

Besonders dieser letztere Punkt gibt Lie Veranlassung zu seiner Kritik, welche aber nur auf einem Mißverständnisse beruht: Lie definiert die Bewegungen als eine Untergruppe der projektiven Gruppe (Kollineationen), die von sechs Parametern abhängt. Die Ähnlichkeitstransformationen im Raume hängen aber von sieben Parametern ab und enthalten als einzig mögliche Untergruppe die Bewegungen; letztere sind also bei Lie schon dadurch definiert, daß die Zahl der Parameter vorgegeben war, so daß Lie keine weitere Festsetzung braucht. Bei mir dagegen ist nirgends verlangt, daß die Bewegungen von nur sechs Parametern abhängen sollen; zum Schlusse mußte daher in der parabolischen Geometrie noch eine Festsetzung hinzukommen.

Bei Lie und mir sind also verschiedene Ausgangspunkte gewählt, die Resultate stimmen aber überein. Betrachtet man die ebene Geometrie allein (unabhängig vom Raume), so hat auch Lie noch die Festsetzung nötig, daß der Kreis (d. i. der Ort der Punkte, welche von einem festen Punkte gleiche Entfernung haben: Axiom der Monodromie von Helmholtz) eine geschlossene Kurve ist; denn in der Ebene erlauben die Ähnlichkeitstransformationen noch Untergruppen (vgl. auch S. 565 in dem Aufsatze von Klein, Math. Annalen Bd. 37).

Was Lie ferner a. a. O. S. 529 gegen meine Darstellung einwendet, bezieht sich nur auf eine Bemerkung über Helmholtz und eine andere über Lie selbst. Ich hatte geäußert, Helmholtz setze implicite voraus, daß die Bewegungen durch lineare Transformationen darstellbar seien; nur unter dieser Voraussetzung war es mir nämlich gelungen, den Helmholtzschen Rechnungen einen annehmbaren Sinn unterzulegen; und darin stimmt Lie mit mir vollkommen überein (geht sogar noch weiter, indem er die Helmholtzschen Entwicklungen überhaupt für verfehlt erklärt, wie auch Klein äußert: „Helmholtz hat hier wie allerwärts in genialer Weise die richtigen allgemeinen Gesichtspunkte erfaßt, die Einzelausführung aber befriedigt nur wenig", Math. Annalen Bd. 50); die Differenz liegt nur darin, daß er eine von mir bei dieser Gelegenheit citierte Stelle aus Helmholtz' populären Vorträgen anders versteht als ich, worauf es hier aber gar nicht ankommt, da diese Stelle verschieden aufgefaßt werden kann.

Was endlich meine Bemerkung über Lie betrifft, so lag mir bei Abfassung des Werkes (1890) nur die Arbeit von Lie aus dem Jahre 1886 vor, von welcher er selbst sagt (a. a. O. S. 399), daß sie die Resultate nur andeutet, und die keine Beweise enthielt; so ist es begreiflich, daß ich die betr. Stelle (über das erwähnte Monodromieaxiom) nicht so verstand, wie Lie sie gemeint hatte. Ich schrieb damals an Lie, mit dem ich bis dahin in steter Verbindung stand, und bat ihn um Mitteilung einer etwa in nächster Zeit erscheinenden Fortsetzung, die dann auch noch 1890 erschien, mir aber erst später zugänglich wurde, da ich von Lie keine Antwort erhielt.

Um nun zur Sache zurückzukehren, muß beachtet werden, daß die Liesche Gruppentheorie sich nur auf Zahlenmannigfaltigkeiten bezieht, also erst dann zur Anwendung kommen kann, wenn man die Punkte des Raumes schon durch Koordinaten ausgedrückt hat; dann aber ist man in der projektiven Geometrie schon so weit vorgedrungen, daß der von mir eingeschlagene Weg (oder ein ähnlicher) mindestens der einfachere ist.

Hilbert hat ein System von Axiomen aufgestellt, das ebenfalls auf dem Begriffe der Gruppe beruht, aber die (von Lie benutzte) Differentiierbarkeit der die Bewegung vermittelnden Funktionen nicht voraussetzt (Math. Annalen Bd. 56, 1902).

Es wurde soeben bemerkt, daß in der Ebene, wenn die projektivische Geometrie als gültig erkannt ist, noch Gruppen von Bewegungen möglich sind, bei denen der Kreis keine geschlossene Kurve ist und dann nur durch eine logarithmische Spirale ersetzt werden kann (worauf der Helmholtzsche Ansatz im wesentlichen beruht).

Vgl. auch: Hilbert (London, Math. Society, vol. 35, abgedruckt als Anhang zur 3. Aufl. seiner „Grundlagen der Geometrie"), und oben S. 49.

Endlich macht Lie (a. a. O. S. 810 f.) noch einen sachlichen Einwurf, indem er sagt: „Lindemann bezeichnet diese Punkte (die bei der Bewegung einer Geraden in sich fest bleiben) als die unendlich fernen Punkte der betreffenden Geraden, er setzt aber stillschweigend voraus, daß ein Punkt, der in diesem Sinne unendlich ferner Punkt einer Geraden ist, auch auf jeder anderen durch ihn gehenden Geraden unendlich fern sei." Diese Bemerkung ist nicht richtig; denn ich setze fest (S. 465 u. 540 a. a. O.), daß sich schneidende Linien durch Bewegung wieder in sich schneidende übergehen, also sich nicht schneidende in sich nicht schneidende; das heißt aber: wirkliche Punkte bleiben wirklich, ideale Punkte bleiben ideal, also auch die Grenzpunkte zwischen beiden (d. h. die unendlich fernen Punkte) bleiben solche Grenzpunkte (d. h. unendlich fern); also die unendlich fernen Punkte einer Linie gehen in die unendlich fernen Punkte jeder andern durch Bewegung über; insbesondere gilt dies für die Drehung um einen unendlich fernen Punkt. Ein unendlich ferner Punkt einer Geraden ist folglich auch unendlich ferner Punkt jeder anderen durch ihn gehenden Geraden. Die betr. Voraussetzung ist also nicht stillschweigend gemacht, vielmehr eine Folge des Postulates, daß durch Bewegung kein neuer Punkt entstehen soll.

31) S. 49. Riemann charakterisiert eine in einer Zahlenmannigfaltigkeit mögliche Geometrie im allgemeinen durch die Art und Weise, wie sich das Bogenelement ds durch die Differentiale dx_i der Koordinaten ausdrückt, denn von dieser Funktion hängen nach Gauß wesentliche Eigenschaften des Raumes ab. Wie in Gleichung (23) der Anmerkung 21) angegeben wurde, ist für die hyperbolische und elliptische Geometrie ds^2 stets positiv und symmetrisch in den drei fundamentalen Richtungen. Setzt man ganz allgemein

$$ds^2 = \sum_i \sum_k \varphi_{ik} dx_i dx_k = \varphi_{11} dx_1^2 + 2\varphi_{12} dx_1 dx_2 + \cdots,$$

wo die φ_{ik} Funktionen der Koordinaten x_i sind, so ist im allgemeinen keine oder nur eine beschränkte Beweglichkeit in der betr. Geometrie möglich. Auf einen solchen Fall hatte Clifford aufmerksam gemacht, und Klein hat diesen Gedanken weiter durchgeführt (Verschiebung einer Fläche zweiter Ordnung in sich, welche die imaginäre Fundamentalfläche des Riemannschen Raumes in vier imaginären Erzeugenden schneidet, und demnach nur zwei Klassen von Bewegungen in sich, nämlich „rechts und links gewundene", zuläßt, vgl. S. 371 meines erwähnten Werkes und ausführlicher Klein: Math. Annalen Bd. 37). Die Verallgemeinerung dieses Beispiels führt auf diejenigen Gruppen von linearen Transformationen der komplexen Ebene, welche Poincaré studiert hat und die mit Systemen von Kreisen zusammenhängen, welche einen festen Kreis (z. B. eine feste Gerade) orthogonal schneiden; vgl. oben Anmerkung 23). Weiter ausgeführt ist dies von Killing: Math. Annalen Bd. 39; vgl. auch Klein: Zur ersten Verteilung des Lobatschewsky-Preises, Kasan 1897 (auch Math. Annalen Bd. 50).

31a) S. 49. Die nicht-Archimedische Geometrie und andere Geometrien hat Hilbert studiert; vgl. oben die Angaben in Anmerkung 25 und 30, ferner Minkowski (Geometrie der Zahlen, Heft 1, Leipzig 1896); hier gibt es im allgemeinen keine Bewegungen mehr, aber die gerade Linie bleibt die kürzeste Linie.

32) S. 51. Die sogenannte projektivische Geometrie beschäftigt sich mit denjenigen Sätzen, welche bei beliebigen Projektionen oder Kollineationen ungeändert bleiben, und welche daher mit der Theorie der algebraischen Formen und deren Invarianten, bez. Kovarianten aufs engste zusammenhängen; der metrischen Geometrie rechnet man die übrigen Sätze zu. Vgl. oben Anmerkung 24, sowie die lichtvolle Darstellung dieser und ähnlicher Verhältnisse in Kleins Programmabhandlung: Vergleichende Betrachtungen über neuere geometrische Forschungen, Erlangen 1872 (abgedruckt in Bd. 43 der Math. Annalen). — Manche allgemeine Fragen der hier und im vorstehenden behandelten Art findet man auch bei

Hölder besprochen: Anschauung und Denken in der Geometrie, Akademische Antrittsvorlesung, Leipzig 1900.

33) S. 53. In der Tat kann man sich durch andauernde Beschäftigung mit vierdimensionaler Geometrie eine solche Gewandtheit in der betreffenden geometrischen Schlußweise aneignen, daß man sich fast der Täuschung hingibt, wirklich mit vier Dimensionen zu operieren. Teils findet dies darin seine Erklärung, daß jedes geometrische Gebilde, das im Raume von vier Dimensionen liegt, selbst mindestens drei Dimensionen besitzt, so daß es auf unseren Raum bezogen („abgebildet") werden kann, und daß man so unsere gewöhnliche Geometrie auf jenes Gebilde zu übertragen vermag, teils darin, daß die geometrischen Schlüsse für den Raum von vier Dimensionen eigentlich rein logischer Natur sind und durch den Gebrauch geometrischer Worte sich nur scheinbar in geometrisches Gewand kleiden. Etwas anderes ist es, wenn man sich die Punkte der vierdimensionalen Welt durch eine „Abbildung" auf die geraden Linien unseres Raumes überträgt; denn letztere bilden tatsächlich eine vierdimensionale Mannigfaltigkeit. Man betrachtet dann nicht den Punkt, sondern die gerade Linie als erzeugendes Element für räumliche Konstruktionen, und das ist in der neueren Geometrie ein äußerst fruchtbares Prinzip gewesen; die Begründung dieser sogenannten Liniengeometrie verdankt man Plücker (Neue Geometrie des Raumes, Leipzig 1868 und 1869; vgl. auch die entsprechenden Kapitel in meinem mehrfach citierten Werke); für die Beziehungen zur vierdimensionalen Geometrie vgl. Klein: Math. Annalen Bd. 5, 1872, für die historische Entwicklung der Disziplin und überhaupt der neueren Geometrie: Clebsch: Zum Gedächtnis an Julius Plücker, Abhandlungen der kgl. Gesellschaft der Wissenschaften zu Göttingen 1872; ferner: R. F. A. Clebsch, Versuch einer Darlegung und Würdigung seiner wissenschaftlichen Leistungen, Math. Annalen Bd. 7; d'Ovidio: Uno sguardo alle origini ed allo sviluppo della matematica pura, Discorso in occasione della solenne aper-

tura degli studi nella R. Università di Torino, 4. November 1889; und A. Cayley: Presidential Address, Report of the Brit. Association for the advancement of science, Southport meeting, London 1883.

34) S. 54. Das in den beiden letzten Forderungen gebrauchte Wort „identisch" bedarf wohl noch näherer Erklärung; es entsteht hier dieselbe Schwierigkeit, wie bei dem Begriffe der Gleichheit, vgl. oben die Anmerkung 27). Die Forderung der Homogenität sagt aus, daß jeder Punkt mit jedem andern Punkte durch „Bewegung" zur Deckung gebracht werden kann, die Forderung der Isotropie, daß alle durch einen Punkt gehenden Geraden durch Drehung um diesen Punkt zur Deckung gebracht werden können. Helmholtz stellt statt dessen die Forderung (a. a. O.), daß der Raum eine „in sich kongruente" Mannigfaltigkeit sei, Graßmann fordert, daß gleiche Konstruktionen, an verschiedenen Orten und nach verschiedenen Richtungen des Raumes ausgeführt, zu kongruenten Figuren führen, Riemann drückt dasselbe durch die Forderung eines konstanten Krümmungsmaßes aus; wie ich (a. a. O. S. 548) betont habe, ist Euklids Postulat, wonach alle rechten Winkel einander „gleich" (d. h. durch Bewegung ineinander überführbar) sind, mit dieser Forderung der Homogenität und der Isotropie des Raumes äquivalent. — Auch weiter unten (S. 65 f. des obigen Textes) werden diese Forderungen auf gewisse Bewegungen zurückgeführt.

35) S. 54. Daß in der Tat durch die Empfindungen der Netzhaut allein niemals eine dritte Dimension erkannt werden könnte, hat besonders Th. Lipps gegenüber andern Theorien scharf betont: Psychologische Studien, Heidelberg 1885. Für verschiedene Theorien der Raumvorstellung sei hier außerdem auf folgende Werke verwiesen:

Baumann, Die Lehren von Raum, Zeit und Mathematik, Bd. 1, 1868, Bd. 2, 1869;

Wundt, Logik, Bd. 2, 1883;

Stumpf, Über den psychologischen Ursprung der Raumvorstellung, 1873;

B. Erdmann, Die Axiome der Geometrie, 1877 (vgl. oben S. 258).

36) S. 56. Wenn durch Störung der hier vorausgesetzten konstanten Beziehung zwischen Konvergenz- und Akkomodationsempfindungen eine vierte Variable zur Verfügung gestellt wird, so werden wir die Interpretation derselben nach außen verlegen und zur Annahme einer vierten Dimension geführt, falls uns nicht durch andere Beobachtungen (z. B. des Tastsinnes) bereits die Dreizahl der Dimensionen gesichert erscheint. Ist letzteres der Fall, so wird unser Verstand die verfügbare Variable benutzen, um die Deutung und Orientierung des Gesichtsbildes im Raume mehr zu präcisieren, als es sonst möglich wäre. Besteht also keine konstante Beziehung zwischen den beiden Muskelempfindungen, so wird sich ein neues Hilfsmittel der Beobachtung, etwa ein „Ferntastsinn", bemerkbar machen, vermöge dessen wir befähigt sind, Entfernungen direkt durch das Auge abzuschätzen. Die Existenz eines solchen Ferntastsinnes hat auf Grund anderweitiger Überlegungen G. Hirth behauptet: Das plastische Sehen als Rindenzwang, München 1892 (La vue plastique fonction de l'écorce cérébrale, traduit par L. Arréat, Paris 1893); vgl. dazu gehörige mathematische Ansätze in einer Anmerkung der Schrift desselben Verfassers: Energetische Epigenesis (Merksystem und plastische Spiegelungen), München 1898.

37) S. 56—59. Auch in bezug auf den Tastsinn sei auf obige Werke verwiesen. Für die Beziehungen desselben zum Gesichtssinne sind von besonderem Interesse die daselbst erwähnten Erfahrungen an Blindgeborenen, denen durch Operation im späteren Leben, wo die Raumanschauung allein auf Grund des Tastsinnes bereits ausgebildet war, die Möglichkeit des Sehens verschafft ward. Die Antwort, welche Poincaré hier (S. 59) auf die Frage nach der Bedeutung der Lokalisation eines Objekts an einem bestimmten Punkte gibt, hängt eng mit einer persönlichen Veranlagung Poincarés zusammen.

Dr. Toulouse nämlich hat eine wissenschaftliche Untersuchung der psychophysischen Eigenschaften von Poincaré durchgeführt und mit dessen Zustimmung veröffentlicht: Enquête médico-psychologique sur la supériorité intellectuelle, t. II, H. Poincaré, Paris 1910. Dort heißt es auf S. 59: „il reconnaît les lieux par la mémoire des mouvements oculaires et des bras" und S. 76: „il se représente mal un lieu, et cependant il s'y reconnaît assez facilement en s'aidant des images motrices (mouvements des yeux et des bras). — Vgl. ferner Po., W. u. M. S. 87 ff.

38) S. 68. Der Brechungsindex ist proportional zu dem Verhältnisse der Fortpflanzungsgeschwindigkeiten in den beiden Medien. Diese Geschwindigkeit ist gleich dem Bogenelemente ds der beschriebenen Kurve, dividiert durch das Zeitelement dt; ist nun $d\sigma$ das Bogenelement eines Kreises, welcher die Fundamentalebene $z=0$ rechtwinklich schneidet, so haben wir nach Gleichung (25) der obigen Anmerkung 22 (wo A durch R, R durch r zu ersetzen ist)

$$ds^2 = (dX)^2 + (dY)^2 + (dZ)^2,$$

$$d\sigma^2 = 4C^2 \frac{ds^2}{(X^2+Y^2+Z^2-R^2)^2} = 4C^2 \frac{ds^2}{(r^2-R^2)^2}.$$

Die Vorstellung des Textes ist die, daß der Lichtstrahl in jedem Elemente seiner Bahn so gebrochen wird, als wenn er aus dem leeren Raume in ein Medium einträte, dessen Brechungsindex proportional zu $(R^2-r^2)^{-1}$ ist; dieser Index ist dann nach obigen Formeln auch proportional zu $\frac{d\sigma}{ds}$; und so erscheint $d\sigma$ als Bogenelement eines Kreises, wie es soeben angenommen wurde. Einem in der Euklidischen Welt lebenden Beobachter würden die Lichtstrahlen kreisförmig vorkommen; ein nicht-Euklidisches Wesen dagegen würde den Eindruck geradliniger Fortpflanzung des Lichtes haben.

39) S. 69. Wie die folgenden Erörterungen zeigen, ist diese Bezeichnung deshalb gewählt, weil eine in der nicht-Euklidischen Welt vor sich gehende Bewegung einem Beobachter der Euklidischen Welt so erscheinen würde, als ob die Körper gemäß dem supponierten

Temperaturgesetze Veränderungen erlitten. Es soll nun die Länge eines Lineals seiner absoluten Temperatur und diese dem Ausdrucke $R^2 - r^2$ proportional sein, wobei r in Euklidischer Weise gemessen ist. Zwei Längenelemente ds und $d's$, die den Werten r und r' entsprechen, genügen also der Bedingung

$$ds : d's = (R^2 - r^2) : (R^2 - r'^2);$$

das ist aber dieselbe Relation, welche aus der Formel (25) der obigen Anmerkung 22 hervorgeht; denn für eine unveränderte Länge $d\sigma$ der nicht-Euklidischen Geometrie haben wir an zwei verschiedenen Stellen

$$d\sigma = \frac{ds}{R^2 - r^2} = \frac{d's}{R^2 - r'^2}.$$

Durch das Bild der Temperaturänderung erreicht der Verfasser hier die gleiche Veranschaulichung, wie sie Helmholtz durch Bezugnahme auf das Innere einer Kugel nach Beltrami darlegt und mittelst des Sehens durch eine passend geschliffene Konvexlinse (allerdings in wenig befriedigender Weise) verständlich zu machen sucht (vgl. dessen erwähnten populären Vortrag), wie ja auch Poincaré die Lichtbrechung in gleichem Sinne zu Hilfe nimmt; vgl. die vorhergehende Anmerkung 38.

40) S. 71. Solche dreidimensionale Perspektiven von vierdimensionalen Körpern sind in der Tat durch V. Schlegel 1884 für die sechs regulären Körper, welche im Raume von vier Dimensionen möglich sind, hergestellt und sind durch den Buchhandel zu beziehen. Es sind dies 1. das Fünfzell, begrenzt von 5 regulären kongruenten Tetraëdern, 2. das Achtzell, begrenzt von 8 kongruenten Würfeln, 3. das Sechzehnzell, begrenzt von 16 kongruenten regulären Tetraëdern, 4. das Vierundzwanzigzell, begrenzt von 24 kongruenten regulären Oktaëdern, 5. das Sechshundertzell, begrenzt von 600 kongruenten regulären Tetraëdern, 6. das Hundertzwanzigzell, begrenzt von 120 kongruenten regulären Dodekaëdern. Vgl. Schlegel: Nova Acta der Kais. Leop. Carol. Akademie, Bd. 44, Nr. 4, sowie Katalog

mathematischer Modelle für den höheren mathematischen Unterricht, Verlagshandlung von Martin Schilling in Halle a. S. 1903. — Vgl. auch oben die Anmerkung 33.

41) S. 74. Als Parallaxe bezeichnet man bekanntlich den Winkel an der Spitze eines Dreiecks, dessen Spitze durch den Fixstern S und dessen Basisecken durch die Endpunkte A und B eines Durchmessers der Erdbahn gebildet sind. Ist

$$\measuredangle BAS = \alpha, \quad \measuredangle ABS = \beta,$$

so folgt
$$\gamma = \pi - (\alpha + \beta);$$

und wenn $2r$ den Durchmesser der Erdbahn bezeichnet, so lassen sich die Entfernungen AS und BS berechnen. Steht der Stern ungefähr senkrecht über der Ekliptik, so kann $AS = BS$ genommen werden, und man kann

$$\alpha = \beta = \frac{\alpha + \beta}{2}$$

wählen; die Entfernung ϱ berechnet sich dann aus der Hälfte des betrachteten Dreiecks nach der Formel

$$\frac{\varrho}{r} = \operatorname{tang}\left(\pi - \frac{\alpha+\beta}{2}\right) = \operatorname{tang} \frac{\alpha+\beta}{2},$$

weshalb auch $\frac{\alpha+\beta}{2}$ als Parallaxe bezeichnet wird. Bedeutet nun F den Inhalt des Dreiecks ABS, so ist in der Lobatschewskyschen Geometrie (vgl. z. B. S. 494 meines erwähnten Werkes):

$$F = 4k^2 (\pi - \alpha - \beta - \gamma),$$

also
$$\pi - (\alpha + \beta) = \frac{F}{4k^2} + \gamma, \text{ d. h.} > 0,$$

und in der Riemannschen Geometrie (vgl. a. a. O. S. 519)

$$F = 4k^2 (\alpha + \beta + \gamma - \pi),$$

also
$$\pi - (\alpha + \beta) = \gamma - \frac{F}{4k^2}, \text{ d. h.} < 0, \text{ wenn } \gamma \text{ sehr klein ist.}$$

Unter Parallaxe ist also im Texte die Differenz $\pi - (\alpha + \beta)$ bez. die Hälfte dieser Zahl zu verstehen.

Da sich der Winkel γ einer direkten Messung entzieht, so bleibt der Vergleich mit der Erfahrung genau genommen stets unbefriedigend. Man kann nur durch Hinzufügen weiterer plausibler Voraussetzungen zu einem Resultate gelangen wollen; vgl. Schwarzschild: Über das zulässige Krümmungsmaß des Raumes, Vortrag auf der Versammlung der Astronomischen Gesellschaft zu Heidelberg 1900.

Überlegungen, welche den zunächst folgenden des Textes analog sind, findet man auch in dem (sonst in mathematischer Beziehung wenig zuverlässigen) Werke von Schmitz-Dumont: Die mathematischen Elemente der Erkenntnistheorie, Berlin 1878, S. 434.

42) S. 81. Die betreffenden Darlegungen Newtons findet man z. B. bei Mach wiedergegeben (Die Mechanik in ihrer Entwickelung historisch-kritisch dargestellt, 2. Aufl., Leipzig 1889, S. 211 ff.), der auch die Unmöglichkeit, auf einen absoluten Raum zu schließen, bespricht; vgl. ferner: Pearson, The Grammer of science, 2nd ed., London 1900, S 533.

43) S. 84. Bei dieser Überlegung ist $\alpha\gamma$ der Radius eines Kreises mit dem Mittelpunkte O, dem ein reguläres Sechseck mit den Ecken A, B, C, D, E, F eingeschrieben ist; hier ist (bei der ersten Reihe von Feststellungen) $AB = BC = CD = DE = EF = \alpha\beta$, und da die Seite des regulären Sechsecks gleich dem Radius ist, auch $\alpha\beta = \alpha\gamma$. Dieser Satz gilt aber nicht mehr in der nicht-Euklidischen Geometrie, denn er beruht wesentlich auf dem Satze, wonach die Summe der Winkel eines Dreiecks gleich zwei Rechten sein muß; und letzterer ist in der nicht-Euklidischen Geometrie nicht gültig; vgl. oben Anmerkung 41. Bei der zweiten Reihe von Feststellungen kann daher $\alpha\gamma$ nicht mit AB oder BC etc. zur Deckung gebracht werden.

44) S. 87. Dies ist ein anderer Ausdruck dafür, daß sich alle Bewegungen in der analytischen Geometrie durch Transformationen darstellen lassen, die von sechs

veränderlichen Größen stetig abhängen. Sind nämlich x, y, z die Koordinaten eines Punktes im Innern eines festen Körpers in der ersten Lage und X, Y, Z die Koordinaten desselben Körperpunktes nach Ausführung einer Bewegung, so ist immer:

$$X = a_1 x + b_1 y + c_1 z + d_1,$$
$$Y = a_2 x + b_2 y + c_2 z + d_2,$$
$$Z = a_3 x + b_3 y + c_3 z + d_3,$$

wo zwischen den neun Größen a, b, c folgende sechs Bedingungen bestehen:

$$a_1^2 + b_1^2 + c_1^2 = 1,$$
$$a_2^2 + b_2^2 + c_2^2 = 1,$$
$$a_3^2 + b_3^2 + c_3^2 = 1,$$
$$a_1 a_2 + b_1 b_2 + c_1 c_2 = 0,$$
$$a_2 a_3 + b_2 b_3 + c_2 c_3 = 0,$$
$$a_3 a_1 + b_3 b_1 + c_3 c_1 = 0.$$

Mittelst dieser Gleichungen lassen sich sechs der neun Größen a, b, c durch die übrigen drei ausdrücken; zu letzteren treten noch die Konstanten d_1, d_2, d_3, so daß in der Tat sechs Parameter verfügbar sind. Die Zahl sechs bleibt in der nicht-Euklidischen Geometrie unverändert; die Bewegungen sind alsdann durch diejenigen linearen Transformationen dargestellt, welche die Fläche der unendlich fernen Punkte in sich überführen; vgl. oben Anmerkung 30 und S. 356 ff. meines mehrfach erwähnten Werkes.

Um die Anzahl der Parameter durch Erfahrung festzustellen, braucht man nur die Tatsache zu beobachten, daß ein starrer Körper vollkommen festgelegt ist, wenn man einen Punkt (drei Konstanten), eine durch ihn gehende Linie (zwei weitere Konstanten) und eine durch letztere gehende Ebene (eine sechste Konstante) festhält. Dabei ist vorausgesetzt, daß man die Zahl der Dimensionen des Raumes bereits kennt.

45) S. 90. Was man unter einer Gruppe von Operationen versteht, wurde schon oben kurz angedeutet

(S. 66). Eine Untergruppe dieser Gruppe ist ein System von Operationen, die für sich eine Gruppe bilden und in der gegebenen Gruppe enthalten sind. So bilden alle Drehungen eines festen Körpers um einen festen Punkt eine Untergruppe der umfassenderen Gruppe aller Bewegungen, denn jede Drehung ist eine Bewegung, und zwei successive Drehungen um denselben festen Punkt lassen sich durch eine dritte Drehung ersetzen. So bilden alle Bewegungen und alle Spiegelungen (an beliebigen Ebenen) zusammen eine Gruppe; in letzterer ist die Gruppe aller Bewegungen als Untergruppe enthalten; die Spiegelungen für sich bilden aber keine Untergruppe, denn zwei nacheinander ausgeführte Spiegelungen sind durch eine Bewegung (nicht wieder durch eine Spiegelung) zu ersetzen.

Dritter Teil Die Kraft.

46) S. 92. In der citierten Abhandlung kommt Poincaré zu folgenden Schlüssen:

„Wir haben keine direkte Anschauung von der Gleichzeitigkeit zweier Zeitdauern, ebensowenig von der Gleichheit. — Wir behelfen uns mit gewissen Regeln, die wir beständig anwenden, ohne uns davon Rechenschaft zu geben. — Es handelt sich dabei um eine Menge kleiner Regeln, die jedem einzelnen Falle angepaßt sind, nicht um eine allgemeine und strenge Regel. — Man könnte dieselben auch durch andere ersetzen, aber man würde dadurch das Aussprechen der Gesetze in der Physik, Mechanik und Astronomie außerordentlich umständlich machen. — Wir wählen also diese Regeln nicht, weil sie wahr, sondern weil sie bequem sind, und wir können sie in folgendem Satze zusammenfassen: Die Gleichzeitigkeit zweier Ereignisse oder die Ordnung ihrer Aufeinanderfolge und die Gleichheit zweier Zeitdauern müssen so definiert werden, daß der Ausspruch der Naturgesetze möglichst einfach wird; mit anderen Worten: Alle diese Regeln und Definitionen sind nur die Frucht eines unbewußten Opportunismus."

Newton (dessen Anschauung man z. B. bei Mach reproduziert findet: Die Mechanik in ihrer Entwicklung, 2. Aufl., Leipzig 1889, S. 207) setzte die Existenz einer „absoluten Zeit" voraus; d'Alembert, Locke u. a. hoben den relativen Charakter aller Zeitmaße hervor; vgl. die historischen Angaben bei A. Voß in dem Artikel über die Prinzipien der rationellen Mechanik (Enzyklopädie der math. Wissenschaften, IV, 1). Nach de Tillys Angabe (Sur divers points de la philosophie des sciences mathématiques; Classe des sciences de l'Académie R. de Belgique, 1901) definiert z. B. Lobatschewsky die Zeit als eine „Bewegung, welche geeignet ist, die anderen Bewegungen zu messen". Auch eine solche Definition setzt voraus, daß es eine Bewegung gibt, die zum Messen der (also aller) anderen Bewegungen geeignet ist; und wann ist eine Bewegung „geeignet", als Maß anderer zu dienen? Vielleicht kann die folgende analytische Erörterung hier zur Klärung beitragen.

Wir betrachten z. B. das Fallgesetz eines schweren Punktes auf der Erdoberfläche; dasselbe ist bekanntlich durch die Differentialgleichung:

(1) $$\frac{d^2z}{dt^2} = -g$$

vollständig dargestellt, wenn z eine vertikal nach oben gemessene Koordinate, t die Zeit, g die Beschleunigung der Schwere bedeutet. Führen wir nun ein anderes Zeitmaß τ ein, so wird τ eine Funktion von t sein:

$$\tau = \varphi(t), \quad t = \Phi(\tau),$$

und die Gleichung (1) nimmt, wenn wir τ einführen, folgende Gestalt an:

(2) $$\left[\frac{1}{\Phi'(\tau)}\right]^3 \left(\frac{d^2z}{d\tau^2} \Phi'(\tau) - \frac{dz}{d\tau} \Phi''(\tau)\right) = -g,$$

wo Φ' und Φ'' den ersten und zweiten Differentialquotienten der Funktion $\Phi(\tau)$ nach τ bezeichnen. Die einfache Form der Gleichung (1) beruht also wesentlich auf der Wahl eines für die Gesetze des Falles „geeigneten"

Zeitmaßes; jede andere Art der Zeitmessung würde zu wesentlich komplizierterem Ansatze führen; dadurch ist die Zeit t vor der Zeit τ ausgezeichnet. Dieses Zeitmaß wird praktisch durch eine Uhr, etwa eine Pendeluhr, gegeben; die Bewegung des Pendels wird selbst wieder durch die Fallgesetze bedingt; wir messen also in (1) eine Fallerscheinung durch eine andere Fallerscheinung, und deshalb ist die Einfachheit des Resultates nicht auffällig. Anders ist es, wenn wir eine durch eine Feder getriebene Uhr anwenden; hier ist es eine nicht selbstverständliche Tatsache, daß das Zeitmaß für das Ablaufen der Feder zur Beobachtung des freien Falles geeignet ist; immerhin wird der richtige und gleichmäßige Gang der Federuhr nur durch Vergleichung mit einer Pendeluhr reguliert, und dadurch wird dieses Zeitmaß auf das vorhergehende reduziert. Auf die gewählte Zeiteinheit, die der Rotation der Erde um ihre Achse entlehnt ist, kommt es hierbei nicht an; wir bestimmen allerdings die Länge des Sekundenpendels nach dieser Einheit, könnten aber auch mit gleichem Erfolge umgekehrt eine beliebig gewählte Pendellänge zur Definition der Einheit verwenden. Anders ist es, wenn man zu kosmischen Problemen übergeht. Die Bewegung eines Planeten (x, y) um die im Anfangspunkte stehende Sonne mit der Masse m' wird durch die Gleichungen

$$(3) \qquad \frac{d^2 x}{dt^2} = - \frac{m' x}{r^3}, \quad \frac{d^2 y}{dt^2} = - \frac{m' y}{r^3}$$

definiert, welche das Newtonsche Gravitationsgesetz darstellen $(r = \sqrt{x^2 + y^2})$. Erfahrungsmäßig genügt auch hier dasselbe Zeitmaß, das beim freien Falle eingeführt wurde; denn alle aus den Gleichungen (3) zu ziehenden Folgerungen stimmen (auch wenn man die Störungen der anderen Planeten berücksichtigt) hinreichend mit den Beobachtungen überein, so daß man keine Veranlassung hat, eine andere Zeit τ einzuführen und die obige Transformation anzuwenden. Analog verhält es sich mit allen bekannten Erscheinungen; es genügt immer, die Komponenten der Beschleunigung durch die Ausdrücke $\frac{d^2x}{dt^2}, \frac{d^2y}{dt^2}, \frac{d^2z}{dt^2}$ zu messen, und es ist überflüssig, die allgemeineren Ausdrücke

$$\left(\frac{d^2x}{d\tau^2}\Phi'(\tau) - \frac{dx}{d\tau}\Phi''(\tau)\right)\frac{1}{\Phi'(\tau)^3}, \text{ etc.}$$

statt dessen einzuführen. In diesem Sinne kann man erfahrungsmäßig von einer absoluten Zeit sprechen, d. h. einer Zeit, die zur Beschreibung aller bisher beobachteten Erscheinungen gleichmäßig bequem ist, allerdings mit dem Vorbehalte, diese Vorstellung der absoluten Zeit sofort aufzugeben, wenn neue Tatsachen oder feinere Beobachtung alter Tatsachen dazu führen sollten, für irgendeine Erscheinung durch eine Funktion $\Phi(\tau)$ ein neues Zeitmaß τ einzuführen, so daß für diese Erscheinung die Beschleunigung durch $\frac{d^2s}{d\tau^2}$ statt durch $\frac{d^2s}{dt^2}$ dargestellt wird (d. h. das Produkt aus Masse und Beschleunigungskomponente $\frac{d^2x}{d\tau^2}$ sich als Funktion des Ortes des bewegten Punktes und anderer fester oder bewegter Punkte darstellen läßt). Aber auch dann würde man wohl versuchen, die entstehende Schwierigkeit durch Modifikation der anderen Annahmen, eventuell durch Hinzufügung weiterer fingierter Punkte und Kräfte (vgl. weiterhin die analogen Erörterungen auf S. 95 ff. beim Trägheitsgesetz) zu beseitigen, ehe man sich entschließt, bei verschiedenen Entfernungen verschiedene Zeitmaße anzuwenden. Durch diese Überlegung kommt man zu wesentlich derselben Auffassung, welche Poincaré a. a. O. mit dem Worte Opportunismus charakterisiert. — Allgemeiner könnte man die Zeit τ als Funktion von t und von den Koordinaten des Beobachtungsortes gegeben denken; dann würden Ereignisse als gleichzeitig erscheinen, die es bei dem uns geläufigen Zeitmaße nicht sind. — Diese von mir in der ersten Auflage (1904) angedeutete Verallgemeinerung hat neuerdings besondere Bedeutung gewonnen; ein solches vom Orte abhängiges Zeitmaß nämlich hat Lorentz (1904) in die Theorie der Elektrodynamik mit Vorteil eingeführt; vgl. unten

Anmerkung 78 sowie die weiteren Angaben in den Anmerkungen 78 u. 79 zur deutschen Ausgabe von Picard, W. d. G., ferner Po., W. u. M. S. 198f.

47) S. 92. Die Mechanik im nicht-Euklidischen Raume ist in der Tat schon ziemlich ausgebildet; vgl. darüber: Schering, Die Schwerkraft im Gaussischen Raum, Göttinger Nachrichten 1870 und 1873; de Tilly, Etudes de mécanipue abstraite, Mémoires publiés par l'Académie R. de Belgique, t. 21, 1868; Lindemann, Über unendlich kleine Bewegungen und Kraftsysteme bei allgemeiner Maßbestimmung, Inauguraldissertation, Erlangen 1873 (Math. Annalen, Bd. 7); Killing, Die Mechanik in den nicht-Euklidischen Raumformen, Crelles Journal, Bd. 98, 1884; Heath, On the dynamics of a rigid body in elliptic space, Philosophical Transactions of the R. Society, London 1884; de Francesco, Alcuni problemi di Meccanica in uno spazio di curvature constanti, Atti d. R. Accademia d. Scienze fis. e mat. di Napoli, Serie II, vol. 10, 1900.

48) S. 94. Sind n Punkte gegeben, deren jeder durch drei rechtwinklige Koordinaten x, y, z bestimmt wird, so haben wir die $3n$ Größen

$$x_1, y_1, z_1; \quad x_2, y_2, z_2; \quad \cdots \quad x_n, y_n, z_n,$$

welche als Funktionen der Zeit t zu betrachten sind. Die Geschwindigkeit v_i eines Punktes x_i, y_i, z_i wird durch die ersten Differentialquotienten bestimmt; es ist

(1) $$v_i^2 = \left(\frac{dx_i}{dt}\right)^2 + \left(\frac{dy_i}{dt}\right)^2 + \left(\frac{dz_i}{dt}\right)^2 = \left(\frac{ds_i}{dt}\right)^2,$$

wo dann ds_i das Bogenelement der vom Punkte x_i, y_i, z_i beschriebenen Bahnkurve darstellt. Die Differentialquotienten $\frac{dx_i}{dt}$, $\frac{dy_i}{dt}$, $\frac{dz_i}{dt}$ sind die „Komponenten der Geschwindigkeit" in Richtung der drei Achsen. Ebenso wird die Beschleunigung des Punktes in die „Komponenten" $\frac{d^2x_i}{dt^2}$, $\frac{d^2y_i}{dt^2}$, $\frac{d^2z_i}{dt^2}$ (zweite Differentialquotienten der Koordinaten nach der Zeit) zerlegt. Die auf den

Punkt in jedem Moment wirkende Beschleunigung würde durch die Summe der Quadrate gegeben sein; sie wird aber durch die momentane Geschwindigkeit des Punktes (deren Richtung im allgemeinen eine andere ist als die Richtung der „wirkenden" Beschleunigung) modifiziert, und die wirklich in jedem Momente dt längs der Bahn stattfindende Beschleunigung wird durch $\frac{d^2 s_i}{dt^2}$ gemessen und aus (1) durch Differentiation nach der Zeit gewonnen:

(2) $\quad \frac{ds_i}{dt} \cdot \frac{d^2 s_i}{dt^2} = \frac{dx_i}{dt} \cdot \frac{d^2 x_i}{dt^2} + \frac{dy_i}{dt} \cdot \frac{d^2 y_i}{dt^2} + \frac{dz_i}{dt} \cdot \frac{d^2 z_i}{dt^2}.$

Die Grundgleichungen der analytischen Mechanik sind nun von der folgenden Form:

$$m_i \frac{d^2 x_i}{dt^2} = f_{i1}(x_1, y_1, z_1;\ x_2, y_2, z_2;\ \cdots x_n, y_n, z_n),$$

(3) $m_i \frac{d^2 y_i}{dt^2} = f_{i2}(x_1, y_1, z_1;\ x_2, y_2, z_2;\ \cdots x_n, y_n, z_n),$

$$m_i \frac{d^2 z_i}{dt^2} = f_{i3}(x_1, y_1, z_1;\ x_2, y_2, z_2;\ \cdots x_n, y_n, z_n);$$

d. h. es bestehen für $i = 1, 2, 3 \cdots n$ im ganzen $3n$ solche „Differentialgleichungen zweiter Ordnung"; auf den rechten Seiten stehen Funktionen f_{ik}, die nur von den Koordinaten der n bewegten Punkte abhängen; die Faktoren m_i sind die „Massen" der n Punkte. Es ist als Erfahrungstatsache zu betrachten, daß sich die Komponenten der Beschleunigungen in dieser Weise als Funktionen des Ortes der bewegten Punkte (Moleküle) darstellen lassen, denn die aus den Gleichungen (3) durch Integration gezogenen Folgerungen stimmen mit den beobachteten Tatsachen überein. Diese Aussage bezieht sich auf eine umfangreiche Klasse von Problemen der klassischen Mechanik, z. B. auf alle diejenigen, bei denen es sich nur um sogenannte (anziehende oder abstoßende) Zentralkräfte handelt. Bei anderen Problemen treten auf den rechten Seiten der Gleichungen (3) neben den Koordinaten noch die ersten Differentialquotienten (also die Komponenten der Geschwindigkeiten) auf, so daß sie von der Form werden:

(4)
$$m_i \frac{d^2 x_i}{dt^2} = F_{i1}\left(x_k, y_k, z_k; \frac{dx_k}{dt}, \frac{dy_k}{dt}, \frac{dz_k}{dt}\right),$$
$$m_i \frac{d^2 y_i}{dt^2} = F_{i2}\left(x_k, y_k, z_k; \frac{dx_k}{dt}, \frac{dy_k}{dt}, \frac{dz_k}{dt}\right),$$
$$m_i \frac{d^2 z_i}{dt^2} = F_{i3}\left(x_k, y_k, z_k; \frac{dx_k}{dt}, \frac{dy_k}{dt}, \frac{dz_k}{dt}\right),$$

wo rechts der Index k geschrieben ist, um anzudeuten, daß die $3n$ Koordinaten und die $3n$ Geschwindigkeitskomponenten der n Punkte in den Funktionen F gleichzeitig auftreten. Diese Gleichungen (4) finden z. B. Anwendung, wenn verzögernde Reibungskräfte mit in Betracht zu ziehen sind. Der Ausspruch des Textes, daß „die Beschleunigung vom Orte und von den Geschwindigkeiten der bewegten Moleküle abhängt", findet in den Gleichungen (4) seinen mathematischen Ausdruck. Inbetreff der Entdeckung und Formulierung des Trägheitsgesetzes durch Galilei sei auf das in Anmerkung 42 erwähnte Werk von Mach verwiesen (p. 130).

49) S. 95. Im ersten Falle, wo die Lage eines Körpers sich nicht ändert, wenn er keiner Kraft unterworfen ist, würden also die Differentialgleichungen (3) bezw. (4) durch die folgenden zu ersetzen sein:

(5)
$$m_i \frac{dx_i}{dt} = f_{i1}(x_k, y_k, z_k),$$
$$m_i \frac{dy_i}{dt} = f_{i2}(x_k, y_k, z_k),$$
$$m_i \frac{dz_i}{dt} = f_{i3}(x_k, y_k, z_k),$$

also durch Differentialgleichungen erster Ordnung. Im zweiten Falle, wo die Änderung der Beschleunigung eines Körpers von Lage, Geschwindigkeit und Beschleunigung dieses Körpers und der anderen Körper abhängt, hätten wir die Differentialgleichungen dritter Ordnung:

$$m_i \frac{d^3 x_i}{dt^3} = F_{i1}\left(x_k, y_k, z_k; \frac{dx_k}{dt}, \frac{dy_k}{dt}, \frac{dz_k}{dt}; \frac{d^2 x_k}{dt^2}, \frac{d^2 y_k}{dt^2}, \frac{d^2 z_k}{dt^2}\right),$$

(6) $$m_i \frac{d^3 y_i}{dt^3} = F_{i2}\left(x_k, y_k, z_k; \frac{dx_k}{dt}, \frac{dy_k}{dt}, \frac{dz_k}{dt}; \frac{d^2 x_k}{dt^2}, \frac{d^2 y_k}{dt^2}, \frac{d^2 z_k}{dt^2}\right),$$

$$m_i \frac{d^3 z_i}{dt^3} = F_{i3}\left(x_k, y_k, z_k; \frac{dx_k}{dt}, \frac{dy_k}{dt}, \frac{dz_k}{dt}; \frac{d^2 x_k}{dt^2}, \frac{d^2 y_k}{dt^2}, \frac{d^2 z_k}{dt^2}\right).$$

Wirken keine „Kräfte" (d. h. sind keine Umstände vorhanden, die eine Änderung des Ortes bez. der Beschleunigung veranlassen), so wären die rechten Seiten der Gleichungen (5) und (6) durch Null zu ersetzen, und wir hätten im ersten Falle die Differentialgleichungen:

$$\frac{dx_i}{dt} = 0, \quad \frac{dy_i}{dt} = 0, \quad \frac{dz_i}{dt} = 0,$$

also durch Integration:

$$x_i = c_i, \quad z_i = c'_i, \quad z_i = c''_i,$$

wo mit c, c', c'' Konstante bezeichnet sind; bei Abwesenheit von Kräften würde Ruhe eintreten. Im zweiten Falle dagegen hätten wir:

$$\frac{d^3 x_i}{dt^3} = 0, \quad \frac{d^3 y_i}{dt^3} = 0, \quad \frac{d^3 z_i}{dt^3} = 0,$$

deren Integration zu den Formeln

$$x_i = a_i t^2 + b_i t + c_i,$$
$$y_i = a'_i t^2 + b'_i t + c'_i,$$
$$z_i = a''_i t^2 + b''_i t + c''_i$$

führt, wo mit a, b, c, a', b', c', a'', b'', c'' Integrationskonstante bezeichnet sind; diese Formeln würden aussagen, daß sich alle Punkte auf Parabeln bewegen (statt auf geraden Linien, wie es das tatsächlich geltende Galileische Trägheitsgesetz verlangt).

50) S. 96. Nimmt man die Ebene aller Planetenbahnen zur X-Y-Ebene, so kann bei dieser Voraussetzung die Gleichung einer einzelnen Bahn in der Form

$$x^2 + y^2 = r^2$$

geschrieben werden, wo dann r den Radius des betr. Kreises bezeichnet. Man eliminiert letzteren durch Differentiation nach der Zeit:

$$x \frac{dx}{dt} + y \frac{dy}{dt} = 0;$$

und in dieser Gleichung läge ein für alle Planeten gültiges Gesetz. Der fingierte Astronom würde daraus schließen, daß

$$\frac{dx}{dt} = - y \cdot f(x, y), \quad \frac{dy}{dt} = x \cdot f(x, y)$$

zu setzen ist, wo $f(x, y)$ eine noch nicht näher bekannte Funktion von x und y bezeichnet. Nimmt man aber an, daß es sich tatsächlich um Bewegungen nach dem Newtonschen Gesetze handelt (welches allerdings den fingierten Astronomen nicht bekannt ist), so können sich die Planeten in den Kreisen nur mit gleichförmiger Geschwindigkeit bewegen. Führt man also Polarkoordinaten r, φ ein, so würden die fingierten Astronomen aus ihren Beobachtungen die weitere Bedingung

$$\frac{d\varphi}{dt} = k = \text{Konst.}$$

ableiten, so daß die Bewegung den beiden Gesetzen

$$\frac{dr}{dt} = 0, \quad \frac{d\varphi}{dt} = k$$

genügte. Da nun

$$x \frac{dy}{dt} - y \frac{dx}{dt} = r^2 \frac{d\varphi}{dt} = r^2 f(x, y),$$

so würden sie also $f(x, y) = k$ setzen und die Gleichungen

$$\frac{dx}{dt} = - y k, \quad \frac{dy}{dt} = x k$$

als fundamentale Differentialgleichungen für die Planetenbewegung betrachten.

51) S. 100. Die hier erwähnten Werke sind die folgenden: Newton, Philosophiae naturalis Principia mathematica, London 1687; Thomson und Tait, Hand-

buch der theoretischen Physik (1867, deutsch von Helmholtz und Wertheim, Braunschweig 1871); Kirchhoff, Vorlesungen über mathematische Physik, Mechanik, Leipzig 1876. Die von Newton geschaffenen Grundlagen der analytischen Mechanik sind besonders eingehend von Volkmann besprochen: Einführung in das Studium der theoretischen Physik, insbesondere in das der analytischen Mechanik, Leipzig 1900, und: Über Newtons „Philosophiae naturalis principia mathematica" und ihre Bedeutung für die Gegenwart; Schriften der physikalisch-ökonomischen Gesellschaft zu Königsberg i. Pr. 1898. Vgl. auch die erwähnten Schriften von Mach und Voß sowie Pearson, The Grammar of Science, 2nd ed. London 1900, und de Tilly, Essai sur les principes fondamentaux de la géométrie et de la mécanique, Mémoires de la société des sciences physiques et naturelles de Bordeaux, 2ième Série, t. 3, 1878; Volkmann, Erkenntnistheoretische Grundzüge der Naturwissenschaften, 2. Aufl., Leipzig 1910.

52) S. 102. Das Prinzip der Gleichheit von Wirkung und Gegenwirkung hat Newton an die Spitze der Mechanik gestellt; vgl. die Erörterungen darüber sowie über die Begriffe von Kraft und Kausalität bei Volkmann (theor. Phys. p. 36 ff.) und Wiedemanns Annalen Bd. 66, 1898, sowie Mach a. a. O. p. 185.

53) S. 104. Die Differentialgleichungen für die Bewegung eines Planeten (x, y) um die im Anfangspunkte ruhende Sonne sind bekanntlich:

$$m \frac{d^2x}{dt^2} = -\frac{x}{r^3} \cdot f, \quad m \frac{d^2y}{dt^2} = -\frac{y}{r^3} f,$$

wenn m die Masse des bewegten Planeten ist und nach dem Newtonschen Gesetze $f = kmm'$ gewählt wird, wo k eine rein numerische Konstante (deren Wert von der Wahl der Masseneinheit abhängt) bedeutet und m' die Masse der Sonne bezeichnet. Durch Integration dieser Gleichungen findet man für die Umlaufszeit T des Planeten den Ausdruck

$$T^2 = \frac{4\pi^2 \cdot a^3 \cdot m}{f},$$

wo a die halbe große Achse der Ellipse bezeichnet. Sind T und a aus den Beobachtungen bekannt, so kann man also aus ihnen die Verhältnisse der Massen verschiedener Planeten berechnen, denn f fällt dabei heraus (wobei natürlich die gegenseitigen „Störungen" vernachlässigt sind).

54) S. 106. Vgl. Hertz, Die Prinzipien der Mechanik in neuem Zusammenhange dargestellt, Leipzig 1894 (Gesammelte Werke Bd. 3), Seite 11. „Die systematische Konstruktion der Kräfte (d. i. Beschleunigungen) auf Grund einer rein kinetischen Theorie, welche von J. J. Thomson in allgemeinen Zügen skizziert war, im einzelnen durchgeführt zu haben, ist das eine Hauptverdienst der Hertzschen Mechanik; das andere (mehr formale) besteht in der außerordentlich anschaulichen Form, in der Hertz die Geometrie der n-dimensionalen Mannigfaltigkeit für seine Zwecke gedeutet hat, sowie in dem von ihm eingeführten konsequenten System von Begriffen" (vgl. Voß a. a. O.). Andererseits ist zu beachten, daß die Einwürfe, welche Hertz gegen die bisherige Darstellung der Mechanik erhebt, durch andere Arbeiten (Voß, Math. Annalen Bd. 25, 1885; Routh, Dynamik Bd. 2, § 445, 1892, deutsch von Schepp; Hölder, Göttinger Nachrichten 1896) entkräftet sind; vgl. auch Volkmann, Die gewöhnliche Darstellung der Mechanik und ihre Kritik durch Hertz, Zeitschrift f. d. physik. u. chemischen Unterricht, Jahrg. 14, 1901, sowie die vierte Auflage des erwähnten Werkes von Mach, 1897, p. 271.

55) S. 109. Der hier gekennzeichnete anthropomorphe Standpunkt liegt uns heute fern; doch ging z. B. Kepler so weit, daß er sich Erde und Sonne als lebende Wesen vorstellte (Opera ommia ed. Frisch, Bd. 6 p. 174, Bd. 5 p. 253 ff.); die betreffenden Stellen sind von Pixis in seiner Inauguraldissertation (Kepler als Geograph, München 1899) zusammengestellt. Analoge Gedanken in moderner Form finden sich bei Fechner (Zend-Avesta, 1. Th., Leipzig 1851) und Riemann (vgl. dessen Nachlaß in seinen Gesammelten mathematischen Werken); das Denken ist nach letzterem Bildung neuer

„Geistesmasse"; die in die Seele eintretenden Geistesmassen erscheinen uns als Vorstellungen; die Ursachen der Veränderungen auf der Erde werden in einem fortschreitenden Denkprozesse der „Erdseele" gesucht, Der Begriff solcher Geistesmasse ist mit Cliffords „mindstuff" verwandt: On the nature of things-in-themselfs (Lectures and Essays, 2nd ed. p. 284, London 1886). Ähnlichen Ideen begegnen wir ferner in den Monaden von Leibniz und dem Keimplasma von Weismann bei dessen Theorie der Vererbung (Vorträge über Deszendenztheorie, 2 Bde., Jena 1902).

56) S. 110. Diese experimentelle Prüfung des Gesetzes vom Parallelogramm der Kräfte durch gespannte Fäden führte Wilhelm Weber in seinen damals berühmten Vorlesungen über Experimentalphysik in Göttingen tatsächlich aus. Das Verfahren erinnert an die Art und Weise, wie Lagrange das Prinzip der virtuellen Geschwindigkeiten (d. h. die allgemeinsten Gesetze für das Gleichgewicht von Kräften) durch Konstruktionen mittels Flaschenzügen beweisen wollte, ein Verfahren, das gegenwärtig als unzureichend betrachtet wird; vgl. darüber den mehrfach erwähnten Aufsatz von Voß.

57) S. 117. Die „gewöhnliche Zentrifugalkraft" ist gleich $m \cdot f$, wenn m die Masse des bewegten Punktes bezeichnet und f (nach Richtung und Größe) die Beschleunigung des von dem Massenpunkte eingenommenen Punktes des „beweglichen Raumes". Man behandelt nämlich die relativen Bewegungen, indem man den Punkt m durch die Koordinaten X, Y, Z auf ein im Raume festes Achsenkreuz bezieht und zugleich durch die Koordinaten x, y, z auf ein mit dem Punkte (bez. Körper) fest verbundenes Achsenkreuz, wobei die relative Bewegung durch Gleichungen der Form

$$x = a_1 X + a_2 Y + a_3 Z + \mathrm{a},$$
$$y = \beta_1 X + \beta_2 Y + \beta_3 Z + \mathrm{b},$$
$$z = \gamma_1 X + \gamma_2 Y + \gamma_3 Z + \mathrm{c}$$

dargestellt wird, wenn die a_i, β_i, γ_i, a, b, c von der Zeit t abhängen. Die „zusammengesetzte Zentrifugalkraft" ist gleich $2\,m\,V\,\Omega \sin\vartheta$, wenn V die relative Geschwindigkeit des Massenpunktes bezeichnet, Ω die resultierende Winkel-Geschwindigkeit der beweglichen Achsen um die momentane Drehungsachse, und ϑ den Winkel dieser Achse gegen die Richtung von V; die Richtung dieser Kraft ist senkrecht zur Richtung von V und zu der Achse, um welche Ω gemessen ist. — Vgl. die betr. Darstellung dieser von Clairaut (1742) und Coriolis gegebenen Theorie der relativen Bewegung bei Routh: Die Dynamik der Systeme starrer Körper, Bd. 2, Kapitel 1, deutsche Ausgabe, Leipzig 1898. — Bei der relativen Bewegung eines Punktes in bezug auf die Erde ist die gewöhnliche Zentrifugalkraft gleich $\Omega^2 r$, wenn r den Abstand von der Erdachse bezeichnet, also nur von der Lage des Punktes abhängig (denn die Bedeutung von Ω ist den fingierten Beobachtern nicht bekannt), während die zusammengesetzte Zentrifugalkraft von der Geschwindigkeit V (wie bei Reibungsaufgaben) abhängt.

58) S. 119. In der Vorrede zur Editio princeps des berühmten Werkes „de revolutionibus" von Coppernicus (so schrieb er selbst seinen Namen) findet sich in der Tat die Anschauung „es ist bequemer vorauszusetzen, daß die Erde sich dreht" vertreten, und zwar in dem Satze: „Cum autem unius et eiusdem motus, variae interdum hypotheses sese offerant (ut in motu solis excentricitas et epicyclium) astronomus eam potissimum eripiet, quae comprehensu sit quam facillima; philosophus fortasse veri similitudinem magis requiret." Man darf hieraus aber nicht schließen, daß Coppernicus auf dem Standpunkte moderner Natur-„Beschreibung" gestanden habe; denn diese Vorrede wurde durch Osiander beim Drucke des Werkes untergeschoben und ist nicht von Coppernicus verfaßt; sie sollte nur das Werk vor Verfolgungen schützen, die ja in der Tat nicht ausblieben. Osiander hatte in diesem Sinne dem Coppernicus Vorschläge gemacht, die aber von letzterem (nach Keplers Bericht) abgewiesen wurden, da „er seine innerste Überzeugung vor aller Welt kundtun müsse".

Vgl. die betr. Darstellung bei Prowe, Nicolaus Coppernicus, 1. Bandes 2. Teil, Berlin 1883, p. 519 ff.

59) S. 120 ff. Die Differentialgleichungen für die Bewegung eines Planeten (x, y) um die im Anfangspunkte stehende Sonne (mit der Masse m') sind oben unter (3) in Anmerkung 46) mitgeteilt; aus ihnen folgt durch Integration erstens der „Satz von der lebendigen Kraft":

$$(1) \qquad \frac{1}{2}\left[\left(\frac{dx}{dt}\right)^2 + \left(\frac{dy}{dt}\right)^2\right] = \frac{m'}{r} + h,$$

wo h eine Konstante ist, und zweitens der „Flächensatz":

$$(2) \qquad x\frac{dy}{dt} - y\frac{dx}{dt} = c,$$

wo c die „Flächenkonstante" bedeutet (zweites Keplersches Gesetz). Führt man durch die Gleichungen

$$x = r\cos\varphi, \qquad y = r\sin\varphi$$

Polarkoordinaten r, φ ein, so werden diese beiden Gleichungen

$$(3) \qquad \frac{1}{2}\left[\left(\frac{dr}{dt}\right)^2 + r^2\left(\frac{d\varphi}{dt}\right)^2\right] = \frac{m'}{r} + h,$$

$$(4) \qquad r^2\frac{d\varphi}{dt} = c,$$

wobei der Winkel φ die „absolute Länge" des Planeten definiert. Eliminiert man φ aus beiden Gleichungen, so ergibt sich:

$$(5) \qquad \frac{1}{2}\left[\left(\frac{dr}{dt}\right)^2 + \frac{c^2}{r^2}\right] = \frac{m'}{r} + h,$$

und hieraus durch Differentiation:

$$(6) \qquad \frac{d^2 r}{dt^2} - \frac{c^2}{r^3} = -\frac{m'}{r^2}.$$

In dieser Differentialgleichung zweiter Ordnung kommt noch die Flächenkonstante c vor; um sie zu eliminieren, müssen wir die Gleichung in der Form

$$(7) \qquad r^3\frac{d^2 r}{dt^2} + m'r = c^2$$

schreiben und nochmals differenzieren; das gibt

(8) $$r^3 \frac{d^3r}{dt^3} + 3r^2 \frac{dr}{dt}\frac{d^2r}{dt^2} + m'\frac{dr}{dt} = 0.$$

Die Entfernung des Planeten von der Sonne hängt also (wenn man sie direkt, d. h. ohne den Winkel φ zu benutzen, als Funktion der Zeit t darstellen will) von einer Differentialgleichung dritter Ordnung ab; die Lösung einer solchen aber ist erst bestimmt, wenn für einen beliebigen Zeitpunkt (für die „Anfangszeit") nicht nur die Werte von r und $\frac{dr}{dt}$ gegeben sind, sondern auch der Wert von $\frac{d^2r}{dt^2}$.

Unsere fingierten Astronomen würden die Bewegung des Planeten zunächst durch die Differentialgleichung (8) darstellen; sie würden dann finden, daß dieselbe durch die viel einfachere Gleichung (7) integriert werden kann; sie würden ferner (da wir annehmen können, daß ihnen die Methoden der analytischen Geometrie bekannt sind) herausfinden, daß der Integrationskonstante c eine sehr einfache Bedeutung zukommt, wenn man eine Ellipse als Bahnkurve voraussetzt und demnach den Winkel φ einführt; und dadurch würden sie zu den Gleichungen (3) und (4) gelangen können.

Wenn sie so weit gekommen sind, werden sie die Konstante c nicht mehr als eine „wesentliche" betrachten; vorher aber werden sie es tun müssen, d. h. bis dahin werden sie an Stelle des Newtonschen Gesetzes das komplizierte, durch die Gleichung (7) dargestellte Anziehungsgesetz, das noch die Konstante c als eine scheinbar wesentliche enthält, für das einfachste halten, das zur Beschreibung der Planetenbewegung dienen kann, und das sich auch als Differentialgleichung zweiter Ordnung darstellt.

Betrachtet man gleichzeitig mehrere Planeten, so werden die weiterhin im Texte erwähnten Symmetrieverhältnisse das Vorzeichen der Flächenkonstante bestimmen. Letztere wird für verschiedene Planeten verschiedene Werte haben, für alle aber gleiches Vorzeichen;

doch gibt es Kometen, die sich in entgegengesetzter Richtung bewegen, für die also das Unwesentliche des Vorzeichens bemerkbar wird. Sind demnach unsere fingierten Astronomen nicht durch obige analytische Betrachtung dazu geführt, die Konstante c zu eliminieren (d. h. als „unwesentliche" zu betrachten), so wird ihnen diese Symmetriebetrachtung dazu Veranlassung geben.

Wollte man auch die in das Newtonsche Gesetz eingehende (negative zweite) Potenz der Entfernung als eine unwesentliche Konstante betrachten, so müßte man sie durch eine beliebige Potenz ($= k + 1$) ersetzen und dann die Zahl k durch Differentiation eliminieren. Die Differentialgleichungen der Bewegung sind dann:

$$\frac{d^2x}{dt^2} = -k\frac{m'x}{r^{k+2}}, \quad \frac{d^2y}{dt^2} = -k\frac{m'y}{r^{k+2}}.$$

An Stelle von (1) und (2) erhält man:

$$\frac{1}{2}\left[\left(\frac{dx}{dt}\right)^2 + \left(\frac{dy}{dt}\right)^2\right] = \frac{m'}{r^k} + h, \quad x\frac{dy}{dt} - y\frac{dx}{dt} = c;$$

ferner an Stelle von (5):

$$\frac{1}{2}\left[\left(\frac{dr}{dt}\right)^2 + \frac{c^2}{r^2}\right] = \frac{m'}{r^k} + h,$$

und durch Differenzieren an Stelle von (6):

$$\frac{d^2r}{dt^2} - \frac{c^2}{r^3} = -k\frac{m'}{r^{k+1}},$$

also an Stelle von (7):

$$r^3\frac{d^2r}{dt^2} + k\frac{m'}{r^{k-2}} = c^2,$$

und an Stelle von (8):

$$r^3\frac{d^3r}{dt^3} + 3r^2\frac{dr}{dt}\frac{d^2r}{dt^2} - k(k-2)\frac{m'}{r^{k-1}} = 0.$$

Hieraus müßte man durch nochmalige Differentiation eine Gleichung vierter Ordnung:

$$\frac{d^2\left(r^3\frac{d^2r}{dt^2}\right)}{dt^2} + k(k-2)(k-1)\frac{m'}{r^k} = 0$$

ableiten. Die Elimination von k aus diesen beiden Gleichungen würde nur durch Einführung transzendenter Punktionen möglich sein (deren Einführung durch nochmaliges Differenzieren und Aufsteigen zu einer Gleichung fünfter Ordnung vermieden werden könnte). Das resultierende Anziehungsgesetz würde also so kompliziert werden, daß man sich nicht ohne die triftigsten Gründe dazu entschließen wird, den Wert $k=2$ als eine „zufällige" Konstante anzusehen.

Davon zu unterscheiden ist die weitere Frage, ob das Newtonsche Gravitationsgesetz nicht einer Modifikation bedarf, um mit den Resultaten der Beobachtungen in noch bessere Übereinstimmung gebracht zu werden, eine Frage, die in der Tat mehrfach erörtert wurde; vgl. darüber Seeliger, Astron. Nachrichten, Bd. 137, No. 3273, 1894, und Sitzungsberichte der k. bayr. Akademie d. Wiss. math. physik. Klasse, Bd. 26, 1896, p. 373 u. Bd. 36, 1906, sowie C. Neumann, Allgemeine Untersuchungen über das Newtonsche Prinzip, Leipzig 1896.

60) S. 124. Durch Einführung dieses absolut festen starren Körpers A, dessen Hauptträgheitsachsen die Koordinatenachsen der Mechanik zu liefern haben, versuchte C. Neumann (Die Prinzipien der Galilei-Newtonschen Theorie, akademische Antrittsrede, Leipzig 1870) die vorliegenden Schwierigkeiten zu überwinden. Über das Bezugssystem der Astronomie vgl. den Artikel „Über Koordination und Zeit" von Anding in der Encyklopädie der math. Wissenschaften, Bd. VI, 2. — Handelt es sich um relativ beschleunigte Bewegungen, so ist die Anwendung der Gesetze für Zusammensetzung der Kräfte etc. nicht mehr gestattet; vgl. das von de Tilly gegebene Beispiel, Annales de la Soc. scientifique de Bruxelles, t. 25, 1901.

61) S. 125. Das Prinzip der Erhaltung der Energie tritt als Prinzip von der Erhaltung der lebendigen Kraft in der klassischen Mechanik auf, und zwar in der Form

$$(1) \quad \tfrac{1}{2} \Sigma m_i v_i^2 = V + h,$$

wo die Summe sich auf die Indices $i = 1, 2, \ldots n$ der n bewegten Punkte erstreckt, m_i die Masse und v_i die Geschwindigkeit des i^{ten} Punktes bezeichnen; V ist die „Kräftefunktion" oder das „Potential", eine Funktion der Koordinaten x_i, y_i, z_i der bewegten Punkte, welche zugleich als Maß der geleisteten Arbeit auftritt, und aus der die Komponenten der wirkenden Kräfte durch Differentiation nach den Koordinaten gewonnen werden, indem die $3n$ Gleichungen der Bewegung hier in der Form

(2) $\quad m_i \dfrac{d^2 x_i}{d t^2} = \dfrac{\partial V}{\partial x_i}, \quad m_i \dfrac{d^2 y_i}{d t^2} = \dfrac{\partial V}{\partial y_i}, \quad m_i \dfrac{d^2 z_i}{d t^2} = \dfrac{\partial V}{\partial z_i}$

erscheinen; aus ihnen entsteht (1) durch Integration, und h bezeichnet eine Integrationskonstante. Die Gleichung (1) sagt aus, daß die lebendige Kraft oder die kinetische Energie des Systems zu verschiedenen Zeiten stets denselben Wert annimmt, sobald die n Punkte solche Lagen annehmen, daß die Funktion V zu beiden Zeiten denselben Wert erhält, insbesondere also, wenn alle Punkte im zweiten Momente in die Lage zurückkehren, in der sie sich im ersten befanden. Seit Helmholtz (Über die Erhaltung der Kraft, Berlin 1847; Wissenschaftliche Abhandlungen, Bd. 1; Ostwalds Klassikerbibliothek, Bd. 1) pflegt man die Funktion $U = -V$ in die Gleichung (1) einzuführen, so daß letztere die Form

(3) $\quad \tfrac{1}{2} \Sigma m_i v_i^2 + U = h$

annimmt; diese Form ist für weitere Verallgemeinerungen besonders nützlich. Man bezeichnet U als Maß der „Spannkräfte" oder (nach William Thomson) als potentielle Energie im Gegensatze zur kinetischen Energie oder lebendigen Kraft (d. i. $\tfrac{1}{2} \Sigma m_i v_i^2$) und kann die Gleichung (1) bez. (3) nun dahin aussprechen, daß die Summe der kinetischen und der potentiellen Energie stets denselben Wert besitzt; alle dynamischen Erscheinungen bestehen in einer Verwandlung von kinetischer in potentielle Energie und umgekehrt. — Die Ausdehnung dieser Vorstellungen (wenn auch nicht in der hier gegebenen mathematischen Fassung) auf die Erscheinungen der Wärme, Elektrizität etc. führte zu den großen Entdeckungen von R. Mayer, Joule, Helmholtz u. a., woraus dann umgekehrt die „energetische" Auffassung der Mechanik erwachsen ist.

Über letztere vgl. Planck, das Prinzip der Erhaltung der Energie, Leipzig 1887; Ostwald, Lehrbuch der allgemeinen Chemie, Leipzig 1893; Boltzmann, Wiedemanns Annalen, Bd. 57 und 58; Planck, ib. Bd. 57; sowie die Darstellung bei Voß a. a. O. Es sei hier auch an das Urteil von Hertz über das „energetische System" erinnert (Die Prinzipien der Mechanik, 1894, S. 26): „Mehrere ausgezeichnete Physiker versuchen heutzutage, der Energie so sehr die Eigenschaften der Substanz zu leihen, daß sie annehmen, jede kleinste Menge derselben sei zu jeder Zeit an einen bestimmten Ort des Raumes geknüpft und bewahre bei allem Wechsel desselben und bei aller Verwandlung der Energie in neue Formen dennoch ihre Identität. Diese Physiker müssen notwendig die Überzeugung vertreten, daß sich Definitionen der verlangten Art wirklich geben lassen. Sollen wir selbst aber eine konkrete Form dafür aufweisen, welche uns genügt und welche allgemeiner Zustimmung sicher ist, so geraten wir in Verlegenheit; zu einem befriedigenden und abschließenden Ergebnisse scheint diese ganze Anschauungsweise noch nicht gelangt. Eine besondere Schwierigkeit muß auch von vornherein der Umstand bereiten, daß die angeblich substanzartige Energie in zwei so gänzlich verschiedenen Formen auftritt, wie es die kinetische und die potentielle Form sind . . . . . Die potentielle Energie hingegen widerstrebt jeder Definition, welche ihr die Eigenschaften einer Substanz beilegt. Die Menge einer Substanz ist notwendig eine positive Größe; die in einem Systeme enthaltene potentielle Energie scheuen wir uns nicht als negativ anzunehmen . . . . ." Mit solchen Vorstellungen stehen die von Poynting angeführten Betrachtungen über „Energieströmung" in Zusammenhang (Philos. Transactions vd. 175, 1884), die sich besonders bei elektromagnetischen Erscheinungen als fruchtbar erweisen.

62) S. 125. Unter dem mittleren Werte der Differenz beider Arten von Energie versteht man den Ausdruck

(1) $\quad\dfrac{1}{t_1-t_0}\displaystyle\int_{t_0}^{t_1}(T-U)\,dt,\quad$ wo $T=\tfrac{1}{2}\Sigma m_i v_i^2$ ist,

und wobei man sich (nach Ausführung der Integration der Differentialgleichungen der Bewegung) die Koordinaten x_i, y_i, z_i als Funktionen der Zeit eingesetzt denken muß. Die Bedingung, daß der Wert dieses Integrals möglichst klein sei, wird nach den Regeln der Variationsrechnung in der Form

(2) $\quad\delta\displaystyle\int_{t_0}^{t_1}(T-U)\,dt = 0$

geschrieben, und aus ihr können nach diesen Regeln umgekehrt die Differentialgleichungen der Bewegung abgeleitet werden, wie es seit Jacobis berühmten Vorlesungen über Dynamik (gehalten im Winter 1842/43 an der Universität Königsberg, herausgegeben nach Borchardts Aufzeichnungen von Clebsch, Berlin 1866) in fast allen Lehrbüchern der analytischen Mechanik zu finden ist.

Das Prinzip der kleinsten Wirkung ist eigentlich von dem in Gleichung (2) ausgesprochenen „Hamiltonschen Prinzipe" verschieden; es sagt aus, daß auch die Variation des Integrals

(3) $\quad\displaystyle\int \Sigma m_i v_i\,ds_i = \int \sqrt{2(h-U)}\,\sqrt{\Sigma m_i\,ds_i^2}$

gleich Null ist, so daß auch dieses Integral zu einem Minimum wird. Dabei ist vorauszusetzen, daß die Zeit mittelst der Gleichung

$$\tfrac{1}{2}\Sigma m_i(ds_i)^2 = (h-U)\,dt^2$$

eliminiert und alle Koordinaten x_i, y_i, z_i als Funktionen von einer unter ihnen dargestellt seien (vgl. Jacobi a. a. O. p. 43 ff.). Nach den Regeln der Variationsrechnung ergeben sich aus dieser Bedingung die Differentialgleichungen der Bewegung ebenso, wie aus dem Hamiltonschen Prinzipe. Beide Prinzipe stehen überhaupt in engstem Zusammenhange (vgl. darüber von Helmholtz, Zur Geschichte des Prinzipes der kleinsten Aktion, Gesammelte Abhandlungen, Bd. 1, p. 249, 1887, ferner Voß, Bemerkungen über die Prinzipien der Mechanik, Sitzungsberichte d. k. bayr. Akad. math. phys. Klasse, Bd. 31, 1901, sowie die oben erwähnte Arbeit von Hölder). Der Name des Prinzips rührt von metaphysischen Vorstellungen her, die man früher damit verband und die zu heftigen Kontroversen Veranlassung gaben, vgl. darüber: A. Mayer, Zur Geschichte des Prinzipes der kleinsten Aktion, akademische Rede, Leipzig 1877, und Helmholtz a. a. O. Die eigentlichen mathematischen Schwierigkeiten machen sich nur geltend, wenn man diese Prinzipe auch auf Systeme von Punkten anwenden will, die noch Bedingungsgleichungen unterworfen sind: darauf bezogen sich die in Anmerkung 54) erwähnten Einwürfe von Hertz. Enthalten diese Bedingungen selbst wieder die Zeit, so ist zuvor eine neue Definition des Gleichgewichtes einzuführen, zumal für das Prinzip der virtuellen Geschwindigkeiten; vgl. meinen Aufsatz aus den Sitzungsberichten der k. bayr. Akademie d. Wiss., Februar 1904.

63) S. 127. Der Ausdruck der kinetischen Energie T in Funktion der Geschwindigkeiten v_i ist schon in Anmerkung 62) unter (1) angegeben. Oft ist es nützlich, statt der rechtwinkligen Koordinaten x, y, z andere (z. B. Polarkoordinaten oder elliptische Koordinaten) durch Gleichungen der Form

$$x_i = \varphi_i(q_1, q_2, \ldots q_{3n-k}), \quad y_i = \psi_i(q_1, \ldots q_{3n-k}),$$
$$z_i = \chi_i(q_1, \ldots q_{3n-k})$$

einzuführen, wobei die $3n$ Koordinaten x_i, y_i, z_i an k Bedingungen gebunden sein mögen; dann wird

$$T = \frac{1}{2}\sum_r \sum_s Q_{rs} q'_r q'_s,$$

wo mit Q_{rs} gewisse Funktionen der q_i bezeichnet sind, und wo

$$q'_r = \frac{dq_r}{dt}$$

gesetzt ist. Für die Ableitung der Differentialgleichungen der Bewegung in diesen neuen Koordinaten ist das Hamiltonsche Prinzip besonders nützlich (vgl. Jacobi a a. O.). Auch die Größen q'_r bezeichnet man dann kurz als Geschwindigkeiten, obgleich sie sich nicht immer als Quotient eines Weg- und eines Zeitelementes darstellen. Man spricht auch dann noch kurz von Koordinaten q_r und Geschwindigkeiten q'_r, wenn die q_r nur Parameter zur Festlegung gewisser Zustände bezeichnen, die q'_r also Maße für die Geschwindigkeit der Zustandsänderungen bedeuten; vgl. unten S. 218 ff. des Textes.

64) S. 127. Wilhelm Weber hatte zuerst (vgl. unten Anmerkung 106) für die elektrodynamischen Erscheinungen ein mathematisches Elementargesetz aufgestellt; er setzte die zwischen zwei elektrischen Teilchen m und m', welche sich in der Entfernung r befinden, wirkende Kraft gleich

$$R = \frac{mm'}{r^2}\left[1 - \frac{1}{c^2}\left(\frac{dr}{dt}\right)^2 + \frac{2r}{c^2}\frac{d^2r}{dt^2}\right],$$

wo c die konstante Geschwindigkeit bedeutet, mit welcher sich die elektrische Kraft im Raume ausbreitet. Es ist identisch

$$R = mm'\left[\frac{1}{r^2} + \frac{4}{c^2\sqrt{r}}\frac{d^2\sqrt{r}}{dt^2}\right] = -\frac{\partial U}{\partial r},$$

wenn
$$U = mm'\left[\frac{1}{r} + \frac{4}{c^2}\left(\frac{d\sqrt{r}}{dt}\right)^2\right]$$

gesetzt wird. Das Potential (oder die potentielle Energie) U hängt also von der Entfernung r und der gegenseitigen Geschwindigkeit $\frac{dr}{dt}$ ab, die Kraft R sogar noch von der Beschleunigung $\frac{d^2r}{dt^2}$.

Nach Carl Neumann (Die Prinzipien der Elektrodynamik, Gratulationsschrift der Universität Tübingen zum fünfzigjährigem Jubiläum der Universität Bonn, Tübingen 1868) entsteht das Webersche Gesetz aus dem Coulombschen (bez. aus dem Newtonschen), wenn man annimmt, daß die wirkende Kraft sich mit der Geschwindigkeit c im Raume ausbreitet (vgl. auch ähnliche Vorstellungen bei Riemann, Ein Beitrag zur Elektrodynamik, 1867, Ges. Werke p. 270); umgekehrt erhält man für $c = \infty$ wieder das Newtonsche Gesetz. Ist allgemein $\varphi(r)$ diejenige Funktion von r, welche im Falle $c = \infty$ das Potential darstellt, und setzt man

$$\psi(r) = \frac{1}{c} \int \sqrt{-r \frac{d\varphi}{dr}}\, dr,$$

so wird

$$U = \varphi(r) + \left(\frac{d\psi}{dt}\right)^2$$

$$R = -\frac{\partial U}{\partial r} = -\frac{\partial \varphi(r)}{\partial r} + 2 \frac{\partial \psi}{\partial r} \frac{d^2\psi}{dt^2}.$$

Unter der Annahme, daß auch die Ausbreitung der Newtonschen Gravitationskraft im Raume mit endlicher Geschwindigkeit erfolgt, hat Zöllner den Versuch gemacht, das Webersche Gesetz auch für die Bewegung der Himmelskörper zu verwerten: Über die Natur der Kometen, Leipzig 1872 (dasselbe versuchte gleichzeitig Tisserand: Comtes rendus September 1872); zu derartig komplizierten Annahmen haben die Beobachtungen bisher keine entscheidende Veranlassung geboten. Vgl. auch Po., W. u. M. S. 220. Das Webersche Gesetz hat lange die mathematische Theorie der elektrischen Erscheinungen erfolgreich beherrscht, bis Helmholtz dasselbe durch ein allgemeineres ersetzte, um gewisse Schwierigkeiten zu beseitigen, die der Satz von der Erhaltung der Energie zu bereiten schien. Nach ihm ist das elektrodynamische Potential zweier elektrischen Teilchen m und m', die sich in den Stromelementen ds und ds' bewegen, gleich (Crelles Journal, Bd. 72, 1870; Wissensch. Abhandlungen, Bd. I, p. 545 ff.)

$$-\frac{mm'}{2r}[(1+k)\cos(ds,\,ds')$$
$$+(1-k)\cos in\,(r,\,ds)\cdot\cos(r,\,ds')]\,ds\,ds',$$

wo cos $(r,\,\varrho)$ den Cosinus der Richtung r gegen die Richtung ϱ bezeichnet und k eine Konstante bedeutet, welche für das Webersche Gesetz gleich Null zu nehmen ist. Die sich hieran knüpfende Kontroverse zwischen W. Weber, C. Neumann und Helmholtz ist ziemlich gegenstandslos geworden, seitdem die Maxwellschen Vorstellungen über die Natur der elektrischen Erscheinungen immer mehr Anerkennung finden. In Maxwells Theorie nämlich sind nur geschlossene elektrische Ströme möglich, und der Unterschied des Helmholtzschen Potentialausdruckes von den Weberschen würde nur in den Folgerungen für nicht geschlossene Ströme bemerkbar werden; vgl. auch die weiterhin folgenden Erörterungen auf S. 213 ff. des vorliegenden Werkes. Poincaré bestreitet übrigens die von Helmholtz gegen das Webersche Gesetz erhobenen Einwürfe auch für offene Ströme, vgl. dessen Electricité et Optique, $2^{\text{ième}}$ édition, Paris 1901, p. 266.

65) S. 130. Vgl. die beiden Aufsätze von Helmholtz: Über die physikalische Bedeutung des Prinzips der kleinsten Wirkung (Crelles Journal, Bd. 100, 1886) und: Das Prinzip der kleinsten Wirkung in der Elektrodynamik (Sitzungsberichte der Berliner Akademie, Mai 1892; Wissenschaftliche Abhandlungen, Bd. 3, p. 163, 476 und 595). In der ersten Abhandlung wird gleichfalls die Schwierigkeit hervorgehoben, die Energie in die beiden Glieder T und U zu zerlegen, sobald „verborgene Bewegungen" vorkommen, d. h. sobald U noch von den Geschwindigkeiten abhängt. Die Ausdehnung der Gültigkeit des Hamiltonschen Prinzips auf nicht umkehrbare Prozesse (d. h. Prozesse, bei denen es mit unseren Mitteln nicht möglich ist, „ungeordnete Atombewegungen wieder zu ordnen", wenigstens soweit die anorganische Natur in Betracht kommt, wie W. Thomson hinzusetzt) wird nur angedeutet. An mehreren Stellen behält sich der

Verfasser weitere Ausführungen für später vor; auch haben ihn diese noch in den letzten Lebenstagen beschäftigt, sind aber nicht zum Abschlusse gekommen; vgl. das (von Wiedemann verfaßte) Vorwort des dritten Bandes seiner Wissensch. Abhandlungen.

66) S. 131. Robert Mayers berühmte Arbeiten stammen aus dem Jahre 1842 (Annalen der Chemie und Pharmazie, Bd. 42); vgl. dessen Werk: Die Mechanik der Wärme in „Gesammelte Schriften", Stuttgart 1867 (seitdem mehrere Auflagen). Mayer stellt zuerst die Äquivalenz von Wärme und Arbeit fest und überträgt diese Erkenntnis (1845) auf alle Naturerscheinungen durch den Satz von der „Unzerstörbarkeit der Kraft" (d. i. der Arbeit bez. der kinetischen Energie in unserer Bezeichnungsweise). Seine Resultate werden wesentlich ergänzt durch die experimentellen Arbeiten von Joule (Philosophical Magazine 1843) und die theoretischen von Helmholtz; vgl. oben die Anmerkung 61). Das Clausiussche Prinzip erweitert den sogenannten zweiten Hauptsatz der mechanischen Wärmetheorie, nach welchem für jeden geschlossenen Kreisprozeß die Gleichung

$$\int \frac{dQ}{T} = 0$$

besteht, wenn Q die Wärmemenge, T die absolute Temperatur bezeichnet, zu der Ungleichung (Poggendorfs Annalen, Bd. 125, 1865)

$$\delta \int \frac{dQ}{T} \leqq 0,$$

wenn es sich um nicht umkehrbare Prozesse handelt, woraus man dann folgert, daß bei mangelnder Wärmezufuhr (d. i. konstanter Energie) die Entropie S stets wächst, wobei letztere nach Clausius durch die Gleichung $dQ = T \cdot dS$ definiert wird; vgl. z. B. W. Voigt, Kompendium der theoretischen Musik, Bd. 1, p. 507 ff. und 547, Leipzig 1895. — Eine Geschichte der Entwicklung der mechanischen Wärmetheorie findet man bei Mach, Die Prinzipien der Wärmelehre, Leipzig 1896.

67) S. 132. Die zu fordernde Einfachheit ist besonders durch Kirchhoff am Beginne seiner Vorlesungen über Mechanik betont: „Als Aufgabe der Mechanik bezeichnen wir, die in der Natur vor sich gehenden Bewegungen vollständig und auf die einfachste Weise zu beschreiben" (vgl. auch J. S. Mills Induktive Logik). Diese Forderung wird ergänzt durch die von Mach betonte Förderung der Ökonomie (Die ökonomische Nutur der physikalischen Forschung, 1882; Populäre Vorlesungen, Wien 1896). — Unterscheiden muß man zwischen der Einfachheit der zur Beschreibung dienenden Gesetze und der Einfachheit der Naturerscheinungen selbst. Es können sehr verwickelte Erscheinungen durchschnittlich richtig durch sehr einfache Gesetze beherrscht werden; vgl. unten S. 147.

68) S. 134. Hat man die in der Anmerkung 63) besprochenen $3n-k$ Parameter q_r eingeführt, so wird man bei vollendet gedachter Integration der Bewegungsgleichungen $3n-k$ Gleichungen der Form

(1) $\quad F_i(q_1, q_2, q_3, \ldots q_{3n-k}; \, t; \, C_1, C_2, \ldots C_{6n-2k}) = 0$

erhalten (für $i = 1, 2, 3, \ldots 3n-k$), wo $C_1, C_2, \ldots$ die Integrationskonstanten bezeichnen; aus ihnen kann man die q_r als Funktionen der Zeit t und der Konstanten C_r berechnen; man wird daraus die Differentialquotienten q'_r berechnen in der Form

(2) $\qquad q'_r = \Phi_r(t; \, C_1, C_2, \ldots C_{6n-2k}),$

aus diesen $6n-2k$ Gleichungen (1) und (2) kann man ferner die Konstanten C durch die q_r und q'_r ausdrücken und hat dann $6n-2k$ Funktionen der Parameter und ihrer Differentialquotienten, welche konstant bleiben. Diese Parameter q sind im Texte mit x bezeichnet.

Vierter Teil. Die Natur.

69) S. 149. Auf dieses Beispiel wurde schon oben in der Anmerkung 67) hingewiesen. Der Druck des Gases auf die Wände des dasselbe enthaltenden Gefäßes wird in der kinetischen Gastheorie durch die Stöße der in allen Richtungen unregelmäßig sich bewegenden Moleküle gegen diese Wände erklärt, und trotz der scheinbaren Unbestimmtheit dieser Vorstellung führt die mathematische Formulierung von Durchschnittswerten zu dem bekannten Gesetze von Mariotte und weiterhin zu der van der Walsschen Verallgemeinerung desselben. Es kann hier auf die Lehrbücher von O. E. Meyer und Clausius und die Vorlesungen von Kirchhoff sowie auf die betr. Arbeiten von Maxwell verwiesen werden, besonders aber auf die Thermodynamique von Poincaré (Leçons professées pendant le premier semestre 1888—89, rédigées par Blondin, Paris 1892) und Boltzmann: Vorlesungen über Gastheorie, Leipzig 1892—98. Das Gesetz der großen Zahlen herrscht in diesen Theorien ebenso wie in der Wahrscheinlichkeitsrechnung, worauf die vielfachen Anwendungen der letzteren in der Gastheorie beruhen; vgl. auch unten S. 187 und die Anmerkung 93).

Was man freilich als einfach ansieht, ist zu verschiedenen Epochen sehr verschieden gewesen. Vor Kepler und Newton hielt man die Kreisbewegung für die einfachste (und „vollkommenste"); deshalb sollten alle Planetenbewegungen auf Kreise und deren Rollen aufeinander zurückgeführt werden; und heute sagen wir: Was gibt es Einfacheres als das Newtonsche Gesetz? Wir beurteilen heute die Einfachheit nach der Natur des mathematisch formulierten Gesetzes, das sich ergibt, wenn man die „zufälligen" Konstanten der Erscheinung (durch Differentiation und Elimination) herausgeschafft hat.

Dieses und das folgende Kapitel bildeten einen Vortrag (Relations entre la physique expérimentelle et la physique mathématique), den Poincaré beim internationalen Physikerkongresse 1900 in Paris gehalten hat; vgl. den betr. „Rapport", t. I, p. I.

70) S. 150. Nicht nur in der Optik, sondern in der ganzen mathematischen Physik (schon beim Parallelogramm der Geschwindigkeiten) wenden wir fortwährend dies Prinzip der Superposition an, d. h. die Annahme des gleichzeitigen Bestehens kleiner Bewegungen (wie die Schwingungen des Lichtäthers und die Zerlegung des weißen Lichtes in die einzelnen Farben des Spektrums oder die Auflösung der Töne einer schwingenden Saite in den Grundton und die zugehörigen Obertöne usf.). Ausführlich bespricht Volkmann die logische Seite dieses Verfahrens: Erkenntnistheoretische Grundzüge der Naturwissenschaften und ihre Beziehungen zum geistigen Leben der Gegenwart, Leipzig 1896, p. 69 ff., 2. Aufl. 1910.

71) S. 150. In der Tat hat man (besonders nach Lesage) versucht, die Gravitation aus den Stößen einer feinen, unregelmäßig verteilten Materie zu erklären; vgl. P. du Bois-Reymond, Die Unbegreiflichkeit der Fernkraft, Naturwissenschaftliche Rundschau, Jahrg. 3, 1888; Isenkrahe, Das Rätsel von der Schwerkraft, 1879, und Maxwells Artikel „Atoms" in der Encyclopaedia Britannica (Papers, vol. II, p. 473); Po., W. u. M. S. 222 ff.

Das Newtonsche Gravitationsgesetz hat man zu ergänzen gesucht, indem man den Exponenten 2 im Nenner durch $2 + \varepsilon$ ersetzte, wo ε eine kleine Zahl ist, oder indem man die Funktion $\frac{m_1 m_2}{r^2}$ als erstes Glied einer Reihenentwicklung ansah; insbesondere hat man die Funktion $\frac{m_1 m_2}{r^2} e^{-\mu r}$ in Betracht gezogen, wo μ eine Konstante bedeutet; vgl. neben den in Anmerkung 59) erwähnten Arbeiten von Neumann und Seeliger noch: Korn, Über die mögliche Erweiterung des Gravitationsgesetzes, Sitzungsberichte d. k. bayr. Akad. math. phys. Klasse, Bd. 33, 1903.

72) S. 155. Als Vektor bezeichnet man eine geometrische Größe, zu deren vollständiger Bestimmung man einer Zahl und einer Richtung bedarf. Die Richtung wird bei analytischer Darstellung durch ihre Neigungen

α, β, γ gegen die drei Koordinatenachsen gegeben. Jede Größe, die sich (analog der Kraft oder Geschwindigkeit) in drei Komponenten zerlegen läßt, wird als Vektor bezeichnet. Ist z. B. eine Kraft oder Geschwindigkeit R nach Größe und Richtung gegeben, so sind ihre Komponenten bekanntlich

$$X = R\cos\alpha, \quad Y = R\cos\beta, \quad Z = R\cos\gamma.$$

In der Optik wird der eine Vektor durch die (sehr kleinen) Verschiebungskomponenten u, v, w gegeben (wobei ein Punkt x, y, z infolge der elastischen Schwingung in einen Punkt $x+u$, $y+v$, $z+w$ übergeht, und u, v, w Funktionen von x, y, z und von der Zeit t sind), der andere durch die Komponenten der kleinen Drehung, welche das Volumelement erleidet, nämlich:

$$\xi = \tfrac{1}{2}\left(\frac{\partial w}{\partial y} - \frac{\partial v}{\partial z}\right), \quad \eta = \tfrac{1}{2}\left(\frac{\partial u}{\partial z} - \frac{\partial w}{\partial x}\right), \quad \zeta = \tfrac{1}{2}\left(\frac{\partial v}{\partial x} - \frac{\partial u}{\partial y}\right);$$

vgl. z. B. F. Neumann, Vorlesungen über die Theorie der Elastizität, herausgegeben von O. E. Meyer, Leipzig 1885, p. 41, oder die betr. Abschnitte in Kirchhoffs Mechanik oder v. Helmholtz, Vorlesungen über die Mechanik deformierbarer Körper. Die Vertauschbarkeit der Größen u, v, w mit den davon abgeleiteten ξ, η, ζ tritt z. B. hervor beim Vergleiche der Fresnelschen mit der Neumannschen Theorie der Reflexion, vgl. Poincaré, Mathematische Theorie des Lichtes, deutsch von Gumlich und Jäger, Berlin 1894, p. 255. Sind u, v, w in der Hydrodynamik die Komponenten der Geschwindigkeit eines Flüssigkeitsteilchens, so sind ξ, η, ζ die Komponenten einer unendlich kleinen Rotation, eines „Wirbels" (vgl. z. B. Kirchhoff a. a. O.); dieses Wort ist im Text wegen der analytischen Analogie auf die Erscheinungen der Optik übertragen.

73) S. 156. Ist u die Temperatur eines Körpers im Punkte x, y, z zur Zeit t, so ist u eine Funktion der vier Variabeln x, y, z, t, welche der partiellen Differentialgleichung zweiter Ordnung

$$\frac{\partial u}{\partial t} = a^2 \left(\frac{\partial^2 u}{\partial x^2} + \frac{\partial^2 u}{\partial y^2} + \frac{\partial^2 u}{\partial z^2} \right)$$

genügt (wo a^2 die Wärmeleitungskonstante des Körpers bezeichnet) und sich aus dieser Differentialgleichung bestimmt, wenn man 1. die Verteilung der Temperatur im Innern des Körpers zur Anfangszeit $t=t_0$, 2. die Abhängigkeit der Temperatur von der Zeit an der Oberfläche des Körpers oder das Gesetz, nach welchem der Temperaturfluß durch die Oberfläche des Körpers stattfindet, kennt. Die Aufstellung der Differentialgleichung beruht auf der Annahme, daß die Wirkung der Wärme (bei festen Körpern) nur in unendlich kleiner Entfernung stattfindet und daß diese Wirkung eine ausgleichende ist, indem der wärmere Teil an den kälteren Wärme abgibt, die der Temperaturdifferenz proportional ist. Die Theorie der „Wärmeleitung", d. i. die Theorie der aufgestellten partiellen Differentialgleichung, wurde zuerst von Fourier entwickelt: 1808 im Bulletin des sciences de la société philomatique und 1811 in den Mémoires de l'Académie des sciences, ausführlicher 1822 in dem Werke „Théorie analytique de la chaleur", das nicht nur für die Theorie der Wärme, sondern auch für die Entwicklung der Analysis von größter Bedeutung wurde und so einen Markstein in der Geschichte der Mathematik bezeichnet; vgl. die Darstellungen dieser Theorien bei Riemann: Partielle Differentialgleichungen und deren Anwendung auf physikalische Fragen, Vorlesungen, herausgegeben von Hattendorff, 2. Aufl., Braunschweig 1872 (seitdem durch H. Weber bearbeitet in neuer Auflage), ferner Heine, Handbuch der Kugelfunktionen, 2. Aufl., Bd. 2 (Anwendungen), Berlin 1881, p. 302ff. — Von besonderer Wichtigkeit ist die Fouriersche Theorie für die (besonders durch Poisson, F. Neumann und William Thomson geförderte) Frage nach dem früheren und jetzigen Zustande des Erdinnern und nach dem Einflusse der Sonnenwärme auf die Temperatur im Innern der Erde und der Veränderung dieser letzteren mit den Jahreszeiten. Vgl. darüber W. Thomson, On the reduction of observations of underground temperature, 1860, und: On the secular cooling of the earth 1862, Mathematical and physical Papers, vol. 3; Adolf Schmidt,

Theoretische Verwertung der Königsberger Bodentemperatur-Beobachtungen, Schriften der phys.-ökonomischen Gesellschaft zu Königsberg i. Pr., Jahrg. 32, 1891, und Leyst, Untersuchungen über die Bodentemperatur zu Königsberg i. Pr., ib. Jahrg. 33, 1892; P. Volkmann, Beiträge zur Wertschätzung der Königsberger Erdthermometerstation 1872—92, ib. Jahrg. 34, 1893; Franz, Die täglichen Schwankungen der Temperatur im Erdboden, ib. Jahrg. 36, 1895.

Die Methoden der Theorie der Wärmeleitung lassen sich auch auf die Ausbreitung der Elektrizität (vgl. W. Thomson, Math. and phys. papers, vol. 2, p. 41 ff., Abhandlungen über Telegraphenleitung 1855—56; vgl. auch Poincaré, Electricité et Optique, p. 51 ff.) und nach Fick auf die Hydrodiffusion anwenden (vgl. H. F. Weber, Vierteljahrsschrift der Züricher naturforschenden Gesellschaft, Novbr. 1878). Die der Leitung der Elektrizität in Drähten erfordert indessen das Studium einer komplizierten Differentialgleichung; vgl. Poincaré, Comptes rendus, Dezbr. 1893, und Picard, Comptes rendus, Jan. 1894, u. Bulletin de la Société math. de France t. 22, 1894.

74) S. 156. Die Theorie der Elastizität, insbesondere der elastischen Schwingungen, beruht auf der Behandlung der Differentialgleichung

$$\frac{\partial^2 u}{\partial t^2} = a^2 \left(\frac{\partial^2 u}{\partial x^2} + \frac{\partial^2 u}{\partial y^2} + \frac{\partial^2 u}{\partial z^2} \right),$$

welche derjenigen für die Wärmeleitung ganz analog ist. Der Gleichgewichtszustand eines gebogenen elastischen Stabes wurde zuerst von de Saint-Venant erfolgreich behandelt: Mémoire sur la torsion des prismes, 1858, und Mémoire sur la flexion des prismes, Liouvilles Journal, 2ième série, t. 1, 1856; vgl. Clebsch, Theorie der Elastizität fester Körper, Leipzig 1862; Saalschütz, Der belastete Stab unter Einwirkung einer seitlichen Kraft, Leipzig 1880; Poincaré, Leçons sur la théorie de l'élasticité, Paris 1892.

75) S. 157. Ein Vektor ist durch Größe und Richtung bestimmt; das Addieren von Vektoren geschieht wie das Zusammensetzen von Kräften, Geschwindigkeiten u. dergl., vgl. oben die Anmerkung 72). Ein Skalar bezeichnet im Gegensatze zum Vektor eine reine (reelle, positive oder negative) Zahl, „denn er kann stets gefunden und in gewissem Sinne konstruiert werden durch Vergleichung von Strecken auf einer und derselben Skala (oder Achse)", indem der Quotient zweier gleich gerichteter Vektoren einer solchen reinen Zahl gleich ist. Die Bezeichnung ist der Theorie der Quaternionen entnommen, welche in mechanischen und physikalischen Arbeiten neuerdings vielfach Anwendung findet und mit den geometrischen bez. arithmetischen Theorien von Möbius und H. Graßmann enge verwandt ist. Dieselbe wurde durch W. R. Hamilton (seit 1835 in verschiedenen Abhandlungen der R. Irish Academy und den Lectures on Quaternions, Dublin 1853) begründet; vgl. dessen Elemente der Quaternionen (London 1866), deutsch von P. Glan, Bd. 1 u. 2, Leipzig 1882—84; ferner Tait, Elementary Treatise on Quaternions; H. Hankel, Theorie der komplexen Zahlensysteme, Leipzig 1867; Gibbs. Vector Analysis, New-York 1902; vgl. dazu Pi., W. d. G. S. 47.

76) S. 163. Die von Helmholtz 1874 aufgestellte Theorie der Dispersion (Wissenschaftliche Abhandlungen Bd. 2, p. 213) geht von der Annahme aus (im Anschlusse an frühere Arbeiten von W. Sellmeier), daß in den Lichtäther mitschwingende ponderable Atome eingebettet sind und daß sich zwischen Äther und Materie eine Reibungskraft geltend macht, die der Bewegung der Atome entgegenwirkt. Ausgehend von der elektromagnetischen Lichttheorie und der Annahme polarisierter Ionen entwickelte Helmholtz 1892 eine zweite Theorie (Wiss. Abhandlg. Bd. 3, p. 505); jedem Ion entspricht dabei eine besondere Linie (Absorptionsstreifen) im Spektrum; jedes Element wäre also mit so vielen Ionen behaftet, wie die Anzahl der Linien seines Spektrums beträgt. Auf ähnlichen Vorstellungen beruhen die Theorien von

Drude (Lehrbuch der Optik, Leipzig 1900, p. 352) und Poincaré (Electricité et Optique, la lumière et les théories électrodynamiques, Paris 1901, p. 500ff.).

Von ganz anderen Vorstellungen ging W. Thomson (Lord Kelvin) aus (Notes and Lectures on molecular dynamics, Baltimore 1884, in erweiterter Fassung London 1904), indem bei ihm alle Wellenlängen, die den Linien eines Spektrums entsprechen, durch eine Gleichung bestimmt werden, deren Grad davon abhängt, aus wie vielen konzentrischen Kugelschalen man sich ein Atom bestehend denkt. Andererseits habe ich versucht, das Auftreten der Verschiedenheiten in den Spektren verschiedener Elemente aus der Gestalt der Atome (die danach im allgemeinen nicht kugelförmig zu denken sind) zu erklären: Zur Theorie der Spektrallinien, Sitzungsberichte der math. phys. Klasse d. k. bayr. Akad. der Wissensch., Bd. 31, 1901, und Bd. 33, 1903 (die weiteren Resultate sind in meiner Rektoratsrede vorläufig mitgeteilt, Süddeutsche Monatshefte, September 1905 oder „The Monist" vol. 16, 1906; die mathematische Begründung ist noch nicht veröffentlicht); die einzelnen Linien des Spektrums werden dabei durch transzendente Gleichungen bestimmt.

77) S. 164. In betreff der kinetischen Gastheorie vgl. oben Anmerkung 69). Wird ein fester Körper gelöst, so werden seine Moleküle durch eine gewisse Expansivkraft in den mit Flüssigkeit gefüllten Raum hineingetrieben, in welchen sie unter einem gewissen Drucke, dem „osmotischen Drucke", gelangen. Dieser Druck ist von der Natur des Lösungsmittels unabhängig und gehorcht den für Gase gültigen Gesetzen (nach van't Hoff, 1885; vgl. z. B. Nernst, Theoretische Chemie, 1. Aufl., Stuttgart 1893). Entsprechendes gilt auch für „feste Lösungen" (z. B. Wasserstoff in Platin, Kohlenstoff in Eisen), vgl. van't Hoff, Zeitschrift für physikalische Chemie, Bd. 5, 1890.

78) S. 166. Die Theorie der Elektronen ist einerseits mit Rücksicht auf die Eigenschaften der (von Hittorf und Crookes erforschten) Kathodenstrahlen entstanden, andererseits aus der Annahme von wandernden Ionen

zur Erklärung der elektrolytischen Vorgänge; nur daß man sich jetzt diese elektrischen Ionen von den wandernden Atomen verschieden denkt und dann Elektronen nennt. Die Elektrizität besteht hiernach also aus Atomen von sehr geringer Masse (vielleicht aus den Uratomen, aus denen sich alle anderen zusammensetzen). Diese Vorstellungen sind besonders von J. J. Thomson (Philosophical Magazine, Serie 5, vol. 46, 1898 und: Conduction of electricity through gases, Cambridge 1903), Lorentz (La théorie électrodynamique de Maxwell et son application aux corps mouvants, Leyde 1892, und: Versuch einer Theorie der elektrischen und optischen Erscheinungen in bewegten Körpern, Leyden 1895) gefördert; vgl. auch Wiechert, Die Theorie der Elektrodynamik, Schriften der physikalisch-ökonomischen Gesellschaft zu Königsberg i. Pr., Jahrg. 1896, und: Grundlagen der Elektrodynamik, Festschrift zur Feier der Enthüllung des Gauß-Weber-Denkmals in Göttingen, Leipzig 1899; ferner den Artikel über Maxwells elektromagnetische Theorie von Lorentz in der math. Enzyklopädie, Bd. V, Heft 1, Bucherer: Mathematische Einführung in die Elektronentheorie, Leipzig 1904, und Heaviside, Electromagnetictheorie, vol. 1, London 1893, vol. 2 1899. — Auf S. 175 ff. und 242 ff. des vorliegenden Werkes wird die Lorentzsche Theorie nochmals besprochen; vgl. auch unten Anmerkung 112.

79) S. 166. Eine kurze Übersicht über Carnots Gedankengang (Réflexions sur la puissance motrice du feu, Paris 1824) gibt Clausius in Abschnitt III, § 4, Bd. 1 seiner Mechanischen Wärmetheorie (dritte Aufl. 1883); durch Abänderung und Verbesserung dieses Gedankengangs kam Clausius zum sogenannten zweiten Hauptsatze der mechanischen Wärmetheorie; vgl. auch oben die Anmerkung 66).

Es sei erwähnt, daß F. Neumann die Grundgedanken der heutigen Wärmetheorie schon vor 1850 in seinen Königsberger Vorlesungen entwickelte (dabei das Wort „Arbeitsvorrath" für „Energie" gebrauchend); vgl. Volkmann, Franz Neumann, Ein Beitrag zur Geschichte deutscher Wissenschaft, Leipzig 1896, p. 36.

80) S. 168. In seinen Prinzipien der Mechanik, p. 207 ff., stellt sich Hertz das Wirken von Kräften zwischen gegebenen Systemen durch das Bild von „Koppelungen" der Systeme untereinander vor, die dann die Bewegung als eine unfreie erscheinen lassen. — Diese Vorstellung ist verwandt mit der Konstruktion „dynamischer Modelle" gegebener materieller Systeme (loco cit. p. 197 ff.); jedes System kann auf unendlich viele Weisen durch solche Modelle dargestellt werden. Um den Ablauf der natürlichen Bewegung eines materiellen Systems vorauszusehen, genügt die Kenntnis eines (möglichst zu vereinfachenden) Modells jenes Systems.

Auch andere physikalische Erscheinungen kann man durch mechanische Modelle veranschaulichen; vgl. Boltzmanns Vorlesungen über Maxwells Theorie der Elektrizität und des Lichtes, Leipzig 1891/93. — So konstruiert W. Thomson ein gyrostatisches Modell des Lichtäthers, um die „Quasi-Elastizität" des letzteren zu veranschaulichen (Math. a. phys. Papers, vol. 3, p. 466, 1889); vgl. auch Sommerfeld, Mechanische Darstellung der elektromagnetischen Erscheinungen in ruhenden Körpern, Wiedemanns Annalen, Bd. 46, 1892. Auch seine oben in Anmerkung 76) erwähnte Konstruktion der Atome aus elastisch verbundenen konzentrischen Kugelschalen will Lord Kelvin nur als ein „rohes" mechanisches Modell betrachtet wissen. — Zur Darstellung thermodynamischer Vorgänge dient die Theorie der monozyklischen Systeme (d. h. Systeme, in denen in sich zurücklaufende Bewegungen vorkommen und die in ihrer Geschwindigkeit nur von einem Parameter abhängen); vgl. Helmholtz, Wissenschaftl. Abhandlgn., Bd. 3 (1884); Boltzmann, Crelles Journal, Bd. 98 u. Bd. 100 (1884—85).

81) S. 168. Die Kinematik der Gelenksysteme (systèmes articulés) ist von Königs besonders eingehend behandelt: Leçons de cinématique, Paris 1877; in betreff der Dynamik der Gelenksysteme vgl. Routh, Die Dynamik der Systeme starrer Körper, deutsch von Schepp, Bd. 2, p. 297 ff., Leipzig 1898.

82) S. 169. Die W. Thomsonsche Vorstellung beruht auf dem berühmten Helmholtzschen Satze, nach welchem Wirbelbewegungen in einer Flüssigkeit aufeinander anziehende und abstoßende Kräfte ausüben (Wissenschaftl. Abhandlgn., Bd. 1; Crelles Journal, Bd. 55, 1858), und wonach ein „Wirbelfaden" unzerstörbar ist und sich in der Flüssigkeit, ohne zu zerreißen, endlos fortbewegt (vgl. auch z. B. Kirchhoffs Mechanik, p. 252 ff.; J. J. Thomson, On the motion of vortex rings, London 1883; und Poincaré, Théorie des tourbillons, Paris 1893), also diese wesentliche Eigenschaft der Unzerstörbarkeit mit der Materie teilt. Nimmt man an, daß die vermeintlichen materiellen Atome aus solchen Wirbeln (z. B. Wirbelringen) bestehen, die sich im Lichtäther fortbewegen, so fällt die Schwierigkeit fort, die in der sonst notwendigen Annahme liegt, daß sich materielle Atome im absolut starren Lichtäther ohne wesentlichen Widerstand fortbewegen; vgl. W. Thomson, Philosophical Magazine, vol. 24, 1867, Math. and phys. Papers, vol. 4, p. 1 ff., und Maxwell, Artikel „Atoms" in der Encyclopaedia Britannica (Papers, vol. 2, p. 467).

In betreff Riemanns Ideen über die Natur der Atome vgl. die Veröffentlichung aus dessen Nachlasse (p. 503 seiner Gesammelten Werke), sowie oben Anmerkung 55).

Wiecherts Anschauung nähert sich derjenigen von W. Thomson; nach ihm „sind die Atome Stellen ausgezeichneter Beschaffenheit im Äther", vgl. die in Anmerkung 78) zitierten Schriften, in denen allerdings auch materielle Atome dem Äther und den elektrischen Atomen gegenübergestellt werden. Auch Larmor betrachtet die Atome als Unstetigkeitspunkte des Äthers: Aether and Matter, Cambridge 1900, Kap. V und VI und Anhang (und frühere Arbeiten in den Proceedings und den Philosophical Transactions der Royal Society). Clifford betrachtete die Atome als Unstetigkeiten unseres Raumes, in denen letzterer durch „Quellen" aus einer vierten Dimension beeinflußt wird; vgl. Pearson, Grammar of Science, p. 270. — Vgl. auch die in Anmerkung 80) erwähnten Modellkonstruktionen.

Zum vierten Teil

83) S. 171. Fizeaus berühmtes Experiment stammt aus dem Jahre 1859: Annales de chimie et de physique, serie 3, t. 57; dasselbe wurde in größerem Maßstabe von Michelson und Morley wiederholt: American Journal of science, serie 3 vol. 31, 1886. Spätere Versuche von Fizeau mit Glassäulen ergaben ein zweifelhaftes Resultat; vgl. die Bemerkung von Lorentz auf S. 2 seines oben in Anmerkung 78) erwähnten Werkes.

84) S. 172. Einen Bericht über diese verschiedenen Versuche findet man bei Lorentz a. a. O., bei Larmor in dem zitierten Werke und bei W. Wien: Über die Fragen, welche die translatorische Bewegung des Lichtäthers betreffen, Wiedemanns Annalen, Neue Folge, Bd. 65, 1898. Poincaré begründet seine im Texte ausgesprochene Ansicht genauer am Schlusse seines Werkes über die Theorie des Lichtes und im Kapitel VI u. VII des Werkes: Electricité et Optique. Von der elastischen Lichttheorie ausgehend hat Voigt die Theorie des Lichtes für bewegte Medien behandelt: Göttinger Nachrichten 1887.

85) S. 173. Es gelang Lorentz, das negative Resultat durch die weitere Hypothese zu erklären, daß alle Dimensionen der bewegten Körper in Richtung der Bewegung durch den Äther eine gewisse Verkürzung erleiden; bei dieser Annahme fallen dann in den betr. Gleichungen auch die Glieder zweiter Ordnung aus. Vgl. Po., W. u. M., S. 200 ff., sowie die Darstellung in dem erwähnten Werke von Bucherer, S. 125 ff.

86) S. 176. Das Zeemannsche Phänomen (vgl. K. Ak. van Wetenskaps, Bd. 5, 1896, Communications of Labor. of Physics, Leyden, Bd. 29 u. 33, 1896, Philosophical Magazine, serie 5, vol. 43, p. 226, 1897) besteht darin, daß eine Linie des Spektrums (z. B. eines Elementes) durch Einwirkung eines Magneten in zwei oder mehrere Linien zerspalten wird (vgl. z. B. die eingehende Untersuchung des Quecksilberspektrums in dieser Richtung von Runge und Paschen, Abhandlungen der Berliner Akademie, 1902). Lorentz hat die Erscheinung theoretisch erklärt, indem er von Ionen

ausgeht, die sich selbst wieder aus noch einfacheren Gebilden zusammensetzen; vgl. die Darstellung bei Poincaré, Electricité et Optique, p. 544ff., wo auch die Drehung der Polarisationsebene besprochen wird. Eine andere Theorie des Zeemann-Effektes gab W. Voigt (Wiedemanns Annalen, Bd. 67, 68, 69, und Annalen der Physik, Bd. 1 u. 4); nach ihm ist die Erscheinung analog der Doppelbrechung des Lichtes in Kristallen.

87) S. 177. Mac-Cullagh hatte gleichzeitig mit F. Neumann die Theorien der Optik aus der Annahme eines Mediums abgeleitet, dem überall gleiche Dichte, in verschiedenen Körpern aber verschiedene Elastizität zukommt, so daß bei ihm (wie bei Neumann, im Gegensatze zu Fresnels Annahme) die Schwingung des polarisierten Lichtes senkrecht zur Polarisationsebene stattfindet (vgl. The collected works by J. Mac-Cullagh, Dublin und London 1880, und die Berücksichtiung dieser Theorie in Volkmanns Theorie des Lichtes). An diese Vorstellung hatte Larmor in dem oben zitierten Werke angeknüpft. Poincaré gibt eine eingehende Darlegung seiner Anschauung darüber am Schlusse des Werkes: Electricité et Optique.

88) S. 178. Für die hier besprochenen Anwendungen der Thermodynamik sei auf das in Anmerkung 77) erwähnte Werk von Nernst über theoretische (insbesondere physikalische) Chemie verwiesen, sowie auf J. J. Thomson, Applications of dynamics to physics and chemistry, London 1888, Kapitel VII (Deutsche Übersetz., Leipzig 1890). Auf das Carnotsche Prinzip und die Entropie wurde schon in Anmerkung 79) verwiesen. Die im Texte erwähnte Hysteresis ist eine mit der elastischen Nachwirkung verwandte Erscheinung. Letztere besteht darin, daß die Ruhelage, die ein Körper nach einer elastischen Deformation (z. B. ein tordierter Draht) einnimmt, nicht allein von der vor der Deformation vorhandenen Ruhelage abhängt, sondern auch von Deformationen, die der Körper etwa in weiter zurückliegenden Zeiten einmal erlitten hat; diese Erscheinung ist besonders von Boltzmann (Wiedemanns Annalen, Erg.-Bd. 7, 1876) und

Maxwell studiert; vgl. J. J. Thomson, a. a. O. p. 130 und Wiechert: Über elastische Nachwirkung, Inauguraldissertation, Königsberg 1889. Von W. Thomson wurde (Philosophical Transactions, vol. 170, 1879) bemerkt, daß die wiederholte Torsion eines Drahtes einen ähnlichen dauernden Einfluß auf die Magnetisierung des Drahtes hat, indem letztere im allgemeinen durch die Torsion verringert wird, nach Aufhören der (bei konstantem Magnetfelde) Torsion aber nicht zum früheren Werte zurückkehrt; Warburg (Berichte der naturforschenden Gesellschaft zu Freiburg i. Br., Bd. 8, 1880) machte analoge Beobachtungen, indem er umgekehrt bei konstanter Torsion das Magnetfeld variierte. Über weitere Untersuchungen betr. diese als Hysteresis bezeichneten Erscheinungen vgl. den Bericht von Warburg, Rapport présenté au Congrès international de Physique à Paris 1900. — Auch die elektrischen Rückstandserscheinungen sind nach Maxwell der elastischen Nachwirkung analog; vgl. den Bericht von Grätz über Elektrostatik etc. Winkelmanns Handbuch der Physik, 2. Aufl. Bd. 4, 1903.

89) S. 180. Die ungeordneten Bewegungen der kleinsten Teile kann man bei den Brownschen „Wimmelbewegungen" (zuerst 1827 von dem Botaniker Brown beobachtet) der Beobachtung unterwerfen; dieselben entstehen bei der Suspendierung kleinster Teile in Flüssigkeiten und bei Emulsionen (vgl. Arbeiten von Stark in Wiedemanns Annalen, Bd. 62, 65, 68). Die Nichtumkehrbarkeit gewisser Erscheinungen beruht (vgl. auch oben Anmerkung 65) mit darauf, daß wir nur imstande sind, mit den Molekülen in großen Massen zu experimentieren, aber nicht einzelne Moleküle abtrennen und beobachten können, also auf den Grenzen, welche uns bei Anwendung experimenteller Methoden gesetzt sind (vgl. J. J. Thomson a. a. O. p. 281). Um dies zu erläutern, erdachte Maxwell (vergl. dessen Theory of Heat, 3rd ed. p. 308, 1872) das Gleichnis eines „Dämons", der imstande ist, die Moleküle nach gewissen Gesetzen zu sortieren, selbstverständlich ohne an die Existenz solcher Dämonen zu denken (wie ihm unter-

gelegt wurde); vgl. W. Thomson, Populäre Vorträge und Reden (Bd. 1, p. 473 der deutschen Ausgabe).

Handelt es sich um die Ausbreitung kleinster Teile auf der Oberfläche einer Flüssigkeit oder an der Grenzfläche zweier Flüssigkeiten, so kommt für die Herstellung des Gleichgewichts die Oberflächenspannung der Flüssigkeiten in Betracht, die ihrerseits durch etwaige elektrische Einflüsse umgeändert wird. So hängen diese Untersuchungen auch mit der Kapillaritätstheorie und mit den kapillar-elektrischen Phänomenen zusammen, deren Theorie von Helmholtz zuerst entwickelt wurde [1879, Wiedemanns Annalen, Bd. 7, und 1880, Bd. 11; vgl. auch die Beobachtungen von K. R. Koch: Wiedemanns Annalen, Bd. 42, 1891; Bd. 45, 1892 (mit Wüllner); Bd. 52, 1894] und die neuerdings durch Gouy experimentell und theoretisch weiter geführt wurden: Comptes rendus, 1895, 1900 u. 1901.

90) S. 180. Die X-Strahlen wurden bekanntlich 1895 durch Röntgen (Sitzungsberichte der Würzburger physikalisch-medizinischen Gesellschaft) entdeckt, die vom Uranium ausgesandten Strahlen durch Becquerel (Comptes rendus 1896), die des Thorium von Schmidt (Wiedemanns Annalen Bd. 65, 1898), das Radium mit seinen merkwürdigen Strahlungseigenschaften von Herrn und Frau Curie (Rapports du Congrès international de physique, t. 3, Paris 1900). Hieran schließen sich eine große Reihe weiterer Arbeiten; vgl. den Bericht darüber in den in Anmerk. 78 erwähnten Werken von J. J. Thomson, Bucherer und Heaviside, ferner Abraham und Föppl, Theorie der Elektrizität, Bd. 2, 1905. Die mathematische Theorie dieser Strahlung beruht wesentlich auf der Vorstellung, daß ein bewegtes elektrisches Teilchen (ein Elektron) einen Convectionsstrom darstellt, der einem gewöhnlichen elektrischen Leitungsstrom äquivalent ist. Da die Ausbreitung elektrischer Kräfte Zeit gebraucht (nämlich mit Lichtgeschwindigkeit geschieht), so steht ein solches bewegtes Teilchen in jedem Momente unter Wirkung der von ihm selbst in früheren Momenten ausgegangenen Kräfte, die fördernd oder hemmend wirken

können, so daß das Galileische Trägheitsgesetz ebenso wenig anwendbar bleibt, wie bei der Bewegung eines Massenteilchens in einer Flüssigkeit oder in einem widerstehenden Mittel. Eine genauere Berechnung der so entstehenden Kräfte, die für alle Geschwindigkeiten anwendbar bleibt, habe ich für die einfachsten Fälle gegeben; vgl. Pi., W. d. G., Anmerkung 78). Die wichtigsten Arbeiten über Elektronentheorie sind gesammelt in dem Werke: Jons, Electrons et Corpuscules, herausgegeben von der Société française de physique, Bd. 1 u. 2, 1905.

91) S. 180. Die Einwirkung des Lichtes auf den elektrischen Funken ist von Hertz (Sitzungsberichte der Berliner Akademie 1887) festgestellt worden und seitdem besonders von Elster und Geitel eingehend studiert. Die neueren Beobachtungen über strahlende Materie haben das Interesse an diesen und ähnlichen Untersuchungen neu belebt. Vgl. Warburg, Verhandlungen der Deutschen physik. Gesellschaft, Jahrg. 2, 1900.

92) S. 181. Die Beseitigung der Schwierigkeiten, welche der Fresnelschen Theorie der Reflexion entgegenstehen, durch Annahme einer „Übergangsschicht" bespricht Poincaré eingehend in dem Werke: Mathematische Theorie des Lichtes, p. 247 der deutschen Ausgabe. Auch in der Neumannschen Theorie ergeben sich bei der partiellen Reflexion an durchsichtigen Medien ähnliche Schwierigkeiten, die man nach W. Voigt (Wiedemanns Annalen, Bd. 23, 1884, u. Bd. 31, 1887) ebenfalls durch Annahme einer Übergangsschicht beseitigen kann; vgl. p. 318f. in Volkmanns mehrfach erwähnten Vorlesungen über die Theorie des Lichtes.

93) S. 182. Durch Verallgemeinerung des Mariotteschen Gesetzes gelang es van der Wals zuerst, den Übergang vom gasförmigen Zustande in den flüssigen mathematisch zu formulieren: Die Kontinuität des gasförmigen und flüssigen Zustandes, Leipzig 1881 (deutsch von Roth). In betreff der theoretischen Ableitung seiner berühmten „Zustandsgleichung" vgl. z. B. Boltzmanns Vorlesungen über Gastheorie, wo auch die verschiedenen

Versuche besprochen sind, die man gemacht hat, um durch Erweiterung jener Zustandsgleichung eine noch bessere Übereinstimmung mit der Erfahrung in allen Fällen zu sichern (vgl. Anmerkung 80 zu Pi., W. d. G.). Die Arbeiten von Andrews über Aggregatzustände findet man in Philosophical Transactions, vol. 159, II, 1869, vol. 166, 1870 und vol. 178A, 1887 (vgl. Ostwalds Klassiker der exakten Wissenschaften). Feste Lösungen wurden schon oben in Anmerkung 77) erwähnt; in betreff des Fließens fester Körper vgl.: Schwedoff, La rigidité des fluides, und Spring, Propriétés des solides sous pression; diffusion de la matière des solides; Rapports présentés au Congrès international, Paris 1900. Über „flüssige" Kristalle vgl. Anmerkung 81 zu Pi., W. d. G.

94) S. 182. Man bedient sich (nach Roozeboom, vgl. Nernst, Theoretische Chemie, p. 485) einer graphischen Methode, um die Abhängigkeit der Beschaffenheit des Gleichgewichtszustandes von den äußeren Bedingungen der Temperatur und des Druckes erkennen zu lassen. Beim Wasser geschieht dies durch drei in einem „Übergangspunkte" zusammenlaufende Kurven; in komplizierteren Fällen muß man (nach Maxwell und Clausius) räumliche Konstruktionen zu Hilfe nehmen; vgl. W. Voigt, Theoretische Physik, Bd. 1, p. 576. Alle diese Theorien beruhen auf den fundamentalen Untersuchungen von Gibbs über die Theorie der Phasen [d. i. den räumlich gesonderten (festen, flüssigen oder gasförmigen) Körpern, welche sich aus den zugleich vorhandenen Komponenten bilden, d. h. aus den voneinander unabhängigen chemischen Bestandteilen des Systems]: Transactions of the Connecticut Academy, vol. 3, 1876.

94a) S. 183. Über die wichtigsten Aufgaben und Probleme der physikalischen Chemie vgl. Pi., W. d. G., S. 145 ff.

95) S. 186. Vgl. Bertrand, Calcul des probabilités, Paris 1889, p. 4 ff.; sowie Poincaré, Calcul des probabilités, Paris 1896, p. 94 f. Eine ähnliche Schwierigkeit bietet sich bei dem folgenden einfacheren Probleme: Eine geradlinige Strecke L ist in drei Teile A, B, C ge-

teilt; mit welcher Wahrscheinlichkeit fällt ein willkürlich auf der Strecke L gewählter Punkt P in den Teil B? Es zeigt sich, daß die Antwort davon abhängig ist, wie man sich die Teilung der Strecke sukzessive ausgeführt denkt, wie Brunn näher gezeigt hat (Sitzungsberichte der philos.-philol. Klasse der k. bayr. Akad. d. Wiss. 1892); es ist also auch hier durch Übereinkommen eine Festsetzung zu treffen. Das im Texte erwähnte Bertrandsche Problem ist neuerdings von de Montessus eingehend behandelt worden (Nouvelles Annales des mathématiques, Serie 4, t. 3, 1903); er findet, daß im allgemeinen die Zahl der Lösungen unendlich groß ist, daß sie erst bestimmt wird, wenn in der Ebene des Kreises ein Punkt gegeben wird, durch den die fragliche Sehne gezogen werden soll, und daß sie dann abhängt von der Entfernung dieses Punktes vom Mittelpunkte des Kreises. — Vgl. zu den nachfolgenden Erörterungen das Kapitel über den Zufall in Po., W. u. M., S. 53 ff.

96) S. 187. Es sei hier auf die in den obigen Anmerkungen 69) und 93) gemachten Literaturangaben verwiesen.

97) S. 192. Der betreffende Beschluß der Pariser Académie des Sciences aus dem Jahre 1775 wird von Montucla in seiner Histoire des recherches sur la quadrature du cercle ($2^{\text{ième}}$ éd., Paris 1831, p. 279) mitgeteilt. Um die Unmöglichkeit der Quadratur nachzuweisen, mußte man zeigen, daß die Ludolphsche Zahl π eine „transzendente" Zahl ist, d. h. daß sie nicht Wurzel irgend einer algebraischen Gleichung mit ganzzahligen Koëffizienten sein kann (so hatte Leibniz das Problem formuliert); vgl. meinen Aufsatz „Über die Zahl π" in Bd. 20 der Math. Annalen (sowie Sitzungsberichte d. Berliner Akad. vom 22. Juni 1882 und der Pariser Académie des Sciences vom 10. Juli 1882). Der Beweis stützt sich auf die Untersuchung Hermites über die Transzendenz der Zahl e (der Basis der natürlichen Logarithmen); letztere hat Weierstraß in übersichtlicherer Weise dargestellt (Zu Lindemanns Abhandlung „Über die Ludolphsche Zahl", Sitzungsber. d. Berliner Akad.

vom 22. Oktbr. 1885) und damit den Beweis für die Transzendenz von π vereinfacht; vgl. die Darstellung bei Bachmann, Vorlesungen über die Natur der Irrationalzahlen, Leipzig 1892. Hilbert zeigte, daß man durch Betrachtung eines gewissen bestimmten Integrals die von Hermite und Weierstaß benutzten Systeme von Gleichungen durch eine einzige Gleichung ersetzen kann, wodurch eine wesentliche Abkürzung erzielt wird (Göttinger Nachrichten 1893). Weitere Vereinfachungen erreichten Hurwitz (ibid.) und Gordan (Math. Annalen, Bd. 43, 1893), indem sie zeigten, daß die bisher benutzten Integraleigenschaften der Exponentialfunktion dabei ganz vermieden werden können und man alles aus der Definition dieser Funktion durch eine Potenzreihe ableiten kann (der Übergang von der Zahl e zur Zahl π geschieht indessen immer in wesentlich gleicher Weise); vgl. die Darstellung von F. Klein: Vorträge über ausgewählte Fragen der Elementargeometrie, Leipzig 1895, sowie H. Weber und J. Wellstein, Encyklopädie der Elementarmathematik, Bd. 1, 1903, p. 423ff. — In betreff der Geschichte des Problems sei auf obiges Werk von Montucla verwiesen, ferner auf Cantors Geschichte der Mathematik; Schubert, die Quadratur des Kreises, Sammlung gemeinverständlicher wissenschaftlicher Vorträge, herausgeg. von Virchow und Holtzendorff, Hamburg 1889; Rudio, Archimedes, Huyghens, Lambert, Legendre, vier Abhandlungen über die Kreismessung, Leipzig 1892; Pringsheim, Über die ersten Beweise der Irrationalität von e und π, Sitzungsber. d. k. bayr. Akad. d. Wissensch., Bd. 27, 1898; W. W. R. Ball, Mathematical recreations and problems, 2nd ed., London 1892, p. 162ff. Reiche Literaturangaben bei M. Simon, Über die Entwicklung der Elementargeometrie im IX. Jahrh., Leipzig 1906 (auch Jahresber. d. Deutsch. Mathematiker-Vereinigung, Ergänzungsband), S. 61ff. — Wenn hier gesagt wird (S. 70), Weierstraß habe a. a. O. meine Beweise für die Transzendenz von π „verbessert", so ist das nicht zutreffend; er hat die von mir benutzten „Hermiteschen Formeln" durch einfachere ersetzt und dadurch auch den Beweis für π „vereinfacht". „Verbessert" hat Weierstraß meinen Beweis für den allgemeinen Satz, daß keine Gleichung der Form

$$N_0 + N_1 e^{z_1} + N_2 e^{z_2} + \ldots + N_n e^{z_n} = 0$$

bestehen kann, wenn die Zahlen N_i und z_i beliebige algebraische Zahlen sind, indem er den bei mir fehlenden Beweis dafür hinzufügte, daß das Produkt aller Zahlen, die durch Multiplikation der linken Seite obiger Gleichung mit den konjugierten algebraischen Zahlen entstehen, nicht identisch gleich Null sein kann. Dieser von mir als selbstverständlich vorausgesetzte Satz kommt aber für den besonderen Fall, der bei der Zahl π vorliegt, nicht in Betracht. Jenen allgemeinen Satz hatte ich damals erst bei der Korrektur meiner Abhandlung hinzugefügt und mir eine ausführliche Darstellung vorbehalten, weshalb auch Weierstraß seine Ergänzung erst veröffentlichte, nachdem ich ihm mein Einverständnis erklärt hatte.

In der Enzyklopädie der Mathematik (I, C, 3 S. 671) wird meine Untersuchung über π als eine „Verallgemeinerung" der Hermiteschen Betrachtungen bezeichnet. Daß dies nicht ganz zutreffend ist, hat schon v. Braunmühl hervorgehoben, Archiv für Mathematik und Physik, 3. Reihe Bd. 3, S. 87, indem er sich auf einen Ausspruch Hermites in Bd. 76 von Crelles Journal, S. 342 (1873) bezieht. Ähnlich hat sich Hermite auch sonst ausgesprochen: Am 27. Juni 1882 schreibt E. du Bois-Reymond (Berlin) an seinen Bruder Paul (in Tübingen): „... Dieser hat ... bewiesen, daß π irrational und der Kreis nicht zu quadrieren ist. Die hiesigen Mathematiker hatten schon vor Jahren, als der Hermitesche Satz auftauchte, Hermite darauf hingewiesen, daß er sich dazu eigne, diesen Schluß daraus abzuleiten, aber Hermite hatte geantwortet, er habe es versucht, mais le diable s'en mêle;" und mir schrieb Hermite am 4. Juli 1882: „Jamais je n'aurais eu la hardiesse de l'aborder (i. e. la grande et difficile question de la transcendance du rapport de la circonférence au diamètre), tant elle me semblait demander de travail et d'efforts ...... Je suis

extrêmement heureux que mes recherches aient donné...
des conséquenses auxquelles je n'avais jamais songé."

Während meines Aufenthaltes in Paris im Winter 1876/77 hatte ich zweimal die Freude, Hermite bei mir zu sehen (bekanntlich war er für Besuche fast nie zu sprechen, der Portier ließ niemanden zu ihm hinauf; aber er ließ es sich nicht nehmen, den Besuch zu erwidern); das einemal brachte er mir eine Menge Separatabdrücke seiner Arbeiten, aus diesen zog er die Arbeit über die Zahl e hervor mit dem Beifügen, daß er sie als eine seiner wichtigsten betrachte. Mit ihr habe ich mich immer wieder und wieder beschäftigt. Die Frage über die Transzendenz von π wurde damals auf meinen Spaziergängen mit J. Thomae und P. du Bois-Reymond (der seine Ferien meist in Freiburg zubrachte) öfter erörtert; dieselben glaubten, in den Kettenbruchentwicklungen müßte die Lösung liegen, während ich Hermites Arbeit als Ausgangspunkt empfahl. Am 12. April 1882 kam mir endlich bei einem Spaziergang über die Loretto-Kapelle der wirklich zum Resultat führende Gedanke. Ich erwähne diesen letzteren Umstand als einen Beitrag zu Poincarés Ausführungen über das unbewußte Arbeiten des „sublimen Ich"; vgl. Po., W. u. M., S. 41 ff.

98) S. 205. Das hier erwähnte Beispiel des Ecartéspiels ist von Poincaré auf S. 134 des in Anmerkung 95) zitierten Werkes behandelt; auf S. 129 ff. findet man daselbst auch eine eingehendere Darstellung des oben auf S. 198 ff. besprochenen Problems über die Verteilung der kleinen Planeten, ebenso auf S. 127 f. das Beispiel des Roulettespieles (vgl. S. 202 des obigen Textes).

Wegen der sich bietenden begrifflichen Schwierigkeiten ist besonders das sogenannte „Problem von St. Petersburg" bekannt, das sich auf ein Glücksspiel und auf die Theorie der mathematischen Hoffnung bezieht; vgl. Poincaré a. a. O., S. 41 f., Bertrand a. a. O., S. 62 ff.; sowie Pringsheim in den Anmerkungen zu der von ihm übersetzten und neu herausgegebenen Abhandlung von Daniel Bernoulli: Versuch einer neuen Theorie der Wertbestimmung von Glücksfällen (Sammlung älterer und neuerer staatswissenschaftlicher Schriften Nr. 9, Leipzig 1896).

99) S. 208. Die Gleichung dieser Gaußschen Fehlerkurve ist in rechtwinkligen Koordinaten

$$y = \frac{h}{\sqrt{\pi}} e^{-h^2 x^2}$$

Sie ist so bestimmt, daß das Differential $y \cdot dx$ die (unendlich kleine) Wahrscheinlichkeit dafür angibt, daß ein gemachter Beobachtungsfehler zwischen den Werten x und $x + dx$ liegt (Gauß, Theoria combinationis observationum erroribus minimis obnoxiae, 1821, und einige weitere Abhandlungen; vgl. die Gesammelten Werke, Bd. 4). Die Theorie der Fehler ist bei Bertrand und Poincaré a. a. O. eingehend besprochen (von denen ersterer erhebliche Einwände erhebt, letzterer dieselben aber möglichst zu beseitigen sucht), ebenso in fast jedem Werke über Wahrscheinlichkeitsrechnung; vgl. auch Helmert, Die Ausgleichungsrechnung nach der Methode der kleinsten Quadrate, Leipzig 1872. — Die Fehlerkurve hat die Gestalt des Durchschnittes einer Glocke, daher auch der Name „Glockenkurve".

Sieht man von der Forderung ab, daß positive und negative Fehler gleich leicht vorkommen, so wird auch eine andere Kurve zugrunde zu legen sein, um die betr. Wahrscheinlichkeit zu definieren; derartige allgemeinere Voraussetzungen hat besonders Pearson benutzt, um die Wahrscheinlichkeitsrechnung auf gewisse Fragen der Biologie betr. die Beurteilung von Massenerscheinungen und der Variation der Arten anzuwenden; vgl. dessen Abhandlungen in den Philosophical Transactions von 1894 ab, sowie für einen kurzen Überblick über diese Untersuchungen das in Anmerkung 51) zitierte Werk „Grammar of Science". Ähnliche Gedanken hatte auch Fechner entwickelt; vgl. das aus dessen Nachlasse von G. F. Lipps herausgegebene Werk: Kollektivmaßlehre, Leipzig 1897, sowie G. F. Lipps: Die Theorie der Kollektivgegenstände, Wundts Philosophische Studien, (Bd. 17, 1902). Es handelt sich um die Frage, ob die beobachteten Abweichungen vom Durchschnitte in Massenerscheinungen auf Zufall oder Gesetz beruhen, und um Aufstellung von Zahlen, die den Grad der Abweichung messen, ferner (bei Pearson) um die Untersuchung, ob das vorliegende Beobachtungsmaterial in sich homogen ist oder nicht.

100) S. 211. Die Notwendigkeit von Festsetzungen, die auf Übereinkommen beruhen, wenn höhere Probleme der Wahrscheinlichkeitsrechnung behandelt werden sollen, ist von Poincaré prinzipiell betont und in dem erwähnten Werke näher begründet; nur die „Wahrscheinlichkeit der Ursachen" bleibt stets unvollkommen begründet; darauf bezieht sich der Schluß jenes Werkes; „Nur durch Hypothesen dieser Art wird man zu richtigen Fragestellungen kommen; aber man muß nicht erwarten, ein vollkommen befriedigendes Resultat zu erreichen. Gerade in den Anfangsbetrachtungen der Wahrscheinlichkeitsrechnung liegt ein innerer Widerspruch; und wenn ich nicht fürchtete, ein zu oft gebrauchtes Wort zu widerholen, würde ich sagen, daß sie uns nur eines lehrt: zu erkennen, daß wir nichts wissen."

101) S. 213. Der Grund, weshalb wir nicht imstande sind, zwischen den verschiedenen optischen Theorien (insbesondere von Fresnel und F. Neumann) zu unterscheiden, wird am Schlusse des Werkes von Poincaré über Lichttheorie eingehender besprochen; vgl. auch oben Anmerkung 72).

102) S. 213. Das 1873 veröffentlichte fundamentale Werk Maxwells (Treatise on Electricity and Magnetism) ist unter dem Titel „Lehrbuch der Elektrizität und des Magnetismus" in deutscher Übersetzung (von Weinstein) erschienen, 2 Bände, Berlin 1883. Die zahlreichen Abhandlungen Maxwells sind gesammelt in zwei Bänden (Scientific Papers) herausgegeben. Seine elektromagnetische Theorie wird jetzt besonders in der mathematischen Form angewandt, die ihr durch Heaviside (Philosophical Magazine, Serie 5, vol. 19, 1888) und Hertz (Göttinger Nachrichten 1890) gegeben wurde.

103) S. 215. Dieser umgekehrte Weg (Ableitung der elektrischen Erscheinungen aus den optischen) hat mich seit langem beschäftigt; und ich habe denselben im Sommer 1902 in meinen Vorlesungen so weit durchgeführt, daß sich die wichtigsten Resultate der Elektrodynamik und des Magnetismus für ruhende Körper ergeben; ich hoffe eine Darstellung dieser Untersuchungen bald veröffentlichen zu können.

Erwähnt seien auch die Versuche, die anziehenden und abstoßenden Kräfte der elektrischen und magnetischen Erscheinungen (auch der Gravitation) dadurch zu erklären, daß man die Atome als pulsierende Kugeln betrachtet, die in einer vollkommenen Flüssigkeit ruhen. Die Versuche gehen auf die Experimente von Bjerknes zurück. Zwei in einer Flüssigkeit ruhende pulsierende Kugeln wirken aufeinander anziehend (und zwar nach dem Newtonschen Gesetze), wenn die Pulsationen mit gleichen Phasen, abstoßend, wenn sie mit ungleichen Phasen erfolgen; es entsteht also ein Bild der elektrischen Erscheinungen mit Umkehrung des Sinnes der Kraftwirkung; vgl. Bjerknes, Mémoire sur le mouvement simultané de corps sphériques variables dans un fluide indéfini et incompressible, Forh. Vidensk., Christiania 1871 und 1875, Göttinger Nachrichten 1876, Comptes rendus 1879, 1880 und 1881. (Vgl. Vorlesungen über hydrodynamische Fernkräfte nach C. A. Bjerknes' Theorie von V. Bjerknes, 2 Bde., Leipzig 1900 und 1902). Anwendungen derartiger Vorstellungen auf andere physikalische und chemische Fragen gab Pearson - Cambridge Philosophical Transactions, vol. 14, II, 1885, und Proceedings of the London Mathematical Society, vol. 20. Die „Umkehrung des Sinnes" beseitigte Korn durch weitere Hilfsannahmen und gab fernere Ausführungen und Anwendungen: Eine Theorie der Gravitation und der elektrischen Erscheinungen auf Grundlage der Hydrodynamik (Münchener Habilitationsschrift), Berlin 1894 (2. veränderte Auflage 1896), ferner: Ein Modell zur hydrodynamischen Theorie der Gravitation, Sitzungsberichte der math.-phys. Klasse der bayr. Akad. d. W.,

Bd. 27, 1897; und: Die mechanische Theorie der Reibung in kontinuierlichen Massensystemen, Berlin 1901.

104) S. 219. In betreff der hier eingeführten Parameter q sei auf obige Anmerkung 59) verwiesen. Es seinen x_i, y_i, z_i die Koordinaten der n Moleküle ($i=1$, 2, 3, ... n), und führt man die m Parameter q_k durch die folgenden Gleichungen ein:

$$x_i = \varphi_i(q_1, q_2, \ldots q_m), \qquad y_i = \psi_i(q_1, \ldots q_m),$$
$$z_i = \chi_i(q_1, \ldots q_m),$$

so geben die Funktionen φ_i, ψ_i, χ_i die „Verbindungen dieser Parameter mit den Koordinaten der wirklichen oder der hypothetischen Moleküle". Es wird dann (wenn $-U$ die potentielle Energie bezeichnet)

$$U = F(x_1, y_1, z_1; \ldots; x_n, y_n, z_n) = \Phi(q_1, q_2, \ldots q_m),$$

und

$$T = \tfrac{1}{2}\Sigma m_i(x'^2_i + y'^2_i + z'^2_i), \qquad \text{wo } x'_i = \frac{dx_i}{dt}, \text{ etc.,}$$
$$= \tfrac{1}{2}\Sigma m_i(\varphi'^2_i + \psi'^2_i + \chi'^2_i) = \Psi(q_1, \ldots q_m; q'_1, \ldots q'_m),$$

wo z. B.

$$\varphi'_i = \frac{d\varphi_i}{dt} = \frac{\partial \varphi_i}{\partial q_1}\frac{dq_1}{dt} + \frac{\partial \varphi_i}{\partial q_2}\frac{dq_2}{dt} + \cdots + \frac{\partial \varphi_i}{\partial q_m}\frac{dq_m}{dt}.$$

Die Behauptung des Textes geht dahin, daß man die Funktionen φ_i, ψ_i, χ_i nicht weiter zu kennen braucht, sondern nur die Funktionen Φ und Ψ, denn diese allein kommen in dem Prinzipe der kleinsten Wirkung, bezw. im Hamiltonschen Prinzipe vor, nach welchem (vgl. oben Anmerkung 62)

$$\delta \int_0^t (T - U)\, dt = 0$$

sein muß, und aus dem sich dann nach den Regeln der Variationsrechnung die Differentialgleichungen der Dynamik in der sogenannten „zweiten Lagrangeschen Form" ergeben, nämlich

$$\frac{d\left(\frac{\partial \Psi}{\partial q'_k}\right)}{dt} = \frac{\partial(\Psi - \Phi)}{\partial q_k} \quad \text{für } k = 1, 2, \ldots m.$$

Diese Gleichungen hat man zu integrieren und zu sehen, ob die Resultate mit den Beobachtungen übereinstimmen, denn die Parameter q_k sollen ja so eingeführt sein, daß sie direkt der Beobachtung zugänglich sind. Nachträglich hat man die Funktionen φ_i, ψ_i, χ_i und die Konstanten m_i so einzuführen, daß

$$\tfrac{1}{2}\sum_{i=1}^{n} m_i (x'^2_i + y'^2_i + z'^2_i) = \Psi(q_1, \ldots q_m;\, q'_1, \ldots q'_m)$$

wird, was immer möglich ist, da die Zahl n beliebig groß gewählt werden darf. Die Zurückführung der potentiellen Energie auf kinetische Energie „ignorierter" oder unsichtbarer Massen ist besonders von J. J. Thomson in dem mehrfach erwähnten Werke weiter verfolgt (vgl. oben S. 99).

105) S. 224. Maxwell, Illustrations of the dynamical theory of gases, Philosophical Magazine 1860 (Scient. Papers, vol. 1, p. 377); vgl. dazu: On the dynamical theory of gases; Philosophical Transactions, vol. 157, 1866 (Papers, vol. 2, p. 26).

106) S. 227. Das Werk von Ampère: Théorie mathématique des phénomènes électrodynamiques uniquement déduite de l'expérience, erschien 1823; eine eingehendere mathematische Erörterung findet man bei Poincaré, Electricité et Optique, p. 231 ff. An Ampère knüpften W. Webers Arbeiten an (Elektrodynamische Maßbestimmungen, erste Abhandlg., Königl. sächsische Akademie d. W. 1852); vgl. oben Anmerkung 64).

107) S. 235. Die betr. Arbeit von Helmholtz wurde schon in Anmerkung 64) erwähnt. Für seine Diskussion mit Bertrand vgl. die dazu gehörige zweite Abhandlung in Crelles Journal, Bd. 75, 1873 (Wissensch. Abhandlgn., Bd. 1, p. 646) und: Vergleich des Ampèreschen und Neumannschen Gesetzes für die elektrodynamischen Kräfte, Monatsbericht der Berliner Akademie, 1873 (Wissensch. Abhandlgn., Bd. 1, p. 688). — Das hier erwähnte Gesetz, das sich nicht auf Stromelemente, sondern auf die gegenseitige Wirkung geschlossener Ströme bezieht, ist von F. Neumann aufgestellt: Die mathe-

matischen Gesetze der induzierten elektrischen Ströme,
und: Über ein allgemeines Prinzip der mathematischen
Theorie induzierter elektrischer Ströme, Abhandlungen der
Berliner Akademie 1845 und 1847 (Gesammelte Werke,
Bd. 3, Leipzig 1912; vgl. auch seine Vorlesungen über elektrische Ströme, herausgegeben von Von der Mühl, Leipzig
1884). — Die divergierenden Auffassungen von Helmholtz und Bertrand bespricht Poincaré a. a. O. p. 274 ff.

108) S. 240. Hertz zeigte experimentell, daß elektrische Störungen sich im Raume fortpflanzen wie das
Licht, indem sie auch den Brechungsgesetzen unterworfen und folglich als Wellenbewegungen aufzufassen
sind, Wiedemanns Annalen Serie 2, Bd. 34, 1888, und:
Untersuchungen über die Ausbreitung der elektrischen
Kraft, Leipzig 1892. — Die Theorie dieser seitdem
vielfach studierten elektrischen Schwingungen behandelt
Poincaré zusammenfassend in dem Werke: Les oscillations électriques, Paris 1894; vgl. auch die Darstellung
dieser und anderer elektrischer Erscheinungen bei E. Cohn:
Das elektromagnetische Feld, Leipzig 1900, sowie in dem
früher (Anmerkung 90) zitierten Werke von Heaviside.

109) S. 242. Die betr. Versuche (mit einer vergoldeten, elektrisch geladenen, schnell rotierenden Ebonitscheibe) wurden 1875 von Rowland in Berlin ausgeführt und von Helmholtz der Berliner Akademie mitgeteilt, vgl. des letzteren Wissenschaftliche Abhandlungen,
Bd. 1, p. 791, und Poggendorffs Annalen, Bd. 158.
Rowland wiederholte seine Versuche später in Baltimore, vgl. Philosophical Magazine, Serie 5, vol. 27,
p. 445, 1889. Himstedt kam bei Wiederholung der
Versuche zu gleichem Resultate: Über die elektromagnetische Wirkung der elektrischen Konvektion, 27. Bericht
der Oberhessischen Ges. für Natur- und Heilk., 1889,
und Wiedemanns Annalen, Bd. 38. — Die Eigenschaften
der Kathodenstrahlen (d. i. des negativen Glimmlichts),
insbesondere ihre Ablenkung durch den Magneten beobachtete Hittorf, Poggendorffs Annalen, Bd. 136, 1869;
Crookes fügte neue hinzu und erklärte die Erscheinungen
durch die Annahme eines vierten Aggregatzustandes,

nämlich den „der strahlenden Materie": Reports of the Brit. Association 1879; vgl. Bd. 1, S. 112 in den oben am Schlusse von Anmerkung 90 zitierten Werke; Perrin stellte Versuche an, um die negativ elektrische Natur der Kathodenstrahlen direkt nachzuweisen, Comptes rendus, t. 121, p. 1130, 1895. Eine kurze Zusammenstellung der Eigenschaften der Kathodenstrahlen gab G. C. Schmidt: Die Kathodenstrahlen, Braunschweig 1904.

110) S. 243. Die betr. Arbeiten von Lorentz und Wiechert wurden in Anmerkung 78) erwähnt. In betreff der Aberration des Lichtes und die damit zusammenhängenden Fragen sei auf obige Anmerkungen 83) und 84) verwiesen, und für das Zeemannsche Phänomen auf Anmerkung 86), in betreff der Elektronentheorie auf Anmerkung 90). — In dem Werke Po., W. u. M. (S. 181ff.) sind alle diese Theorien vom Verfasser unter etwas anderem Gesichtspunkte besprochen; vgl. auch die dazu gehörigen Anmerkungen 66) bis 74) sowie Pi., W. d. G., S. 124 ff. und Anmerkung 70) bis 75).

111) S. 243. Vgl. Po., W. u. M., S. 200ff.

112) S. 249. Die in diesem letzten Abschnitte kurz beleuchteten Probleme sind in den soeben in Anmerkung 110) genannten Werken eingehender besprochen; in den zugehörigen Anmerkungen ist die wichtigste Literatur angegeben. — Die Aufsätze von Lorentz, Einstein und Minkowski über das Relativitätsprinzip sind neuerdings unter dem Titel „Das Relativitätsprinzip; eine Sammlung von Abhandlungen" vereinigt erschienen (Leipzig 1913). — Die Theorie der Korpuskeln, aus der ich die Elektronentheorie entwickelte, wurde von Schuster begründet: Proceed. of the London Roy. Society, vol. 47, 1890 (vgl. Bd. 2, S. 706 des am Schluß von Anmerkung 90 zitierten Werkes).

Nachtrag zu S. 12 u. S. 50. Das Gesetz des rekurrierenden Verfahrens (Prinzip der vollständigen Induktion) wird von Poincaré in dem Werke „Science et Méthode" (S. 135ff. der Deutschen Ausgabe) eingehender behandelt.

Register.

Aberration des Lichtes 243, 330.
Abraham, Elektronen 246, 334.
Absoluter Ort 77, a. Raum 81, 90 f., 118, 243, 293, a. Zeit 93, 295 ff., a. Bewegung 113.
Addition, Definition 6 ff.
Ähnlichkeits-Transformation 282 f.
Äther 169 ff., 243, 250, 332, Widerstand bei Bewegung der Atome 330 f., der Elektronen 246.
Akkomodation der Augen 55 f.
Allgemeinheit in d. Wahrscheinlichkeitsrechnung 189.
Ampère, Elektrodynamik 224, 345.
Analysis u. Anschauung 31.
Analysis situs 34, 260.
Anding, Koordination u. Zeit 311.
Andrade, Mechanik 92, 109.
Andrews, Aggregatzustände 182, 336.
Anordnung, Gesetze der A. 278.
Anpassung des Verstandes 90.
Anthropomorphismus 109.
Archimedisches Axiom 49, 278, 286.
Arithmetik 6, 251.
Arithmetisierung d. Mathematik 253, 258.
Assoziatives Gesetz 7.
Astronomie u. Geometrie 74 ff., fingierte nicht-galileische A. 95, 301 f., A. u. Physik 98, fingierte Theorien 116 ff.
Atome 327 f., 330, 343.

Axiome, der Geometrie 36, implizite 44 ff., 278, 284, Natur d. A. 49 ff., als Übereinkommen u. Definitionen 51 f., A. der Monodromie 283.

Ball, W. R., Mathematical recreations 338.
Baumann, Raum u. Zeit 288.
Becquerel-Strahlen 334.
Beltrami, Flächen konstanter Krümmung 41, 263, Bild d. Lobatschewskyschen Geometr. 273, 291.
Beobachtungsfehler 187, 209, 341.
Bernoulli, D., Theorie d. Glücksfälle 340, moral. Vorteil 255.
Bertrand, Wahrscheinlichkeitsrechnung 186, 336, mathem. Hoffnung 340, Fehlertheorie 341, Elektrodynamik 235, 345.
Beschleunigung 94, 99 ff., relative 114.
Bewegungen 46, 261, 280, 284 f., bei mehr Dimensionen 48, als Gruppen 283, dargestellt durch Transformationen 293 f., relative u. absolute 113 ff.
Bewegungsraum 57.
Beweis und Verifikation 4, rekurrierender 9.
Bianchi, Flächentheorie 276.
Bilder physikalisch. Beziehungen 162.
Biologie 341.
Bjerknes, Kugeln in einer Flüssigkeit 343.

Register.

Böhm, parab. Metrik 273.
Bogenelement einer Kurve 49, 285.
du Bois Reymond, kontinuierliche Größen 29, gerade Linie 279, Fernkraft 322.
Boltzmann, Energie 313, Gastheorie 321, dynamische Modelle 329, monozyklische Systeme 329, elastische Nachwirkung 332.
Bolyai, nichteuklidische Geometrie 262.
Bonola, nichteukl. Geom. 262.
v. Braunmühl 339.
Brechungsindex f. Lichtbewegung in der nichteuklidischen Welt 68f., 290f.
Brownsche Bewegungen 179, 333.
Brunn, Bertrands Paradoxon in der Wahrscheinlichkeitsrechn. 337.
Bucherer, Elektronen, Stralungen 328, 331, 334.
Busche, Irrationale Zahlen 257.

Cantor, G., Zahlbegriff 254, Punktmengen 257.
Carnotsches Prinzip 166, 178, 328.
Cayley, A., allgemeine Maßbestimmung 263, Entwicklung d. neueren Math. 288.
Chasles, Definition des Winkels 264.
Chemie 180.
Clairaut, relative Bewegung 307.
Clausius, Thermodynamik 131, 319, 336, Carnotsches Prinzip 166, 328, Gastheorie 321.
Clebsch, über Plücker 287, Darlegung seiner Leistungen 287, Elastizität 325.
Clifford, Raumformen 286, Geistesstoff 306, Atome 330.
Cohn, E., Elektromagnetisches Feld 346.
Coppernicus 118, 307.
Coriolis, relative Bewegung 307.
Coulomb, elektrische Fluida 165.

Crookes, Kathodenstrahlen 241, 327, 346.
Curie, Radium 334.

Darboux, unstetige Funktionen 259, Abbildung des nicht eukl. Raumes 265.
Dedekind, irrationale Zahlen 251 ff., in der Geometrie 256, Erläuterungen zu Riemann 262.
Definitionen 45, 140, 261, 279.
Deformationen 68, 249, 332.
Determinismus 134.
Differentialgleichungen, der Bewegungen 94, 300ff., 99, 119, 308, für den Zustand des Universums 134, 170, hypothetischer Fluida 217ff.
Dilatation 85.
Dimensionen der Kontinua 33 ff., des Raumes 55, 86 ff., bestimmt durch Muskelempfindungen 57, 289.
Dirichlet, Arithmetisierung der Math. 253.
Dispersion des Lichtes 163, 326.
Distributives Gesetz 8.
Dreieck, Summe der Winkel 40.
Drude, Theorie d. Dispersion 327.
Dyck, Analysis situs 261.

Ebene, Definition 44.
Ecartéspiel 205.
Einfachheit d. Natur 132, 147 ff., 158, 182, 207, 320, 321.
Einheit der Natur 147, 174, 180, 182.
Einstein, Relativitätsprinz. 347.
Elektrische Ströme, offene und geschlossene 225 ff.
Elektrodynamik 127, 224, 246 ff., 316 ff., 342, 345 f.
Elektromagnetische Lichttheorie 213 ff.
Elektronen 165, 316, 242 ff., 249, 334 f., 327 f., 347.
Element eines Kontinuum 32.
Elementarerscheinung 156 f.

Elster 335.
Empirismus s. Erfahrung.
Energetisches System 124 ff.
Energie 124 ff., 133, 167, 178, 213, 217 f., 313 f.
Entfernung, Definition 282, Abschätzung 55 ff., u. gerade Linie 76, gegenseitige 78.
Entropie 319.
Erdmann, B., Axiome der Geometrie 264, 289.
Erfahrung in d. Geometrie 72 ff., 81, 88, E. der Vorfahren 90.
Euklid, Axiome u. Postulate d. Geometrie 279 f., Definition d. Gleichheit 261, 278, Definition der Geraden 279, Postulat d. recht. Winkel 288.
Eulerscher Satz über Polyëder 260.
Experiment 142 ff., 153.

Faden zur Darstellung v. Kräften 109 ff., 306.
Faradays Experiment 230, 237.
Fechner, Psychophysik 255, Zend-Avesta 306, Kollektivmaßlehre 341.
Fechnersches Gesetz 22, 255.
Fehlertheorie 207 ff., 341.
Feld, magnetisches 238.
Feste Körper 52, u. Geometrie 62 ff., 68, 85.
Festigkeit der Flüssigkeiten 182.
Fick, Hydrodiffusion 325.
Fiedler, W., projektive Koordinaten 274.
Fitzgeradd 249.
Fizeau, Aberration d. Lichtes 171, 331.
Fläche konstanter Krümmung 41, 63, 275 f.
Flächengleichheit 278.
Flächensatz d. Mechanik 120, 308.
Flatland 263.
Fluida, hypothetische 165, 169, 217.

Föppl, Elektrizität 334.
Fortpflanzung d. Lichtes in d. nichteuklid. Welt 68, 290.
Foucault, Pendelversuch 116.
Foucault, Psychophysik 255.
Fourier, Wärmeleitung 324.
de Francesco, nichteuklidische Mechanik 299.
Franz, Erdtemperatur 325.
Fresnel, Lichttheorie 161, 181, 211 ff., 323, 332.
Fricke, automorphe Funktionen 277.
Fundamentalfläche des Raumes 282.

Galilei, Trägheitsprinzip 96, 301.
Gastheorie 149, 163, 179, 187, 321.
Gauß, nichteukl. Geometrie 262, Krümmungsmaß 276, Theorie der Beobachtungsfehler 341, Verknotungen 261.
Geitel 335.
Gelenksystem 168, 329.
Genocchi, Differentialrechnung 251.
Geometrie, nichteuklidische 36 ff., 262 ff., Riemannsche 38, sphärische 39, elliptische, hyperbolische, parabolische 263 f., 282, „vierte" 47, 280 f., von Riemann 48, 285, von Clifford 286, von Hilbert 49, 286, von Minkowski 286, projektivische 273, 278, 286, Gegenstand d. G. 65, G. u. Astronomie 74.
Geometrische Eigenschaften d. Körper 82.
Gerade Linie, Definition 47, 76, 279, erzeugendes Element 287, Bahn d. Lichtstrahls 74.
Geschwindigkeit 94 ff. G. der Entfernungsänderung 80.
Gesichtsraum 54.
Gibbs, Vektor-Analysis 326, Phasen 336.
Glan 326.
Gleichgewicht 315.

Gleichheit in d. Geometrie 28, 46, 261, 278f., bei rechten Winkeln 288, bei Kräften 100ff.
Glockenkurve 208, 341.
Gmeiner, Arithmetik 251.
Goldstein, Kanalstr. 247.
Gordan, Zahlen e und π 338.
Gouy, Brownsche Bewegungen 179, 334.
Graßmann, H., Arithmetik 251, Kongruenz d. Raumes in sich 280, 288, Zahlensysteme 260, 326.
Gravitationsgesetz 150, 308, 311, 317, 322, aus der Hydrodynamik abgeleitet 343.
Größe, mathematische 17ff., meßbare 28, unendlich kleine 29f.
Größensätze, allgemeine, in der Geometrie 278f.
Größer u. kleiner, Definition 278f.
Gruppen v. Bewegungen 66, 89f., 281, 294f., von linearen Transformationen 277, 286.
Gruppenbegriff als allgemeine Erkenntnisform 73.

Hamilton, H'sches Prinzip 125, 314f., 316, 344.
Hamilton, W. R., Quaternionen 326.
Hankel, H., Zahlensysteme 251, Quaternionen 326.
Hattendorf 324.
Heath, nichteuklidische Mechanik 299.
Heaviside, Elektronen, Strahlungen 328, 334, 346, elektromagnetische Grundformeln 342.
Heine, Zahlbegriff 257.
Helmert, Ausgleichungsrechnung 341.
v. Helmholtz, Zählen u. Messen 251, Grundlagen der Geometrie 63f., 283, Bild. d. nichteuklid. Geometrie 273, 291, Axiom d. Monodromie 283, Congruenz des Raumes in sich 280, 288, Erhaltung d. Energie 125, 313, 319, kleinste Wirkung 130, 315, 318, elektrodynamisches Gesetz 231, 234f., 317f., 346, Theor. d Dispersion 163, 326, Monocyklen 329, Wirbel 330, elektr. Polarisationen 334.
Hermite, Zahlen e und π 337, 339.
Hertz, Mechanik 106, 305, Energie 314, Koppelungen u. Modelle 168, 329, Licht u. Elektrizität 335, Elektromagnetismus 342, elektrische Wellen 239, 346, Kathodenstrahlen 242.
Hilbert, D., nicht-archimedische Geom. 49, 278, 286, System von geometrischen Axiomen 284, Grundlagen d. Geometrie 278, 285, Zahlen e und π 338.
Himstedt, elektrische Konvektion 241, 346.
Hirth, G., Plastisches Sehen 289.
Hittorf, Kathodenstrahlen 327, 346.
Hölder, Anschauen u. Denken 287, mech. Prinzipien 305, 315.
van't Hoff, Osmotischer Druck 327.
Homogenität des Raumes 53, 65, 280, der Materie 160.
Hurwitz, Zahlen e und π 338.
Hypothesen d. Physik 142ff., 152.
Hysteresis 178, 333.

Implizite Voraussetzungen 44, 270.
Indifferente Hypothesen 154, 164.
Induktion, unipolare 230, elektrodynamische 234.
Induktion und Verifikation 13f., math. und physik. 17, 160.
Inkommensurable Zahlen 20ff., in der Geometrie 26, 250.
Integration in d. math. Physik 160.
Interpolation 148, 187.
Ionen 180, 319, 326, s. Elektronen.

Isenkrahe, Schwerkraft 322.
Isotropie des Raumes 65, 288.

Jacobi, Dynamik 306.
Joule, Mechanik d. Wärme 319.

Kanalstrahlen 247.
Kant, Axiome als synthetische Urteile 50.
Kapillarität 334.
Kathodenstrahlen 241f., 319, 347.
Kaufmann 246.
Kelvin s. W. Thomson.
Kepler 305, 321.
Killing, nichteuklid. Geometrie 263f., Cliffordsche Raumformen 286, nichteuklidische Mechanik 299.
Kinetische Energie 125, 312.
Kinetische Gastheorie 163, 179, 187, 191, 219, 321, 345.
Kirchhoff, Mechanik 108, 304, 320, Wärme 321.
Klein, F., Funktionsstreifen 256, Arithmetisierung 258, Riemannsche Flächen 259, Analysis situs 260, nichteuklid. Geometrie 263f., automorphe Funktionen 277, projektive Geometrie 274, Helmholtz' Grundlagen d. Geometrie 283f., Cliffordsche Raumformen 286, Vergleichende Betrachtungen 286f., vierdimension. Geometrie 287, Fragen d. Elementargeometrie 338.
Koch, K. R. 334.
Königs, Kinematik 329.
Kollektiverscheinungen 341.
Kommutatives Gesetz 8f,
Kompensation v. Bewegungen 61.
Kongruenz des Raumes in sich 53, 288.
Konstante 121, 134, 310.
Konstruktion, verallgemeinerter Begriffe 15ff., elementare geometrische 279 f.
Kontinuum, mathematisches 18, 23 ff., physikalisches 22, 87, Kontinua verschiedener Ordnung 25, von mehreren Dimensionen 31f., u. Raum 35.
Konvektion, elektrische 226, 240ff., 346.
Korn, Gravitation 322, 343.
Korpuskeln 245, 347, s. Elektronen.
Korrigieren ein. Ortsveränderung 60f., 64, 68.
Kraft 100, dargestellt durch Mechanismen 168.
Kronecker, Zahlbegriff 20, 252f., 255, 257.
Krümmung, konstante ein. Fläche 41f.
Krümmungsmaß 276, konstantes 275f., 288, Bestimmung durch Sternparallaxen 293.
Kurve s. Linie.

Lagrange, virtuelle Geschwindigkeiten 306, Form der dynamischen Differentialgleichungen 219, 344.
Laguerre, Definition des Winkels 264.
Langevin 250.
Laplace 255.
Larmor, Äther und Materie 169, 176ff., 330, 332.
Lebendige Kraft 311f.
Leibniz, Addition 3, unendlich kleine Größen 252, Analysis situs 254, Monaden 297, Quadratur des Kreises 337.
Leitung d. Elektrizität 226.
Leyst, Bodentemperatur 325.
Licht, Fortpflanzung im nichteuklidischen Raum 68, L. u. Elektrizität 175, 211ff., 335, 342.
Lie, Bewegungen bei n Dimensionen 48, Grundlagen d. Geometrie u. Gruppentheorie 278ff.
Liebmann 262.
Lindemann, F., Mathematik im Schulunterrichte 258, 261, 280,

nichteuklidische Geometrie 261, 263, 281 ff., Darstellung von $x + iy$ in der nichteuklid. Grenzfläche 273, Euklids Größensätze 278 f., Übergang v. d. projektivischen zur metrischen Geometrie 281, Liniengeometrie 287, Gleichheit rechter Winkel 288, Bewegungen 281, 293 f., nichteuklidische Mechanik 299, Prinzip d. virt. Geschwind. 315, Spektrallinien 327, Zahl π 337 ff.
Linie als Grenze eines Streifens 26, 256.
Liniengeometrie 287.
Lippmann, absolute und relative Geschwindigkeit 243.
Lipps, G. F., Kollektivgegenstände 341.
Lipps, Th., Psychologische Studien 288.
Listing, Analysis situs 260.
Lobatschewsky, nicht-euklidische Geometrie 37 f., 262, Zeit 296.
Lokalisieren ein. Objektes 59, 289.
Lorentz, Optik u. Elektrodynamik 172, 175, 328, Lichtäther 331, Zeemann-Effekt 243, 331 f., Elektronen 242 ff., 249, 331, Ortszeit 298, Relativität 347.

Mac-Cullagh, Lichttheorie 177, 332.
Mach, Mechanik 293, 296, 301, 304, 305, Ökonomie der Forschung 320, Wärmelehre 319.
Magnetische Kraft 228 ff.
Magnetischer Pol 237.
Magnetische Rotation 230, 237.
Magnetismus 175.
Mariottesches Gesetz 149, 187, 207, 321.
Masse 100, 106, d. Elektronen 246 f.
Massenerscheinungen 341.
Massenmittelpunkt, Bewegung 105.

Materie 169, strahlende 346, Ende d. M. 244 ff.
Mathematische Physik 155 ff.
Mayer, A., Prinzip d. kl. Wirkung 315.
Mayer, R., Mechanik der Wärme 131, 319.
Maxwell, Gastheorie 224, 321, 345, Atome 330, Dispersionstheorie 163, Dämonen 179, 333, elastische Nachwirkung 333, elektromagnetische Lichttheorie 213, Elektrizität u. Magnetismus 318, 342 ff., 239 ff., Phasen 336.
Mechanik, klassische 90 ff., nichteuklidische 92, 299, anthropomorphe 108.
Mechanische Erklärung 177, 217.
Mechanismen 168.
Meyer, O. E., Gastheorie 321.
Michelsohn, Bewegung des Äthers 331.
Mill, Stuart-, Definition u. Axiom 45, Einfachheit 320.
Minkowski, Geometrie der Zahlen 286, Relativitätsprinz. 347.
Möbius 326.
Modelle 329, 343.
Molekulare Hypothesen 212.
Monocyklen 329.
de Montessus, Bertrands Wahrscheinlichkeitsaufgabe 337.
Montucla, Quadratur des Kreises 337.
Morley, Bewegung d. Äthers 331.
Multiplikation, Definition 8.
Münich, Cykliden 276.
Muskelempfindungen 57 ff., 71, 289.

Nernst, theoretische Chemie 319, 332, 336.
Neumann, C., Riemannsche Flächen 259, Gravitationsgesetz 311, 322, absolute Bewegungen 311, Webersches Gesetz 317.

Neumann, F., Elastizität 323, Bodentemperatur 324, Wärmetheorie 328, Lichttheorie 332, elektrodynamisch. Gesetz 345 f.
Newton, Mechanik 90, Zeitbegriff 296, Prinzipia 96, 303 f., absoluter Raum 115 ff., Gravitationsgesetz 308 f., Newtonsches Gesetz 150, 304, 322.
Nichtarchimedische Geometrie 49, 278, 286.
Nichteuklidische Geometrie 36 ff., 67 ff., 262 ff.
Nichteuklidische Welt 66 ff., 85.
Nichtumkehrbare Prozesse 178 ff., 333.
Nutzeffekt der wissenschaftlichen Maschine 146.

Oberflächenspannung 334.
Orientierung, absolute, im Raume 77.
Ort, absoluter, im Raume 77.
Ortsveränderungen 59, 64, 65, nichteuklidische 69, 87, s. Bewegungen.
Osmotischer Druck 163 f., 327.
Ostwald, Energie 313.
Oszillationen, elektr. 239, 346.
d'Ovidio, Entwicklung d. neueren Geometrie 287.

Parallaxe der Sterne 292.
Parallelentheorie 38 ff.
de Paolis, projektive Geometrie 274.
Pasch, Funktionsbegriff 256, neuere Geometrie 278.
Paschen, Zeemann-Effekt 331.
Peano, Arithmetik 250 f.
Pearson, Grammar of science 293, 304, 330, Massenerscheinungen 341, pulsierende Atome 343.
Perpetuum mobile 133.
Perrin, Kathodenstrahlen 242, 347.
Perspektiven von vierdimensionalen Körpern 71, 291.

Phasen nach Gibbs 336.
Phosphoreszenz 180.
Physikalische Chemie 182, 336.
Physikalische Theorien 161 ff.
Picard, Telegraphenleitung 325.
Planck, Energie 313.
Planeten, Bewegung 97, 304, 317, der fingierten Astronomie 95 f., 308 f., wahrscheinliche Verteilung d. kl. Pl. 196, 340.
Plücker, Liniengeometrie 287.
Poincaré, Anwendung d. nichteuklid. Geom. in d. Funktionentheorie 44, 277, 286, Grundlagen d. Geometrie 86, Zeitbegriff 91, 295 f., Webersches Gesetz 318, Gastheorie 321, math. Physik 321, Lichttheorie 323, 342, Telegraphenleitung 325, Elastizität 325, Dispersion d. Lichtes 327, Wirbel 330, Bewegung des Lichtäthers 331, Zeemann-Effekt 332, Larmors Theorie 332, Übergangsschicht 335, Wahrscheinlichkeitsrechnung 336, 340 f., wahrscheinliche Verteilung der Ziffern bei Logarithmen 194, Mathem. Hoffnung 340, Mechanische Erklärungen 221, Theorien von Ampère u. W. Weber 345, Kontroverse zwischen Bertrand u. Helmholtz 346, elektrische Oszillation 345, persönliche Veranlagung 289 f.
Poisson, Erdtemperatur 324.
Poncelet, unendlich ferne Ebene 257.
Postulate, Euklids 37, 279 f., 288, in d. Physik 138.
Potential 312, elektrodynamisches 227, 345.
Potentielle Energie 125, 219, 312.
Poynting, Energieströmung 313.
Pringsheim, A., Zahlbegriff 247, 254, 257, Zahlen e und π 338, Problem von S. Petersburg 340.

Register

Prinzip, d. Trägheit 93ff., 119, 301, d. actio et reactio 102, 114, 171, 304, d. relativen Bewegung 113, 119, 306, d. kleinsten Wirkung 125ff., 178, 312, 314, d. Thermodynamik 131, 166, 178, von Hamilton 125, 316, 344, der Energie 167, 178, 213, 217f., 311f.
Projektivische Geomet. 278, 286.
Projektivische Koordinaten 274.
Prowe, Coppernicus 308.
Punkt 32, 87.
Punktmengen 257.

Quadrate, Methode d. kleinst. Q. 209.
Quadratur des Kreises 192, 337f.
Quaternionen 326.
Querschnitt 32, 259.

Radium 247, 334.
Rationale Brüche 22, 255.
Raum 36ff., von 2 Dimensionen 39, 263, geometrischer 53, von vier Dimensionen 287, in sich kongruent 53, 288, Zahl der Dimensionen 55ff., 71, absoluter 81, 90, drei Dimensionen 86, mehr Dimens. 260, 287, 291f., Relativität 77, 243.
Reflexion des Lichtes 181.
Reguläre Körper v. vier Dimensionen 291.
Rekurrierendes Verfahren 9ff., 50.
Relativität des Raumes 77f., 243, 248, 347, der Bewegung 113, 306, Gesetz der R. 78.
Richtungsgefühl 57.
Riemann, unstetige Funktionen 259, Querschnitt 259, mehrfach ausgedehnte Mannigfaltigkeit 260, Hypothesen der Geometrie 37, 262, 288, Bogenelement als quatratische Form der Differentiale 274f., 285f., Geistesmasse 305, Elektrodynamik 317, Wärmeleitung 324, Atome 330.

Riemannsche Flächen 259, 260f.
Riemannsche Geometrie 37, 48ff., 262ff., 285.
Röntgen-Strahlen 334.
Rotation, absolute eines Planeten 80.
Roulettespiel 202.
Routh, Dynamik 305, 307, 329.
Rowland, elektrische Konvektion 240, 346.
Rudio, Quadratur d. Kreises 338.
Runge, Zeemann-Effekt 331.

Saalschütz, belasteter Stab 325.
de Saint-Venant, gebog. Stab 325.
Scheeffer, irrat. Zahlen 257, kürzeste Linie 262.
Scheffers, Flächentheorie 277.
Schering, nichteukl. Mechan. 299.
Schläfli, Analysis situs 260.
Schlegel, reguläre Körper v. vier Dimensionen 291f.
Schlußweisen, mathematische 1ff., rekurrierende 9ff., 50.
Schmidt, Ad., Bodentemperatur 324f.
Schmidt, G. C., Thorium-Strahlen 334, Kathodenstrahlen 347.
Schmitz-Dumont, Erkenntnistheorie 293.
Schröder, E., Arithmetik u. Algebra 250.
Schubert, Quadratur des Kreises 338.
Schumacher 262.
Schur, Archimed. Axiom 278, Gleichheit von Figuren 279.
Schuster, Korpuskeln 347.
Schwarz, H. A., Kurven ohne Tangente 259.
Schwarzschild, Krümmungsmaß des Raumes 293.
Schwedoff, Festigkeit d. Flüssigkeiten 336.
Schwerpunkt s. Massenmittelpunkt.
Seeliger, Gravitationsgesetz 311, 322.

23*

Selbstinduktion 245 f.
Senkrechte 47 f., 282, 288.
Simon, Elementargeom. 338.
Simony, Verknotungen 261.
Skalar 157, 326.
Sommerfeld, elektromagnetische Erscheinungen 329.
Spiegelungen 295.
Spring, Diffusion d. festen Körper 336.
Stäckel 262.
Stark, Emulsionen 333.
v. Staudt, proj. Geometrie 274.
Stetige Funktionen in der Wahrscheinlichkeitsrechnung 194 ff.
Stolz, Arithmetik 251 f., Archimedisches Axiom 278.
Strahlungserscheinungen 180, 242, 245, 247, 334 f.
Stumpf, Raumvorstellung 289.
Superposition kleiner Bewegungen 150, 322.
Systematische Fehler 208.

Tait, theoret. Phys. 304, Quaternionen 326.
Tangente 31.
Tannery, Introduction à la théorie des fonctions 18, 254 f., Arithmetik 251.
Tastraum 57, 289 f.
Tastsinn 61, 69.
Temperaturveränderungen, benutzt bei Vorstellung der nichteuklidischen Welt 67.
Temperaturverteilung 156.
Thermodynamik 124 ff., 131, 166, 178, 321, 328.
Thomae, J., Zahlbegriff 254, Verknotungen 261.
Thomson, J. J., Elektronen und Strahlungen 327 f., 331 f., Wirbelringe 328, Physik u. Chemie 332 f., Ignorierte Massen 345.
Thomson, W. (Lord Kelvin), theoret. Physik 303, potentielle Energie 312, nicht umkehrbare Prozesse 319, Erdtemperatur 324, Dispersion des Lichts 327, Modell des Äthers 329, Dämonen 334, Atommodell 318, 327, Wirbelatome 169, 321, 330.
Thorium-Strahlen 334.
de Tilly, philosophie des sciences 296, nichteuklidische Mechanik 299, Prinzipien der Mechanik 304, 311.
Tisscrand, Planetenbewegung 317.
Toulouse, Dr., über Poincaré 290.
Trägheit, Prinzip d. T. 93 ff., 117, 301, 334 f.; elektrodyn. T. 246.

Übergangsschicht in der Lichttheorie 181, 335.
Übereinkommen, zur Messung von Strecken 28, in Geometrie u. Mechanik 51, 92, 112, in d. Physik 138, in d. Wahrscheinlichkeitsrechnung 185 ff., 205, 211, 337, 342.
Übersetzung s. Wörterbuch.
Ultraparallel 265.
Umkehrbare Erscheinungen 130, 179.
Unbegrenzt u. unendlich 40, 265.
Unendlich ferne Punkte 264 f., 282, 294.
Unendl. kleine Größen 29 ff., 259.
Unipolare Induktion 230.
Unsichtbare Moleküle 98 f.
Untergruppe ein. Gruppe 89, 294.
Unterrichtsfragen 6, 258, 280.
Uranium-Strahlen 334.

Variation der Arten 341.
Vektor 154, 322 f., 326.
Verallgemeinerung 14 ff., 142 ff.
Veranschaulichung d. nichteukl. Geometrie 42 f., 67 ff., 265 ff.
Verborgene Bewegungen 318.
Verifikation u. Beweis 4, wiederholte 12, u. Induktion 13.
Verknotungen 261.
Veronese, Grundzüge d. Geometrie 260, 278, Archimed. Axiom 49, 278.

Register

Verschiebungsströme 239.
Vierdimension. Geometrie 71, 287.
Vierdimensionale Welt 73.
Virtuelle Geschwindigkeiten 315.
Voigt, W., Lichttheorie 331, 335, Zeemann-Effekt 332, theor. Physik 336.
Volkmann, theor. Physik 304, Grundbegriffe der Mech. 304, 305, Erkenntnistheorie 322, Erdthermometer 325, F. Neumann 328, Lichttheor. 332, 335.
Voraussage v. Erscheinungen 145.
Vorfahren, deren Erfahrung 90.
Vorstellungsraum 53ff., 58.
Voß, A., Mechanische Prinzipien 296, 305, 306, 313.

Wärmeleitung 156, 323 f.
Wahrscheinlichkeit, Definition 184, Notwendigkeit einer Vereinbarung 185, 337, 342, subjektive und objektive 188, Grade der Allgemeinheit 189 f., W. d. Ursachen u. d. Wirkungen 191, 204, 207, W. in d. Mathematik 192ff., in d. Physik 196ff., beim Spiele 202ff., W. a posteriori und a priori 204.
Wahrscheinlichkeitsrechn. 183ff., angewandt in der Biologie 341.
van der Wals, Zustandsgleichung 321, 335.
Warburg, Hysteresis 333, Strahlungserscheinungen 335.
Weber, H., Elementarmathematik 338.
Weber, H., E., psychophys. Gesetz 255.
Weber, H. F., Hydrodiffusion 325.
Weber, W., Parallelogramm d. Kräfte 306, elektrodyn. Grundgesetz 127, 316f., 345.
Weierstraß, Zahlbegriff 253f., nicht differenzierbare Funktionen 259, Zahlen e und π 337ff.

Weismann, Vererbung 306.
Wellenbewegungen 211ff.
Wesentliche Konstante 121.
Widersprüche, frei von —n 19, 28, 246.
Wiechert, Elektrodynamik 328, Äther und Materie 169, 330, elastische Nachwirkung 333.
Wien, W., Beweg. d. Äthers 331.
Wimmelbewegungen 333.
Winkel, Definition 264, 281 f.
Wirbel, in d. Optik u. Hydrodynamik 154, 323.
Wirkung u. Gegenwirkung 102, 114, 171, 304.
Wörterbuch zur Übersetzung d. Sätze der gewöhnlichen Geometrie in solche d. nichteukl. Geometrie 44, 265—273, der letztern in solche der projektivischen Geometrie 273, 278.
Wundt, physiolog. Psychologie 255, Logik 288.

Zähigkeit der Flüssigkeiten 178.
Zahl, gebrochene 22, inkommensurable 20ff., 250ff.
Zahlbegriff 20ff., 252ff., 257.
Zeemannsches Phänomen 176, 243, 331 f.
Zeit, absolute 91, 295ff., 298.
Zentrifugalkräfte 117, 306 f.
Zöllner, Planetenbewegung 317.
Zufällige Fehler 208.
Zufällige Konstante 121, 308 f., 321.
Zusammensetzung von Kräften 112.
Zustand der Körper 77, 80 f., des Universums 134, eines Systems 135, 190.
Zustandsgleichung von van der Wals 321, 335 f.
Zustandsveränderungen 59ff., 316, 182.
Zwischenmedium 238.

Von **Henri Poincaré** erschienen im gleichen Verlage:
Der Wert der Wissenschaft. Mit Genehmigung des Verfassers ins Deutsche übertragen von E. Weber. Mit Anmerkungen und Zusätzen von H. Weber, Professor in Straßburg i. E., und einem Bildnis des Verfassers. 2. Aufl. 8. 1910. In Leinw. geb. M. 3.60.

Der berühmte Verfasser gibt einen Überblick über den heutigen Standpunkt der Wissenschaft und über ihre allmähliche Entwicklung, wie sie sowohl bis jetzt vor sich gegangen ist, als wie er sich ihre zukünftigen Fortschritte denkt, der besonders geeignet ist, dem nicht wissenschaftlich vorgebildeten Leser einen klaren Begriff von dem zu geben, was der Zweck der Wissenschaft, das Ziel aller Bemühungen der Gelehrten ist, und einen Einblick in die Mittel, mit denen sie zu Werke gehen, und die Schwierigkeiten, gegen die sie zu kämpfen haben. Er beweist, daß die Wissenschaft nie vergeblich ist, und daß die darauf verwendete Zeit und Mühe auch dann noch nicht als verloren zu betrachten sind, wenn spätere Generationen die Theorien der Vorfahren als irrtümlich und unzutreffend ansehen. Er zeigt, daß ein Mißerfolg den Gelehrten nie entmutigen und abschrecken darf, daß er im Gegenteil stets von neuem seine Kraft einsetzen muß, auch ohne praktischen Nutzen zu sehen, ja daß gerade der schönste Zweck der Wissenschaft nur der ist, die Wissenschaft zu bereichern.

Wissenschaft und Methode. Autor. deutsche Ausg. mit erläut. Anmerk. von F. u. L. Lindemann. 8. 1914. In Leinw. geb. M. 5.—

Die Methode der mathematischen und naturwissenschaftlichen Forschung wird in vorliegendem Werke einer kritischen Besprechung unterzogen. Der erfolgreiche Forscher muß es vor allen Dingen verstehen, aus der Fülle der Tatsachen diejenigen auszuwählen, welche geeignet sind, theoretische Kenntnisse zu vermitteln. Auch die Zukunft der Mathematik hängt von der richtigen Auswahl unter der Menge von Problemen ab; ihre Hauptaufgabe ist, nach Poincaré, für die Nachbargebiete der Philosophie und der Physik den Boden zu bereiten und die Ökonomie des Denkens zu fördern. Insbesondere führt uns Poincaré den Mathematiker bei seiner Arbeit vor, wie er oft erst nach vielen unnützen Kombinationen den richtigen Weg findet und wie die Befriedigung des ästhetischen Gefühls an der Lösung sich deckt mit den Forderungen des abstrakten Denkens. Die in neuester Zeit so vielfach gepflegten Beziehungen zwischen Logik und Mathematik kommen besonders ausführlich zur Darstellung. Wie man weiß, stand Poincaré diesen Theorien sehr skeptisch gegenüber. Wenn er auch mit hoher Anerkennung von dem Scharfsinn der beteiligten Forscher spricht und die Tiefe der aufgeworfenen Fragen nicht verkennt, so erhebt er doch warnend seine Stimme gegen einzelne Richtungen, die ihm unfruchtbar erscheinen und die er als schädlich verwirft. Daß diese Gedanken über diese wichtigen und aktuellen Fragen, die er schon in verschiedenen Abhandlungen behandelt hatte, hier im Zusammenhange zur Darstellung kommen, wird dem Leser besonders wertvoll sein. Die Schlußkapitel sind der physikalischen Forschung gewidmet, dem Einflusse der Entdeckung des Radiums und der Elektronentheorie auf unsere Vorstellungen in Mechanik und Optik, der neueren Theorie des Milchstraßensystems und den neueren Arbeiten der französischen Geodäten.

Sechs Vorträge über ausgewählte Gegenstände aus der reinen Mathematik und mathematischen Physik. Mit 6 Fig. gr. 8. 1910. Geh. M. 1.80, in Leinw. geb. M. 2.40.

Inhalt: 1. Über die Fredholmschen Gleichungen. 2. Anwendung der Theorie der Integralgleichungen auf die Flutbewegung des Meeres. 3. Anwendung der Integralgleichungen auf Hertzsche Wellen. 4. Über die Reduktion der Abelschen Integrale und die Theorie der Fuchsschen Funktionen. 5. Über transfinite Zahlen. 6. La mécanique nouvelle.

Die neue Mechanik. 2. Aufl. 1913. Geh. M. —.60.

Ein 1911 in der Berliner Mathematischen Gesellschaft gehaltener Vortrag.

Verlag von B.G. Teubner in Leipzig und Berlin

DIE KULTUR DER GEGENWART
IHRE ENTWICKLUNG UND IHRE ZIELE
HERAUSGEGEBEN VON PROFESSOR PAUL HINNEBERG

Teil III, Abteilung I:

Die mathematischen Wissenschaften

Unter Leitung von F. Klein

Daß es seine ganz besonderen Schwierigkeiten hat, im Rahmen der „Kultur der Gegenwart" die Mathematik in sachgemäßer Weise zur Geltung zu bringen, leuchtet von vornherein ein. Das folgende kurze Inhaltsverzeichnis läßt erkennen, wie man versucht, dieser Schwierigkeiten Herr zu werden. Nr. 1 gibt eine erste Orientierung über das Wesen der mathematischen Wissenschaft, die als solche jedem Gebildeten verständlich sein will. Sodann werden in Nr. 2 und Nr. 6 Fragen herausgegriffen, die zwar nicht ohne tiefer gehende Fachkenntnisse voll erfaßt werden können, aber doch sozusagen an das natürliche Interesse auch des Nichtmathematikers anknüpfen. Bleibt für Nr. 3, 4, 5, die schwierige Aufgabe, von dem besonderen Inhalt der mathematischen Wissenschaft, ohne irgend in Einzelheiten einzugehen, eine allgemeine Übersicht zu geben. Eine systematische Darstellung schien hier von vornherein unmöglich, der Gegenstand soll vielmehr dem allgemeinen Denken dadurch näher gebracht werden, daß die großen Züge der historischen Entwickelung herausgearbeitet werden.

Für die Durchführung des hiermit charakterisierten Planes ist in besonderem Grade — mehr, als bei anderen Bänden der „Kultur der Gegenwart" — eine gewisse Einheitlichkeit der Darlegungen wünschenswert. Es mußte also nach der Möglichkeit gesucht werden, daß der eine Autor auf dem anderen aufbauen kann. Die Verlagsbuchhandlung hat zu diesem Zwecke ausnahmsweise einer Ausgabe des Bandes in einzelnen Lieferungen zugestimmt.

1. **Die Beziehungen der Mathematik zur Kultur der Gegenwart.** Von A. Voß. (Nr. 1 und 2 erschien als 2. Lieferung.) [VI u. 161 S.] Lex.-8. 1914. Geh. M. 6.—
2. **Die Verbreitung mathematischen Wissens und mathematischer Auffassung.** Von H. E. Timerding. (Nr. 1 und 2 erschien als 2. Lieferung.) [VI u. 161 S.] Lex.-8. 1914. Geh. M. 6.—
3. **Die Mathematik im Altertum und im Mittelalter.** Von H. G. Zeuthen. (Ist als 1. Lieferung erschienen.) [IV u. 95 S.] Lex.-8. 1912. Geh. M. 3.—
4. **Die Mathematik im 16., 17. und 18. Jahrhundert.** V. P. Stäckel.
5. **Die Mathematik der Neuzeit.** Von N. N.
6. **Über die mathematische Erkenntnis.** Von A. Voß. (Erschien als 3. Lieferung.) [VI u. 181 S.] Lex.-8. 1914.

Verlag von B. G. Teubner in Leipzig und Berlin

DIE KULTUR DER GEGENWART
IHRE ENTWICKLUNG UND IHRE ZIELE
HERAUSGEGEBEN VON PROFESSOR PAUL HINNEBERG

Die allgemeinen Grundlagen der Kultur der Gegenwart
Teil I, Abt. I. 2. Auflage. Geh. M. 18,—, in Leinwand geb. M. 20.—

INHALT: Das Wesen der Kultur: W. Lexis. Das moderne Bildungswesen: Fr. Paulsen. — Die wichtigsten Bildungsmittel. A. Schulen und Hochschulen. Das Volksschulwesen: G. Schöppa. Das höhere Knabenschulwesen: A. Matthias. Das höhere Mädchenschulwesen: H. Gaudig. Das Fach- und Fortbildungsschulwesen: G. Kerschensteiner Die geisteswissenschaftliche Hochschulausbildung: Fr. Paulsen. Die naturwissenschaftliche Hochschulausbildung: W. v. Dyck. B. Museen. Kunst- und Kunstgewerbemuseen: L. Pallat. Naturwissenschaftlich-technische Museen: K. Kraepelin, C. Ausstellungen. Kunst- und Kunstgewerbeausstellungen: J. Lessing. Naturwissenschaftlich-technische Ausstellungen: N. O. Witt. D. Die Musik: Dr. G. Göhler. E. Das Theater: P. Schlenther. F. Das Zeitungswesen: K. Bücher. G. Das Buch: R. Pietschmann. H. Die Bibliotheken: F. Milkau. Die Organisation der Wissenschaft: H. Diels.

Allgem. Geschichte der Philosophie
Teil I, Abt. V: 2., verb. Aufl. Geh. M. 14.—, in Leinwand geb. M. 16.—

INHALT: Einleitung. Die Anfänge der Philosophie und die Philosophie der primitiven Völker: W. Wundt. A. Die orientalische (ostasiatische) Philosophie. I. Die indische Philosophie: H. Oldenberg. II. Die chinesische Philosophie: W. Grube. III. Die japanische Philosophie: T. Inouye. B. Die europäische Philosophie (und die islam.-jüd. Philosophie des Mittelalters). I. Die europäische Philosophie des Altertums: H. v. Arnim. II. Die patristische Philosophie: Cl. Baeumker. III. Die islamische und die jüdische Philosophie: I. Goldziher. IV. Die christliche Philosophie d. Mittelalters: Cl. Baeumker. V. Die neuere Philosophie: W. Windelband.

„Man wird nicht leicht ein Buch finden, das wie die ‚Allgemeine Geschichte der Philosophie' von einem gleich hohen überblickenden und umfassenden Standpunkt aus mit gleicher Klarheit und Tiefe und dabei in fesselnder, nirgendwo ermüdender Darstellung eine Geschichte der Philosophie von ihren Anfängen bei den primitiven Völkern bis in die Gegenwart gibt." (Zeitschrift für lateinlose höhere Schulen.)

Systematische Philosophie
Teil I, Abt. VI: 2., durchges. Aufl. Geh. M. 10.—, in Leinw. geb. M. 12.—

INHALT: Das Wesen der Philosophie: W. Dilthey. Die einzelnen Teilgebiete. I. Logik und Erkenntnistheorie: A. Riehl. II. Metaphysik: W. Wundt. III. Naturphilosophie: W. Ostwald. IV. Psychologie: H. Ebbinghaus. V. Philosophie der Geschichte: R. Eucken. VI. Ethik: Fr. Paulsen. VII. Pädagogik: W. Münch. VIII. Ästhetik: Th. Lipps. — Die Zukunftsaufgaben der Philosophie: Fr. Paulsen.

„Wenn wir die einzelnen Abhandlungen so nehmen, wie sie vorliegen, so müssen wir die wahre Meisterschaft voll und ganz anerkennen, die sich in ihrer Abfassung kundgibt. Die Art der Durchführung, die Behandlung des Gegenstandes, die Hervorhebung des Wichtigen und Wesentlichen, die Nüchternheit und Reife des Urteils, das Fernhalten alles Schulmäßigen, die Klarheit und Sorgfalt des sprachlichen Ausdrucks: dies alles drückt den einzelnen Abhandlungen den Stempel des Klassizismus auf." (Jahrbuch der Phil.)

Zur näheren Orientierung über das Gesamtwerk stehen auf Wunsch SONDER-PROSPEKTE sowie ein PROBEHEFT gratis zur Verfügung.

Verlag von B. G. Teubner in Leipzig und Berlin

Über das Wesen der Mathematik. Von Dr. A. Voß,
Professor in München. gr. 8. 2. Aufl. 1913. Steif geh. M. 4.—

„...Der Haupttext gibt in geistvoller, auch dem Nichtfachmathematiker leicht verständlicher und doch recht wissenschaftlicher Art eine kurze Schilderung der Entwicklung der Mathematik und darauf einen recht vollständigen Überblick über alle ihre logisch und philosophisch bedeutsamen Begriffe und Probleme. In sehr wertvollen Anmerkungen findet man nähere Erläuterungen und Auseinandersetzungen mit der zeitgenössischen wissenschaftlichen Literatur.... Die Lektüre der kleinen Schrift kann daher nur aufs wärmste empfohlen werden." (Physikal. Zeitschr.)

„Den größten Genuß wird die Schrift den Mathematikern selbst bereiten, insbesondere durch den neben der eigentlichen Rede einhergehenden, ihr an Umfang fast gleichen kritischen Apparat, in welchem der Autor zu vielen strittigen Fragen, vornehmlich zu solchen, die dem Grenzgebiete der Mathematik und Philosophie angehören, Stellung nimmt. Dadurch erhebt sich die kleine Publikation über den Rahmen einer bloßen Gelegenheitsschrift und erlangt bleibenden Wert."
(Neue Freie Presse.)

Mathematische Unterhaltungen und Spiele. Von
Dr. W. Ahrens. 2. Auflage. 2 Bände. I. Bd. Mit 200 Figuren. gr. 8. 1910. In Leinwand geb. M. 7.50. II. Bd. in Vorbereitung. Kleine Ausgabe: Mathematische Spiele. 170. Bändchen der Sammlung „Aus Natur und Geisteswelt". Mit 69 Figuren. 2. Aufl. 8. 1911. Geh. M. 1.—, in Leinwand geb. M. 1.25.

„... Der Verfasser wollte sowohl den Fachmann, den der theoretische Kern des Spieles interessiert, als den mathematisch gebildeten Laien befriedigen, dem es sich um ein anregendes Gedankenspiel handelt; und er hat den richtigen Weg gefunden, beides zu erreichen. Dem wissenschaftlichen Interesse wird er gerecht, indem er durch die sorgfältig zusammengetragene Literatur und durch Einschaltungen mathematischen Inhalts die Beziehungen zur Wissenschaft herstellt; dem Nichtmathematiker kommt er durch die trefflichen Erläuterungen entgegen, die er der Lösung der verschiedenen Spiele zuteil werden läßt, und die er, wo nur irgend nötig, durch Schemata, Figuren und dergleichen unterstützt."
(Professor Czuber in der Zeitschrift für das Realschulwesen.)

Scherz und Ernst in der Mathematik. Geflügelte u. ungeflügelte Worte. Von Dr. W. Ahrens. gr. 8. 1904. In Leinw. geb. M. 8.—

„Ein ‚Büchmann' für das Spezialgebiet der mathematischen Literatur.... Manch ein kurzes treffende Wort verbreitet Licht über das Streben der in der mathematischen Wissenschaft führenden Geister. Hierdurch aber wird das sorgfältig bearbeitete Ahrenssche Werk eine zuverlässige Quelle nicht allein in der Unterhaltung, sondern auch der Belehrung über Wesen, Zweck, Aufgabe und Geschichte der Mathematik." (J. Norrenberg in der Monatsschrift für höhere Schulen.)

Die Grundsätze und das Wesen des Unendlichen in der Mathematik und Philosophie. Von Dr. Kurt
Geißler in Luzern. gr. 8. 1902. Geh. M. 14.—, in Halbfr. geb. M. 16.—

Das Problem des Unendlichen hat wohl noch niemals eine so gründliche und sorgfältige Bearbeitung gefunden wie hier. Mit lehrbuchartiger Ausführlichkeit diskutiert der Verfasser die mannigfachen Gelegenheiten, die in der Mathematik zur Anwendung der Kategorie des Unendlichen veranlassen. Er sucht die dabei auftretenden Schwierigkeiten hauptsächlich durch Einführung eines eigentümlichen Begriffs, der „Weitenbehaftung", zu überwinden. Inwiefern damit den Ansprüchen der Mathematiker genügt wird, kann hier nicht im einzelnen geprüft werden. Die auf philosophische Fragen (z. B. Gott und Unsterblichkeit) bezüglichen Konsequenzen sind interessant.

Verlag von B. G. Teubner in Leipzig und Berlin

Entwurf einer verallgemeinerten Relativitätstheorie und einer Theorie der Gravitation.
I. Physikalischer Teil von Prof. Dr. A. Einstein. II. Mathematischer Teil von Professor Dr. M. Großmann. gr. 8. 1913. Geh. M. 1.20.

Das Relativitätsprinzip.
Eine Einführung in die Theorie von A. Brill. Mit 6 Figuren. gr. 8. 1912. Geh. M. 1.20. [2. Aufl. u. d. Pr.]

Das Relativitätsprinzip.
Eine Sammlung von Abhandlungen. Von Professor Dr. H. A. Lorentz, Professor Dr. A. Einstein und weil. Professor Dr. H. Minkowski. Mit Erläuterungen von A. Sommerfeld. gr. 8. 1913. Geh. M. 3.—, geb. M. 3.60.

Die philosophischen Grundlagen der Wissenschaften.
Vorlesungen, gehalten an der Universität Berlin von Professor Dr. B. Weinstein. 8. 1906. In Leinwand geb. M. 9.—

Das Buch enthält eine Auseinandersetzung über die Grundlagen der Wissenschaften, insbesondere der Naturwissenschaften. Der Ableitung eines Systems der Grundlagen geht die Untersuchung über ihren Inhalt voraus und folgt eine Darlegung der psychischen Tätigkeiten, welche für die Ermittelung der Grundlagen maßgebend sind. Bei der Auseinandersetzung der Beziehungen unserer Wahrnehmungen zur Außen- und Innenwelt kommen insbesondere physiologische und psychologische Verhältnisse zur Sprache. Hierauf werden die Hauptgrundlagen vom Standpunkte der Erfahrung und der Metaphysik einer genaueren Zergliederung und Untersuchung unterzogen: der Begriff der Zeitlichkeit, Räumlichkeit, Substanzialität und Ursächlichkeit sowie das Wesen von Zeit, Raum, Substanz und Ursache. Den Schluß bildet die Behandlung derjenigen Grundlagen, die der Welterhaltung und Weltentwicklung dienen, sowie der Grundlagen, aus denen Erklärungen der Natur- und Lebenserscheinungen fließen.

Wesen und Wert des naturwissenschaftlichen Unterrichts.
Neue Untersuchungen einer alten Frage. Von Georg Kerschensteiner. [X u. 141 S.] gr. 8. 1914. Geh. M. 3.—, in Leinwand geb. M. 3.60.

Die Untersuchung erstreckt sich zunächst darauf, ob und wie das logische Denkverfahren durch Beschäftigung mit Naturwissenschaften gefördert werden kann. An Übersetzungsbeispielen aus den Klassikern wird der Prozeß des logischen Denkverfahrens studiert; in Beispielen und Gegenbeispielen aus der Physik, Chemie und Biologie werden die gleichen Prozesse nachgewiesen. Die Untersuchung über die Begriffe „wahrnehmen" und „beobachten" führt sodann zu dem Ergebnis, daß „beobachten" nur ein spezieller Fall eines voll tändig entwickelten Denkverfahrens ist. Indem die Untersuchung dann weiterhin darlegt, daß und wie die rechte Beschäftigung mit den Naturwissenschaften die Seele mit dem Geist der Gesetzmäßigkeit und dem Bedürfnis nach eindeutige Formulierung der Begriffe erfüllt, leitet sie naturgemäß zur Untersuchung über den Wert des naturwissenchaftlichen Unterrichts für die Entwicklung moralischer Eigenschaften über, die nun im einzelnen studiert werden. Dabei stellt sich aber auch klar heraus, daß der naturwissenschaftliche Unterricht notwendig der Ergänzung durch den sprachlich-historischen Unterricht bedarf, weil er zwar zu der Welt des Müssens, niemals aber zu der Welt des Sollens führen kann. Den Schluß der Untersuchung bilden Vorschläge für die Organisation der realistischen Schulen, die ermöglichen sollen, daß die Erziehungswerte des naturwissenschaftlichen Unterrichtes voll zur Geltung kommen.

Neuere philosophische Werke
aus dem Verlag von B. G. Teubner in Leipzig und Berlin

Einleitung in die Philosophie. Von Prof. Dr. H. Cornelius.
2. Aufl. [XV u. 376 S.] gr. 8. 1911. Geh. M. 5.20, in Leinw. geb. M. 6.—

„Von der großen Zahl der üblichen Darstellungen dieser Art unterscheidet sich das vorliegende Werk ganz beträchtlich; es gibt weder eine Sammlung von Sophismen noch eine populäre Darstellung der wichtigsten bisherigen philosophischen Lösungsversuche, sondern ist durchaus bestrebt, den Leser auf streng wissenschaftliche Weise in das weite Gebiet der Philosophie einzuführen, indem es ihm von einer höheren Warte aus das ganze Feld der dahin zielenden Bestrebungen in kritischer Art zu überblicken gestattet und ihm zugleich mit sicherer Hand den Weg nach dem Wahren weist...." (Zeitschrift für das Realschulwesen.)

Zur Einführung in die Philosophie der Gegenwart.
Acht Vorträge v. Geheimrat Prof. Dr. Alois Riehl. 4., durchgesehene u. verbess. Aufl. [VII u. 252 S.] gr. 8. 1913. Geh. M. 3.—, geb. M. 3.60.

„...Von den üblichen Einleitungen in die Philosophie unterscheidet sich Riehls Buch nicht nur durch die Form der freien Rede, sondern auch durch seine ganze methodische Auffassung und Anlage, die wir nur als eine höchst glückliche bezeichnen können. Nichts von eigenem System, nichts von langatmigen logischen, psychologischen oder gelehrten historischen Entwickelungen, sondern eine lebendig anregende und doch nicht oberflächliche, vielmehr in das Zentrum der Philosophie führende Betrachtungsweise... Wir möchten somit das philosophische Interesse mit Nachdruck auf Riehls Schrift hinweisen. Wir wüßten außer F. A. Langes Geschichte des Materialismus — vor dem es die Kürze voraus hat — kaum ein anderes Buch, das so geeignet ist, philosophieren zu lehren." (Monatsschrift für höhere Schulen.)

Weltanschauung und modernes Bildungsideal.
Untersuchungen zur Begründung der Unterrichtslehre von Prof. Dr. G. F. Lipps. [X u. 230 S.] gr. 8. 1911. Geh. M. 4.—, in Leinw. geb. M. 5.—

Die Gestaltung des Bildungswesens darf sich nicht auf das Herkommen und nicht auf zufällige Erfahrungen stützen, sondern muß sich vielmehr im Einklang mit dem für unsere Zeit maßgebenden Bildungsideale vollziehen. Demgemäß wird hier das Bildungsideal in seiner Abhängigkeit von der Weltanschauung klargelegt. Der Zwiespalt zwischen der aufklärerischen und idealistischen Betrachtungsweise, der sich in unseren Tagen bei der Auffassung des geistigen Lebens geltend macht, war der Anlaß, die antike und die christlich-mittelalterliche Weltanschauung und das mit ihr zusammenhängende antike und christlich-mittelalterliche Bildungsideal klarzulegen, um so die Grundlage zur Bestimmung der modernen Weltanschauung und des aus ihr hervorgehenden Bildungsideals zu gewinnen.

Himmelsbild und Weltanschauung im Wandel der Zeiten.
Von Professor Troels-Lund. Übersetzt von Dr. L. Bloch. 4. Auflage. [V u. 274 S.] gr. 8. 1913. Geb. M. 5.—

„...Es ist eine wahre Lust, diesem kundigen und geistreichen Führer auf dem langen, aber nie ermüdenden Wege zu folgen, den er durch Asien, Afrika und Europa, durch Altertum und Mittelalter bis herab in die Neuzeit führt... Es ist ein Werk aus einem Guß, in großen Zügen und ohne alle Kleinlichkeit geschrieben... Wir möchten dem schönen, inhaltreichen und anregenden Buche einen recht großen Leserkreis nicht nur unter den zünftigen Gelehrten, sondern auch unter den gebildeten Laien wünschen. Es ist nicht nur eine geschichtliche, d. h. der Vergangenheit angehörige Frage, die darin erörtert wird, sondern auch eine solche, die jedem Denkenden auf den Fingern brennt. Und nicht immer wird über solche Dinge so kundig und so frei, so leidenschaftslos und doch mit solcher Wärme gesprochen und geschrieben, wie es hier geschieht...." (W. Nestle i. d. Neuen Jahrbüch. f. d. klass. Altertum.)

Verlag von B. G. Teubner in Leipzig und Berlin

Hauptfragen der modernen Kultur. Von Dr. Emil
Hammacher, Privatdozent an der Universität Bonn. Lex.-8.
Geh. ca. M. 10.—, geb. ca. M. 12.—

Das Buch macht im Unterschied zu allen Sammelwerken den Versuch, die gesamte Kultur der Gegenwart aus einheitlichen Gesichtspunkten zu erklären und zu würdigen. Der Verfasser gibt zuerst eine historische Einleitung in die moderne Kultur, die von einer Analyse des Mittelalters ausgeht und die Kulturprobleme der Gegenwart aus der Unzulänglichkeit der Aufklärungsideale des achtzehnten Jahrhunderts erklärt. Diese Untersuchung und die folgende werden allgemeingültig begründet durch eine systematische Einleitung, die mittels eingehender erkenntnistheoretischer und metaphysischer Erörterungen Wertmaßstäbe zur Beurteilung der Kultur überhaupt gewinnt und einen an Hegel orientierten objektiven Idealismus ableitet. Im Hauptteil, der Kritik der modernen Kultur, zeigt der Verfasser, daß das Wesen der modernen Welt als Werden zur Mystik verstanden werden muß, daß aber zu ihrem wirksamsten Faktor, aus der gleichen Steigerung der Bewußtheit entstanden, der Wille wurde, in Wissenschaft und Leben die empirische Welt zu erobern. Diese rationalistische Lebensform (Kapitalismus und realistische Bildung) führt wegen ihrer notwendigen Unvollendbarkeit außerordentliche Wirkungen herbei; ihre wichtigsten sind: Vorherrschaft der Spezialinteressen und des Sonderinteresses, die Gefahr einer allgemeinen Ermattung, gleichzeitige Steigerung des Nationalismus und Internationalismus, der Homogeneität und Differenzierung; als Endergebnis entspringt aus der anarchischen Entwicklung der Extreme in Kampf zwischen Masse und Individuum auf Tod und Leben. Die Gegentendenzen, die den Rationalismus abwehren, gelangen nicht zum Ziele, weil sie, wie am ausführlichsten begrü det wird, jedenfalls die Folgen aus den sacılichen Spannungen des modernen Kulturlebens nicht zu überwinden vermögen. Da mithin im allgemeinen Kulturkreis entweder die Reaktion siegt oder die Verflachun ͅ, d. h. die Verdrängung des metaphysischen Lebens zugunsten des sozialen, dem infolge seiner unaufhebbaren Antagonismus nur der Nützlichkeitshader bleibt, so müssen wir über die Zukunft unserer Kultur pessimistisch urteilen. Der Verfasser führt dies mit einem außerordentlichen Reichtum an Detail für alle Kulturgebiete durch und erört rt auf solche Weise nach allen theoretischen und praktischen Möglichkeiten die soziale, rechtlich-politische, sexuelle, religiöse, künstlerische Frage, sowie die Frauenfrage. Sein Schlußgedanke ist, daß die moderne Kultur nur ein Sonderfall des Lebens überhaupt ist: dieselben Bedingungen, die zur Reife führen, bereiten das Ende vor.

Hauptprobleme der Ethik. Neun Vorträge von Professor
Dr. Paul Hensel. 2., bedeutend vermehrte Auflage. Geh. M. 1.80,
in Leinwand geb. M. 2.40.

Gegenüber dem modernen Utilitarismus und Evolutionismus entwickelt der Verfasser die Grundgedanken einer Gesinnungsethik, die in dem pflichtgemäßen Handeln einen sicheren Maßstab der Beurteilung bietet. Das ethische Handeln wird mit als die eigenste Angelegenheit der Persönlichkeit dargestellt, doch wird dadurch nicht die moderne Lehre vom unbeschränkten Recht des Individuums bestätigt, sondern mit aller Schärfe auf die Zwangsnormen in Recht und Sitte hingewiesen, die die Gesellschaft gegen die Verletzer dieser Satzung in Anwendung bringen kann und muß. In der Neuauflage sind zwei Kapitel hinzugekommen, von denen das eine die ethische Gesinnung in ihrem Verhältnis zu Problemen, die aus der gemeinschaftlichen ethischen Arbeit hervorgehen, behandelt, das andere eine Grenzbestimmung zwischen Ethik und Religion versucht.

„...Strenge Objektivität, schöne, formvollendete Sprache und trotz des streng wissenschaftlichen Charakters doch volkstümliche Darstellungsweise einerseits sowie die überaus scharfsinnige Polemik und Argumentation andererseits geben nicht nur die sichere Gewähr, daß ,auch in dieser Form die Vorträge sich für das Verständnis eines weiteren fachwissenschaftlich nicht vorgebildeten Leserkreises als geeignet erweisen werden', sondern daß sie auch von wissenschaftlicher Seite große Beachtung finden werden." (Mitteilungen der Ethischen Gesellschaft in Wien.)

Aus Natur und Geisteswelt
Jeder Band geheftet M. 1.—, in Leinwand gebunden M. 1.25

Zur Philosophie
sind u. a. in der Sammlung erschienen:

Einführung in die Philosophie. Von Prof. Dr. R. Richter. 3. Auflage von Dr. M. Brahn. (Bd. 155.)
Die Philosophie. Einführung in die Wissenschaft, ihr Wesen und ihre Probleme. Von Direktor H. Richert. 2. Auflage. (Bd. 186.)
Führende Denker. Geschichtliche Einleitung in die Philosophie. Von Prof. Dr. J. Cohn. 2. Auflage. Mit 6 Bildnissen. (Bd. 176.)
Griechische Weltanschauung. Von Privatdoz. Dr. M. Wundt. (Bd. 329.)
Entstehung der Welt und der Erde nach Sage und Wissenschaft. Von Prof. Dr. B. Weinstein. 2. Auflage. (Bd. 223.)
Die Weltanschauungen der großen Philosophen der Neuzeit. Von weil. Prof. Dr. L. Busse. 5. Auflage, herausgegeben von Professor Dr. R. Falckenberg. (Bd. 56.)
Rousseau. Von Prof. Dr. P. Hensel. 2. Aufl. Mit 1 Bildn. (Bd. 180.)
Immanuel Kant. Darstellung und Würdigung. Von Prof. Dr. O. Külpe. 3. Auflage. Mit 1 Bildnis. (Bd. 146.)
Schopenhauer. Seine Persönlichkeit, seine Lehre, seine Bedeutung. Von Realschuldirektor H. Richert. 2. Auflage. Mit 1 Bildnis. (Bd. 81.)
Herbarts Lehren u. Leben. Von Pastor O. Flügel. 2. Aufl. Mit 1 Bildn. (Bd. 164.)
Herbert Spencer. Von Dr. K. Schwarze. Mit 1 Bildnis. (Bd. 245.)
Die Freimaurerei. Einführung in ihre Anschauungswelt und ihre Geschichte. Von Geh. Archivrat Dr. L. Keller. (Bd. 463.)
Die Philosophie der Gegenwart in Deutschland. Eine Charakteristik ihrer Hauptrichtungen. Von Prof. Dr. O. Külpe. 5. Auflage. (Bd. 41.)
Aesthetik. Von Prof. Dr. R. Hamann. (Bd. 345.)
Grundzüge der Ethik. Mit besonderer Berücksichtigung der pädagogischen Probleme. Von E. Wentscher. (Bd. 397.)
Aufgaben u. Ziele d. Menschenlebens. Von Dr. J. Unold. 3. Aufl. (Bd. 12.)
Sittliche Lebensanschauungen der Gegenwart. Von weil. Prof. Dr. O. Kirn. 2. Auflage. (Bd. 177.)
Das Problem der Willensfreiheit. Von Prof. Dr. G. F. Lipps. (Bd. 383.)
Die Seele des Menschen. Von Prof. Dr. J. Rehmke. 4. Aufl. (Bd. 36.)
Die Mechanik des Geisteslebens. Von Prof. Dr. M. Verworn. 3. Auflage. Mit 19 Figuren. (Bd. 200.)
Psychologie des Kindes. Von Prof. Dr. R. Gaupp. 3. Auflage. Mit 18 Abbildungen. (Bd. 213.)

Ausführliches Verzeichnis der Sammlung umsonst und postfrei
:: vom Verlag B. G. TEUBNER in LEIPZIG und BERLIN ::

MIX
Papier aus verantwortungsvollen Quellen
Paper from responsible sources
FSC® C105338

If you have any concerns about our products,
you can contact us on
ProductSafety@springernature.com

In case Publisher is established outside the EU,
the EU authorized representative is:
**Springer Nature Customer Service Center GmbH
Europaplatz 3, 69115 Heidelberg, Germany**

Printed by Libri Plureos GmbH
in Hamburg, Germany